普通高等教育电气工程与自动化类规划教材

电磁兼容原理及应用

熊蕊等　编著

机 械 工 业 出 版 社

本书介绍了电磁兼容基本知识，以电力电子电路和系统为重点，介绍了随着电力电子技术飞速发展而日益突显的电磁兼容问题、相关理论和研究设计方法，以及电气工程领域中有关电磁兼容问题，作为电气工程学科的学生研究本学科电磁兼容问题的入门指导。

全书共8章，内容包括电磁兼容的基本概念、抑制电磁干扰的基础理论和方法、电磁兼容试验（电磁干扰测量）技术、电力电子电路与系统的电磁兼容设计、电气工程领域中的电磁兼容问题、电磁兼容标准等。每章后附有思考题和习题，由浅入深地引导学生认识和思考电磁兼容问题，提出解决方案。

本书可作为电气工程及相关学科的高年级本科生、研究生的教材，也可供工程技术人员参考。

图书在版编目（CIP）数据

电磁兼容原理及应用/熊蕊编著．—北京：机械工业出版社，2012.11（2023.12 重印）
普通高等教育电气工程与自动化类“十一五”规划教材
ISBN 978-7-111-39977-3

Ⅰ．①电… Ⅱ．①熊… Ⅲ．①电磁兼容性－高等学校－教材 Ⅳ．①TN03

中国版本图书馆 CIP 数据核字（2012）第 235835 号

机械工业出版社（北京市百万庄大街 22 号　邮政编码 100037）
策划编辑：于苏华　责任编辑：于苏华　聂文君
版式设计：霍永明　责任校对：张　媛
封面设计：王洪流　责任印制：邓　博
北京盛通数码印刷有限公司印刷
2023 年 12 月第 1 版第 5 次印刷
184mm×260mm・15 印张・371 千字
标准书号：ISBN 978-7-111-39977-3
定价：39.80 元

电话服务　　　　　　　　　　　网络服务
客服电话：010-88361066　　机　工　官　网：www.cmpbook.com
　　　　　010-88379833　　机　工　官　博：weibo.com/cmp1952
　　　　　010-68326294　　金　书　网：www.golden-book.com
封底无防伪标均为盗版　　机工教育服务网：www.cmpedu.com

全国高等学校电气工程与自动化系列教材
编 审 委 员 会

序

随着科学技术的不断进步，电气工程与自动化技术正以令人瞩目的发展速度，改变着我国工业的整体面貌。同时，对社会的生产方式、人们的生活方式和思想观念也产生了重大的影响，并在现代化建设中发挥着越来越重要的作用。随着与信息科学、计算机科学和能源科学等相关学科的交叉融合，它正在向智能化、网络化和集成化的方向发展。

教育是培养人才和增强民族创新能力的基础，高等学校作为国家培养人才的主要基地，肩负着教书育人的神圣使命。在实际教学中，根据社会需求，构建具有时代特征、反映最新科技成果的知识体系是每个教育工作者义不容辞的光荣任务。

教书育人，教材先行。机械工业出版社几十年来出版了大量的电气工程与自动化类教材，有些教材十几年、几十年长盛不衰，有着很好的基础。为了适应我国目前高等学校电气工程与自动化类专业人才培养的需要，配合各高等学校的教学改革进程，满足不同类型、不同层次的学校在课程设置上的需求，由中国机械工业教育协会电气工程及自动化学科教学委员会、中国电工技术学会高校工业自动化教育专业委员会、机械工业出版社共同发起成立了“全国高等学校电气工程与自动化系列教材编审委员会”，组织出版新的电气工程与自动化类系列教材。这套教材基于**“加强基础，削枝强干，循序渐进，力求创新”**的原则，通过对传统课程内容的整合、交融和改革，以不同的模块组合来满足各类学校特色办学的需要。并力求做到：

1. 适用性：结合电气工程与自动化类专业的培养目标、专业定位，按技术基础课、专业基础课、专业课和教学实践等环节，进行选材组稿。对有的具有特色的教材采取一纲多本的方法。注重课程之间的交叉与衔接，在满足系统性的前提下，尽量减少内容上的重复。

2. 示范性：力求教材中展现的教学理念、知识体系、知识点和实施方案在本领域中具有广泛的辐射性和示范性，代表并引导教学发展的趋势和方向。

3. 创新性：在教材编写中强调与时俱进，对原有的知识体系进行实质性的改革和发展，鼓励教材涵盖新体系、新内容、新技术，注重教学理论创新和实践创新，以适应新形势下的教学规律。

4. 权威性：本系列教材的编委由长期工作在教学第一线的知名教授和学者组成。他们知识渊博，经验丰富。组稿过程严谨细致，对书目确定、主编征集、资料申报和专家评审等都有明确的规范和要求，为确保教材的高质量提供了有力保障。

此套教材的顺利出版，先后得到全国数十所高校相关领导的大力支持和广大骨干教师的积极参与，在此谨表示衷心的感谢，并欢迎广大师生提出宝贵的意见和建议。

此套教材的出版如能在转变教学思想、推动教学改革、更新专业知识体系、创造适应学生个性和多样化发展的学习环境、培养学生的创新能力等方面收到成效，我们将会感到莫大的欣慰。

全国高等学校电气工程与自动化系列教材编审委员会

汪槱生 陈伯时 郑大钟

前言

电力与电子产品及系统的电磁兼容（EMC）研究，伴随技术飞速发展与应用，从一种工程技术发展成为一门工程科学。以往处理EMC和产品安全设计的问题往往是在产品设计环节的后期，因此容易被大学的工程教育忽视，也导致了工程教育与实际产品研发到应用之间的距离加大。产品设计、研发与相关的产品认证之间的巨大矛盾，正在削弱工业国家的创新实力。

为工程专业的学生提供EMC方面的教育及产品安全的研究，使其具备在EMC工程领域工作的基础知识，日益成为国内外高校工程教育领域的共识。从理论和实践应用上理解EMC原理，非常适合于现有的电气工程相关专业，因为在电气工程课程里已有EMC课程所要求的先修课程。EMC课程与电气工程中其他课程内容不同的是，其他课程的教材内容在讲解时已经成熟，有固定应用模式。而EMC问题是随新技术和应用而不断出现的，每一项EMC技术在某一场合应用成功而在另一场合可能失败。引导学生学会观察、分析，最终具有解决EMC问题的能力，才是本课程教学的目的。

针对电气工程的多学科方向性和强大的工程需求，同时考虑到绝大多数本科生和研究生在校期间不一定接触到相应的EMC问题，不易掌握分析EMC的方法，本书力图按照学生对科学的自然认知程度，从EMC现象到基本电磁分析原理进行介绍，再通过材料、器件、电路、系统等EMC分析基础的介绍，逐步过渡，最后归纳性分类介绍EMC技术。本书后半部分介绍的一系列案例，目的是由浅入深地逐步引导学生观察、思考EMC问题。这些案例或是最新国外EMC文献中的典型分析，或是近年来EMC研究的最新成果，引导学生分析这些技术的适用场合，使其了解迄今为止尚无法解决哪些EMC问题，思考解决EMC问题的可能途径。从本人多年的教学中发现，学生非常喜欢这样的案例，这些案例比生涩的公式更能让他们直观地了解什么是EMC。

在每章后面的习题与思考题中，本书以引导学生观察和思考为主，让学生逐步关注EMC问题，逐步学会自行分析某一产品或系统（可能是自行设计研发的）的电磁兼容性、可能潜在的问题，给出解决的建议，或问题已经解决后的分析与结论。笔者以为这也是工程教育需要且关键的环节，而不仅仅是为了了解EMC知识。

本书作为EMC入门的教材，仅是对电气工程中所涉及到的EMC内容和原理做了简要介绍，补充了很多新技术、新产品的潜在EMC问题与案例分析，而并未将很深的专业内容纳入。因EMC应用领域极广，理论博大精深，现在还处于发展中，故本书力图引导学生将视野逐渐延伸到毕业后的应用，以求达到大学中的课程主要知识学习与能力培养目标，今后若从事EMC领域研究工作，则可自行补充学习相关专业书籍。

本书第1~7章由熊蕊撰写，第8章由黄劲撰写。教材中所有内容都是在前人研究的基础上，对各种文献资料进行总结提炼后完成的，有些源于已知文献，有的则无法在书后的文献资料中一一列举，它们源于在过去十多年间本人参加的各种研讨会，以及与本人的研究团队成员所经历的无数次讨论、实验中受益的思想，还有华中科技大学的黄劲博士、张蓉博士，以及王志、李勍楠、刘静、李扶中等硕士的贡献。在此对所引用文献的作者和那些无法列举资源的提供者，表示诚挚的谢意，因为他们，本教材才得以问世。

本书主要面向电气工程相关专业的本科生或硕士研究生，作为其入门教材。

鉴于笔者水平有限，本书的不足和错误之处在所难免，恳请读者在使用过程中予以指正。

熊蕊

2012年于华中科技大学

目录

第1章 电磁环境与电磁兼容

1.1 引言

利用电能进行工作的各种电气和电子设备，与设备的供电电源、设备的负载、周围的其他电气或电子设备、设备操作者或设备为之提供服务的人、甚至其他有生命的物质等一起，形成了特定的工作环境。电气、电子设备在运行中大都会经历电磁能量转换的过程，而电磁能量转换过程往往会对周围环境中的其他用电设备、人或生物产生影响。同时，运行中的电气电子设备，也会由于其他设备工作时产生电磁能量转换而受到电磁干扰。

从地球表面到人造卫星活动的近千公里空间内处处存在着电磁波。电能和磁能无时无刻不在影响着人们的生活及生产。电磁能的广泛应用，使工业技术的发展日新月异，但它在为人类创造巨大财富的同时，也给人类活动带来一定的危害，这就是电磁污染或电磁干扰。研究电磁污染是当今环境保护中的重要分支。

电磁干扰（Electromagnetic Interference，EMI）源于电磁骚扰（Electromagnetic Disturbance，EMD），二者既有一定的联系，也有区别，这从它们的具体定义可以了解。电磁骚扰指任何可能引起装置、设备或系统性能下降，或对有生命或无生命物质产生作用的电磁现象；而电磁干扰则指电磁骚扰引起的设备、传输通道或性能的下降，即电磁骚扰引起的后果。

结构和工作原理比较简单的早期的电气控制设备大都是强电设备，它们运行时常对无线电、通信等弱电设备产生干扰，而自身却很少受到所处电磁环境的影响；或者虽然受到某种程度的电磁干扰，但大多不会造成严重后果。

20世纪50年代开始，随着自动化技术和电力电子器件的快速发展，电力电子技术的兴起和微电子技术发展迅速向电气设备领域渗透，形成电气设备和电子设备结合、强电和弱电结合、机械和电气结合、仪表和装置结合、硬件和软件结合的各种复杂控制系统，而且在结构上也往往融为一体，同一电网中的用电设备越来越多，电磁环境和电磁干扰问题也日趋复杂和严重。

除了电气电子设备在运行时由于发生电磁能力转换过程可以产生电磁干扰现象外，自然现象中也有产生电磁干扰的情况。例如：静电放电、闪电等现象产生的电子扰动也会引起电子设备的非正常响应，雷电产生的强大电流甚至影响建筑和人的安全。

电磁干扰的范围很大，从探测不到的微弱干扰到高强度干扰，大体可以分为三种[3]：轻微干扰、中等强度干扰和灾难性干扰。例如：电动剃须刀或食物搅拌器对收音机或电视机产生的干扰属轻微干扰，这种干扰通常仅持续几分钟，并且无破坏性作用；而雷达辐射的电波可能引爆航空母舰上的武器弹药，来自指挥塔上无线电信息受到干扰会造成机毁人亡的严重后果，这些干扰是灾难性的。但是大多数电磁干扰介乎二者之间，属于中等强度干扰，如便携式发射机的辐射会对计算机形成干扰，静电放电会对点钞机或银行终端形成干扰，闪电会对自动控制测试设备或工业过程产生干扰，等等。

电磁干扰有两种，一种是自然干扰，它来源于地球和宇宙中的自然电磁现象。例如：

宇宙干扰——来自太阳、月亮、木星等发射的无线电噪声；

雷电干扰——由夏季本地雷电和冬季热带地区雷电放电所产生，是一连串的干扰脉冲，其电磁发射借助电离层的传输可以传播到几千公里以外的地方；

大气干扰——除雷电放电外，大气中的尘埃、雨点、雪花、冰雹等微粒在高速通过飞机、飞船表面时，由于相对摩擦运动而产生电荷迁移从而积沉静电，当电动势升高到1MV时，会产生火花放电、电晕放电，影响到高频、甚高频频段的无线电通信和导航。

热噪声——处于一定热力学状态下的导体中所产生的无规则电起伏，由导体中自由电子的无规则运动引起，如电阻热噪声、气体放电噪声、有源器件的散弹噪声。

第二类干扰是人为干扰，来自于有意发射干扰源和无意发射干扰源：

有意发射干扰源——专用于辐射电磁能的设备，如广播、电视、通信、雷达、导航等发射设备，通过向空间发射有用信号的电磁能量来工作，而对于不需要这些信号的电子设备或系统将构成干扰；

无意发射干扰源——发射电磁能力不是其工作的主要目的，如汽车的点火系统、各种不同的用电装置、电力电子装置、电机传动系统、照明装置、高压电力线、科学和医用设备、静电放电、核爆炸电磁脉冲等。

图1-1显示了我们生活环境中存在的各类电磁干扰（当然，这只是引起电磁环境日趋恶劣的一部分原因）。位于图1-1中央的接收机通过电磁场和电路方式接收到来自：电力传输线强大电流和高压形成的电场而导致的干扰；雷电瞬间强大的电磁干扰脉冲；雷达和电视台发射出的电磁波；移动电台（包括手机信号）产生的电磁波信号；汽车等机动车辆的点火系统（还有马达、发电机、风扇、风档刮水器等）由于向外发射电磁能量而形成的干扰；电机运行时产生的干扰；由于与接收机共用电源而形成的传导干扰。这里，接收机作为某一固定用途的接收信号的装置，如接收雷达信号的接收器，因此其接收到非雷达信号的其他信号就对其形成干扰，如果雷达信号与其他干扰信号相比不是很强，那么该接收机就不能正常

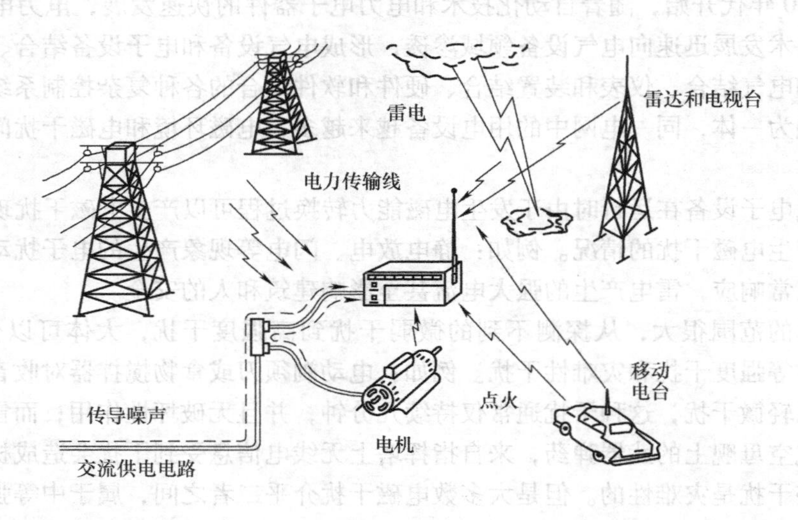

图1-1 具有多重电磁干扰的生活环境

工作。如果这个接收装置是生活在该环境下的人类，这些构成干扰的信号对人类正常健康的生活可能会产生不利的影响。

军事上，电磁环境的这一复杂特性又可以被利用来形成对敌方的干扰，如人为地制造特殊信号对敌方的雷达信号实施干扰。

电子设备发射出来的电磁干扰具有一定的危害性，主要表现在以下四个方面：

1）电磁干扰会降低电子元件的工作寿命，强度较大的电磁干扰可以击穿电子设备，导致元件及整个系统的损坏。例如，据美国哥伦比亚广播公司2003 年3 月26 日报道，2003 年伊拉克战争中，美国军队第一次在伊拉克使用了最新版本的“微波电子炸弹”。其工作原理是：依靠高功率电磁波产生的高温、电离、辐射等综合效应，在目标内部的电子线路中产生致命的电压和电流，击穿或烧毁其中的敏感元器件，毁损电脑中存储的数据，从而使对方的武器和指挥系统陷于瘫痪，丧失战斗力。轰炸的结果使得伊拉克电视台转播信号被迫中断。此外，美国有统计表明，由于静电导致计算机及其元器件的损坏造成的经济损失每年高达数亿美元。静电放电可以损坏医院里病人的导管泵而导致病人生命危险。

2）电磁干扰会影响电子系统的信号，使其信噪比降低，影响系统的正常工作。电子系统在电磁干扰的作用下，由于信号精度降低、遗失、错误，使得系统工作异常甚至拒绝动作。这种情况在有用信号微弱时尤为严重。移动电话信号可以使仪表显示错误，甚至可以造成核电站运转失灵；水管中地电流产生的磁场，使医院里高灵敏度电子仪表屡受影响，曾经在一次手术中，一台塑料焊接机对病人的监控系统产生了干扰，致使该监控系统没有检测到病人手臂中的血液循环停止，最终导致病人的手臂只能切除。

3）对信息安全与信息保密构成严重威胁。对于由数字电路组成的信息传输与处理设备来说，由于辐射频谱及谐波非常丰富，因而很容易被截获和破译。

4）电磁辐射还会引起人体细胞的生物效应，出现头晕、乏力、记忆力减退等现象，严重时会导致人体慢性病变，如现在经常讨论的手机辐射与人体健康以及微波基站困扰居民生活区等问题。

图 1-2 给出了各类电磁干扰噪声的传播途径。图中的术语将在下一节中给予解释。

几乎所有的电气、电子设备工作时对周围环境产生干扰影响。我们将这种环境称为电磁环境——存在于给定场所的所有电磁现象的总和。

伴随国民经济和社会信息化的发展，大量电子和电气产品被广泛应用于人们的生产和生活中。随着自动化程度越来越高，人们越来越依赖电气电子设备，科学家和工程师们一直朝一个共同的目标而努力奋斗——研究、探索直至打造新一代经济而卓越的电气与电子产品。然而，由电子和电气产品带来的电磁干扰问题，越来越严重地影响到人们的健康、妨碍了产品间的正常运行，随之带来的电磁干扰使得人类和设备本身依赖的这个电磁环境越来越恶劣。不论怎么精心策划，设计中的缺陷始终像噩梦般挥之不去，补救的“药方”就是电磁兼容技术——确保设备或系统不产生电磁干扰的技术。着力解决电磁干扰问题已成为电气和信息化建设中的重要内容之一。

电磁干扰现象不仅存在于电气电子设备中，而且明显影响了系统各设备间兼容地工作。强弱电结合的集成度高、设备密度高是目前自动化系统突出的特征，如电力系统中，在电网容量增大、输电电压增高的同时，以计算机和微处理器为基础的继电保护、电网控制、通信设备得到广泛应用。因此，电力系统电磁兼容问题也变得十分突出。例如，集继电保护、通

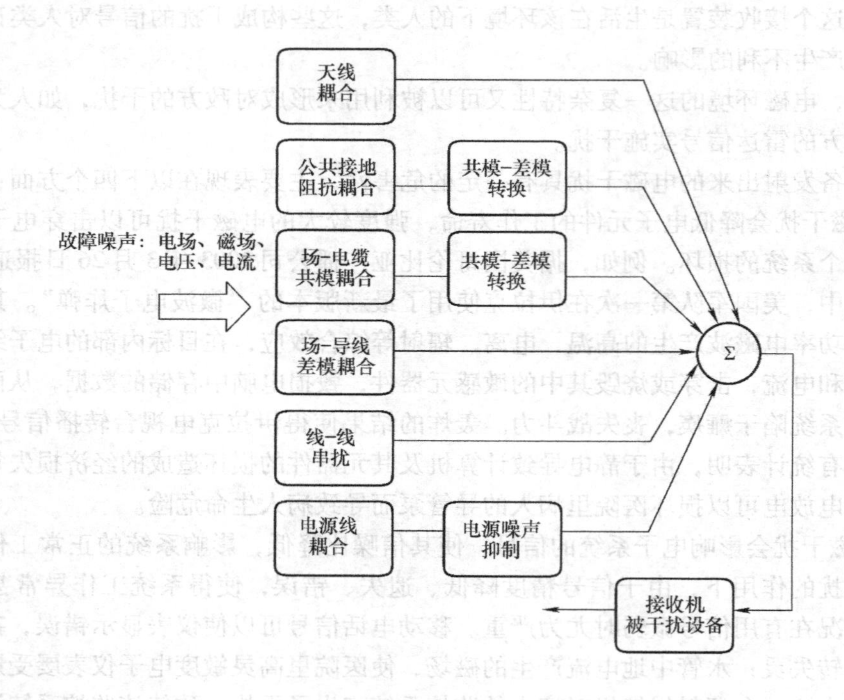

图 1-2 电磁干扰从干扰源经耦合通道到接收机的流程

信、SCADA 功能于一体的变电站综合自动化设备，通常安装在变电站高压设备的附近，该设备能正常工作的先决条件，就是它能够承受变电站中正常操作或事故情况下极强的电磁干扰。此外，由于现代的高压开关常常与电子控制和保护设备集成于一体，因此，对这种强电与弱电设备组合的设备不仅需要进行高电压、大电流的试验，同时还要通过电磁兼容的试验。GIS（Gas Insulated Substation，气体绝缘介质开关设备）的隔离开关操作时，可以产生频率高达数兆赫的快速暂态过电压。这种快速暂态过电压不仅会危及变压器等设备的绝缘，而且会通过接地网向外传播，干扰变电站继电保护、控制设备的正常工作。随着电力系统自动化水平的提高，电磁兼容技术的重要性日益显现出来。

为了适应加入世界贸易组织的需要，我国自 2001 年 12 月开始颁布强制性产品认证制度，并于 2003 年 5 月起执行。第一批强制性产品目录共涉及 9 个行业，19 大类共 132 种产品。其中，除少数明显与电子技术无关外（如机动车辆轮胎、安全玻璃和乳胶产品等），多数都有电气安全问题，有相当多的产品涉及电磁兼容问题。

我国加入 WTO 后，与关税壁垒相比，电磁兼容的技术壁垒成为我国电子产品出口更大的障碍。要冲破这种壁垒，就需要学习和借鉴国外先进技术和经验，掌握电磁兼容技术，培养自己的技术人才。

由此可见，作为电气工程师，不仅要掌握电气设计知识和技术，还要了解和掌握电磁兼容原理和技术，才能使自己设计的产品、设备或系统正常工作，并且不对其他电气设备造成影响，若不满足电磁兼容要求，设计出来的仅是一堆废品而已。国家标准化法规定：“强制性标准必须执行，不符合强制性标准的产品，禁止生产、销售和进口”。

1.2　电磁兼容的基本概念

1.2.1　电磁兼容

“兼容”即“兼顾”或“容忍”，但电磁兼容（E1ectromagnetic Compatibility，EMC）并非指电与磁之间的兼容，电与磁是不可分割，相互共存的一种物理现象、物理环境。

上一节中，我们已经知道了电磁能量转换是许多电气电子设备的基本工作原理之一，要做到这些设备或系统完全不产生电磁干扰是不可能的。但是设备在同一电磁环境下能“兼容”地工作却是可以达到的目标。因此“电磁兼容”就是在这样的情况下提出来的——干扰可以在不损坏信息的前提下与有用信号共存。

电磁兼容意味着：在不损害信号所含信息的条件下，信号和干扰能够共存。设备或系统在共同的电磁环境中能执行各自功能的共存状态。国家标准 GB/T4765-1995《电磁兼容术语》对“电磁兼容”做了确切定义：设备或系统在其电磁环境中能正常工作，且不对该环境中任何事物构成不能承受的电磁骚扰的能力。

电磁兼容的定义中包含着两层意义：一是设备要有一定的抗电磁干扰能力，使其在电磁环境中能正常工作；二是设备工作中自身产生的电磁骚扰应抑制在一定水平下，不对该环境中的任何事物构成不能承受的电磁骚扰。这里指的“任何事物”，除了同一电磁环境下的其他设备和系统外，还包括生活在同一环境下的人、动物和植物。因而电气与电子产品的电磁兼容除了保证产品本身的可靠性外，还对保护生态环境和安全起到积极作用。

电磁兼容是一种能力的表现，即自身抗干扰能力和抑制自身产生干扰的能力。能力的提高与产品或系统的功能和性能的提高一样，需要完成理论上探索、设计、工程实现、试验、纠错完善再提高、再试验（测试）等一系列工作，因而在这样一系列工作过程中，形成了一门学科分支——电磁兼容学。研究电磁兼容的目的是为了保证电器组件或装置在电磁环境中能够具有正常工作的能力，以及研究电磁波对社会生产活动和人体健康造成危害的机理和预防措施。

以电子产品的设计为例：早期的电气和电子设备在研制初期往往没有进行严格的 EMC 设计，往往是按照功能设计研制出来后才进行 EMC 的测试和补救，因此，很多电气和电子设备是经过多次修改才基本通过 EMC 测试的。这必然要造成人力、物力上的浪费，同时由于功能设计时没有严格考虑 EMC 问题，使补救措施在装置结构固定后往往难以实现。因此 EMC 设计在装置设计时与功能设计同等重要，应同时进行。

但是，EMC 设计与常规的电路设计有着根本的不同。电子电路通常用电路图来描述，不论是信号处理还是功率处理，电路图是仅着眼于原定目的的传输信号（或功率）而把电路抽象化的模型。从 EMI 的观点来看，电路图几乎什么也没有描述，因为电路图在抽象化的过程中舍弃了寄生参数、元器件之间的相互耦合以及这些参数和耦合对实际电路的影响。因此电路设计（电子设备的功能设计）有较准确的电路模型、数学模型和设计模式（理论计算公式、依据）。而 EMC 设计除了要考虑干扰源以外，尚要考虑耦合及耦合路径以及敏感器的问题，这些问题难以用准确的电路模型去描述，更难以用精确的数学模型去定量分析、计算和仿真，因此目前许多装置在验证初期要依据 EMC 理论进行 EMC 设计，但它可能仅为指导性的，最终由于一些难以估计的因素，设计出的电气电子装置必须依靠测试来确定（而不是完全依靠设计所赋予）其EMC性能。

电磁兼容学是研究在有限的空间、有限的时间、有限的频谱资源条件下，各种电气电子设备或系统（广义的还应包括生物体）可以共存，并不致引起性能降级的一门科学。其基础理论涉及数学、电磁场理论、电路基础、信号分析等学科与技术；其应用范围几乎涉及到所有的用电领域。由于其理论基础宽、涉及面广、物理现象复杂，在电磁兼容学中，观察和判断并解决问题的一个主要途径是试验和测量。迄今为止，对于最后解决问题的成功验证，没有任何一个领域像电磁兼容那样强烈地依赖于测量，因此，电磁兼容学是理论性强、涉及面宽、工程实践性强、测量方法系统的综合性科学。

1.2.2 电磁兼容技术的发展

电磁兼容是通过控制电磁干扰的一系列技术来实现的，因此电磁兼容学也是在认识电磁干扰、研究电磁干扰、对抗电磁干扰和管理电磁干扰的工程中发展起来的。

电磁干扰是一个人们早已认识到的古老问题。最早出现的电磁干扰现象是单线电报间的串扰。早在1881年英国科学家希维塞德就发表了《论干扰》，拉开了研究电磁干扰的序幕，但这类干扰现象在当时并未引起重视。随着电气运输的出现，在一根通信线与不对称的强电线之间有较长的平行运行，干扰问题显得非常严重而且日趋恶化，因此1887年柏林电气协会成立了研究干扰问题的委员会，成员有赫姆霍尔兹和西门子等。紧接着英国邮电部门在1889年研究了通信干扰问题。美国《电世界》杂志也开始登载电磁感应方面的文章。20世纪初期索末菲在这方面进行了著名而有成效的研究。此后人们对电磁感应影响的研究日益深入，其中波拉切克、卡尔生、哈波兰德、尚德、克留威、柯列、韦特、柯斯琴科、米哈依洛夫、拉茹莫夫等学者的工作都很突出。直至目前，此类干扰问题仍为国际电信联盟（ITU）第五研究组及第六研究组在各研究期的主要研究课题。

除了耦合方式引起的干扰外，人们还对辐射性干扰进行了大量研究。虽然在早期这些工作进行得还比较零散，但以后逐步走向正轨，各国陆续建立起相关的科研机构。在美国早已出版有关射频干扰的专门刊物《Radio Frequency Interference》，报道了不少科研成果。直至1964年，该专刊业务范围不断扩大，改名为EMC专刊，并沿用至今。前苏联在1984年即已制订了《工业无线电干扰的极限容许值标准》并颁布施行（1954年曾进行了一次修改），有很多研究单位从事抗干扰的研究。其他国家也相继加强了射频干扰的研究工作，涌现出在干扰研究方面有较大贡献的大批学者。目前国际上除EMC专业学会外，还有国际无线电干扰特别委员会（CISPR）等组织从事与EMC有关的高频干扰课题的研究。

随着电磁辐射、电磁波传播和现代电气电子设备及技术的发展，干扰现象促使电磁干扰抑制的研究也在进一步发展。但是，电磁兼容这门新的学科却是近代形成的。人们从对干扰问题的长期研究中，探索到干扰产生的原因、干扰性质、干扰的物理模型，逐渐完善了电磁干扰传输及耦合的计算方法，提出了一系列抑制干扰的技术措施，并提出了一系列测试验证电气电子设备可以兼容工作的测试方法，建立了电磁兼容的各种组织、标准和规范，解决了电磁兼容分析、预测、设计、管理、测量等方面一系列理论和技术问题。

20世纪40年代初，电磁兼容的概念首次提出，以便解决电磁干扰问题和保证设备及系统的工作可靠性。德国电气工程师协会于1944年制定了世界上第一个电磁兼容性规范VDE-

0878。1945 年，美国颁布了美国最早的军用规范 JAN-I-225，并不断地加以充实和完善，使得电磁兼容技术进入新的阶段。

20 世纪 60 年代以后，现代电气电子工程向高频、高速、高灵敏度、高安装密度、高集成度、高可靠性方向发展，其中包括数字计算机、信息技术、测试设备、电信、半导体（电力电子）技术的发展。由于大规模集成电路的出现把人类带入信息时代，近年来信息高速公路和高速计算机技术成为人类社会生产和生活主导技术，同时也由于航空工业、航天工业、造船工业以及其他国防军事工业的需要，在所有这些技术领域内，日益突出的电磁噪声和如何抑制干扰问题引起高度重视，促进了世界范围内电磁兼容技术的研究，使得 EMC 获得空前的大发展。20 世纪 80 年代以来，电磁兼容学已经成为十分活跃的学科，许多发达国家如美国、德国、日本、法国等，在电磁兼容标准与规范、分析预测、设计、测量及管理等方面均达到了很高的水平，有高精度的电磁干扰（EMI）及电磁敏感度（EMS）自动测量系统，可进行各种系统间的 EMC 试验；研制出系统内及系统间的各种 EMC 计算机分析程序，有的程序已经商品化，形成了一套较完整的 EMC 设计体系。在电磁干扰的抑制技术方面，已研制出了许多新材料、新工艺及规范的设计方法。一些国家还建立了对军品和民品的 EMC 检测及管理机构，不符合 EMC 质量要求的产品不准投入市场。

特别值得一提的是，美俄等国已经加紧研究对付核电磁脉冲影响的方法。最近十年，美国科研部门集中力量研究保护通信网和某些军用飞机不受高空核爆炸影响的方法。欧美还有一些国家也已投入力量从事这类科研工作。

随着科学技术的发展，电磁干扰的种类和干扰现象不断变化，对电磁兼容和标准也不断提出新的要求，电磁兼容的研究范围也不断扩大，已经不再局限于电子和电气设备本身，还涉及到电磁污染、电磁信息安全、电磁生态效应及其他一些学科领域，因此，近年来电磁兼容这一学科的研究范畴又被扩大到很多不同分支领域，称为环境电磁学。

我国由于过去工业基础薄弱，电磁环境危害尚未充分暴露，因此在电磁兼容方面的理论和技术研究起步较晚，与国际水平差距较大。我国于 1966 年制定了第一个部级（原第一机械工业部）干扰标准 JB-854-1966《船用电气设备工业无线电干扰端子电压测量方法与允许值》；到 20 世纪 80 年代，我国开始有组织、有系统地研究并制定国家级和行业级的电磁兼容标准和规范，于 1983 年发布了第一个国家电磁兼容标准 GB/T 3907—1983《工业无线电干扰基本测量方法》；到 2000 年，已发布了 80 多项有关的国家标准。

20 世纪 80 年代以来，我国的电磁兼容学术机构相继成立，国内和国际间学术交流频繁，电磁兼容学科研究得到迅速发展。目前中国已经成功举办了若干届国际电磁兼容学术会议和亚太地区国际环境电磁学学术会议，EMC 理论研究和技术水平逐步与世界接轨。

入世后要遵从的产品国际标准向我们提出了重大挑战。了解 EMC 知识，系统学习 EMC 理论和 EMI 抑制技术，在电气和电子产品设计时从各方面实施 EMC 措施，才能使我们的产品在国际市场上立足。

EMC 是一门独立的学科，随着电磁能量利用的发展，它的研究将有利于预测并控制变化着的地球和天体周围的电磁环境、为了协调环境所采取的控制方法、各项电气规程的制定以及电磁环境的协调和电磁能量的合理应用等。

1.3 电磁干扰和电磁兼容有关术语

1.3.1 噪声和干扰

习惯上，通常不同频率不同程度杂乱混合在一起的信号称为噪声。而在电气工程、电子工程和无线电等学科中，一些不需要的电流和电压在某种条件下成为影响电路正常工作的干扰电流和电压，也被称为“噪声”，或称“干扰”。鉴于此，有必要对噪声和干扰做出确切定义，在采用理论分析研究时，又可以用一定的数学语言或模型来描述它们。

1. 噪声

噪声是任何不希望有的信号，广义地说是在同一有用频带内的任何不希望有的干扰（国家标准 GB2900.1-82）。

收音机、电话机、对讲机、扩音机、录音机等电子装置以真实重现声音为任务。当有些杂乱声音出现在真实声音中时会极不悦耳，严重时甚至会完全遮盖真实声音。这类妨碍真实声音收听的杂乱声音称为“基本噪声”，与基本噪声对应的变化电量称为“电噪声”，表现为对声音的干扰。

电视机等图形显示器通过电波传输再现图像。可是当荧光屏上出现雪花、波浪纹、图像颤抖等现象时，图像的清晰度受到影响（甚至模糊变形），虽然和声音没有直接联系，但也是由一些不需要的有害电变化量引起的，这也是电噪声，表现为对图像的干扰。

电噪声的概念再延伸一步，如正常允许的控制设备收到指令之外的一些电变化量的干扰而陷入紊乱状态；检测仪表由于接收到与检测值不准确对应的电变化量而指示了错误的检测值；计数器因为接收到正常计数信号以外的脉冲而出现错误的计数等，这些危害性冲击电流或电压变化量对正常信号的干扰，都属于电噪声。

因此，电噪声是叠加于有用信号上、扰乱信号传输、使原来的有用信号发生畸变的电变化量，简称噪声。以危害性电变化量为对象开展研究时，习惯上多使用术语“噪声”（Noise）。

2. 干扰

由于噪声在一定条件下干扰电气、电子设备工作，所以也把产生危害的电变化量称为电磁干扰，简称干扰。以危害性电变化量的危害作用为对象开展研究时，习惯上多使用术语“干扰”（Interference）。

1.3.2 电磁干扰三要素

从以上噪声和干扰的定义可以得到这样的结论：由于电气电子设备工作是基于电量的变化以及电磁能量转换原理的，因此电量的变化是必然的，产生噪声就不可避免。但是噪声是否一定形成干扰，则要看它是否对其他设备或系统构成危害，若构成危害则成为干扰。例如，临近固定电话的手机振铃信号对通话中的固定电话声音形成语音噪声而构成语音干扰；对临近的电视机图像叠加雪花、条纹或使图像振颤，因而也构成图像干扰。手机信号常常对很多设备产生干扰，甚至可以引起核电站误操作失控，这也是乘坐飞机或在加油站时不允许使用手机的原因。但是手机信号对于行进中的电动机车却不产生影响，在电力牵引机车上人们使用手机没有限制，手机产生的噪声对此不构成干扰。

可见，干扰虽然是噪声引起的，但是噪声要形成干扰必须具备一定条件。如果图 1-1 中的接收机与产生电磁噪声的电机不共用供电电源，则从电机电源中出现的电机噪声就不会通过电源传导到接收机中，也就形成不了干扰；而在封闭的潜艇中，在没有安装专门通信接收设备的电梯、火车上，人们往往接收不到手机信号，也就是说，手机类无线电信号无法穿越钢铁类阻隔材料，由此可知，如果手机与通话中的固定电话或播映节目中的电视机中有金属墙阻隔，固定电话的通话和电视节目的播放中也看不到手机信号的影响。同样，由于电力机车对手机信号这样的噪声不敏感，噪声也不会有危害。

因此，噪声构成干扰的条件是：有干扰源（即噪声）；有一定的耦合路径；被干扰的设备对该噪声信号敏感。从图 1-1 和图 1-2 中，也可以得到同样的结论。我们把形成干扰的这三个条件称为电磁干扰三要素：

干扰源——向外发送电磁噪声的噪声源；

传递电磁干扰的途径——噪声耦合或发射路径；

敏感设备（受扰设备）——承受电磁干扰并对噪声敏感的受扰体。

电磁兼容的研究，要降低或消除干扰的影响，使各设备在不降低各自性能的前提下兼容地工作，也就是从以上这三个要素上破坏干扰形成条件，因此构成了电磁兼容的三要素法：抑制噪声源、切断干扰传播途径、加强受扰设备抵抗干扰的能力（降低对噪声的敏感程度）。

1.3.3　电磁兼容常见名词术语

电磁环境（Electromagnetic Environment）：存在于给定场所的所有电磁现象的总和；

（电磁）**发射**［（Electromagnetic）Emission］：从源向外发出电磁能的现象；

电磁骚扰：任何可能引起装置、设备或系统性能降低或者对有生命或无生命物质产生损害作用的电磁现象（电磁骚扰可能是电磁噪声、无用信号或传播媒介自身的变化）；

电磁干扰：电磁骚扰引起的设备、传输通道或系统性能的下降；

电磁噪声（Electromagnetic Noise）：一种明显不传送有用信息的时变电磁现象，它可以与有用信号叠加或组合；

电磁环境影响（Electromagnetic Environmental Effects）：一个范围很宽的术语，包括电磁兼容，电磁干扰，射频干扰，电磁脉冲，静电放电，对人、动物、武器或燃料的辐射危害，闪电等现象；

电磁脉冲（Electromagnetic Pulse（EMP））；

静电放电（Electrostatic Discharge（ESD））；

射频干扰（Radio Frequency Interference（RFI））；

（电磁）**辐射**［（Electromagnetic）Radiation］：能量以电磁波形式由源发射到空间的现象或能量以电磁波形式在空间传播（“电磁辐射”一词的含义有时也可引伸，将电磁感应现象也包括在内）；

带宽（Bandwidth）：一个接收机响应信号上升 3dB 点和下降 3dB 点之间的频率间隔；

宽带发射（Broadband Emission）：带宽大于某一特定测量设备或接收机带宽的发射；

窄带发射（Narrowband Emission）：带宽小于特定测量设备或接收机带宽的发射；

串扰（串音）（Crosstalk）：被干扰电缆上从邻近干扰源电缆耦合的电压与该邻近电缆上的电压之比，单位为分贝（dB）；

共模（Common Mode，CM）：存在于两根或多根导线中，流经所有导线的电流都是同极性的；

差模（Differential Mode，DM）：在导线对上极性相反的电压或电流；

（对骚扰的）**抗扰性**［Immunity（to a Disturbance）］：装置、设备或系统面临电磁骚扰不降低运行性能的能力；

（电磁）**敏感性**［（Electromagnetic）Susceptibility）］：存在电磁骚扰的情况下，装置、设备或系统不能避免性能降低的能力（敏感性高，抗扰性低）；

（时变量的）电平（Level（of a Time-Varying Quantity））　用规定方式在规定时间间隔内求得的功率或场参数等时变量的平均值或加权值（电平可用对数来表示，如相对于某一参考值的分贝数）；

骚扰限值（Limit of Disturbance）：对应于规定测量方法的最大电磁骚扰允许电平；

干扰限值（允许值）（Limit of Interference）：电磁骚扰使装置、设备或系统最大允许的性能降低；

信噪比（Signal-to-Noise Ratio）：规定条件下测得的有用信号电平与电磁噪声电平之间的比值；

耦合路径（Coupling Path）：传导或辐射路径。部分或全部电磁能量从规定源传输到另一电路或装置所经过的路径；

滤波（Filter）：将信号频谱划分为有用的频率分量和骚扰频率分量，剔除和抑制骚扰频率分量，切断骚扰信号沿信号线或电源线传播的途径的措施；

屏蔽（Screen）　用来减少场向指定区域穿透的隔离措施；

电磁屏蔽（Electromagnetic Screen）：用导电材料减小交变电磁场向指定区域穿透的屏蔽；

屏蔽效率（Shielding Effectiveness，SE）：采取屏蔽措施前后，空间同一点的场强之比，包括吸收损耗和反射损耗；

搭接（Bond）：两个金属部件间的一种暂时或永久的低阻抗连接；

导电垫圈（Electrical Gasket）：一个可挤压的连续物，用在两个相连的金属元件之间来保证它们之间的低阻抗路径；

接地环路（Ground Loop）：一个潜在的电磁干扰条件，为了安全、电源回路或其他目的，将两台或更多台设备互连并接到公共地时形成的；

吸收损耗（Absorption Loss）：屏蔽效率的一部分，信号穿过一个金属屏蔽后的能量吸收；

反射损耗（Reflection Loss）：屏蔽效率的一部分，由于入射场和金属屏蔽层之间的阻抗不匹配而引起的能量反射；

孔径泄露（Aperture Leakage）：屏蔽效率中的泄露，产生于窗户、冷却口、金属盒接口处等类似地方的孔、裂缝处。电磁干扰容易从这些地方出入；

电流探测器（Current Probe）：一种 EMI 传感器，夹在输出电流的导线、电缆或金属带上测量其内部电流或干扰电流；

电场（Electrical Field）：辐射波场的梯度值，单位为伏/米（V/m）；

磁场（Magnetic Field）：辐射波电流的梯度，单位为安/米（A/m）；

待测设备（Equipment Under Test，EUT）；

线路阻抗稳定网络（Line Impedance Stabilization Network，LISN）：插入在电源线和待测系统之间的设备，来保证传导型电磁干扰测量的可重复性；

电源调整（Power Conditioning）：通过插入滤波器、隔离器、整流器或一个不间断电源来减少电源主干线上的电磁干扰污染；

功率密度（Power Density）：辐射功率除以观察面积，单位为瓦/米^2（W/m^2）；

集肤深度（Skin Depth）：由表面流过电流的63%而计算出来的金属层厚度。

传输阻抗（Transfer Impedance）：表征电缆屏蔽性能的一个度量单位，即耦合电压和表面电流之比，用 Z_t 表示，单位为欧/米（Ω/m）。

1.4　电磁噪声和干扰常用描述方式

为了实现电磁兼容，必须掌握具体电磁环境中的噪声与干扰的物理特性，这是采取相应措施抑制干扰的基本依据。

我们有这样的常识：手机信号能影响电视机图像信号，而不会影响电力电子装置或电机的运行（如电风扇、洗衣机等），这个典型的弱电和强电设备的例子说明噪声信号可以用幅度进行区别，当设备对幅度小的噪声不敏感时就不会有干扰现象；另外一方面，同是弱电信号，手机可以干扰固定电话的通话或电视机图像，但是反过来固定电话或电视机却不会影响手机通话，因为手机信号、固定电话语音信号和电视图像信号的频率不同，说明噪声有频率的区别，若设备在某一频段不敏感，也不会出现干扰现象。噪声或干扰是否仅用电平幅度或频率就能完整地描述呢？

从图 1-2 可以看到，电磁干扰产生的原因很多，噪声互相交织，传递途径多样，电磁环境错综复杂，很多情况下是在系统出现异常后人们才意识到所处电磁环境的严峻程度。因此，仅对电磁环境有定性认识是不够的，应通过测量对电磁环境做出定量描述，如用电场强度和磁场强度表示稳定电场和磁场；用电压和电流表示局部电路与整体的关系；用统计量和振幅概率分布函数表示随机变化的干扰特性；用脉冲峰值分布、能量分布、发生频度分布等参数表示脉冲噪声等。

对处于各种电磁环境中的受扰设备的特性做出正确评价，是进行电磁兼容设计的又一个重要方面。例如，利用适宜的试验手段、实验路线、测试方法，借助于各种噪声模拟仪器设备对受扰设备进行测量，以得出设备能承受的电磁干扰极限值和敏感度等。它也需要对电磁干扰进行定量描述。

有了对电磁干扰的正确描述，就可以较明确地采取措施进行电磁兼容设计和干扰的抑制，如根据电气电子设备和所处的特定环境的多方面定量描述数据，做好设备中元器件布局；进行屏蔽、接地和布线等方面的设计；采用适当的滤波手段来处理电源等引起的电压或/电流的瞬变干扰；选择有效方法抑制干扰源和切断干扰传递路径等。

电磁噪声实际上是某种电量变化量，形成干扰的现象表现为各种物理现象，由于电量、物理量等均可以用物理学、数学、电工学及其电磁场理论等知识和术语来描述，引起电磁干扰的重复性噪声信号可以用时域波形来表示其特征，又可以用信号分析基础来描述。因此电磁噪声和电磁干扰一般用这些领域的描述方式和术语来定义。

1. 噪声频谱和功率

重复性信号可以用其时域波形来表示，而且单脉冲干扰，如闪电、静电放电（ESD）、电力线浪涌等，也总是用时域波形表示。

从另一个方面看，工频（较低频率）噪声和瞬变噪声的频率范围直接关系到所采取的抗干扰措施。一般说来，工频噪声的频率较低，对数字电路无严重影响，但对低电平模拟电路的危害却很大；瞬变噪声的频率范围超过0.5MHz时，将引起一系列问题。所以在进行电磁兼容性设计和解决实际干扰问题的过程中，应该对噪声的频谱进行研究和分析。根据信号分析理论，噪声的波形决定了其频谱和功率，以频谱和功率作为噪声的一种描述，是从干扰的物理现象中区分有用信号和干扰信号的常用描述方式，也是从抗干扰角度决定抑制噪声措施的常用描述方式。因此对EMC的描述和分析通常被定义在频域，如滤波器的性能、屏蔽材料和EMC元件。因此，需要将时域波形转换到频域，或相反由频域转换到时域。

波形观测使用时间坐标，可用示波器观测噪声峰值和宽度等时域特性；频谱分析使用频率坐标，可用频谱分析仪观测各频率时的噪声幅值，即频率特性。用傅里叶变换还可以找出时域特性和频率特性之间的关系。

由傅里叶定理可知，任何周期信号都能表示为正弦和余弦信号的级数形式，其频率是基波频率的整数倍。然而，由于电磁干扰的频域范围是从几赫兹到10亿赫兹，所以需要花费很长时间对频域范围从基波到几千至几万次的每一个谐波的幅度进行严格的分析。

对于非周期的信号，用傅里叶变换将信号从时域变换到频域，得到的频域波形称为频谱。对于非周期信号，频谱是连续的；对于周期信号，用傅里叶级数进行变换，频谱是离散的，即只能在有限的频率点上存在能量。由于周期信号有限的能量分布在有限的频率上，因此周期信号的能量更集中，干扰作用更强。

设时域函数为$f(t)$，它的傅里叶变换$F(\omega)$即其在频率范围的表征为

$$F(\omega) = \int_{-\infty}^{\infty} f(t)\,\mathrm{e}^{-\mathrm{j}\omega t}\mathrm{d}t \tag{1-1}$$

式中，$F(\omega)$为一个复函数，它的模$|F(\omega)|$为$F(\omega)$的幅频特性，或称为幅度谱，简称频谱。

由于实际计算中不能得到从$-\infty$至∞的积分，必须规定对时域波形的观测时间。随着计算机存储量、速度和计算技术的发展，近年来采用计算机软件分析信号波形频谱的方法非常方便易行。若噪声相对平稳，则可采用频谱分析仪直接测量$|F(\omega)|$。

傅里叶变换指出了时域和频域之间的一一对应关系。根据傅里叶变换的性质可知，窄脉冲具有较宽的频率成分；前后沿比较平坦的脉冲仅在较低的频段内有较大的能量，而前后沿较陡的脉冲一般具有较丰富的高频成分，如电力电子开关变换器中的方波脉冲。

由于很多噪声是随机发生的。描述随机噪声信号的方法为概率统计的方法，统计量一般取如下几项：

1）猝发式随机噪声的发生频度；

2）随机噪声的振幅分布；

3）振幅有效值和离散度（或标准偏差）；

4）功率（即影响有用信号的干扰能量）。

在时间平均上，噪声量的大小用噪声功率或噪声电压均方根值来表示。为了便于应用，常以某一功率或电压作为基准值，其他的功率或电压则以它们相对于基准值的分贝数来表示。

无线电波和数字电路的时钟信号，以及电力电子变换电路产生的脉冲方波等也会成为噪声，但这种噪声的周期明确，波形也容易掌握，因此没有必要用统计的方法去描述它们。

2. 噪声温度

电路内产生的热噪声是温度的函数，即将噪声产生的效应等同于功率或能量计算，归结到温度量上，作为电阻于温度 T 时产生的热噪声对待。热噪声可用其功率谱密度——单位频率内噪声具有的功率表示。

根据奈奎斯特（Nyquist）定理，电阻性元件的有效噪声功率谱密度和温度之间的关系为

$$N = kT \tag{1-2}$$

式中，N 为温度为 T 时，电阻所产生的热噪声功率谱密度（W/Hz）；k 为常数；T 为电阻温度（K）。由于 $T = N/k$，所以称为噪声温度，可以代表该噪声的功率谱密度。

3. 信噪比

电子系统某一特定点处信号功率和噪声功率的比值称为信噪比。信噪比可以反映出电路中某一特定点处信号和噪声强度的相对状况：信号小于噪声，噪声便淹没了信号；只有当信号大于噪声时，才易于从噪声中检测出有用信号。为了保证有用信号的质量，应尽可能增大信噪比，这就要求选择适宜的元器件和设计优良的电路方式。电路中能够检测和放大的信号的最低电平主要取决于电路元件自身产生的噪声量（如电力电子电路产生的噪声）。由于热噪声是无法除掉的噪声，所以电路元件的热噪声是限制信噪比提高的重要因素。

信噪比一般以分贝(dB)表示，即信噪比 = $10\lg S/N$(dB)，这里 S 是信号的功率，N 是噪声的功率，信噪比的极限值是 0dB 和∞ dB，当 $S/N = 1$ 时信噪比为 0dB，当 $S/N = 100$ 时为信噪比 20dB。

4. 噪声系数 *NF*

噪声系数为电路输入端的信噪比除以输出端信噪比的商，它是反映电子电路内部噪声量的重要参数之一，可用如下公式表示

$$NF = \frac{S_i/N_i}{S_o/N_o}$$

式中，S_i 为输入端信号功率；N_i 为输入端噪声功率；S_o 为输出端信号功率；N_o 为输出端噪声功率。

一个电路的噪声系数可用分贝(dB)表示

$$NF = 10\log NF \tag{1-3}$$

以分贝表示的基准噪声系数(分贝值)的下限是 0dB，上限是∞ dB。

5. 电磁干扰发送量和电磁干扰敏感度

电磁干扰发送量是噪声源发出的能量，以传导或辐射方式向外传递，用噪声源发送出的噪声频谱和功率来定量描述。

电磁干扰敏感度是电子部件、设备、分系统或系统由于受到环境电磁干扰而产生不应有

响应的敏感程度，通常用能够使设备产生不应有的响应的最小电磁干扰量来表示。敏感度越低，对电磁干扰越不敏感，抗干扰性越好。

电磁兼容中允许的极限值大多与传导或辐射的电磁干扰发送量及电磁干扰敏感度有关。发送量可以用电场强度、磁场强度、电压和电流表示。而传导敏感度常用电压表示，辐射敏感度常用 V/m 表示。由于要表示和测量的极限范围对于不同设备和不同频率而言往往差异很大，所以大多用对数来表示，如 dBV、dBμV、dBμA 等。

6. 关于分贝的概念与应用

上述很多描述中用分贝（decibel，dB）作为单位，分贝是电磁干扰测量时常用的单位。

（1）功率

电磁兼容测量中，干扰的幅度可以用功率来描述。功率的基本单位为瓦（W），为了表示变化范围很宽的数值关系，常常应用两个相同量比值的常用对数，以贝尔（bel）为单位。以 bel 为单位定义的功率损失为

$$\text{损失} = \lg\frac{\text{输入功率}}{\text{输出功率}} \tag{1-4}$$

当输入功率等于 10 倍的输出功率时，其损失为 lg10 = 1 bel，即 1bel 的损失对应于 10:1 的功率损失。

但是贝尔是一个较大的值，为了使用方便，工程上一般采用 1/10 的贝尔单位——decibel，简称为分贝（dB），因此以 dB 为单位定义的功率损失为

$$\text{损失} = 10\lg\frac{\text{输入功率}}{\text{输出功率}} \tag{1-5}$$

dB 常用来表示两个相同量比值的大小，如两个功率的比值 $P_{dB} = 10\lg\frac{P_2}{P_1}$。dB 是无量纲的，但由于 dB 表示式中基准参考量的单位不同，dB 在形式上也带有某种量纲，如基准参考量 P_1 为 1W，则 P_2/P_1 是相对于 1W 的比值，即以 1W 为 0dB，这时是以带有功率单位的分贝（dBW）来表示 P_2，所以

$$P_{dBW} = 10\lg\frac{P_W}{1W} = 10\lg P_W \tag{1-6}$$

式中，P_W 为实际测量值（W）；P_{dBW} 为用 dBW 表示的测量值。

功率测量单位通常还采用分贝毫瓦（dB mW），它是以 1mW 为基准参考量来表示 0dB mW。类似地，以 1μW 作为基准参考量，表示 0dB μW。dB W、dB mW、dB μW 的换算关系为

$$\begin{gathered} P_{dBW} = 10\lg(P_W) \\ P_{dBmW} = 10\lg(P_{mW}) = 10\lg(P_W) + 30 \\ P_{dB\mu W} = 10\lg(P_{\mu W}) = 10\lg(P_{mW}) + 30 = 10\lg(P_W) + 60 \end{gathered} \tag{1-7}$$

（2）电压

同样，电压的分贝单位（dBV、dBmV、dBμV）表示为

$$\begin{gathered} V_{dBV} = 20\lg\frac{V_V}{1V} = 20\lg V_V \\ V_{dBmV} = 20\lg\frac{V_{mV}}{1mV} = 20\lg V_{mV} = 20\lg V_V + 60 \end{gathered} \tag{1-8}$$

$$V_{\mathrm{dB\mu V}}=20\lg\frac{V_{\mu\mathrm{V}}}{1\mu\mathrm{V}}=20\lg V_{\mu\mathrm{V}}=20\lg V_{\mathrm{V}}+120$$

（3）电流

电流的分贝单位（dBA、dB mA、dB μA）表示为

$$I_{\mathrm{dBA}}=20\lg\frac{I_{\mathrm{A}}}{1\mathrm{A}}=20\lg I_{\mathrm{A}}$$

$$I_{\mathrm{dBmA}}=20\lg\frac{I_{\mathrm{mA}}}{1\mathrm{mA}}=20\lg I_{\mathrm{mA}}=20\lg I_{\mathrm{A}}+60 \tag{1-9}$$

$$I_{\mathrm{dB\mu A}}=20\lg\frac{I_{\mu\mathrm{A}}}{1\mu\mathrm{A}}=20\lg I_{\mu\mathrm{A}}=20\lg I_{\mathrm{A}}+120$$

（4）电场强度

电场强度的单位是伏每米（V/m）、毫伏每分（mV/m）、和微伏每分（μV/m），其分贝单位为 dB V/m、dB mV/m 和 dB μV/m。

$$E_{\mathrm{dB(\mu V/m)}}=20\lg\frac{E_{\mu\mathrm{V/m}}}{1\mu\mathrm{V/m}}=20\lg E_{\mu\mathrm{V/m}} \tag{1-10}$$

由
$$1\mathrm{V/m}=10^{3}\mathrm{mV/m}=10^{6}\mu\mathrm{V/m}$$
得
$$1\mathrm{V/m}=0\mathrm{dBV/m}=60\mathrm{dBmV/m}=120\mathrm{dB\mu V/m}$$

（5）磁场强度

磁场强度的单位是安每米（A/m），其分贝 dBA/m 是以 1A/m 为基准的磁场强度的分贝数，同理可定义 dB mA/m 和 dB μA/m。

（6）宽带电磁干扰度量单位

宽带 EMI 度量单位是将上述规定的分贝单位再归一化到单位带宽得出的，如 dBmV/kHz 为归一化到每 1kHz 带宽内的以 1mV 为基准的电压分贝数。

电磁干扰及测量描述还有其他一些具体定义，在“电磁兼容测量”部分再做进一步介绍。

1.5　电磁兼容研究的主要内容

电磁兼容性是电子设备或系统的主要性能之一，必须在设备或系统功能设计的同时进行电磁兼容的设计和研究。电磁兼容任务是使各设备、系统或其他有生命或无生命物质能兼容地工作，因此电磁兼容必须同时研究装置的干扰和被干扰，对装置内部的组织和装置之间要注意其相容性，根据实际情况提出科学的设计原则和实用方法，使产品在所处的电磁环境中长期可靠地工作，不降低自身性能，也不发射超过标准限制的干扰量。具体地说，电磁兼容研究包括以下几个方面。

1.5.1　电磁环境评估

通过电磁环境评估（阐明设备对环境的影响和电磁环境对设备的影响），对照电磁兼容标准，找出差距。即通过实测或数字仿真等手段，对设备在运行时可能受到的电磁干扰水平（幅值、频率、波形等）进行估计。例如，利用可移动的电磁兼容测试车对高压输电线路或

变电站产生的各种干扰进行实测，或通过电磁暂态计算程序对可能产生的瞬变电磁场进行数字仿真。电磁环境评价是电磁兼容技术的重要组成部分，是抗干扰设计的基础。

1.5.2 电磁兼容标准研究

电磁干扰是系统和设备正常而兼容工作的突出障碍。电气电子设备和产品在同一电磁环境下工作，必须要统一规定能兼容工作的电磁干扰发送量和电磁干扰敏感度限制值。这些限制值在产品进入国内市场时应该制定统一的国家级标准，而产品要进入国际市场时必须受到统一的国际标准的约束。由于不断有新的电气和电子产品问世，新的功能可能会带来新的问题，使电磁兼容标准的研究和科学的制定，成为电磁兼容研究的又一重要内容。

电磁兼容技术标准和规范的种类和数目非常多，它们具有如下内容和特点：

1）规定了各种非预期发射的极限值：为了对人为产生的电磁能量（即人为干扰）予以控制，以保护各种电气、电子系统的正常工作。

2）统一规定了测量方法：由于标准中规定的电磁发射及敏感度极限值往往是绝对量值，在检查产品是否满足这些极限值要求时，必须有统一的测量方法才能保证测量数据的可比性。

3）统一规定电磁兼容领域内的名词术语：为了使标准所规定的意义明确，要求使用的人员对其中的名词术语等有关概念有共同的理解，正确理解术语的定义和极限值规定，才能正确地实施测量。

4）规定了设备、系统的电磁兼容性要求及控制方法：在电磁兼容技术的发展中，人们已经得到许多对电磁干扰的控制和电磁兼容设计的研究成果。为了正确使用和推广这些技术成果，在有关标准中概述了对系统电磁兼容性的要求（包括系统功能性电磁发射和敏感度要求），系统电磁环境控制、雷电保护、防静电干扰等技术准则和设计指南，以及电磁兼容验证的方法等。

5）使国家 EMC 标准与国际 EMC 标准接轨：为我国产品进入国外市场奠定电磁兼容方面的基础，也为提高我国国内的电磁兼容性水平、改善电磁环境创造条件。

1.5.3 电磁干扰的研究

电磁干扰是干扰源通过耦合路径对其他敏感设备造成的，研究电磁干扰，可认为是研究电磁骚扰发射（Emission）及其耦合路径、敏感设备的抗干扰设计。它包括：① 对电磁干扰源的研究，包括电磁骚扰源的频域和时域特性，产生的机理以及抑制措施等；② 对电磁骚扰传播特性的研究，即电磁骚扰如何由骚扰源传播到敏感设备（包括传导和辐射）；③ 对敏感设备抗干扰能力的研究。

1. 干扰源的探讨

包括干扰源（噪声）特性分析、建立噪声模型（时域或频域描述）、频谱和功率分析等。噪声通常来自：高电压的静电干扰以及漏电流的影响；大电流的电磁干扰以及直流磁场的磁干扰；有害辐射引起的电磁波干扰；热电动势或其他接触噪声干扰；负载变动与电源电压变动影响等。

2. 电磁干扰耦合路径分析

电磁干扰耦合路径分析就是要弄清干扰源产生的电磁搔扰通过何种路径到达被干扰的对

象。一般来说，干扰可分为传导型干扰和辐射型干扰两大类。传导型干扰是指电磁搔扰通过电源线路、接地线和信号线传播到对象所造成的干扰，如通过电源线传入的雷电冲击源产生的干扰；辐射型干扰是指通过电磁源空间传播到敏感设备的干扰，如输电线路电晕产生的无线电干扰或电视干扰。研究干扰的耦合途径，对制定抗干扰的措施，消除或抑制干扰有重要的意义。

3. 抗扰性评价

对处于各种电磁环境中的受扰设备的特性作出正确评价，是进行电磁干扰研究的又一个重要方面。这方面主要依靠试验测试来确定，如利用适宜的试验手段、试验线路、测试方法，借助于静电放电模拟器、噪声模拟器等仪器对数字设备、模拟设备等进行测试，以得出设备能承受的电磁干扰极限值和噪声敏感度等。

在电力系统这样的强电系统中也要研究像继电保护、自动装置、计算机系统、电能计量仪表等关键部位耐受电磁干扰的能力。一般是采用试验来模拟运行中可能出现的干扰并在设备尽可能接近工作条件下，试验被试设备是否会产生误动或永久性损坏。设备的抗扰性取决于该设备的工作原理、电子线路布置、工作信号电平以及所采取的抗干扰措施。随着现代工业和生活中各种自动化系统和通信系统的广泛应用，随着强电设备与弱电设备集成为一体的趋向，如何评价这些设备耐受干扰的能力、研究实用和有效的试验方法、制定评价标准将成为电力系统电磁兼容技术的重要课题。

1.5.4　电磁干扰测试的研究

对于电磁干扰测试方面的研究，含实验方法和测量手段研究，即对于测量设备、测量方法与数据处理方法的研究。

在电子电路设计中，基于模型的设计包含了电路或设备的电气性能方面的设计，因此设计初期建立了精确模型也就赋予了设备的电气性能。而从EMI的观点来看，由于电路图在抽象化的过程中舍弃了寄生参数、元器件之间的相互耦合以及这些参数和耦合对实际电路的影响，干扰源到敏感设备的耦合路径被人为地从理论上切断，实际上这些耦合及耦合路径以及敏感器的问题难以用准确的数学模型去描述、定量分析、计算和仿真，因此设计出的电气电子装置必须依靠测试来确定（而不是完全依靠设计所赋予）其EMC性能，在观察与判断物理现象或解决实际问题时，实验与测量具有重要的意义。正如美国肯塔基大学的C. R. Paul教授所说的：“对于最后的成功验证，也许没有任何其他领域像电磁兼容那样强烈地依赖于测量。”面对今天的技术进步和现代市场经济的现实，电磁兼容已经形成一种产业，并在国民经济中发挥着重要的作用。而作为其支撑技术的电磁兼容试验技术，正在受到越来越多的关注。

在难以用复杂的电磁场理论建立参数模型，或建模为电子设备设计者难以掌握，或所采用的技术成本为设计者难以接受等情况下，探讨合适的分析、预测、设计方法，寻求合适的电磁兼容试验手段，或以试验获得的非参数模型来分析系统的电磁兼容性，使电磁兼容问题研究对于设计者而言不是一种可望而不可及的“玄学”，这也是电磁兼容研究的热点之一。

1.5.5　电磁兼容设计方法和控制技术研究

电磁兼容设计和干扰控制技术研究包括对系统内（在给定系统内部的分系统、设备及部件之间）和系统间（给定系统与它运行时所处的电磁环境或与其他系统之间）电磁兼容性的研究。

在电子设备的研发中，应充分考虑到系统、分系统、设备与周围环境之间的相互干扰，在电子系统的开发与设计过程中采取正确的防护措施减小电子系统本身的电磁发射。在设备或系统功能设计的初始阶段，同时进行电磁兼容设计，把电磁兼容的大部分问题解决在设计定型之前，可得到最高的效费比。如果等到生产阶段再解决，不仅在技术上有很大的难度，而且会造成人力、财力和时间上的极大浪费。研究表明：有 80% 的潜在干扰问题可以在设计与开发过程中解决，而在整个系统完成后再去解决系统的干扰问题，将要花费双倍以上的力气和成本。电磁兼容的效费比如图 1-3 所示。

电磁兼容设计仍然基于三要素，即力图控制干扰源的发射能量、阻断耦合途径和提高设备抗干扰性。由于干扰源总是存在，信号正常传递中的噪声耦合路径有很多，难以全部切断，而敏感设备是不可能完全避开电磁干扰的，所以常见的解决办法是在敏感设备上应用抗干扰措施。例如，电力调度大楼遭受雷击是不可避免的。但系统的安全运行可通过正确的接地、屏蔽、隔离措施加以保证。研究有效、经济和适用的抗干扰措施是电磁兼容设计和干扰控制的重要技术之一。

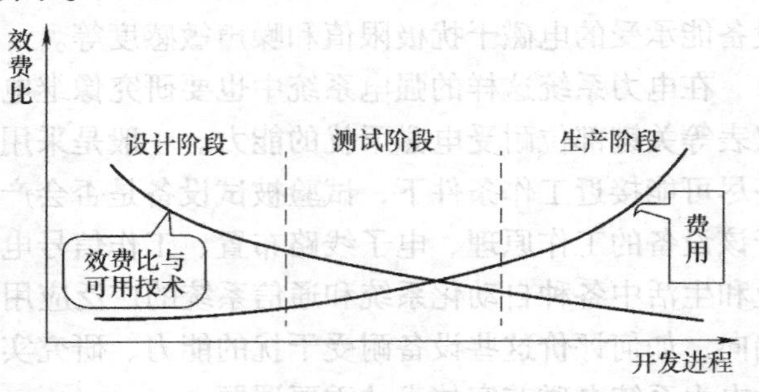

图 1-3　电磁兼容性效费比

1. 电磁兼容设计方法

电磁兼容设计就是为了使系统的抵抗电磁干扰能力与其所在的电磁环境相适应并留有充足裕度，以保证系统在特定电磁环境中可靠运行，且不影响其他设备正常工作而进行的设计。

电磁兼容设计的基本方法是按照指标分配和功能分块设计。首先根据有关的标准把整体电磁兼容指标逐级分配到各功能块上，细化成系统级、设备级、电路级和元件级的指标；然后按照要实现的功能和电磁兼容指标进行设计，如按电路或设备要实现的功能、按骚扰源的类型、按骚扰传播的渠道以及按敏感设备的特性等。设计的内容有：分析系统所处的电磁环境；选择频谱及频率；制定电磁兼容要求与控制计划；设备及电路的电磁兼容设计，包括控制发射、控制灵敏度、控制耦合以及接线、布线与电缆网的设计、滤波、屏蔽、接地与搭接的设计等。

2. 电磁干扰控制技术

人们通过多年的研究，积累了许多电磁干扰的控制方法和电磁兼容设计技术，例如，在具有计算机的系统中，利用硬件和软件手段，采用时序或频谱管理方法，对形成干扰的三要素进行限制，控制干扰信号波形（如电力电子变换电路产生的波形）以控制干扰能量集中处的频率和幅度（功率），或在时间上错开敏感度高的设备运行时段；根据对具体电子设备和所处特定环境的各方面数据的正确理解，做好所用各种元件、器件、设备的布局；发挥屏蔽、接地、布线设计的作用；采用适当的滤波手段抑制或切断干扰传播途径等。

电磁干扰控制技术，归纳起来大体分为如下几类：

1）输通道抑制：滤波、屏蔽、搭接和合理布线；

2）空间分离：地点位置控制、自然地形隔离、方位角控制、电场矢量方向控制；

3）时间分隔：时间共用准则、雷达脉冲同步、主动时间分隔法、被动时间分隔法；

4）频谱管理：频谱规划/划分、制定标准规范、频率管制等。

5）电气隔离：变压器隔离、光电隔离、继电器隔离、DC/DC 变换等。

6）其他技术。

1.5.6　其他研究内容

随着电磁兼容技术和现代科学技术的发展，许多研究内容也逐渐纳入电磁兼容研究的范畴。

1. 电能质量

国际大电网会议把电能质量控制也列入电磁兼容的范畴，研究频率变化、谐波、电压闪变、电压骤降等对用户设备性能的影响。

2. 电磁干扰诊断

图 1-4 是对某信息系统的电磁环境的描述。从中可以了解到设备、电路模块相互之间的影响：计算机的电源供应器为电力电子电路构成的开关电源，其开关工作方式产生的电磁噪声以一定频率向外发射电磁干扰，影响其他设备工作，同时计算机的磁盘驱动器（由电机及传动装置组成，包括微处理器芯片构成的控制电路）在电机运行时产生干扰，影响同一环境中的设备如笔记本电脑等；计算机又受到同一资讯环境中其他设备的影响（如传真机、复印机中的电机、手机信号干扰等）。当设备或产品或系统由于电磁干扰而不能正常工作时，要解决电磁干扰问题，就应该从复杂的电磁环境中进行干扰的诊断，以便有的放矢地排除干扰。干扰诊断包括电磁干扰测量和确定干扰源。由于所有电磁兼容标准中的电磁干扰极

图 1-4　信息系统复杂的电磁环境

限值都是在频域中定义的，而且图 1-4 中各种设备相互之间的干扰呈现出不同的频率，所以干扰诊断的主要方法是采用频域的测试仪器（如频谱分析仪）对干扰进行频域分析，根据干扰信号的频率和带宽确定干扰源。

3. 电磁场生态影响

公众对工频电磁场对人体健康可能产生有害影响的疑虑，已成为一些国家高压输电发展的重要制约因素。致游离辐射，如 X 射线、伽马射线对人体健康产生有害的影响已经为人们所熟悉。非致游离辐射，包括低频电磁场是否对生物系统，特别是对人类的健康产生有害影响，始终是一个悬而未决的问题。

尽管全球的科学家对此进行了大量的研究，由于此问题极其复杂，至今尚难以得出结论，未来需要开展更多的研究课题。

思考题和习题

1. 为什么说电磁噪声不等于电磁干扰？是电磁噪声不会产生电磁干扰吗？
2. 什么是电磁干扰三要素？
3. 电磁兼容是否指“电”和“磁”的相容？电磁兼容是如何定义的？
4. 电磁环境指什么？
5. 电磁兼容学主要研究哪些内容？
6. 什么是滤波、屏蔽和搭接？
7. 在电子电路设计中，建立了精确模型也就同时赋予了设备的电气性能或功能。为什么电子或电气产品的电磁兼容设计却无法赋予其电磁兼容性能，而必须强烈地依赖于电磁兼容试验或测试？
8. 解释图 1-3 的意义。
9. 对电磁干扰的描述有哪些术语和定义？
10. dB 的概念是什么？为什么式（1-6）中常用对数前的系数是 10，而式（1-8）中常用对数前的系数变成了 20？

第2章　电磁干扰种类、形成及传播方式

了解电磁干扰产生的原因、种类和传播途径，可以从不同的途径阻隔干扰或切断干扰传播，甚至从干扰产生的源头研究完全消除干扰的技术和方法，因而本章内容是研究抑制干扰、抗干扰的重要基础。

2.1　电磁干扰的种类及形成

干扰从不同的角度去观察，如干扰源发生机理、表现形式、危害方式、传播途径或干扰信号波形的时域或频域特征等，有不同的划分方法。主要有如下几种分类。

2.1.1　自然电磁干扰和人为电磁干扰

按照电磁波产生的机理，电磁干扰可以分为自然电磁干扰和人为电磁干扰。

2.1.1.1　自然电磁干扰

自然电磁干扰由非人为因素产生的电磁波构成，包括以下因素形成的干扰：

大气噪声干扰：如雷电产生的火花放电，属于脉冲宽带干扰，其覆盖从数赫兹到100MHz以上，传播的距离相当远。

太阳噪声干扰：指太阳黑子的辐射噪声。在太阳黑子活动期，黑子的爆发可产生比平稳期高数千倍的强烈噪声，致使通信中断。

宇宙噪声：指来自银河系的噪声。

静电放电：人体、设备上所积累的静电电压可高达几万伏直到几十万伏，常以电晕或火花方式放掉，称为静电放电。静电放电产生强大的瞬间电流和电磁脉冲，会导致静电敏感器件及设备的损坏。静电放电属脉冲宽带干扰，频谱成分覆盖了直流到中频频段。

静电、雷电和自然辐射是三种最重要（即最具破坏力）的电磁干扰。

1. 静电

静电是自然界最普遍的电磁干扰源。在许多场合，尤其是比较干燥的时期或比较干燥的地区，静电放电问题非常常见，几乎人人身上都携带着数百伏甚至数千伏的静电。静电的潜在危害无处不在，因此有必要了解静电放电对设备产生危害的机理以及防护，或消除这些危害的方法。

（1）静电的形成

我们知道，物质由分子组成，而分子由原子组成。原子由带负电荷的电子和带正电荷的质子组成。在正常情况下，一个原子的质子数与电子数相同，正负电荷平衡，对外表现出不带电的现象。

假如这种平衡状况被打破，如图2-1所示，绕原子A的原子核旋转的电子，在外力的作用下，离开原来的原子A而侵入其他的原子B，那么A原子因缺少电子数而带正电，称为阳离子，B原子因增加电子数而带负电，称为阴离子。当外力持续作用时，阳离子和阴离子

的分解越来越不均匀，对外就表现为带电现象。造成不平衡电子分布的原因是电子受外力而脱离了轨道，这个外力包含各种能量，如动能、势能、热能和化学能等。

任何两个不同材质的物体接触后再分离都会产生静电。当两个不同的物体相互接触时，就会使一个物体失去一些电子而带正电，另一个物体得到一些剩余电子而带负电。若在分离的过程中电荷难以中和，电荷就会积累使物体带上静电。所以物体与其他物体接触后再分离，就会产生静电。

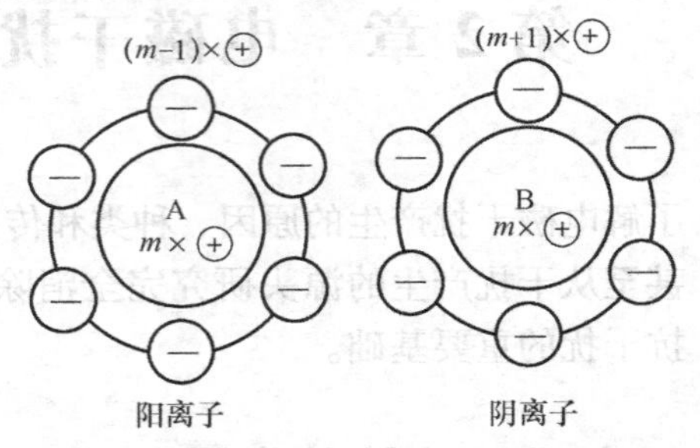

图 2-1 静电产生机理

固体、液体甚至气体都会因接触分离而带上静电。气体可以产生静电是由于它也是由分子、原子构成的，当空气流动时，分子、原子也会发生“接触分离”。所以我们周围的环境甚至我们身上都会带有不同程度的静电，当静电积累到一定程度时就会产生放电现象。

产生静电的过程称为起电。摩擦起电是一种不断接触又分离而造成正负电荷不平衡的接触分离起电过程。日常生活中，各类物体（如工作台面、地板、椅子、衣服、纸张、包装材料和流动空气等）都可能由于移动或摩擦产生静电。

当两种材料一起摩擦时，电子会从一种材料转移到另一种材料上，这导致在材料表面上积累大量正电荷或负电荷，因这些电荷缺乏相互中和的通道而停留在材料表面。因此大多数非导电材料都会产生静电，但产生静电量多少则是由材料起电序列决定的。常见材料的摩擦起电序列为：人体、玻璃、云母、聚酰胺、毛织品、毛皮、丝绸、铝、纸、棉花、钢铁、木头、硬橡胶、聚酯薄膜、聚乙烯、聚氯乙稀、聚四氟乙烯（PVC）。

在上述序列中，两种材料相差间隔越大，就越容易摩擦起电。但并非摩擦起电越容易，材料表面积累的静电荷就越多，因为摩擦起电引起的电荷积累还有其他一些条件限制，如两种材料接近的紧密程度、分离速度、湿度及这两种材料的导电性等。如铝和钢铁，两种材料虽然摩擦也可以产生电荷，但因它们均为良导体，产生的电荷会马上中和，不会产生静电荷的积累。当然，潮湿的空气也是正负电荷中和的路径。人体是良好的静电载体，能够通过摩擦起电到几千伏。通过人的活动，这些不需要的静电荷就会被带到一些敏感区域游离，一旦找到合适的放电路径，就会产生放电现象。静电的危害主要是通过静电的放电现象而引起的。

感应起电是另一种常见的静电产生方式。当带电物体接近不带电物体时，会在不带电的导体两端分别感应出负电和正电。

产生静电的方式还有很多，如热电起电、压电起电、喷射起电等。

（2）静电的放电（ESD）

当人体接近导电物体时（最坏的情况是接触到一个金属物体），如果空气气隙上的电位梯度足够高，电荷会以火花的形式转移到该物体上。电荷转移中的能量可能非常低以至于不易察觉，也可能非常高而造成疼痛的感觉。这是由于人体和大地、人体与导电物体、导电物体与大地、人体的放电路径上及人体本身均存在着电阻、电容或电感，人体所积累的静电电荷与大地形成了一个静电场，当人体接近金属物体时，人体与金属体之间的场强急剧增强，场强达到一定程度时将导致空气击穿，先形成一个等离子导电通路，然后形成电弧，这样就形成了主要的放电过程。

如果近似用集中参数模型代替实际人体放电的分布参数模型，人体放电电流波形与高阶线性系统的脉冲响应非常相似（如图 2-2 所示）。虽然在电弧发生之前人体与金属体靠近的速度并不重要，但是在电弧发生期间这个速度却是非常重要的。电弧形成所需要的时间远比电弧持续的时间长，电弧形成过程中人体快速向金属体移动，比慢速移动时形成的电弧间隙小，电弧的电压就很高，引起更快的电流上升速度和更大的上升幅度，因此产生更强的静电放电。

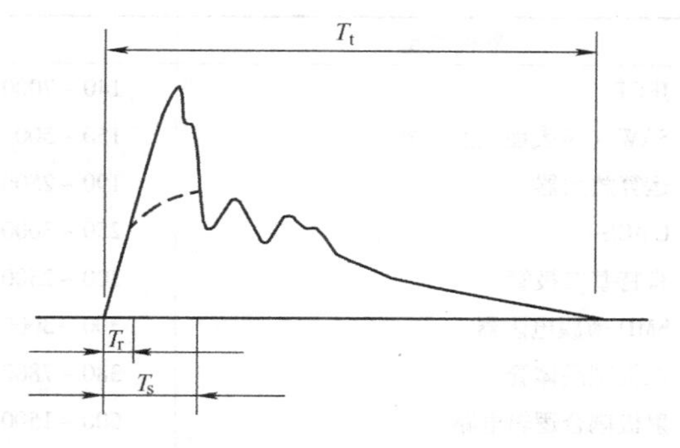

图 2-2　典型人体放电电流波形

图 2-2 的波形反映出低频成分转移的电荷比高频成分多，但是高频成分会产生更强的场，对电路的危害也最明显。通过试验可测得图 2-2 中各参数范围：上升时间 T_r 为 0.2～100ns；尖峰宽度 T_s 为 $0.5\sim10^4$ns；持续长度 T_t 为 $100\sim2\times10^6$ns。

静电放电过程的不同不仅表现在电流波形时间特性上的差异，而且幅度也可在 1～200A 范围内变化，因而放电时能量很大，频率很高（可以高达 5GHz）。正是由于不同条件下静电放电的特性差异，电子设备对静电放电的响应较难预测，大多数情况下可采用统计的方法来处理。

（3）静电的危害

静电场的强度取决于带电物体的电荷和与它的电荷量不同的物体之间的距离。人体上的电压通常可以达到 8～20kV。当一个元器件的管脚间电压超过元器件介质的击穿强度（极限允许值），则会造成元器件损坏。表 2-1 和表 2-2 分别列出了典型生产现场易产生的静电电压及静电对部分电子元器件的击穿电压。从这两个表中可以看到，人体在这些生产场合产生的静电电压均超过这些敏感电子器件的击穿电压，相对于自然界的静电，电子器件是敏感而娇贵的。因此，是否采取了静电防护措施，是衡量电子器件质量的一个非常重要的指标。

表 2-1　生产现场易产生的静电电压

生产场合	静电电压/V（湿度 10%～20%）	静电电压/V（湿度 65%～90%）
在地毯上走动	35000	1500
在乙烯树脂地毯上走动	12000	250
手拿乙烯塑料袋装入器件	7000	600
在流水线工位接触聚酯塑料袋	20000	1200
在操作工位与聚胺酯类接触	18000	1500

表 2-2　静电对部分电子元器件的击穿电压

器件类型	EOD/ESD 的最小敏感度（以静电电压表示/V）
VMOS	30～1800
MOSFET	100～200
砷化镓 FET	100～300
EPROM	100 以上

（续）

器件类型	EOD/ESD 的最小敏感度（以静电电压表示/V）
JFET	140～7000
SAW（声表面波滤波器）	150～500
运算放大器	190～2500
CMOS	250～3000
肖特基二极管	300～2500
SMD 薄膜电阻器	300～3000
双极型晶体管	380～7800
射极耦合逻辑电路	500～1500
晶闸管	680～1000
肖特基 TTL	100～2500

2. 雷电

相对于云层的静电来说，人体上所携带的电量和电压都要小得多。由云层上携带的静电放电现象称为雷电。雷电对人类和设备造成的危害是一个不容忽视的问题。

现代化城市中，高楼林立，使雷电击穿空气的距离缩短，故雷击的概率与建筑物的高度成正比；同时，由于全球气候变暖，城市热岛现象增加，使城市的大气环流出现了新特点，夏季雷暴期延长；而更重要的一点是，随着科技进步，电子设备的广泛使用，城市通信电源大幅度增加，城市电磁场发生变化，而微电子产品的绝缘强度普遍较低（如计算机网络、通信指挥系统、公用天线等），过电压耐受能力差，容易受雷电的侵袭。因此，科技越发达，受到雷电的威胁就越大。

（1）雷电的形成

形成闪电的云中，较重要的是积雨云，通常称为雷雨云。云的形成是由于空气中的水汽达到饱和或过饱和状态而发生凝结。

积雨云在形成过程中，在大气电场、温差起电效应和破碎起电效应的同时作用下，正负电荷分别在云的不同部位积聚，积聚到一定程度时，就在云与云之间或云与地之间发生放电，即通常说的雷电。云层放电时，由于云层中的电流很强，通道上的空气瞬间被烧得灼热，温度高达6000～20000℃，所以发出耀眼的光，这就是闪电。而闪电通道上的高温会使空气急剧膨胀，同时也会使水滴汽化膨胀，从而产生冲击波，这种强烈的冲击波活动形成了雷声。

雷电以其巨大的破坏力给人类社会带来惨重的灾难。雷电具有以下特点：①冲击电流非常大，高达几万甚至几十万安培；②持续时间短，一般雷击分为三个阶段：先导放电、主放电和余光放电，整个过程不超过60μs，因此雷电流变化梯度大，有的可达10kA/μs；③冲击电压高，强大的电流产生交变磁场，其感应电压可达上亿伏。

有破坏力的雷击主要有两种形式：直击雷和感应雷。直击雷是带电的云层与大地上某一点之间发生迅猛的放电现象。而感应雷是当直击雷发生之后，云层带电迅速消失，地面某些范围由于散流电阻大，出现局部高电压，或在直击雷放电过程中，强大的脉冲电流对周围的导线或金属物产生电磁感应及高电压，由这样的高压发生闪击现象的二次雷。

（2）直击雷及其危害

雷云较低时，其周围又没有异性电荷的云层，而地面上的突出物（人体、树木、建筑物或设备）被感应出异性电荷，当电场强度达到一定值时，雷云就会通过这些物体与大地之间放电，所产生的电击现象称为直接雷击，简称雷击。而这种直接击在建筑物或其他物体上的雷电叫直击雷。被直接雷击的建筑物、电气设备或其他物体会产生很高的电位而引起过电压，但此时雷电的主要破坏力在于电流特性而不是放电时的高电压，流过的雷电流很大，可达数十千安甚至数百千安。强大的雷电流转变成热能，该能量可以熔化 50 ~ 200mm^2 的钢材，因此雷电流的高温热效应将灼伤人体、引起建筑物燃烧、使设备部件熔化。在雷电流流过的通道上，物体水分受热汽化而剧烈膨胀，产生强大的冲击性机械力（可达 5000 ~ 6000N），从而使人体组织、建筑物结构、设备部件等断裂破碎，产生伤亡或损坏。当雷击于架空输电线时，也会产生很高的电压，可达几千千伏，不仅会引起线路的闪络放电，造成线路发生短路事故，而且这种过电压还会以波的形式迅速向变电所、发电厂或其他建筑物内传播，使沿线安装的电气设备的绝缘结构受到严重威胁，往往会引起绝缘击穿起火等严重后果。

（3）感应雷及其危害

感应雷又称雷电感应，它是由于雷电流的强大电场和磁场变化产生的静电感应和电磁感应引起的。当建筑物上空有雷云时，在建筑物上便会感应出与雷云所带电荷相反的电荷，在雷云放电后，云与大地之间的电场消失了，但聚集在屋顶上的电荷不能立即释放，只能较慢地向大地中流散，这时屋顶对地面便有相当高的电位，会造成对建筑物内金属设备放电。另一种雷电感应情况出现在直击雷放电过程中，由于雷电流变化速度很大，产生强大的交变磁场，使得周围的金属物体产生感应电流。这种电流可能向周围物体放电，若附近有可燃物就会引发火灾和爆炸，而感应到正在联机的导线上就会对设备产生强烈的破坏性。

感应雷的破坏为二次破坏。按照上述感应雷形成原因，可将感应雷划分为如下两种：

静电感应雷：带有大量负电荷的雷云所产生的电场将会在架空明线上感应出被电场束缚的正电荷。当雷云对地放电或对云间放电时，云层中的负电荷在一瞬间消失了，于是在线路上感应出的这些被束缚的正电荷也就在一瞬间失去了束缚，在电势能的作用下，这些正电荷将沿着线路产生大电流冲击，从而对电气设备产生影响。

电磁感应雷：雷击发生在供电线路附近，或击在避雷针上，会产生强大的交变电磁场，其能量将感应于线路，并最终作用于设备上，对用电设备造成危害。

（4）浪涌

最常见的电子设备遭雷击危害不是由于直接雷击引起的，而是由于雷击发生时在电源和通信线路中感应的电流浪涌引起的。一方面由于电子设备内部结构高度集成化造成设备耐压、耐过电流的能力下降，对雷击（包括感应雷和操作过电压浪涌）的承受能力下降；另一方面由于信号来源路径多，系统更容易遭受雷电波侵入。浪涌电流可以从电源线或信号线等途径窜入电子设备。

电源浪涌并不仅源于雷击，当电力系统出现短路故障、投切大负荷时都会产生电源浪涌。据美国 GE 公司测定，一般家庭、饭店、公寓等低压配电线，在 10000h 内线间发生的超过额定电压（110V）一倍以上的浪涌电压达到 800 余次；其中超过 1000V 的有 300 余次。这样的浪涌电压完全有可能一次性损坏电子设备。

信号系统浪涌电压的主要来源是感应雷击、电磁干扰、无线电干扰和静电干扰。它们将使传输中的数据产生误码、传输速度降低等。

(5) 防雷

在科学技术日益发展的今天，虽然人类不可能完全控制暴烈的雷电，但是经过长期的摸索与实践，已积累起很多有关防雷的知识和经验，形成一系列对防雷行之有效的方法和技术，这些方法和技术对各行各业有效地预防雷电灾害具有普遍的指导意义。

雷电保护的整体概念主要有六点：控制雷击点（采用大保护范围的避雷针）；安全引导雷电流入地网；完善的低阻地网；消除地面回路；电源的浪涌冲击防护；信号及数据线的瞬变保护。

目前世界上广泛采用的防雷技术主要有以下几种：

1）接闪：让在一定范围内出现的闪电能量按照人们设计的通道泄放到大地中去。地面通信台站的安全在很大程度上取决于能不能利用有效的接闪装置，把一定保护范围的闪电放电捕获到，纳入预先设计的对地泄放的合理途径之中。

避雷针就是一种主动式接闪装置，其英文原名是 Lightning Conductor，原意是闪电引导器，其功能就是把闪电电流引导入大地。避雷线和避雷带是在避雷针基础上发展起来的。采用避雷针是最首要、最基本的防雷措施。

2）均压连接：接闪装置在捕获雷电时，引下线立即升至高电位，会对防雷系统周围的尚处于地电位的导体产生旁侧闪络，并使其电位升高，进而对人员和设备构成危害。为了减少这种闪络危险，最简单的办法是采用均压环，将处于地电位的导体等电位连接起来，一直到接地装置。台站内的金属设施、电气装置和电子设备，如果其与防雷系统的导体，特别是接闪装置的距离达不到规定的安全要求时，则应该用较粗的导线把它们与防雷系统进行等电位连接。这样在闪电电流通过时，台站内的所有设施立即形成一个“等电位岛”，保证导电部件之间不产生有害的电位差，不发生旁侧闪络放电。完善的等电位连接还可以防止闪电电流入地造成的地电位升高所产生的反击。

3）接地：让已经纳入防雷系统的闪电能量泄放入大地，良好的接地才能有效地降低引下线上的电压，避免发生反击。

防雷工程领域不提倡单独接地。在国际国内的相关标准中都明确指出：不建议采用任何一种所谓分开的、独立的、计算机的、电子的或其他这类不正确的大地接地体作为设备接地导体的一个连接点。

接地是防雷系统中最基础的环节。接地不好，所有防雷措施的防雷效果都不能发挥出来。防雷接地是地面通信台站安装验收规范中最基本的安全要求。

4）分流：在一切从室外来的导线（包括电力电源线、电话线、信号线、天线的馈线等）与接地线之间并联一种适当的避雷器。当直接雷或感应雷在线路上产生的过电压波沿着这些导线进入室内或设备时，避雷器的电阻突然降到低值，近于短路状态，将闪电电流分流入地。

分流是现代防雷技术中迅猛发展的重点，是防护各种电气电子设备的关键措施。近年来频繁出现的新形式雷害几乎都需要采用这种方式来解决。由于雷电流在分流之后，仍会有少部分沿导线进入设备，这对于不耐高压的微电子设备来说仍是很危险的，所以对于这类设备在导线进入机壳前应进行多级分流。现在避雷器的研究与发展，也超出了分流的范围。有些避雷器可直接串联在信号线或天线的馈线上，它们能让有用信号顺畅通过，而对雷电过电压波进行阻隔。

5）屏蔽：用金属网、箔、壳、管等导体把需要保护的对象包围起来，阻隔闪电的脉冲电磁场从空间入侵的通道。屏蔽是防止雷电电磁脉冲辐射对电子设备影响的最有效方法。

3. 自然辐射

自然辐射干扰源的种类非常多，主要有电子噪声（主要来自电子设备内部元器件的噪声）、大地表面磁场、大地磁层、大地表面的电场、大地内部的电场、大气中的电流电场、闪电和雷暴的电流、太阳无线电辐射和银河系无线电辐射等。

关于自然辐射干扰，本书不一一介绍，有兴趣的读者可自行参阅有关书籍。

2.1.1.2　人为电磁干扰

人为干扰源指电气电子设备和其他人工装置产生的电磁干扰。这里所说的人为干扰源都是指无意识的干扰。至于为了达到某种目的而有意施放的干扰，如电子对抗等不属于本书介绍的范围。任何电子电气设备都可能产生人为干扰。以下是一些常见的干扰源。

1. 无线电发射设备

无线电发射设备包括移动通信系统、广播、电视、雷达、导航及无线电通信系统。如微波接力、卫星通信等，它们因发射的功率大，其基波信号可产生功能性干扰，谐波及乱真发射构成非功能性的无用信号干扰。

2. 工业、科学、医疗设备

工业、科学、医疗设备包括感应加热设备、高频电焊机、X 光机、高频理疗设备等。强大的输出功率除通过空间辐射干扰外，还通过工频电力网干扰远方的设备。

3. 电力设备

电力设备包括电机、电钻、继电器、电梯等设备通、断产生的电流剧变及伴随的电火花；电力系统中的非线性负载（如电弧炉等）、电子开关整流器、逆变器或开关电源等电源变换设备所产生大量谐波涌入电网；荧光灯等照明设备（产生辉光放电噪声干扰）。

4. 汽车、内燃机点火系统

汽车点火系统因点火引起强瞬变电流而产生电磁噪声，形成宽带干扰，从几百千赫到几百兆赫干扰强度几乎不变。

5. 电网干扰

如由 50Hz 交流电网强大的电磁场和大地漏电流产生的干扰，以及高压输电线的电晕和绝缘介质断裂等接触不良产生的电弧和受污染导体表面的电火花。

6. 高速数字电子设备

高速数字电子设备包括计算机和相关设备，由于其电路含有非常高频的信号而产生高频干扰。

2.1.2　辐射干扰和传导干扰

人为电磁干扰就传播途径而言，可分为辐射干扰和传导干扰。

辐射干扰是电子设备产生的信号通过空间电磁场耦合到另一个电网络或电子设备，当这种耦合的信号不是该电网络所需要的信号时，则成为干扰信号。

传导干扰是通过导电介质或公共电源线将一个电网络 A 上的信号耦合到另一个电网络 B 中，若该信号不是耦合网络 B 所需要的，则这种耦合就形成干扰，而电网络 A 上的信号则成为电网络 B 的干扰源。

辐射干扰和传导干扰的研究对于评估干扰程度具有很重要的意义，对于干扰的测量和评估标准大都是基于辐射干扰和传导干扰的测量。下面分别对它们做进一步分析。

2.1.2.1 辐射干扰

辐射干扰的特点是由干扰源辐射出能量，通过介质（包括自由空间）以电磁波和电磁感应的形式和规律传播。

因此，构成辐射干扰源必须具备两个条件：一个是有产生电磁波的源；另一个是能将这个电磁波能量辐射出去。并非所以装置都能辐射电磁波。辐射干扰源的设备结构必须是开放式的，几何尺寸和电磁波的波长必须是在同一量级，满足辐射的条件。显然，各种天线以及布线是辐射电磁波的最有效设备。结构件、元器件、部件满足上述辐射条件，能起到发送天线和接收天线的作用时，就产生天线效应。

常见的辐射干扰源有：发送设备、本地振荡器、非线性器件和核电磁脉冲等。

1. 发送设备

通过发送天线辐射出去，或通过编织屏蔽层和通风管道辐射出去，以及通过连接电缆向外辐射，能以这样的方式辐射电磁能量的均为发送设备。雷达系统、电视和广播发射系统、射频感应及介质加热设备、射频及微波医疗设备、各种电加工设备、通信发射台站、卫星地球通信站、大型电力发电站、输变电设备、高压及超高压输电线、地铁列车及电气火车、大多数家用电器等，都可以产生各种形式、各种频率、各种强度的电磁辐射源（参见第1章图1-2）。

2. 本地振荡器

振荡器、放大器和发射机是用于产生预定或设计频率上的电磁能量的。但实际工作中，它们发射的能量覆盖了一个以预定频率为中心的频段。此外，发射机还发射谐波，在某些情况下还会发射预定频率的分谐波。有源器件的非线性和发射机中的调制器是这种非故意发射的主要来源。

（1）放大器的非线性问题

大多数无线电或广播设备类高功率发射机的输出级采用丙类放大器，即放大状态对应的集电极电流导通时间小于半个周期，导通角小于90°，以便获得高功率输出和高效率。丙类放大器是一种失真非常高的功放，一般用于射频放大，只适合在通信上使用。这种电路中的输出电流波形是持续时间短的电流脉冲，可以近似为正弦曲线的顶部。将这样的丙类放大器电流波形展开成傅里叶级数，可以得到电流的直流分量、基波分量、各谐波分量。放大器即使工作在其线性区域，由于在丙类工作模式运行过程中电流发生了畸变，输出中也会有各次谐波产生。

（2）调制器

在很多应用场合中，信号被调制在载波频率上，如通信、电力电子电路中的正弦波逆变器（SPWM）。一般而言，调制器的谱输出取决于调制波形的特性与所采用的调制类型，并决定输出信号的带宽。在总带宽中，谱输出同时表现在载波的基频和谐波频率上。在调幅、调频、调相和脉冲调制等各种方式中，不同于所需要频率的输出分量就构成了电磁噪声。很明显，这种调制过程是伴随着电磁噪声加入的，因此调制过程本身就是一个产生电磁噪声的过程。

以脉冲调制方式为例。脉冲调制产生周期性的或非周期性的系列脉冲，脉冲调制波的谱

函数为

$$a_n = \frac{\Delta \sin(n\pi\Delta/T)}{T \quad n\pi\Delta/T} \tag{2-1}$$

式中，n 为谐波次数；Δ 为脉冲宽度；$1/T$ 为脉冲重复频率。

在采用具有上述频谱分布的信号调制时，输出中不仅含有基波，还有非常多的高次谐波频率成分，这些高次谐波就是电磁噪声。这样的噪声不仅含有非载波基波频率的谐波频率的辐射，还会产生寄生辐射。对于非周期性脉冲调制，载波频率和其谐波频率两侧的频谱仍可用傅里叶积分变换来估算。

（3）振荡器或其他高频数字信号

很多电子设备中，主要的发射源是控制系统的印制电路板（PCB）上电路中流动的电流，这些电路板中往往有高频信号发射源：时钟（振荡电路）、视频和数据驱动器以及其他振荡器等。

脉冲与数字电路中，脉冲上升时间和脉冲重复率两方面都会产生可能构成电磁干扰的频谱分量，如上升时间为 t_r 秒的脉冲产生的干扰频谱在（$1/\pi t_r$）Hz 左右。

以上这些设备产生的辐射干扰能量往往不是很大，但因为这些干扰距离较短，且与敏感设备处于同一电磁环境，影响不容忽视。此外，近年来发展非常快的电力电子设备（如开关电源），采用高频电子开关器件对电能进行变换，以高频开关通断电流的方式工作，对外也形成一个大的高频振荡器，发射干扰的能量大，对敏感设备造成的影响较大。

3. 电子设备功能非线性产生的辐射

电路中非常典型的非线性应用实例为二极管检波器。此外，放大器、调制器、解调器、限幅器、混频器和开关电路或脉冲电路，则是在其他应用场合非常常见的有源非线性电路。

几乎每一电子设备的电路中都可以看到有源器件的应用，这些器件的伏安特性具有非线性性质。非线性伏安特性可以表示成无限多项谐波成分组合的傅里叶级数。傅里叶级数中的高次谐波项将导致两个或多个信号频率发生混频。这种混频会产生出原来信号中没有的全新频率分量。这些新的频率分量作为电磁噪声出现在输出端，对不需要该信号的接收设备造成干扰。

综上可知，整流器、混频器、逻辑与数字电路等都依赖非线性的伏安特性或脉冲信号工作，而脉冲信号使用很宽的频带。丙类放大器、检波器等也都工作在器件的非线性状态，它们输出不希望的谐波分量和互调产物，经电路传导后，一旦辐射条件具备，就以电磁波的形式向空间辐射。

4. 核电磁脉冲辐射

核电磁脉冲是一种能量很大的特殊辐射干扰源。爆炸核武器时，核辐射与周围环境相互作用，使带电粒子强烈运动，产生核电磁脉冲。其突出特点是：脉冲上升时间极短，仅有 10ns 左右；频谱极宽，由超长波到微波波段的低端；脉冲场强极强，电场强度为 10V/m，磁场强度为 100A/m；脉冲释放能量极大，可达 4×10^9J。

这样强的核电磁脉冲产生的干扰和破坏力是极其严重的，干扰电子设备或系统的有用信号，或使设备核系统遭到破坏。核爆炸的同时产生 X 射线、γ 射线、p 粒子和核电磁脉冲，使大气发生异常电离，形成附加电离区和骚扰电离层，其结果会造成电波传输的衰减、折射和反射等，严重影响通信设备工作，甚至使控制系统失灵。核电磁脉冲能传播很远的距离，比核辐射本身传播的距离还远，因此具有极大的干扰和破坏力。

5. 电弧辐射

当开关、继电器触点断开或闭合时，触点间会产生电弧，特别是在接通或断开具有电感性负载的回路时尤为明显。这是因为具有电感性元件的回路在流过电流时将在电感中储存磁场能量，而能量是不能突变的，这个能量与建立这个磁场的电流有关［$E=(1/2)Li^2$］，因此电感的电流 i 也是不能突变的，电感回路一般不允许在电流不为零的情况下突然断开。当强行将具有不为零电流的电感回路断开时，电感上储存的能量就只能瞬间向空间释放，由于断开时间非常短，单位时间内释放量能变化大，释放的能量相当于一个强脉冲，对空间形成辉光放电现象，称为电弧。

一般环境条件下，在触点间加上300V电压时将产生电弧。根据工业应用数据统计，电弧产生的条件是非常容易满足的，即非常容易产生电弧。电弧可以在5~200MHz的频率范围内产生强烈的射频辐射，电弧产生时，电路常常会产生自激振荡，许多I/O电缆的谐振频率也通常在该频率范围内，因此电缆中便窜入了大量的电弧辐射能量。电弧与静电放电所产生的电磁辐射特性非常相似，不同的是，静电放电表现为高电压小电流，而电弧一般表现为低电压大电流。

2.1.2.2 传导干扰

传导干扰源产生的电压或电流沿着地线网络、电源线或信号线等路径传输，在其他路径或设备中产生相应的电流或电压。对电子设备来说，这些非正常工作所需的外部电路输入能量将对正常工作产生影响，其干扰的强度与传导路径密切相关。

图2-3是电力电子DC/DC降压变换器（Buck）电路的原理图，其中画出了实际的分布电容，分布电容存在于电路中各具有与大地不等电位的接线点与大地（机壳）之间。我们从这个电路来看传导干扰是如何产生的。

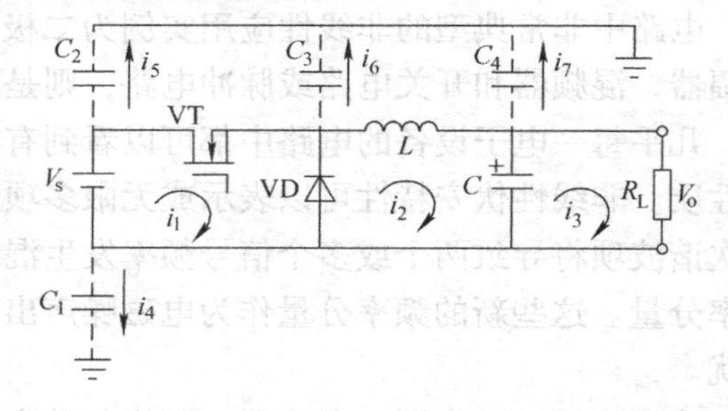

图2-3 Buck电路及分布电容影响

图2-3中，VT为开关管，它以高开关频率通断，将输入直流电压变换成高频方波电压送到LC滤波电路前端，形成高频脉冲电流 i_1。高频方波电压经LC滤波器滤波后成为较平稳的低压直流输出，完成DC/DC降压变换。i_1、i_2、i_3 是电路中的主要部分回路电流，i_1 是输入部分的开关脉冲电流，i_2 是续流-滤波电流，i_3 是输出电流。这些电流中，i_1 受开关管VT的通断控制，并牵连 i_2、i_3 发生变化。i_1 将高频脉冲电流信号传递到电源 V_s 中。若有另一台电子设备B与该开关电路共用一个电源 V_s 时，这种高频脉冲电流通过电源传播到设备B的输入回路中，对其形成传导性干扰。

通常滤波电感的数值都不会是无限大，因此滤波回路电流 i_2 中仍存在有足够丰富的高频纹波成分，同时在流经负载 R_L 的输出电流 i_3 中体现出来，即在 i_3 中也会遗留高频纹波成分。这些高频脉动的电流纹波成分又会对输出端的用电设备形成传导性干扰（图中用 R_L 表示用电设备）。

C_1 ~ C_4 是Buck开关电路中各主要部分的对地分布电容。由于电路的这些主要部分流过电流，对大地（通常接设备机壳）形成电场，电场又通过这些分布电容形成电流 $i_4 \sim i_7$ 在电路和大地之间（机壳）流动，不仅对电源和本设备的负载形成传导性干扰，也对使用同一个电源、共同一个大地的其他设备造成传导性干扰。

回路电流 $i_4 \sim i_7$ 往往容易被忽视，它们与前面提到的电路正常工作回路电流 $i_1 \sim i_3$ 没有直接联系。它们都是通过分布电容的作用、通过电磁感应（电场与磁场感应）产生的。然而这种干扰产生的影响比较大，而且通常是比较难以消除的。

传导是电力系统、电子和电气设备等电气工程问题中干扰传播的重要途径。传导干扰除了直接在电路中形成以外，还有另一种形成方式，即通过电磁感应方式耦合。下面通过典型的电力电子开关电源电路的传导干扰分析，再看一下传导干扰形成的其他各种原因。

图 2-4 为开关电源原理电路框图。工频交流电源（50 ~ 60Hz）经整流滤波电路后变成具有 100 ~ 120Hz 纹波的直流电压，通过高频逆变（20 ~ 200kHz）电路变成高频方波，再由输出侧整流滤波电路变换成直流输出。

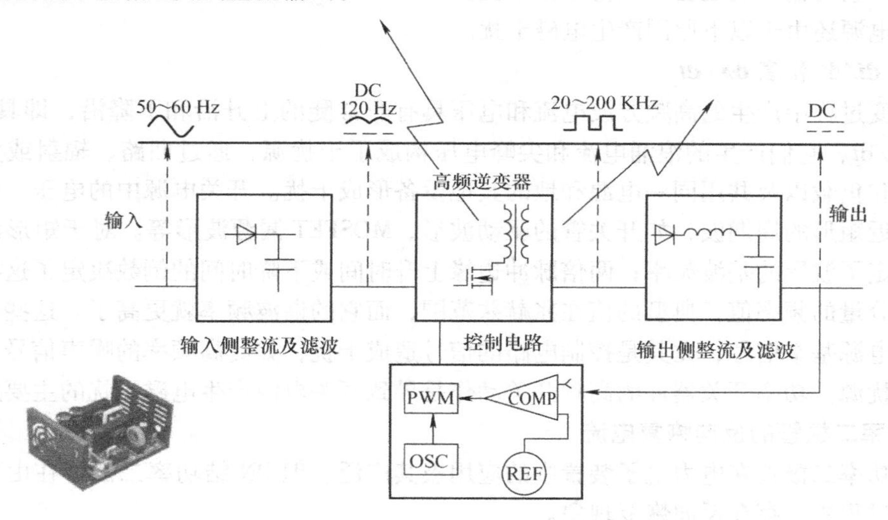

图 2-4　开关电源原理电路框图

我们知道，开关电源变压器是开关电源中的一个很重要的部件。图 2-4 是一个典型的正激式变换器电路，它通过变压器将高输入电压转换成低输出电压，同时可提供多路彼此隔离的输出。开关电源除了正激式变换器外还有反激式变换器，反激式变换器中的变压器则通过将流过一次绕组的电流建立起磁场，并将磁场能量存储在变压器磁铁心中，在开关管关断时间周期中将存储的磁场能量通过二次绕组输送给负载。开关电源变压器在电磁能量传递过程中，工作效率不可能为 100%，有一部分能量因为产生漏磁通而损失掉。漏磁通不与二次绕组交链传递能量，而是自行通过本绕组形成磁通。这些漏磁通穿过其他电路时，也会在这些电路中感应电动势，形成电流，产生传导性干扰。

开关电源变压器的漏磁通约占变压器总磁通的 5% ~ 20%，反激式开关电源变压器为了防止饱和，在磁回路中一般都留有气隙，这样漏磁通更大，即漏感更大，因而产生漏感干扰也就更严重。通常在实际应用中，要用铜箔片在变压器外围进行磁屏蔽。铜箔片并非导磁材料，对漏磁通不能起到直接屏蔽作用，但它是良导体，交变磁通穿过铜箔片时会产生涡流，涡流产生的磁场方向正好与漏磁通的方向相反，抵消部分漏磁通，这样也能起到磁屏蔽的作用。

开关电源变压器一次绕组的漏感产生的反电动势 $e_{\sigma1}$ 的影响最不容忽视，在图2-5所示的开关电源电路及主要分布电容示意图中可以看到，开关管VT关断时，开关电源变压器一次绕组产生的反电动势 $e_{\sigma1}$ 几乎没有正常回路可以释放，它只能一方面通过一次绕组的分布电容进行充电，并让该电容与漏感产生并联谐振；另一方面通过辐射向外释放能量，以及通过对地的分布电容 C_3（见图2-5）向地线释放能量。这样，它对输入端也会产生传导性干扰。

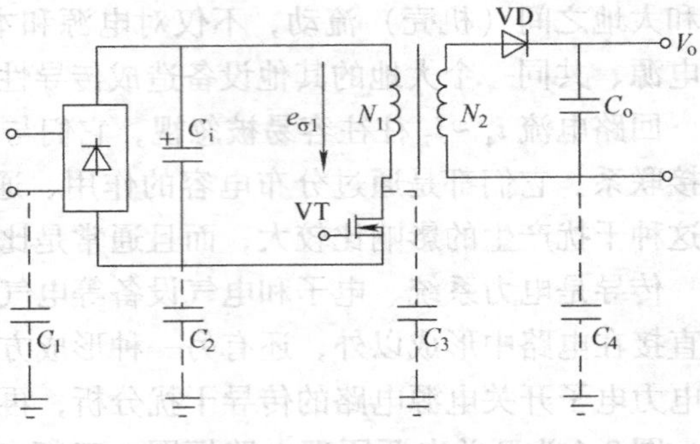

图2-5　开关电源电路及主要分布电容示意图

开关电源还由于以下原因产生电磁干扰。

1. 高 di/dt 和高 dv/dt

在逆变过程中产生的高频方波电流和电压具有非常陡的上升沿和下降沿，即具有高 di/dt 和高 dv/dt，它们产生的浪涌电流和尖峰电压构成了干扰源，通过回路、辐射或大地，对输入电源和负载以及共用同一电源和地的其他设备形成干扰。开关电源中的电压、电流波形大多为接近矩形的周期波，如开关管的驱动波形、MOSFET漏源波形等。对于矩形波，周期的倒数决定了波形的基波频率；两倍脉冲边缘上升时间或下降时间的倒数决定了这些边缘引起的频率分量的频率值，典型的值在兆赫兹范围，而它的谐波频率就更高了。这些高频信号都对开关电源基本信号，尤其是控制电路的信号造成干扰，如此高频率的噪声信号也使它成为辐射干扰源。功率开关器件的高频开关动作是导致开关电源产生电磁干扰的主要原因。

2. 功率二极管的反向恢复电流

高频功率二极管在电力电子装置中的应用极其广泛。但PN结功率二极管在由导通变为截止状态过程中，存在反向恢复现象。

普通二极管的PN结内，载流子由于存在浓度梯度而具有扩散运动，同时由于电场作用存在漂移运动，两者平衡后在PN结形成空间电荷区。当二极管两端有正向偏压，空间电荷区缩小；当二极管两端有反向偏压，空间电荷区加宽。当二极管在导通状态下突加反向电压时，存储电荷在电场的作用下回到己方区域或者被复合，这样便产生一个反向电流。

理想的二极管在承受反向电压时截止，不会有反向电流通过。而实际二极管正向导通时，PN结内的电荷被积累，当二极管承受反向电压时，PN结内积累的电荷将释放，因而在载流子消失之前的一段时间里，电流会反向流动并形成一个反向恢复电流，致使产生很大的电流变化（di/dt）。它恢复到零的时间与结电容等因素有关。反向恢复电流在变压器漏感和其他分布参数的影响下将产生较强烈的高频衰减振荡。因此，输出整流二极管的反向恢复电流也成为开关电源中一个主要的干扰源。

一般可以通过在二极管两端并联RC缓冲器抑制其反向恢复噪声。碳化硅材料的肖特基二极管，恢复电流极小，特别适用于APFC（有源功率因数校正）电路，可以使电路简洁。

3. 传统工频整流滤波电路使输入电流产生畸变造成的噪声

开关电源的输入侧普遍采用桥式整流、电容滤波型整流电源。在没有功率因数校正

(PFC) 功能的输入级，由于整流二极管的非线性和大容量滤波电容的储能作用，二极管的导通角变小，输入电流成为一个时间很短、峰值很高的周期性尖峰电流，如图 2-6 所示。这种畸变的电流除了包含基波分量以外，还含有丰富的高次谐波分量。这些高次谐波分量若注入电网，就会引起严重的谐波污染，对电网上其他的电气设备造成干扰。为了控制开关电源对电网的污染以及实现高功率因数，PFC 电路是不可缺少的部分。具有 PFC 功能的整流器输入电压、电流波形见图 2-7。

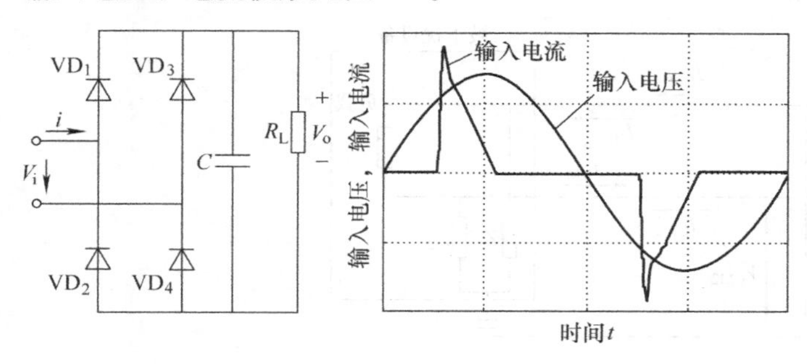

图 2-6　传统整流器和输入电压、输入电流波形

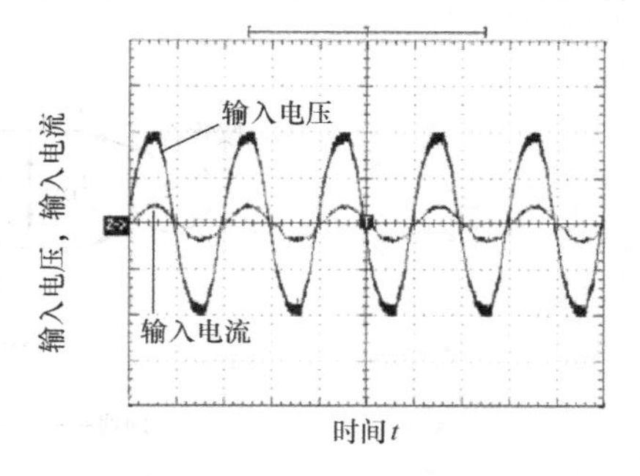

图 2-7　具有 PFC 功能的整流器输入电压和电流波形

2.1.2.3　传导干扰与辐射干扰的组合与转化

传导干扰与辐射干扰的界限并不是非常明显，除了频率很低的干扰信号外，许多干扰信号的传播可以通过导体和空间混合传输。在某些场合中，干扰信号先以传导的形式通过导体将能量转移到新的空间，再向空间辐射。而在另一些场合，干扰信号先在空中传播，在其传播的过程中遇到导体，就会在导体中感应出干扰信号，变成传导干扰，沿导体继续传播，如多束电缆传输线的电场和磁场耦合。

辐射与传导两种基本的干扰耦合机制的组合作用，是许多最常见的电路与系统中电磁能量耦合或干扰耦合的源。

2.1.3　差模干扰和共模干扰

按传导电磁干扰所表现的形式来划分，差模（Different Mode，DM）干扰和共模（Common Mode，CM）干扰是主要的传导干扰形式。差模干扰和共模干扰不仅表现形式不同，产生的机理也不一样，因此抑制干扰的方法也不同。

目标信号在电路中总是以双线方式传输，习惯说法就是信号回路。但就骚扰信号而言，它进入电磁设备传输有可能出现两种情况。一种情况是：与目标信号一起沿正常回路窜入工作单元。这一模式称为差模干扰，就是指电路中某一端（如直流电源的正端）与另一端（如直流电源的负端）所构成回路中的干扰信号。另一种情况是：以传输目标信号的双端作为一线，又以地为另一线所构成的传输回路，让骚扰信号进入工作单元的模式，则称为共模干扰。共模干扰也是由电源的相线或中性线与地线所构成回路中的干扰。但值得注意的是，信号回路的双线对地的电特性不一定完全平衡，因此有可能也成为差模干扰。

图 2-8 是差模噪声电流和共模噪声电流在设备中流通的示意图。图中，V_{DM} 为噪声源对被干扰设备形成的差模噪声电压，它对于设备的两个输入（或输出）端子形成不相等的电位；I_{DM} 为该电压作用下在受扰设备中形成的回路差模电流，流动方向同于信号电流；V_{CM1} 和

V_{CM2}为设备端子分别对地形成的共模电压，它们对地的极性相同，因此形成的共模电流 I_{CM1}和 I_{CM2}对端子而言也为同方向。若共模噪声电压相同、被干扰设备两个端子对地的等效阻抗 Z_1、Z_2 相同，则共模电流不流过负载，对负载不起作用。但是当 Z_1、Z_2 不相同时，共模电流在 Z_1、Z_2 上的电压降不相等，导致负载两端出现不相等的共模电位，此时负载上就有由于共模噪声而产生的电压，共模噪声对设备产生影响（参与信号电流的通路），即电路不对称时，共模噪声将会转化成差模电压。

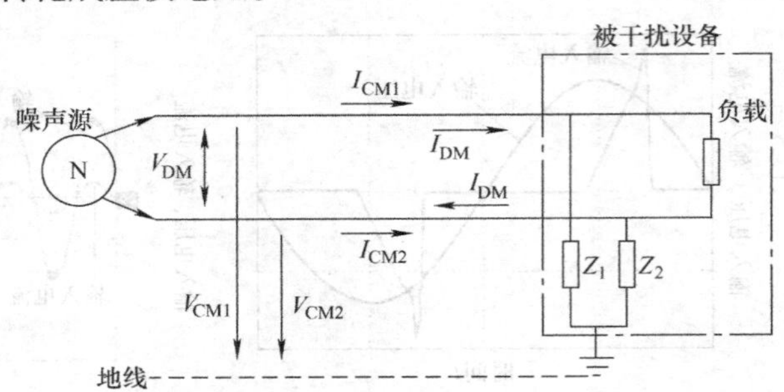

图 2-8　差模噪声电流和共模噪声电流示意图

因此，发现差模干扰时，应首先考虑它是否由于线路不平衡而从共模噪声转化而来。同时也说明这样一个重要的事实：设计时尽可能保持线路阻抗的平衡，是抵御共模干扰转换成差模噪声干扰正常工作信号的关键。

根据差模干扰和共模干扰电流的方向，合理地安排相线和中性线的位置及电流探针如图 2-9 所示，可以分别测量到共模干扰电流或差模干扰电流的大小。图 2-9 左侧相线和中性线同时穿过电流探针的传感器，差模电流信号方向相反，彼此抵消，共模电流方向相同，所以测量结果为 $2I_C$。图 2-9 右侧相线和中性线中任一根直接穿过探针，另一根反绕穿过探针。这种情况下共模电流方向相反，彼此抵消，差模电流方向相同，测量结果为 $2I_D$。

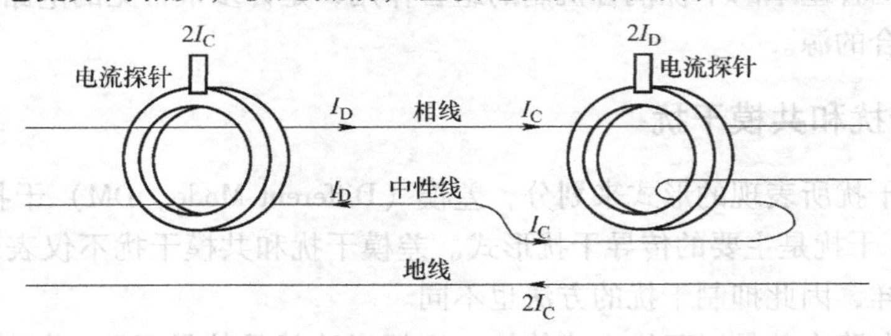

图 2-9　共模、差模干扰电流测量

I_C—共模干扰电流　I_D—差模干扰电流

图 2-10 描述了开关电源电路中所产生的 EMI 及传导路径。交流工频电源、整流滤波电路中有脉动的 100～120Hz 电流流通，在输入端的两个端子（相线与中性线）上形成瞬间极性不同的电位，通常称该电流为差模电流。同样，高频逆变的开关管、变压器和电源回路中流动着高频逆变电流；通过变压器后二次电流中有同频率的高频电流，它们也都是差模电流。

由于分布电容（图 2-10 中 C_t、C_q、C_d 等）的存在，脉动的高频电压将电位的变化感应到大地（开关电源的机箱），因而高频脉动电压通过这些分布电容和地之间构成回路，形成电流。因电路中的每一个输入和输出端子都会由于和开关管之间具有分布电容而感应出高频电流，所以每一瞬间各端子上感应出的电压极性相同，这些电压分别通过对大地（设备机箱）的分布电容形成对地电流，称为共模电流。同样，由于变压器一次侧和二次侧之间存在分布电容，该分布电容为共模电流提供了二次侧的通路，开关管逆变造成的一次电压高频脉动也会感应到二次侧，再与大地形成二次侧的共模电流。

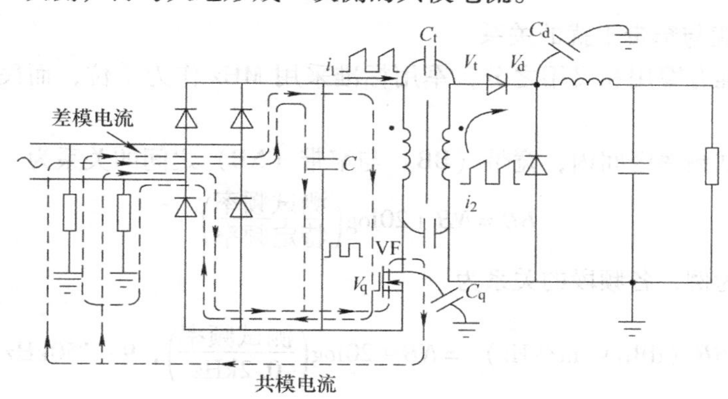

图 2-10　开关电源干扰传导路径示意图

因此可以发现，在电力电子装置中，差模噪声主要由开关变换器的（高 di/dt）脉动电流引起；共模噪声则主要由较高的 dv/dt 和杂散参数间相互作用而产生的高频振荡引起。生活中开关电源的应用非常广，电视机、计算机、充电器、各种仪器等的应用到处可见，并有越来越多的电子设备采用各种各样的开关电源，所以这类传导干扰源逐渐成为威胁用电设备正常工作的重要因素，其电磁干扰问题日益引起重视。

目前，对电气电子设备影响最大的传导干扰是供电线路传导的干扰。这些干扰可以通过电网将干扰信号传播到非常广的范围。电力电子装置对电网的传导干扰就是典型的例子。电机产生的干扰也是一个典型的干扰案例。另外，市场上的一些电子产品如节能灯，在节能的同时也会对电磁环境产生污染。

2.1.4　电磁干扰的其他分类

1. 宽带干扰与窄带干扰

电磁干扰作为一种信号，体现在其频谱特征上，设备的电磁兼容性是否符合要求都是以一定测量结果来表示的，这个测试标准以及结果也是以频谱来表征的。

从频谱上划分，电磁干扰可以分为宽带干扰和窄带干扰两种情况。

（1）宽带电磁干扰

宽带干扰也称为宽频（Broadband，BB）干扰。当干扰频率宽度大于接收机中频频宽时所测量的噪声强度称为宽带干扰。

宽带干扰有足够的频谱能量分布，以至所用的干扰测量仪在正负两个脉冲带宽内调谐时，其输出响应变化不大于 3dB。宽带干扰多由电机、电器设备产生，如电动机、继电器、电源线等。电力电子设备产生的干扰多为宽带干扰。

宽带电磁干扰测量的单位是将第 1 章介绍的分贝的单位归一到单位带宽得出的。例如，dBmV/kHz 为归一到每 1kHz 带宽内的以 1mV 为基准的电压分贝数。

（2）窄带电磁干扰

窄带干扰也称为窄频（Narrowband，NB）干扰。当干扰频率宽度小于接收机中频频宽时所测量的噪声强度称为窄带干扰。其基本能量频谱处于所用干扰测量仪通带以内。

窄带干扰多由单一频率高功率发射机产生，如载波（CW）外加各式调变信号（调幅AM、调频FM等）。

（3）宽带干扰与窄带干扰的关系

关于带宽标准有军用和民用之分，军用标准采用MHz作为单位，而民用标准采用kHz作为单位。

在不同的测试频率区间内，宽带（BB）与窄带（NB）之间的关系为

$$BB = NB + 20\log\left(\frac{\text{测试频率}}{\text{特定频率}}\right) \tag{2-2}$$

以民用标准为例，各频段的关系为

$$BB\ (\mathrm{dB\mu V/m/kHz}) = NB + 20\log\left(\frac{\text{测试频率}}{0.2\mathrm{kHz}}\right),\ 9\sim150\mathrm{kHz} \tag{2-3}$$

$$BB =\ (\mathrm{dB\mu V/m/kHz}) = NB + 20\log\left(\frac{\text{测试频率}}{9\mathrm{kHz}}\right),\ 150\sim3\times10^4\mathrm{kHz} \tag{2-4}$$

$$BB\ (\mathrm{dB\mu V/m/kHz}) = NB + 20\log\left(\frac{\text{测试频率}}{120\mathrm{kHz}}\right),\ 30\sim1000\mathrm{MHz} \tag{2-5}$$

2. 交流干扰和直流干扰

共模干扰中有交流干扰和直流干扰之分。交流共模干扰分布很广，也比较明显，如电动机的机械轴上由于共模电压存在而导致有共模轴电流流向大地，对机械和人身（使用者或操作者）造成危害，滤除它也比较困难（参见后面章节的介绍）。而直流共模干扰是由接地处电化腐蚀作用形成的局部整流效应造成，或是由于直流动力网的直流地电位差产生。接地不当或泄漏电流等所造成的共模干扰大多是在转换成差模干扰后才暴露其危害作用。

干扰还有其他一些分类方法，如放电干扰和接触干扰，平稳干扰和瞬变干扰等，但是在用来判断干扰来源以及采取对应抑制措施时，主要依据前面介绍的这些分类方法。

上述很多例子说明了电磁干扰如何产生，或在电气和电子电路中如何从电路的一部分传送到另一部分。各种无源和有源的非线性、电磁能量的电抗耦合，以及电路中裸露的或未屏蔽的辐射（接收）电磁能量的一段导线，都经常存在于许多电路中，在电力电子设备或装置的电路中尤为常见——强电和弱电的电缆互相交错紧密排列、大容量电容和电抗大量存在。在某些电路中，这种源的存在是已知的，而且完全是有意发射或传导信号的，在这类情况中，EMI从“前门”进入，如电力电子开关电源以预定开关频率传递能量。而另一种情况下，这种源的存在完全是非故意的、实际上可能是完全不知道的，如导线中电流形成磁场导致对另一回路导线的耦合、开关频率以上的高频成分导致的各种电场耦合和磁场耦合等。在这类情况中，EMI可以看作是从“后门”进入的。各种“前门”和“后门”入口的存在，对电路本身特性或功能的改变不一定会产生明显影响，但是这两种源所起的作用在产生或传输电磁干扰上是一样的。

经典的EMI处理方法往往忽视了对EMI源方面的重要认识，仅介绍从传播路径上抑制EMI（如滤波），或从敏感设备方面设法提高抗干扰能力。这样的EMI研究和抑制是被动的，甚至效果甚微。从消除或抑制电磁干扰的角度来看，认清所有潜在的EMI源是非常重

要的，由此可以从电路设计和规划阶段开始，采取有效措施减小乃至完全消除由EMI源造成的各种不希望的效应。

2.2 电磁干扰的传播方式——耦合

电磁干扰对环境的危害如传染病对人类的危害一样，必须具备一定条件，即："病毒（源）"、"传染途径"和"抵抗力差的体质（易感人群）"三个要素。这三个要素对于电磁干扰就是"干扰源"、"传播途径"和"敏感设备"，即干扰源通过传播途径（一定的耦合方式）到达敏感设备而造成影响。无论多么复杂的系统，缺少其中任一条件都不会产生干扰。因此了解这三个条件，就能研究控制和消除电磁干扰的方法。

前面介绍了电磁干扰源的种类以及产生机理。其中，自然干扰源是人类难以避开的，但是可以从它对敏感设备的耦合路径上设法对干扰形成进行疏导或去耦，或提高敏感设备的抗扰度来避免造成严重影响；而人为干扰源除了以上方式外，还可以从干扰源形成机理上加以控制，即从三要素上全面给予研究。这里，传播途径是非常重要的，一旦完全切断传播途径，干扰源再强，设备再敏感，也不会造成严重影响，正如感光照相纸由于黑色保护纸的遮挡而不受强烈的光源侵害一样。因此，有必要对电磁干扰的传播方式进行研究，以便采用有效方式切断传播途径。

可以说几乎所有的干扰都是通过各种导线，或空间和大地传播的。虽然沿导线传播的干扰称为传导干扰，但实际上它往往也包含其他多种干扰，如有与导线直接相连的干扰源所发出的噪声，也有导线沿途经过感应、辐射等空间电磁场作用而吸收的噪声。由于噪声的传递是形成电磁干扰极为重要的过程，或者说干扰源大多是通过电场、磁场、电磁场对有关电子设备产生干扰作用的，因此要消除这些干扰就应该首先研究对应的干扰源所产生的场。

电磁场中某点的特性取决于场源的性质和该点与场源的距离。电磁场由以下三种场组成。

1. 辐射场

辐射场也称为远场，离场源足够远的空间属于这种电磁场的区域，其特性主要由传递电磁场的介质来决定。在辐射场内，电场强度 E 与磁场强度 H 之比是一个常数，等于介质的波阻抗。由于 E 和 H 在时间上同相而向外发送电磁能量。辐射场的场强与场源强度（电流等）有关，而且与频率成正比，频率越高，辐射场越强。

2. 静电场和静磁场

静电场和静磁场也称近场，离场源足够近的空间属于这种电磁场的区域。场源性质决定该近场是电场还是磁场。在高电压、小电流的场源附近，如一段垂直天线附近，主要是电场；而在低电压大电流的场源附近，如电流线圈附近，主要是磁场。因为这种电场或磁场的强度计算可依据静电场和稳定磁场的计算方法，所以称其为静电场和静磁场。但是实际上其场强随场源而变，并使近场中的电子设备产生感应噪声，所以其性质实际上属于感应场，对外不辐射能量。

3. 感应电磁场

感应电磁场介于辐射场和静电场、静磁场之间的过渡区域，场的性质比较复杂。

然而，从电场或磁场的角度研究噪声或干扰仍然比较麻烦，为了简化电路性质的处理，许多场合中可以用集中参数（电容和电感等）来分析回路性质。而当电路尺寸（如传输线长度）接近信号波长时，便要考虑电磁场的被动特性，对电流和电压沿线发生的变化必须予以考虑，可将整个电路分段用集中参数来表示，使整个电路用分布参数的电路来研究。

许多电子设备的硬件包含着具有天线能力的元件，如电缆、印制电路板的布线、内部连接导线和机械结构等。这些元件能够以电场、磁场或电磁场的方式传输能量，并耦合到线路中。在实际中，存在两类传播干扰能量的途径：系统内部耦合和设备间的外部耦合。它们都以如下几种基本耦合方式将干扰能量施加于敏感设备。

2.2.1 直接耦合

直接耦合是最普遍的耦合方式，也称做电导性耦合，是干扰信号经过导线直接传导到被干扰电路中（参见图 2-10）。这些导线可以是设备之间的信号导线、电路之间的连接导线（如地线和电源线）以及供电电源与负载之间的供电电缆等。这些导线在传递有用信号能量的同时，也将干扰信号传递给对方。

很明显，消除这种耦合，绝对不能用切除这根传输线的手段来达到目的，因为这样的手段也使得自身的有用信息通路被去除了。所以常用“堵”的手段来完成，即将干扰信号反射回去而不通过该传输线；或通过一定电路产生反向干扰信号以抵消传输线上的干扰信号，使干扰信号不通过传输线，同时并不影响正常信号的传输。从效果上看，这种方法“堵住”了干扰信号而正常传递有用信号，由于干扰信号与正常信号的频率有明显差别，故这种方法通常称为“滤波”，即滤除特定频率成分的干扰信号。

2.2.2 漏电耦合

漏电耦合是电阻性耦合方式。当相邻的元件或导线间的绝缘电阻降低时，有些电信号便通过这个降低了的绝缘电阻耦合到逻辑元件的输入端而形成干扰。漏电耦合传导干扰能量的情况与直接耦合方式基本相同，其差别在于：直接耦合方式是由导线传递能量，在传递干扰信号能量的同时还传递有用信号的能量；而漏电耦合（电阻性耦合）方式是由漏电阻传递能量，并不传递有用信号，其危害性相比于直接耦合方式，更具隐蔽性。

2.2.3 公共阻抗耦合

公共阻抗耦合是噪声源和信号源具有公共阻抗时的传导耦合。公共阻抗随元件配置和实际器件的具体情况而定，如电源线和接地线的电阻、电感在一定条件下会形成公共阻抗；一个电源对几个电路供电时，如果电源不是内阻抗为零的理想电压源，则其内阻抗就成为被供电的几个电路的公共阻抗，只要其中一个电路的电流发生变化，便可使其他电路的供电电压发生变化，形成公共阻抗耦合。图 2-11 是一个简单的电源公共阻抗耦合的示意图。由于电源内阻 R_s 不为零，对负载回路 1 和回路 2 的供电电压 $V \neq V_s$，因此当负载回路电流 I_1 变化（相当于负载阻抗 Z_{L1} 变化）时，总供电电流的变化导致电压 V 产生变化，致使负载回路 2 的供电受到影响。

公共阻抗耦合表现为两个电路的电流流经一个公共阻抗时，一个电路在该阻抗上的电压降会影响到另一个电路。除了图 2-11 所示的电源阻抗耦合以外，常见的公共阻抗耦合还有公共地线耦合，如图 2-12 所示。图中的公共阻抗是噪声源和接收器公共地线的阻抗，噪声源的电流流过公共地的连接线，并在连接线内阻上产生压降，这些干扰信号电压降通过公共阻抗传递给接收器（敏感设备）。因公共连接线的内阻与电压频率有关，干扰信号频率较低时，它基本上等于连接线的电阻；而干扰信号频率较高时，它基本上等于连接地线的等效感抗，对应的耦合效率也会随干扰频率的升高而增加。只有当公共地线阻抗等于零时，噪声源干扰电压对接收器才没有影响。

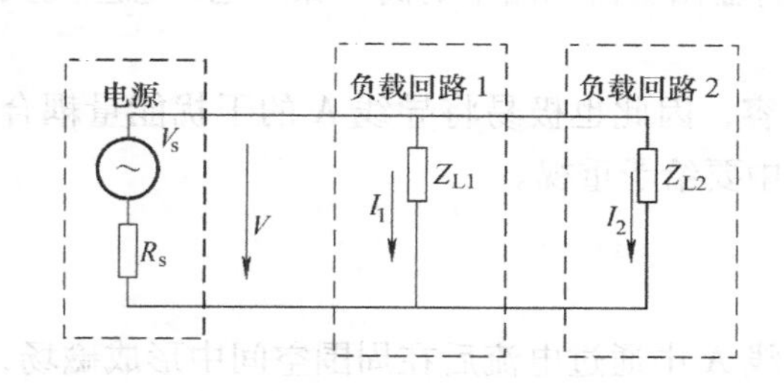

图 2-11　电源阻抗耦合示意图

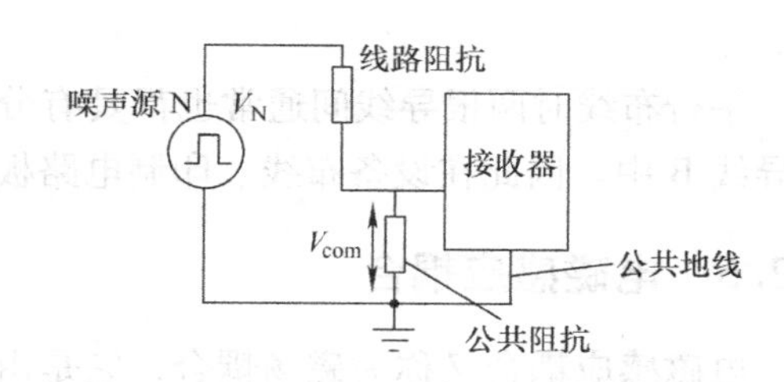

图 2-12　公共地线耦合示意图

由一段导线或印制电路板走线产生的公共阻抗，特性往往是呈感性的，公共阻抗上的电压为 $L\mathrm{d}i/\mathrm{d}t$，即使感抗很小，由于电磁噪声频率较高而使该电压数值较高，则更容易耦合；当输入和输出在同一系统时，公共阻抗有可能构成正反馈通路，导致系统产生振荡。

因此，为了防止公共阻抗耦合，应使耦合阻抗尽量趋近于零，通过耦合阻抗上的干扰电流和产生的干扰电压也就会趋近于零，这时即使有效回路与干扰回路存在某一点上的电气连接，由于没有阻抗耦合的存在，也就不会再互相干扰，这种情况称为电路去耦。

2.2.4　电容性耦合

电容性耦合是电位变化在干扰源与被干扰对象之间引起的静电感应，因此又称静电耦合或电场耦合。电路的元器件之间、导线之间、导线与元器件之间都存在着分布电容。如果一个导体上的电压（信号或噪声）通过分布电容使其他导体上的电位受到影响，就是电容性耦合。

让我们重新回顾一下本章前面介绍共模干扰时的开关电源电路传导性干扰示意图 2-10。图中，开关管是通过导热绝缘材料与散热器连接的，而散热器则与装置的机箱在机械上连成一体，为了静电的防护而将机箱与大地连接。忽略与大地的连接阻抗，可以认为机箱和散热器在电位上与大地相同，如图 2-13 所示。

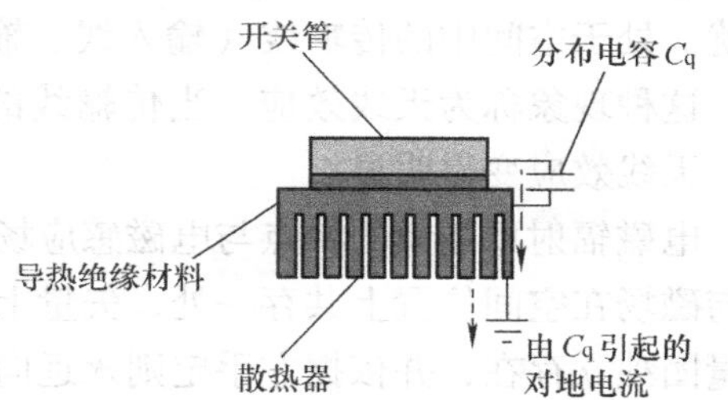

图 2-13　电力电子开关器件对地分布电容

图 2-13 中，开关器件与散热器中由于导热绝缘材料的隔离，以及开关器件在工作时通过电流而带一定的电荷，对地形成分布电容 C_q，因而将开关器件工作时的高频脉动电位的变化感应到大地，产生对地高频噪声电流。如果有

另一个电子设备 B 也在同一电磁环境下工作，尽管该电子设备可能与此开关电源 A 不共电源，但是基于安全考虑也将机箱接地，电子设备 B 的机箱也会与 B 中的导线间存在分布电容 C_B，这个分布电容 C_B 与开关器件 A 对地的分布电容 C_A 通过地的耦合成为串联形式，可将脉动的高频噪声通过电场耦合到设备 B 的导线中。

同样，由于开关电源变压器的一次侧和二次侧之间存在分布电容 C_t，又将开关电源中电位变化最大的变压器一次侧电位（含高频噪声）传递到二次侧，与大地形成二次侧的共模电流。输出整流电路也存在对地分布电容，也将输出整流电路中的高频噪声电位感应到大地。

平行布线时两根导线间通常也都具有分布电容，因此也极易将导线 A 的干扰能量耦合到导线 B 中。因此在设备布线、印制电路板走线中要给予重视。

2.2.5 电磁感应耦合

电磁感应耦合又称为磁场耦合，它是由于导线 A 中通过电流后在周围空间中形成磁场，若磁场为交变的，则可通过电磁感应方式将能量耦合到另一导线 B 中形成电动势，变压器就是利用电磁感应原理工作的例子。而对于不需要此耦合能量的另一回路 B 而言，耦合了 A 回路产生交变磁场的能量，就成为干扰。磁场耦合的主要原因是互感。平行布线电缆最容易将能量从一根电缆耦合到另一根电缆中，因为平行走线可以导致两根电缆间互感较大，因此布线的设计对于避免耦合非常重要。与电容耦合一样，电路结构相同时，频率越高，干扰越大。

以上两种耦合都是通过电感应或磁感应而形成的。由于感应场传输能量有随距离成二次方衰减的特性，并且其强度存在方向性，所以不难想到消除这种干扰的方法，应该是调整受干扰设备与源之间的相对位置（如使敏感部位走线与干扰源的导线尽量避开，或互相垂直），或采取屏蔽来实现。

2.2.6 辐射耦合

辐射耦合源于电磁辐射场。当高频电流穿过导体时，在该导体周围便产生电力线和磁力线，并发生高频变化，从而形成一种在空间传播的电磁波。处于电磁波中的导体便会感应出相应频率的电动势。

电磁场辐射干扰是一种无规则的干扰，这种干扰很容易通过电源线传到系统中去。早期的开关电源在实验室阶段试验时，所产生的电磁场辐射对实验室楼上的收音机都会产生噪声干扰。处于空间中的传输线（输入线、输出线和控制线）既能接受干扰波，也能辐射干扰波，这种现象称为天线效应。当传输线的长度大于或等于空间中信号频率的四分之一波长时，天线效应变得明显。

电磁辐射场能量的特点与电磁感应场的能量传输完全不同。辐射场能量存在方式是：电场与磁场在空间位置上共存一处、矢量上相互垂直、时间上同位相，因此可以把它看成一个能量团独立存在，并依据左手定则永远向前传播，而形成辐射场；并且它的能量损耗只与其传播距离成反比，所以它的传播要比感应场远得多。消除辐射干扰只能借助于屏蔽方法。当然提高受扰设备的选择性能，也能起一定作用。

思考题和习题

1. 自然电磁干扰有哪几种？它们可以预防吗？举例说明。
2. 人为电磁干扰有哪几种？它们分别可以造成什么危害？
3. 什么是差模干扰？什么是共模干扰？
4. 干扰耦合有哪些途径？
5. 干扰源发射噪声的原因有哪些（尽你所了解的）？
6. 试说明由电源线端感应干扰的情况。
7. 试说明地回路感应干扰的情况。
8. 一段导线中流过频率比较高的交变电流，对于相邻的不需要该电流信号的电路而言，它将会造成什么样的干扰（共模干扰或差模干扰）？通过哪些方式可以耦合到其他电路中？

第3章　电磁干扰的抑制

电磁干扰的形成必须有三个要素：干扰源、传播途径和对干扰敏感的设备。抑制电磁干扰的关键是控制干扰源和切断传播途径。

干扰源总是以突变的电流和突变的电压形成电磁发射，影响着周围的电场和磁场。控制干扰源是从电磁干扰源处控制其电磁发射，从电磁干扰源产生的机理着手降低其产生电磁噪声的电平。

而从传播途径方面来抑制干扰，运用接地、屏蔽和滤波技术则是有效地切断传播途径的方式。

接地包括电气设备接地、电子电路信号接地等。电气设备和电子技术中的地线作用是不一样的，在电气技术中，地线的主要作用是为保护设备和人身安全而提供通路，起保护作用；而在通信与电子技术中，地线的主要作用是抗干扰及提高无线电波的辐射效率。接地体的设计、地线的布置、接地线在各种不同频率下的阻抗等，不仅涉及产品或系统的电气安全，而且关联着电磁兼容测量技术。

屏蔽主要是应用各种导电材料制作成各种壳体与大地连接，以切断通过空间的静电耦合、感应耦合或交变电磁场耦合形成的电磁噪声传播途径。

滤波是在频域上处理电磁噪声的技术，为电磁噪声提供一条低阻抗的通路，以达到抑制电磁干扰的目的。例如，电源滤波器对50Hz的电源频率呈现高阻抗，而对电磁噪声频谱呈现低阻抗，因而可以给叠加在50Hz频率电源上的高频噪声信号提供一条通路返回源，或被削弱，而不影响正常信号回路。

3.1　抑制电磁干扰的常用措施

3.1.1　接地

地线是电子设备中电路的公共导线，它既可以为正常电流信号提供通路，使电路正常工作，也可以为高频电压噪声信号提供低阻抗通路，旁路干扰信号。如果忽略导线的阻抗，这个公共地线就是一个等电位体，为电路提供电位基准点，称为地。

基于不同目的，接地还有其他的作用，如为系统的屏蔽提供接地，取得电磁屏蔽抑制干扰的效果，称为屏蔽接地；防止雷击危及设备和人身安全，防止电荷积累引起火花放电，防止高电压与外壳相接引起的危险等，称为保护接地。

然而，任何导线都具有阻抗，地线也不例外。该公共阻抗使两个不同接地点电位不相等，因而形成电压，可使噪声信号传导到共用这个公共导线的其他设备或回路中，通过公共阻抗而形成干扰。

由此可见，接地导线可以因接地阻抗导致干扰，而另一方面，良好的接地又可以抑制干扰。此外，保护性接地将设备积累的电荷及时释放到大地，以防止因绝缘损坏而遭受触电的危险，也是电气设备中的重要要求。因此研究接地技术具有重要的意义。

3.1.1.1 接地与接地的分类

一般接地按照其作用可分为安全接地和信号接地两大类。其中，安全接地又可分为设备安全接地、接零保护接地和防雷接地；信号接地又可分为单点接地、多点接地、混合接地和悬浮接地等。

1. 安全接地

安全接地就是为了电路、设备或人身的安全而实施的接地，它是利用低阻抗的导体将用电设备的外壳连接到大地上，使操作人员不会因设备外壳漏电或静电而发生触电危险。安全接地物体包括建筑物、输电线导线。高压电力设备的接地，目的均为防止雷电放电破坏设施和造成人身伤亡。

大地具有非常大的电容量，不论往大地注入多大的电流或电荷，在稳态时其电位都可保持恒定不变，可成为理想的零电位。因此，将设备或设施进行良好的安全接地，可确保其安全。

（1）设备安全接地

设备安全接地的基本要求为：接地电阻：接地的安全有效性决定于接地电阻，其值越小越好，而接地电阻为分布参数，由导线电阻、接地体电阻和大地杂散电阻组成，因此接地电阻与接地装置、接地土壤状况、环境条件等均有很大关系，一般应小于10Ω。基于不同目的接地时的接地电阻可参照如下选择：设备安全接地，接地电阻小于10Ω；1kV以上的电力线路，接地电阻小于0.5Ω；防雷，接地电阻为10～25Ω。

接地装置：也称为接地体。接地体又分为自然接地体和人工接地体两类。

自然接地体包括埋设在地下的水管、输送非燃性气体和液体的金属管道、建筑物埋设在地下或水泥中的金属构件、电缆的金属外皮等。它们与大地的接触面积较大，长度较长，因此杂散电阻小，往往能具有比专门设计的接地体更好的性能；同时，它们与用电设备大都已经连接成整体，大部分故障电流能在接地体的开始端向大地扩散，所以安全性较好。它们还在地下纵横交叉，可降低接触电压和跨步电压，因此1kV以下的系统都采用自然接地体。

大电流接地系统要求接地电阻具有较低的阻值。埋设于地下的自然接地体因其表面腐蚀等因素致使其接地电阻难以降低，还有一般的水管与金属构件及大地并没有良好的接触，接地电阻阻值较大，因此这时的水管也不宜作为接地体。弱信号、敏感度高的测控系统、计算机系统、精密仪器系统，同样不能随便使用自然接地体。自然接地体往往用于强电设备接地后，除故障电流外尚有大量谐波或干扰信号通过（如共模噪声信号），弱信号和敏感度高的系统与这样的接地体连接，易接受强干扰信号而使自身系统不能工作。因此需要采用专门设计的接地体，称为人工接地体。人工接地体就是人工垂直埋入地下的金属导体。人工接地体接地电阻的计算、接地电阻的测量等，可参阅有关技术文献。

（2）防雷接地

防雷接地是将建筑物等设施和用电设备的外壳与大地相连，将雷电电流引入大地，从而起到保护设施、设备和人身安全的作用，同时避免雷击电流窜入信号接地系统而影响或损坏设备。

设施的防雷接地（雷电保护）系统是一个单独的系统，由避雷针、下导体和与接地系统连接的接头组成。防雷接地是一项专门的技术，有关内容可查阅相关专业书籍。

2. 信号接地

信号接地的目的是为了给电路中的电位提供基准点，它是信号级电路的电流流通的路径。交流电源的地线不能用作地线，因为一段电源地线的两点之间的电位有数百微伏，甚至达数伏，将对低电平的信号电路造成严重的干扰（详见“3.1.1.2 地线干扰机理”中的分析）。

工程实际中，常采用模拟信号地和数字信号地分别设置、直流电源地和交流电源地分别设置、大信号地与小信号（敏感信号）地分别设置，以及骚扰源器件和设备（如电动机、继电器、电力开关等）的接地系统与其他电子、电路系统的接地系统分别设置的原则，以便于抑制干扰。

3.1.1.2 地线干扰机理

1. 地线

在设计电路时，人们习惯将一个公共的电位基准点称为地，即将地线定义为电路电位基准点的等电位体。但是，实际地线上的电位并不是恒定的。通过测量地线各点之间的电位，可以发现地线上各点的电位可能相差很大。这些电位差可以引起电路工作异常。地线是一个等电位体的概念仅是人们对地线电位的期望。

符合实际的地线定义为：信号流回源的低阻抗路径。这个定义突出了地线中电流是在有阻抗的路径中流动的概念。按照这个定义，很容易理解地线中电位差产生的原因。因为地线也是导线构成的，其总阻抗不会为零，当一个电流通过有限值的阻抗时，就会产生电压降，等电位就不可能实现。因此，实际地线上的电位就像大海中的波浪一样，此起彼伏地随机变化着。

用欧姆表测量地线的电阻时，观察到地线的电阻往往为毫欧姆级，而一般情况下，电流流过这么小的电阻时不可能产生很大的电压降，进而导致电路工作的异常。那么，地线的阻抗又是如何引起地线上各点之间的电位差，并造成干扰引起电路的误动作的呢？

导线的电阻与阻抗是两个不同的概念。电阻指的是在直流状态下导线对电流呈现的阻抗，而阻抗指的是交流状态下导线对电流的阻抗，这个阻抗主要是由导线的电感引起的。任何导线都有电感，尽管电感 L 不大，但当频率较高时，感抗 ωL 变得非常大而不容忽视，因此导线的阻抗远大于直流电阻。在实际电路中，造成电磁干扰的信号往往是脉冲信号，脉冲信号包含丰富的高频成分，因此会在地线上产生较大的电压。

2. 地线引起的公共阻抗耦合干扰

当两个电路共用一段地线时，由于地线的阻抗，一个电路中的信号会耦合进另一个电路，这样一个电路的地电位会受另一个电路工作电流的调制而被干扰。这种耦合称为公共阻抗耦合，如图 3-1 所示。

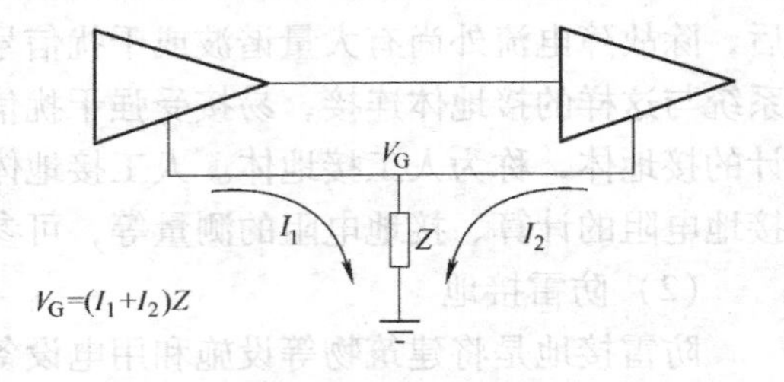

图 3-1 公共阻抗耦合

在数字电路中，由于信号的频率较高，地线往往呈现较大的阻抗。这时，如果不同的电路共用一段地线，就更有可能出现公共阻抗耦合的问题。

图 3-2 是一个有四个门电路组成的简单电路，用该电路来说明地线阻抗造成的电路误动作。假设门 1 的输出电平由高变为低，这时电路中的寄生电容（有时门 3 的输入端还会有滤

波电容）会通过门 1 向地线放电，由于地线的阻抗，放电电流会在地线上产生尖峰电压，如果这时门 2 的输出是低电平，则这个尖峰电压就会传到门 4 的输入端，如果这个尖峰电压的幅度超过门 4 的噪声门限，就会造成门 4 的误动作。

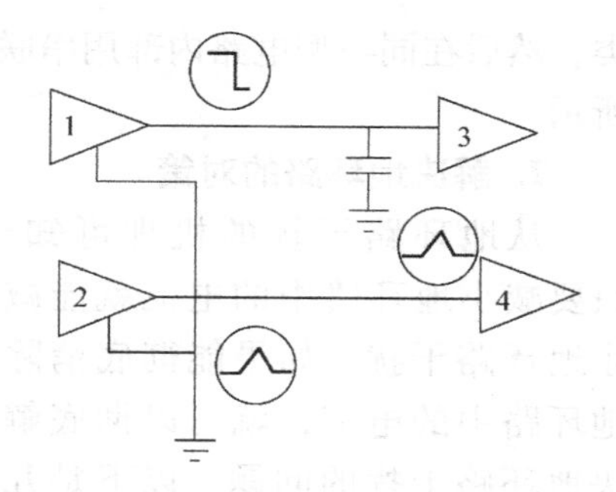

图 3-2　地线阻抗造成的电路误动作

3. 地环路干扰

图 3-3 是两个接地的电路，用该电路来说明地环路干扰。由于地线阻抗的存在，当电流流过地线时，就会在地线上产生电压。如果附近有共用此地线的大功率电路工作时，会在地线中流过很强的电流。这个电流会在两个设备的连接电缆上产生电流 I_1 和 I_2。由于电路的不平衡性，每根导线上的电流不同，因此形成差模电压 V_G，对电路造成干扰。由于这种干扰是由电缆与地线构成的环路电流产生的，因此称为地环路干扰。地环路中的电流 I_G 还可以由外界电磁场感应出来。

3.1.1.3　抑制地线干扰的方法

1. 消除公共阻抗耦合

消除公共阻抗耦合的途径有两个，一个是减小公共地线部分的阻抗，这样公共地线上的电压也随之减小，从而控制公共阻抗耦合。

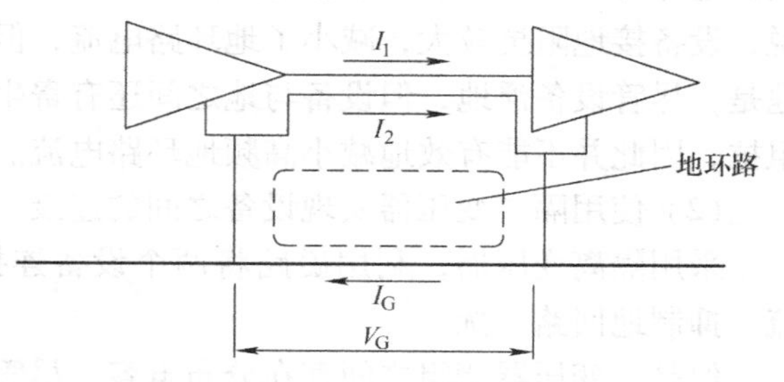

图 3-3　地环路干扰

减小地线阻抗的核心问题是减小地线的电感。通常增加导线的直径对于减小直流电阻十分有效，但对于减小交流阻抗（主要是导线电感）的作用很有限。为了减小交流阻抗，一个有效的办法是多根导线并联。当两根导线并联时，其总电感 L 为

$$L = (L_1 + M)/2 \tag{3-1}$$

式中，L_1 为单根导线的电感；M 为两根导线之间的互感。

从式（3-1）中可以看出，当两根导线相距较远时，它们之间的互感很小，总电感相当于单根导线电感的一半。因此可以通过多条接地线来减小接地阻抗。但需要注意的是，多根导线之间的距离不能过近。

还可以使用扁平导体做地线。对于印制电路板，在双层板上布地线网格能够有效地减小地线阻抗，在多层板中专门用一层做地线虽然具有很小的阻抗，但会增加电路板的成本。

另一个消除公共阻抗的方法是通过适当的接地方式避免容易相互干扰的电路共用地线，一般要避免强电电路和弱电电路共用地线，数字电路和模拟电路共用地线。并联单点接地就是通过适当接地方式避免公共阻抗的接地方法，如图 3-4 所示。并联接地的缺点是接地的导线过多。因此在实际中，没有必要所有电路都并联单点接地，对于相互干扰较少的电路，可以采用串联单点接地。例如，可以将电路按照强信号、弱信号、模拟信号、数字信号等分

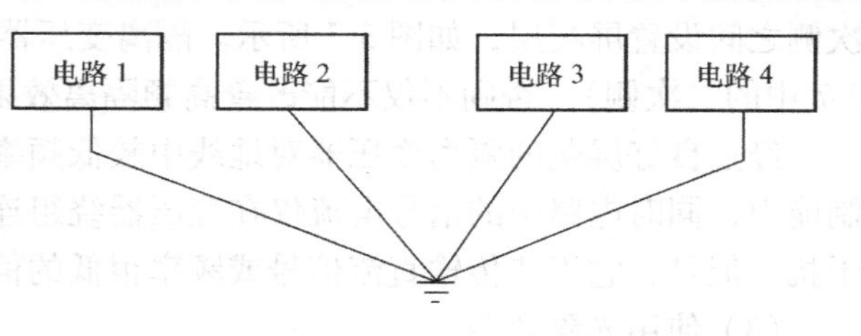

图 3-4　并联单点接地

类，然后在同类型电路内部用串联单点接地，不同类型的电路采用并联单点接地，如图 3-5 所示。

2. 解决地环路的对策

从地环路干扰的机理可知，只要减小地环路中的电流就能减小地环路干扰。如果能彻底消除地环路中的电流，就可以彻底解决地环路干扰的问题。以下是几种解决地环路干扰的方案。

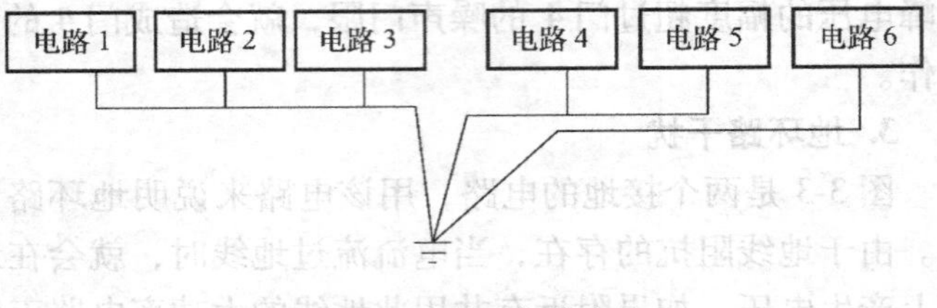

图 3-5 串并联混合单点接地

(1) 将一端的设备浮地

如果将一端电路浮地，就切断了地环路，因此可以消除地环路电流。但有两个问题需要注意，一个是出于安全的考虑，往往不允许电路浮地。这时可以考虑将设备通过一个电感接地。这样对于 50Hz 的交流电流设备来说，接地阻抗很小，而对于频率较高的干扰信号来说，设备接地阻抗较大，减小了地环路电流，但只能减小高频干扰的地环路干扰。另一个问题是，尽管设备浮地，但设备与地之间还有寄生电容，这个电容在频率较高时会提供较低的阻抗，因此并不能有效地减小高频地环路电流。

(2) 使用隔离变压器实现设备之间的连接

采用隔离变压器，利用磁路将两个设备连接起来，如图 3-6 所示，可以切断地环路电流，抑制地回路干扰。

但是，变压器绕组之间存在分布电容，尽管分布电容数值不大，但是高频信号通过分布电容又可形成新的地环路，如图 3-7 所示。因此变压器隔离的方法对高频地环路电流的抑制效果较差。要提高隔离变压器的抗干扰能力，应设法减小分布电容。

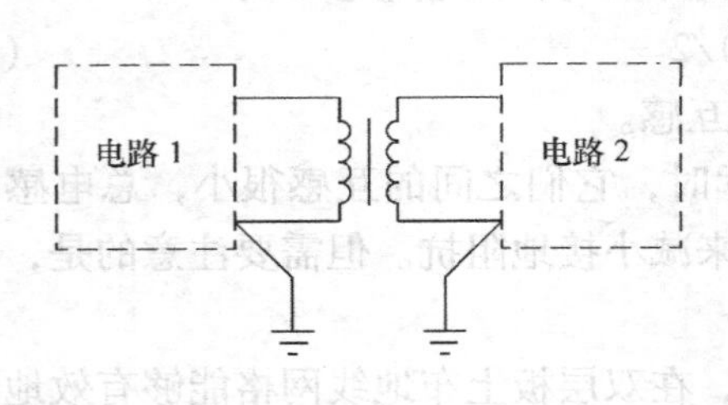

图 3-6 采用隔离变压器连接设备切断地环路

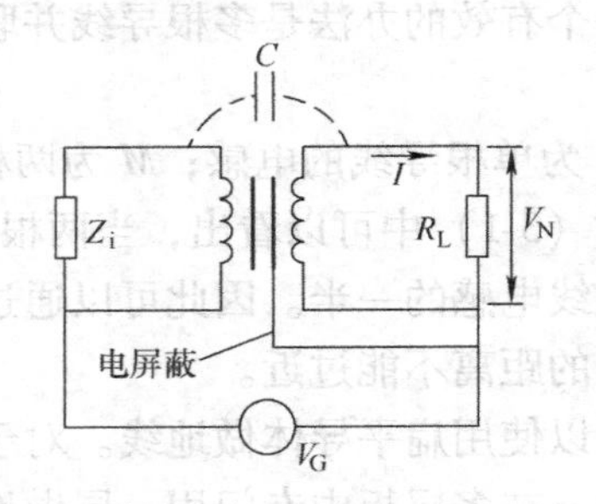

图 3-7 隔离变压器等效电路

减小隔离变压器分布电容，提高高频地环路隔离效果的有效方法，是在变压器的一、二次侧之间设置屏蔽层，如图 3-7 所示。隔离变压器屏蔽层的接地端必须在接受电路一端（图 3-7 中的二次侧），否则不仅不能改善高频隔离效果，还可能使高频耦合更加严重。

经过良好屏蔽的隔离变压器对地线中较低频率的干扰提供了有效的隔离，具有有效的抑制能力，同时电路中的信号电流仅在变压器绕组连线中流过，因此也可以避免对其他电路的干扰。但是，它不能传输直流信号或频率很低的信号。

(3) 使用光隔离器

切断地环路的最理想方法是用光连接方式实现信号的传输，使输入和输出信号完全不共地，实现对地环路干扰的完全阻隔。

使用光连接有两种方法，一种是使用光电耦合器，简称光耦；另一种是采用光纤连接。光耦的寄生电容一般为 2pF，能够在很高的频率时提供良好的隔离。光纤几乎没有寄生电容，但安装、维护、成本等方面都不如光电耦合器件。

光耦原理如图 3-8 所示，它是以光为媒介把输入端信号耦合到输出端，来传输电信号的器件，通常把发光器（红外线发光二极管 LED）与受光器（光敏半导体管）封装在同一管壳内，将它们的光路耦合在一起，当输入端加电信号时发光器发出光线，受光器接受光线之后就产生光电流，从输出端流出，从而实现“电—光—电”的转换。由于输入和输出之间不共地，完全切断了输入电路和输出电路的地回路，因此广泛地应用于需要信号隔离的电路中。

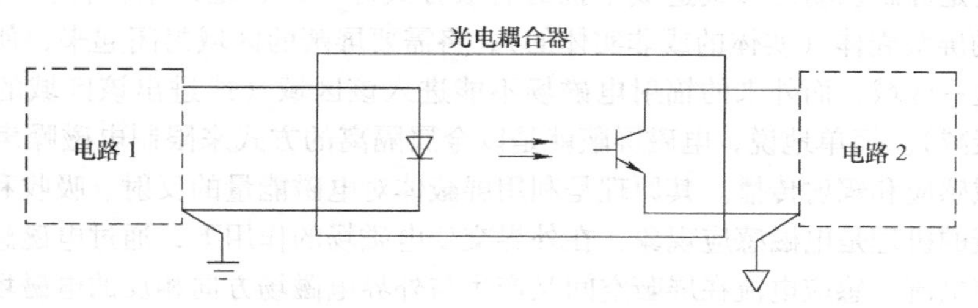

图 3-8　光电耦合器原理

光电耦合器在传输信号的原理上与隔离变压器相同，但隔离变压器是依靠磁场的变化将信号或能量传递到二次侧的，通常只能传递一定频率的交变信号；而光电耦合器件则是利用光路完成信息的传递，只要一次侧的发光二极管上有一定强度的电流流过（交流或直流），就能通过光路将信息传递到二次侧的光敏二极管/三极管，实现信号的隔离性传递，传递的信号可以是交流信号，也可以是直流信号。

通常光耦由于其非线性，在模拟电路中的应用只限于对较高频率的小信号的隔离传送，特别适用于数字电路。近年来问世的线性光耦能够传输连续变化的模拟电压或模拟电流信号，使其应用领域大为拓宽。

（4）使用共模扼流圈

当传输的信号为直流或频率很低的交流信号时，不能使用隔离变压器，这时可以采用在连接电缆上串联共模扼流圈的方式，如图 3-9 所示。图中的共模扼流圈可以通过直流或低频的差模信号，而对地环路的共模干扰电流呈现出很高的阻抗，因而抑制了共模干扰噪声。

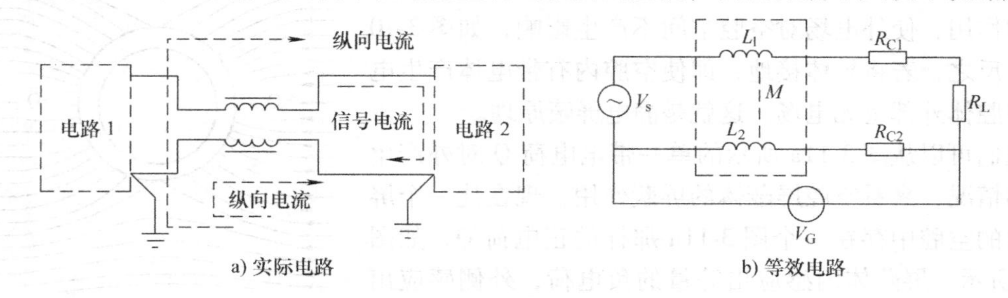

图 3-9　在连接电缆上串联共模扼流圈阻隔地回路

共模扼流圈是由两个绕向相同、匝数相同的绕组组成，一般采用双线并绕。正常信号电流在两个绕组流过时方向相反，即为差模电流，所产生的磁场相互抵消，呈现低阻抗，扼流圈对信号电流无抑制作用。而地线中的干扰电流流经两个绕组的方向相同，为共模电流，产生的磁场同相叠加，扼流圈对地回路干扰电流呈现高阻抗，具有较强的抑制地回路干扰的作用。

在连接电缆上使用共模扼流圈相当于增加了地环路的阻抗，这样在一定的地线电压作用下，地环路电流会减小。但必须控制共模扼流圈的寄生电容，否则对高频干扰的隔离效果很差。共模扼流圈的匝数越多，则寄生电容越大，高频隔离的效果越差。

3.1.2 屏蔽

3.1.2.1 电磁屏蔽的原理

电磁屏蔽是抑制以场的形式造成干扰的有效方式之一，它是以某种材料（导电或导磁材料）制成的屏蔽壳体（实体的或非实体的），将需要屏蔽的区域封闭起来，使其内的电磁场不能越出这一区域，而外来的辐射电磁场不能进入该区域（或进出该区域的电磁能量将受到很大的衰减）。简单地说，电磁屏蔽就是以金属隔离的方式来限制电磁噪声由一个区域向另一个区域感应和辐射传播。其原理是利用屏蔽体对电磁能量的反射、吸收和引导作用。

电磁屏蔽的机理是电磁感应现象：在外界交变电磁场的作用下，通过电磁感应在屏蔽壳体内产生感应电流，感应电流在屏蔽空间又产生与外界电磁场方向相反的电磁场，从而抵消了外界电磁场对屏蔽体内电路的影响，产生屏蔽效果。

3.1.2.2 电磁屏蔽类型

电磁屏蔽从屏蔽原理上可分为两大类型：一种是静电屏蔽，用于防止静电场和恒定磁场的影响；另一种是电磁屏蔽，用于防止交变电场和交变磁场以及交变电磁场的影响。

1. 静电屏蔽

根据电磁场理论可以知道，置于静电场中的导体在静电平衡的条件下具有下列性质：

1）导体内部任何一点的电场为零；

2）导体表面任何一点电场强度矢量的方向与该点的导体表面垂直；

3）整个导体是一个等电位；

4）导体内部没有静电荷存在，电荷只能分布在导体的表面上。

内部存在空腔的导体在静电场中也具有以上性质。如果将内部存在空腔的导体引入电场，由于导体的内表面无静电荷，空腔空间中也无电场，这样导体就起到了隔绝外电场的作用，使外电场对空腔空间不产生影响，如图 3-10 所示。反之，若将导体接地，即使空腔内有带电体产生电场，在腔体外部也无电场。这就是静电屏蔽原理。

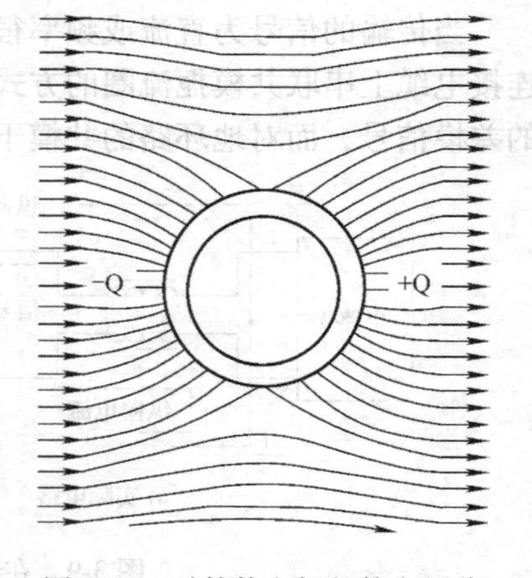

图 3-10 对外静电场的静电屏蔽

我们可以从图 3-11a 所示的单一带电电荷 Q 对外产生电场的情况，来看空腔屏蔽体的屏蔽作用。现在让一个屏蔽体内的空腔中存在一个图 3-11a 那样的正电荷 Q，如图 3-11b 所示。屏蔽体内感应出等量的负电荷，外侧感应出等量的正电荷，这样对外产生的电场仍等同于图 3-11a。也就是说，仅用屏蔽体将静电场源包围起来，实际上起不到屏蔽作用。只有将屏蔽体接地，如图 3-11c 所示，才能将静电场源所产生的电力线封闭在屏蔽体内部，屏蔽体才能真正起到屏蔽的作用。

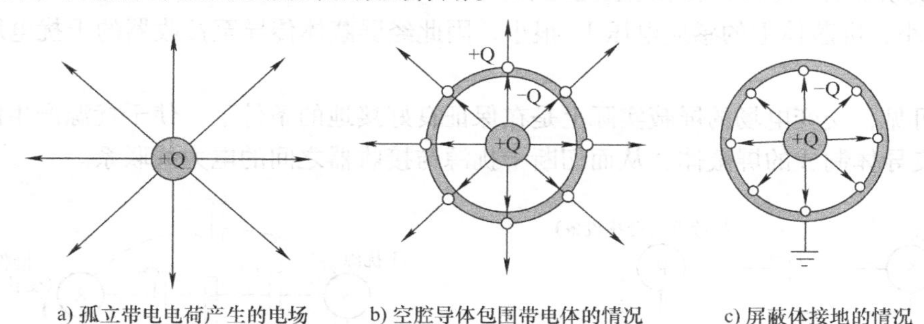

a) 孤立带电电荷产生的电场　b) 空腔导体包围带电体的情况　c) 屏蔽体接地的情况

图 3-11　对内静电场源的静电屏蔽

因此，静电屏蔽有两个基本要求：完整的屏蔽导体和良好的接地。

2. 电磁屏蔽

通常提到的屏蔽指的是电磁屏蔽，即对交变电场和交变磁场以及交变电磁场的屏蔽。

在交变场中，电场分量和磁场分量总是同时存在的，只是在频率较低的范围内，干扰一般发生在近场。而近场中，随着干扰源特性的不同，电场分量和磁场分量有很大的差别。高压低电流干扰源以电场为主，磁场分量可以忽略，这时可以只考虑电场的屏蔽。而低压大电流的干扰源则以磁场为主，电场分量可以忽略，这时就可以只考虑磁场的因素。

随着频率的增高，电磁辐射能力增加，产生辐射电磁场，并趋向于远场干扰，远场中的电场、磁场均不能忽略，因而就要对电场和磁场同时屏蔽，即电磁屏蔽。

（1）交变电场的屏蔽

交变电场是电力系统和电力电子装置及系统中常见的传导干扰途径。在交变电场中，干扰源和接收器之间的电场感应耦合可以用它们之间的耦合电容进行描述，如图 3-12 所示，利用这些描述的原理可以找到阻断传导干扰的途径。

设图 3-12 中的干扰源 S 对外呈现交变电压 V_S，在附近形成交变电场。电场中的接收器 R 通过阻抗 Z_R 接地。干扰源对接收器的电场感应可以用一个等效耦合电容 C_c 表示。图 3-12 描述了从干扰源 V_S 经耦合路径 C_c 传导到接收器 R 的耦合回路，接收器上接收到的骚扰电压为

$$V_R = \frac{j\omega C_c Z_R}{1 + j\omega C_c (Z_R + Z_S)} V_S \tag{3-2}$$

上式表明，分布电容（耦合电容）C_c 越大，骚扰源在接收器上产生的干扰越大，因此减小该骚扰电压的一个有效途径就是减小耦合电容 C_c。这可以通过增加骚扰源与接收器之间的距离来实现（该距离越大，耦合电容越小）。在条件有限以致不能增加这个距离时，可以采用在骚扰源与接收器之间插入屏蔽体的方法来减小耦合电容，见图 3-13。由于屏蔽体的插入，原耦合电容 C_c 体现为图中的耦合电容 C_{c1}、C_{c2}、C_{c3} 的综合作用，这样 C_{c3} 的影响非常小，可以忽略。而屏蔽体上的感应电压为

$$V_1 = \frac{j\omega C_{c1} Z_1}{1 + j\omega C_{c2} (Z_1 + Z_S)} V_S \tag{3-3}$$

接收器上则感应出电压

$$V_R = \frac{j\omega C_{c2} Z_R}{1 + j\omega C_{c2} (Z_1 + Z_R)} V_1 \tag{3-4}$$

式中，Z_1 为屏蔽体阻抗和接地线阻抗之和。当屏蔽体具有良好的导电性能并良好接地时，阻抗 Z_1 很小，屏蔽体上的感应电压 V_1 很小，因此经屏蔽体传导至接收器的干扰电压也将减小。

由此可见，交变电场的屏蔽实际上是在保证良好接地的条件下，使干扰源产生的电力线终止于由良导体制成的屏蔽体，从而切断干扰源与接收器之间的电力线联系。

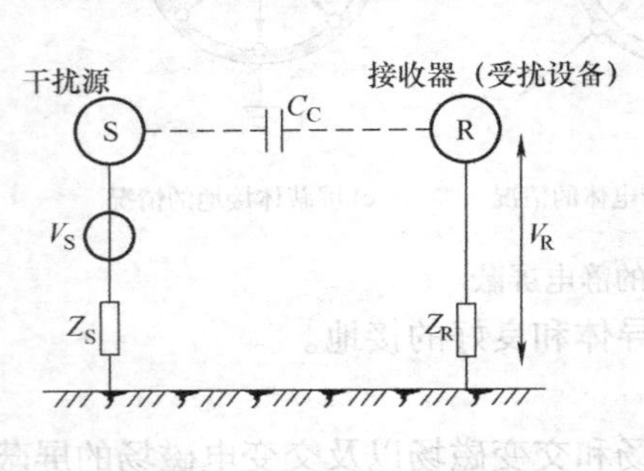

图 3-12　交变电场的耦合

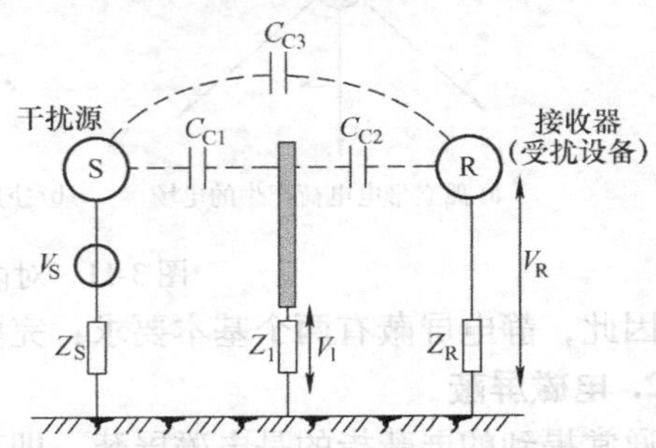

图 3-13　插入屏蔽体时交变电场的耦合

（2）低频磁场的屏蔽

100kHz 以下的交变磁场通常称为低频磁场。低频磁场的屏蔽常用高磁导率的铁磁材料（铁、硅钢片、坡莫合金等）。它是利用铁磁材料的高磁导率对干扰磁场进行分路，由于铁磁材料的磁阻与空气的磁阻相比很小，交变磁场的磁通主要通过铁磁材料制成的屏蔽罩（如图 3-14 所示），而通过空气的磁通将大大减弱，从而起到磁场屏蔽的作用。屏蔽罩内交变磁场产生的磁通将主要通过屏蔽罩流通，故被限制在屏蔽罩内，使罩外的元件、电路和设备不受罩内线圈电流所产生磁场的影响（如图 3-14a 所示）；外界骚扰磁通也将主要限制在屏蔽罩中流通，而不会影响屏蔽罩内的线圈电流（如图 3-14b 所示）。

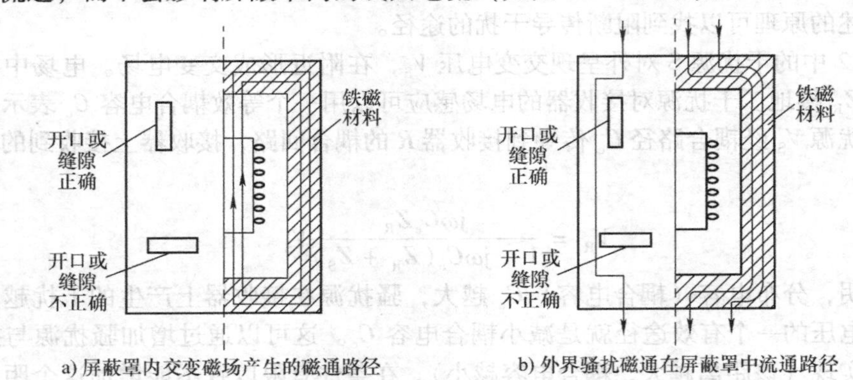

a) 屏蔽罩内交变磁场产生的磁通路径　b) 外界骚扰磁通在屏蔽罩中流通路径

图 3-14　用于低频磁场屏蔽的屏蔽罩

使用屏蔽罩应注意以下问题：

1）所用铁磁材料的磁导率越高，屏蔽罩越厚，磁阻越小，磁屏蔽效果越好。为了获得更好的磁屏蔽效果，需要选用高磁导率材料，并尽量使屏蔽罩具有足够的厚度，有时甚至可采用多层屏蔽。效果好的铁磁屏蔽罩往往成本高，体积笨重。

2）铁磁材料制成的屏蔽罩，在与磁力线垂直的方向不应有开口或缝隙，否则将切断磁力线，增大磁阻，降低屏蔽效果。

3）铁磁材料的屏蔽不能用于高频磁场屏蔽。因为高频时铁磁材料中的磁性损耗（磁滞、涡流等）很大，磁导率低。

（3）高频磁场的屏蔽

高频磁场屏蔽的原理是利用电磁感应在屏蔽体表面所产生涡流的反磁场，来抵消或抑制屏蔽体外骚扰源磁场的影响。因此高频磁场的屏蔽体采用的是低电阻率的良导体材料，如铜、铝等。

当载流线圈置于如图 3-15 所示的良导体制成的屏蔽盒中时，线圈产生的高频磁场就被限制在屏蔽盒内而对外不起作用（如图 3-15a 所示）；同样，外界高频磁场也将被屏蔽盒的涡流反磁场排斥而不能进入屏蔽盒内（如图 3-15b 所示），从而对高频磁场起到了屏蔽的作用。

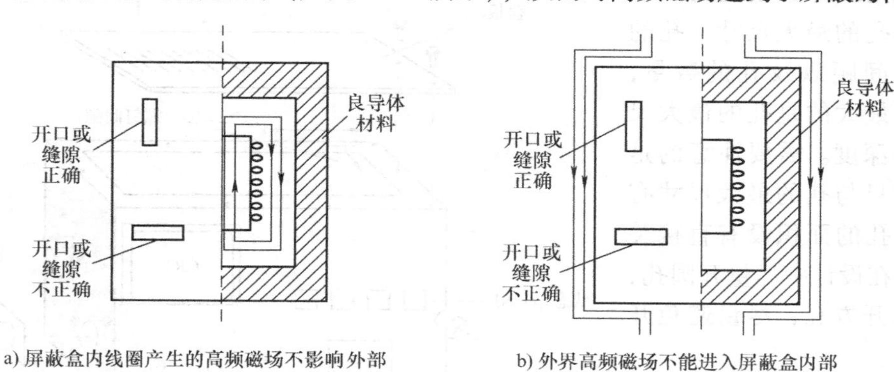

a) 屏蔽盒内线圈产生的高频磁场不影响外部　b) 外界高频磁场不能进入屏蔽盒内部

图 3-15　用于高频磁场屏蔽的屏蔽盒

涡流是在高频下感应产生的，频率越高，产生的涡流越大。但在高于一定频率以后，涡流就不再随频率的增高而加大，即在高频情况下，屏蔽盒上产生的感应涡流与频率无关，它产生的反磁场已足以排斥原骚扰磁场而起到屏蔽作用，同时也不可能比感应出这个涡流的原磁场更大。

在低频的情况下，产生的涡流很小，涡流反磁场完全排斥原骚扰磁场，所以不可能利用感应涡流进行磁场屏蔽，因此这种方法主要用于高频情况。

高频时由于集肤效应，涡流仅仅集中在屏蔽盒的表面，所以高频屏蔽盒无需很厚，与采用铁磁材料做低频磁场屏蔽体时不同。对于常用的铜、铝材料制作的屏蔽盒，当频率高于 1MHz 时，机械强度、工艺和结构上所要求的屏蔽盒厚度，总是大于可靠的高频屏蔽所需要的厚度。所以，高频屏蔽一般不用从屏蔽效能方面特别考虑屏蔽盒的厚度。

应该特别予以注意的是：屏蔽盒在垂直于涡流的方向上不应该有开口或缝隙，否则将切断涡流，使涡流电阻增大，涡流减小，屏蔽效果变差。如果需要屏蔽盒开口或有缝隙，应沿涡流走向，如图 3-15 所示。开口或缝隙尺寸一般不应超过波长的 1/100～1/50。

前面讨论过，电场屏蔽必须接地。与电场屏蔽不同，高频磁场屏蔽的屏蔽盒是否接地不影响磁屏蔽的效果。但是若将金属导电材料制造的屏蔽盒接地，屏蔽盒就同时具有电场屏蔽和高频磁场屏蔽的作用。所以，实际使用中的屏蔽体都接地。

（4）孔缝泄漏问题及抑制

设备中易受干扰的电路需要用金属壳体（屏蔽体）封装保护以便起到屏蔽作用。按照屏蔽的要求设计屏蔽体，理想的屏蔽机壳应该具有连续的结构，即没有任何缝隙和开口让外界干扰电磁波进入设备。如果屏蔽体不完整，将导致电磁场泄漏。特别是电磁场屏蔽，它利用屏蔽体在高频磁场的作用下产生反方向的涡流磁场与原磁场抵消而削弱高频磁场干扰。如果屏蔽体不完整，涡流的效果降低，屏蔽的效果将大打折扣。

但是实际上，实用的设备不仅需要为提供正常工作的电源线、控制线、信号线的输入输出通道留下引线孔缝，还由于设备工作时的大功率器件需要散热而要提供通风窗口。除此以外，基于维修便利和工作指示原因，盖板、测量指示仪表、调节的电位器轴、指示灯、保险丝、开关、门等也需要留下窗口或孔缝。屏蔽体上的缝隙，会因电磁波穿过，造成带有缝隙的金属屏蔽体的屏蔽效能下降。

影响孔洞屏蔽效能的因素主要有：孔的最大尺寸、孔的深度、孔间距以及孔的数量，其中影响最大的是孔的最大尺寸和孔的深度。需要注意的是屏蔽效能只与孔的最大尺寸有关，而与孔的面积没有直接关系，因此在设计中尽量开圆孔，其次考虑开方孔，尽量避免开长腰孔。

实际的机箱缝隙除了长腰孔（门窗接缝处），还有圆孔、方孔（仪表、散热风机和操作开关按钮等），如图 3-16 所示。

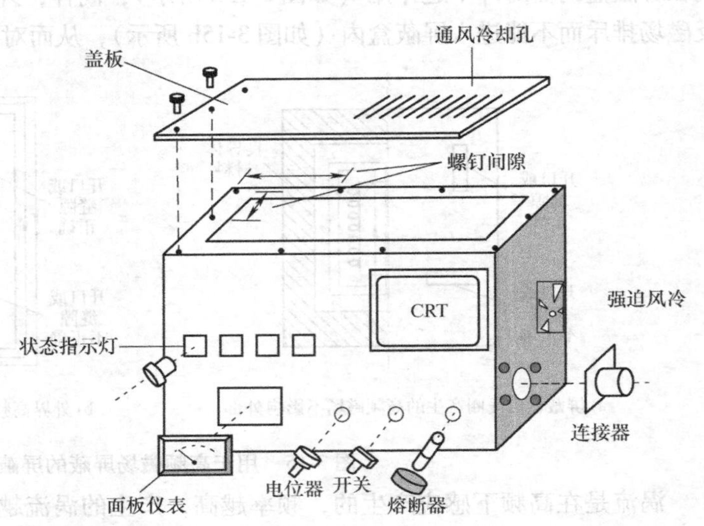

图 3-16　典型机箱示意图

电磁屏蔽的设计应该考虑实际需求，对屏蔽体及其所开的窗口和缝隙，或按照以上要求沿磁场方向开口，或进行连续性设计，使之同时满足电磁屏蔽和正常工作的要求。

所谓连续性设计，主要是要求屏蔽体及其所开的窗口和缝隙在结合部分应具有良好的导电性或导磁性，不能因缝隙而断开磁路。

当有通风、测量、开关操作控制等需要在设备机箱上开孔时，为提高设备的电磁屏蔽效果，应采用金属丝网的孔眼屏蔽。孔眼的屏蔽效能与电磁波的频率、孔眼的尺寸和数量等参数有关。

一个较好的例子是机箱活动接缝处，采用片状金属制成的指形、C 形或者锯齿形等形状的屏蔽材料。这是一种具有弹性的屏蔽材料，一般为条状，基材一般为铍铜（称为铍铜梳簧片，如图 3-17 所示），也有铝、镍、不锈钢以及黄铜等其他材料，一般俗称为指形簧片或梳形簧片。由于这样的指形或梳形簧片可以以弹簧式的压力使接缝处良好接触，并且大大减小了接缝处孔眼尺寸（梳形间距离即为屏蔽后的孔眼距离，远远小于原门窗接缝处的孔眼距离），可提供有效的电磁屏蔽。

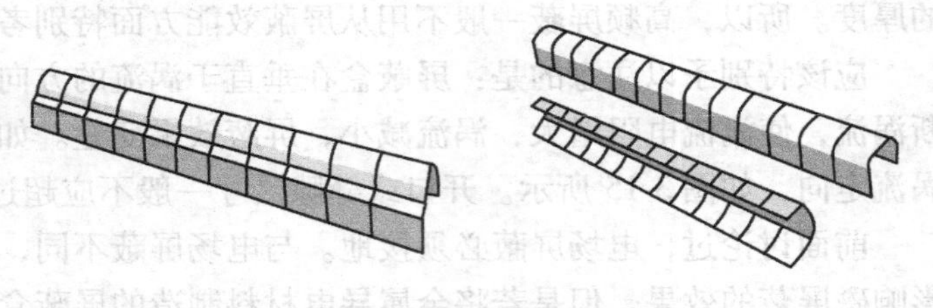

图 3-17　铍铜梳簧片

3.1.2.3 其他屏蔽材料及应用

现代材料工程的发展，给EMI屏蔽领域带来非常有利的应用前景。以下介绍的是其中的部分应用。

1. 导电纤维

利用如下工艺制成导电布，可以作为防静电和防电磁辐射的工作服，以及屏蔽窗帘、帐篷、保护罩，其屏蔽效能一般在50~60dB。

1）在化纤织物上镀铜或镍后制成导电布，可对高频和微波具有灵活的屏蔽性能。

2）将导电布和树脂复合制成吸收导电布，由于选用能吸收电磁波的树脂，因此屏蔽性能更好。

3）用导电良好的金属或碳黑纤维和化纤混合制成导电布。

此外，用导电纤维和木浆混合制成导电纸，可以做敏感集成电路的屏蔽包装，其屏蔽效能一般在30~40dB。

2. 导电橡胶

由许多独立的金属丝合成到硅橡胶中，制成的定向金属丝填充硅橡胶，称为导电橡胶，它能提供有效的电磁屏蔽密封环境。例如3.1.2.2小节中的“孔缝泄漏问题及抑制”，在需要屏蔽完整以及环境密封的机箱孔缝处（防水或防油要求的场合），采用这样弹性较好的导电橡胶能有效地起到屏蔽和密封的作用；使用频率较高时，电磁波衰减较大。

3. 导电塑料和导电涂料

在塑料中掺入高电导率的金属粉，或掺入金属纤维，即成为导电橡胶，如在聚丙烯和聚氨脂中掺入纯银粒子，可应用于塑料机壳屏蔽和需要柔性屏蔽的设备。

另一种方法是采用金属喷涂、真空沉积等工艺，在塑料机箱内壁涂覆一层金属导电薄膜，如铜、铬等，使塑料机箱具有屏蔽效果。涂膜越厚，屏蔽效能越高。

4. 导电箔带

导电箔带由单面背敷导电聚丙烯胶的铜带或铝带组成，用于电子设备接缝的屏蔽密封、缠绕电缆进行屏蔽等，其屏蔽效能一般在55~60dB之间。

3.1.3 滤波

即使一个电子产品经过很好的EMC设计，具有正确的屏蔽、接地措施，也仍然会有电磁发射或传导干扰进入设备，或有电磁发射或传导骚扰源于该设备以至于对其他设备（电源或同一电磁环境下的其他设备）产生干扰。由于电磁干扰具有接收器所不需要、而又比较敏感的频率，因此采用滤波的方法，既不阻止具有有用频率的工作信号通过，又衰减非工作信号骚扰的频率成分。滤波技术是抑制电气、电子设备传导电磁干扰的重要措施之一。

为了满足EMC标准规定的传导发射和传导敏感度极限值要求，通常采用EMI滤波器。滤波器包括电源滤波器和信号滤波器。从信号频谱分析的原理上说，滤波器就是压缩或降低骚扰信号的频谱，使传导出去的骚扰值不超过规范要求的限值。

从信号的频域分析中，我们知道滤波器是一种选频网络，即允许一定频率的信号通过，而阻止其他频率的信号通过。这个选频网络可以表示成图3-18所示的系统，当频率为ω_0的交流信号$f(t)$通过具有冲击响应函数$h(t)$的网络时，该网络的输出$g(t)$为

$$g(t) = f(t) * h(t) = \int_{-\infty}^{\infty} f(\tau) h(t-\tau) \mathrm{d}\tau \tag{3-5}$$

式中，$f(t) * h(t)$ 为输入信号与冲击响应函数的卷积。

根据傅里叶变换的卷积定理，图 3-18 所示系统的输出信号可以写为频域函数 $G(\omega)$ 的傅里叶反变换，即

$$g(t) = F^{-1}[G(\omega)] \tag{3-6}$$

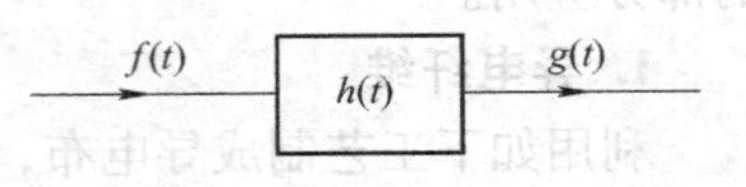

图 3-18　系统对信号的变换

这里，频域函数 $G(\omega)$ 是输出信号 $g(t)$ 的傅里叶变换。设冲击响应的傅里叶变换为 $H(\omega)$（称为系统函数），则

$$G(\omega) = F(\omega) H(\omega) \tag{3-7}$$

显然，若在某个频率范围内 $H(\omega)$ 的幅值非常小，则输出 $G(\omega)$ 也会非常小；若让 $H(\omega)$ 在某个频率范围内等于零，则输出 $G(\omega)$ 将为零，反变换后的时域函数 $g(t) = F^{-1}[G(\omega)]$ 也会变为零，因而可以起到滤除该频域内谐波的作用。

根据信号的频域描述中，信号幅频特性所表示的通过或阻止信号频率范围的不同，滤波器可以分为以下四种（如图 3-19 所示）：低通滤波器（LPF），允许低于频率 ω_0 的低频信号通过；高通滤波器（HPF），允许高于频率 ω_0 的高频信号通过；带通滤波器（BPF），允许具有一定频率范围（$\omega_{CI} < \omega < \omega_{CII}$）的信号通过；带阻滤波器（BEF），阻止具有一定频率范围（$\omega_{CI} < \omega < \omega_{CII}$）的信号通过。

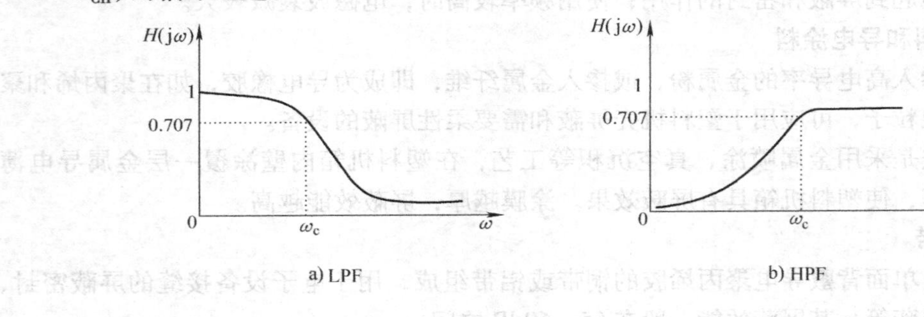

a) LPF　　b) HPF

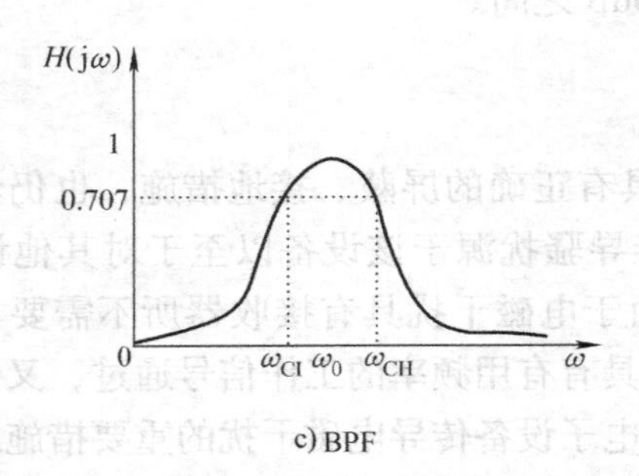

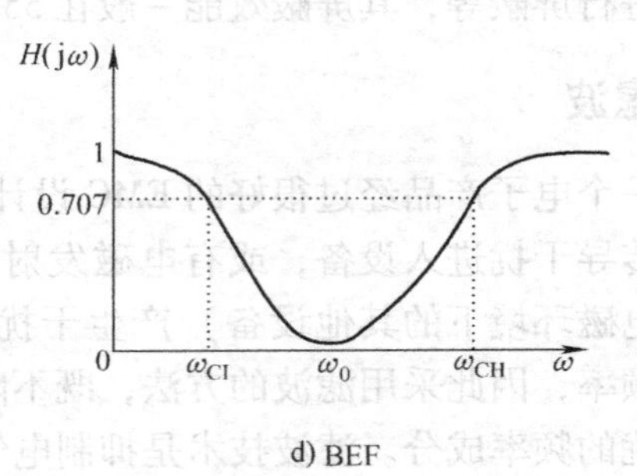

c) BPF　　d) BEF

图 3-19　四种滤波器的幅频特性

不同的电气元件具有不同的频率特性。采用不同的电气元件以及不同的结构形式，可以组成不同频率特性的滤波器，可以在不同频段中阻止噪声信号的通过，而不影响正常工作信号的流通。但是，由于元件都不是理想器件，其频率特性也都不是理想的，所构成的滤波器不可能实现图 3-19 所示的理想特性。例如，图 3-19 所示的低通滤波器（LPF），采用 LC 等元器件构成 LPF 时，无论如何设计，均无法使正常信号在低频时不衰减（即低频时的幅频特性

无法保持为 1)，而高频时也无法做到使噪声信号衰减到零，元器件选择不当甚至可能在高频时幅频特性上翘而增大噪声。这些在 EMI 滤波器设计时应予以充分重视。

滤波器具体分析与设计原则，详见 3.2.4 小节的内容。

3.1.4 其他技术措施

1. 隔离

隔离主要运用隔离变压器、光电隔离器或继电器等器件来切断电磁噪声以传导形式的传播途径，其特点是将两部分电路的地线系统分隔开来，切断通过阻抗进行耦合的可能，可以彻底解决地环路干扰的问题。在前面的章节中，已经对有关隔离的方法进行了叙述，这里不再赘述。

2. 对称

前面章节的描述中，噪声按照干扰模式的不同分成了差模噪声和共模噪声，所形成的干扰相应地称为差模干扰和共模干扰。

差模干扰主要是指作用于信号两极之间的干扰电压，其中最主要的是空间电磁场在信号间耦合感应所形成的电压，它会直接叠加在信号上，影响测量与控制精度。而共模干扰是信号对地的电位差，主要由电网串入、地电位差及空间电磁辐射在信号线上感应的同向电压叠加形成。

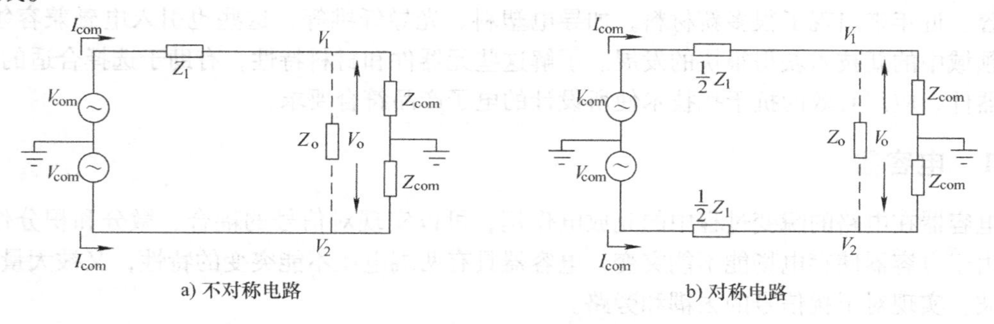

图 3-20 不对称电路与对称电路示例

在图 3-20a 所示的不对称电路中，电网串入的共模干扰电压 V_{com} 分别从电路的两个端子影响电路，先不考虑负载阻抗 Z_0，则两个输出端子对地电位分别为

$$v_1 = \frac{Z_{com}}{Z_1 + Z_{com}} V_{com}, \quad v_2 = V_{com} \tag{3-8}$$

因此负载阻抗 Z_0 两端的输出电压为

$$V_0 = v_1 - v_2 = \frac{Z_{com}}{Z_1 + Z_{com}} V_{com} - V_{com} \neq 0 \tag{3-9}$$

式(3-9)是完全由共模干扰电压转化形成的差模电压。若对电路做一点改进使之成为对称的电路，见图 3-20b，则负载两端电位均为

$$v_1 = v_2 = \frac{Z_{com}}{Z_1/2 + Z_{com}} V_{com} \tag{3-10}$$

这时负载阻抗 Z_0 两端的输出电压为

$$V_0 = v_1 - v_2 = 0 \tag{3-11}$$

即输出差模电压不受影响。这个例子说明，如果电路不对称，共模电压可通过不对称电路转

换成差模电压，它会直接影响测控信号，造成元器件损坏（这也是一些系统 I/O 器件损坏率较高的主要原因），这种共模干扰可以是直流，也可以是交流。

因此，在设计电路时，应尽可能使电路对称，包括滤波器的设计，如图 3-21 所示。

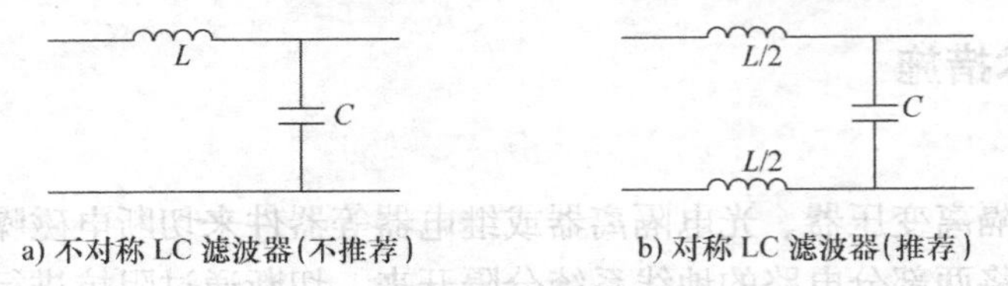

a) 不对称 LC 滤波器(不推荐)　　b) 对称 LC 滤波器(推荐)

图 3-21　推荐的 LC 滤波器设计示例

3.2　常用的抗干扰元器件

在采用各种措施抑制电磁干扰时，必然要采用能够衰减相应电磁噪声的元件和器件。例如，利用电容两端电压不能突变的特性，将电容并接在敏感电路中来抑制电路中的电压尖峰；利用电感电流不能突变原理，将电感串接在敏感回路中抑制电路中瞬变的电流；利用变压器将两个回路隔离，等等。正确地运用各种具有抗扰特性的元器件或其组合，将干扰电压或干扰电流旁路、吸收、隔离、衰减至完全消除，一直是电磁兼容领域中一项重要研究和应用内容。近年来出现了很多新材料，如导电塑料、光导纤维等，这些也引入电磁兼容领域，使本领域中的新技术获得很快的发展。了解这些元器件和材料特性，有助于选择合适的抗干扰元器件、应用有效的抗干扰技术使所设计的电子产品符合要求。

3.2.1　电容器

电容器在电路的瞬变过程中的充放电作用，可以实现对信号的耦合、微分和积分作用；同时由于电容器储存电场能不能突变，电容器具有两端电压不能突变的特性，又被大量应用来滤波，实现对干扰信号的去耦和旁路。

一个电容器的实际等效电路如图 3-22 所示。从图中可以看到，电容器不只是具有电容量，还有电阻和电感。特别是串联等效电感，使得电容器在高频时的效力大为降低。根据等效电路，除电容值以外，影响电容器性能的参数还有串联等效电感、介质损耗、绝缘电阻等。

图 3-22　电容器的实际等效电路

1. 电容的串联等效电感 *ESL*

电容器的频率特性如图 3-23 所示。

理想电容器的阻抗随频率的升高而降低，即高频时阻抗较低，作为滤波元件的电容器能为噪声提供低阻抗的旁路作用。频率越高，电容的阻抗 $1/\omega c$ 越低，当频率为无穷大时，阻抗也降到 0，可将高频噪声信号完全旁路。

但是，从图 3-23 实际电容器的频率特性中可以看到，实际电容器仅在比较低的频段中呈现电容特性，而在某一个频率点上电容和等效串联电感发生谐振，二者阻抗值相等，频率特性出现谷点(谐振点)，在谐振点上(谐振频率等于 $1/LC$)，电容器阻抗为等效串联电阻 *ESR* 的阻抗，这时电容器的阻抗最小，旁路效果最好；频率超过谐振点后，等效串联电感

ESL 的阻抗开始超过电容，电容器阻抗随频率升高而增加，这时电容器呈现电感的阻抗特性，即随频率升高而增加，旁路效果开始变差，因而作为滤波旁路器件使用的电容器就失去旁路作用，不仅不能衰减噪声信号，还有可能放大噪声信号。当要滤除的噪声频率确定时，可以通过计算来选择电容器的容量，使谐振点刚好等于噪声信号频率，收到最好的滤波效果。

电容器的谐振频率 $1/LC$ 由 *ESL* 和 *C* 共同决定，电容值或电感值越大，谐振频率越低，即电容器的高频滤波效果越差。理论计算中，电容值越大滤波效果越好，但是这仅仅是对低频而言。*ESL* 由于频率低不起作用，电容值越大对低频干扰的旁路作用越好，而实际上由于 *ESL* 的作用，大电容值的电容在较低的频率和 *ESL* 谐振，阻抗开始随频率升高而降低，对高频的旁路作用变差。因此，在高频滤波中，采用较大电容值的电容器去构成滤波器是不现实的。

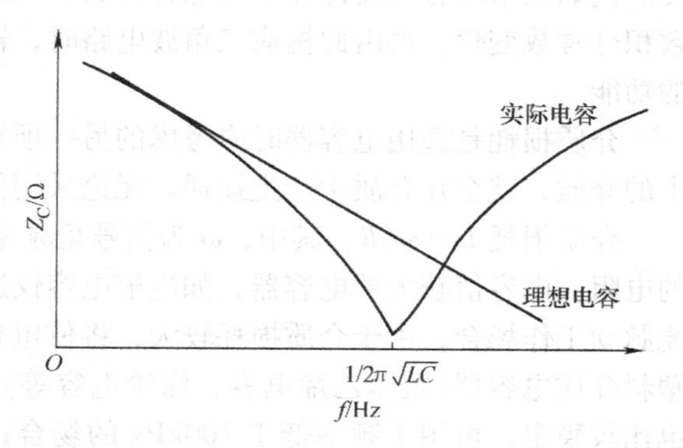

图 3-23　电容器的频率特性

ESL 除了与电容器的种类有关外，电容的引线长度也是一个十分重要的参数，引线越长，则电感越大，电容的谐振频率也就越低。因此在实际工程中，应使电容器的引线尽可能短，并按照类似的原则与电路进行连接和安装，尽可能不增加 *ESL*。

电磁兼容设计中使用的电容器要求谐振频率尽可能高，这样才能在较宽的频率范围($10\sim10^6$kHz)内起到有效的滤波作用。提高谐振频率的途径有：缩短引线长度，选用等效串联电感值较小的电容种类，如涤纶电容、聚苯乙烯电容、云母电容、陶瓷电容等，而其中 *ESL* 最小的是陶瓷电容。

当需要在很宽的频率范围内滤波时，如从 50Hz 电源频率到 500kHz 高频范围内都能起滤波作用，应选用不同谐振频率的电容并联使用，如具有较大电容值、体积小又经济的铝电解电容，与一只电容值为 0.1 ~ 0.47μF 的涤纶电容，以及一只小电容值的陶瓷电容(数百皮法)并联。这样在低频和高频都能对不同频率的噪声信号起到旁路作用。

2. 电容器介质及其影响

按照制作成电容器的介质材料的不同，介质参数对温度变化所呈现的不同变化规律导致电容特性大不一样。有的电容器的电容值在温度升高时会减小，甚至减小 70% 以上，而有的电容器的电容值基本上不随温度变化。

常用的滤波电容有瓷介质电容器等多种形式，见表 3-1。根据电容值随温度的变化情况分为 3 种：超稳定型 COG 或 NPO，稳定型 X7R，通用型 Y5V 或 Z5U。

超稳定型 COG 电容器的电容值基本上不随温度变化，但是介质常数较低，容量小；稳定型 X7R 电容器的电容值在额定工作温度范围内变化 12% 以下，但介质常数相对高很多，为 2000 ~ 4000，即较小的体积可产生较大的电容；通用型 Y5V 电容器的介质常数最高，达到 5000 ~ 25000，但容量在额定工作温度范围内可变化 70%。因此使用时应予重视，否则会出现滤波器在高温或低温时特性变化而导致设备产生电磁兼容问题。

不同介质的电容器的电容量还会随工作电压变化。在额定电压下，稳定型 X7R 电容器的电容量下降为原始值的70%，而通用型Y5V电容器的电容量可降为原始值的30%。因此在使用时应该在电压或电容量上留出充分的余量，特别是要在电压上留足余量，以便达到预期的滤波效果。

上述影响不仅在电磁兼容滤波器方面应给予重视，在电容器的其他应用场合也非常重要。例如在采用有源器件和电阻电容构成的积分电路中，选用不当造成电容值的减少，可导致积分常数变化，再由此构成三角波电路时，输出波形斜率发生变化，严重影响其后面电路的功能。

介质损耗是选用电容器时应考虑的另一项重要参数。滤波时高频脉动的电流流过电容器中的介质，就会在介质中产生损耗。无论采用何种介质、多好的电容器都有介质损耗。

介质损耗 $D=\omega CR$，其中，ω 为信号角频率，C 为电容值，R 为电容器与介质材料有关的电阻。电容值较大的电容器，如电解电容仅适用于低频滤波场合，一旦工作在高频较大电流脉动工作场合，由于介质损耗较大，将使电容器急剧发热，从而使性能恶化，甚至爆炸。塑料介质电容器(聚苯乙烯电容、涤纶电容等)具有比较小的介质损耗，电容量随温度变化也比较稳定，可用于频率低于100kHz的场合；而频率高于100kHz时，可采用介质损耗和温度系数更好的云母电容器或陶瓷电容器。

绝缘电阻也是一项与介质有关的参数。理想电容器的绝缘电阻应为无穷大，而实际电容器由于采用介质不一，绝缘电阻差别很大，而且也受温度影响而变化。按照理想电容器设计时，绝缘电阻越大越好，越接近理想状况。很多电容如铝电解电容，具有比较小的绝缘电阻，而且随温度升高进一步减小。如果采用绝缘电阻小的电容器构成滤波器，特别是作为共模滤波电容使用，无疑在设备输入或输出端对地又并联一个比较小的电阻，使得整个设备的绝缘电阻大大下降，造成设备安全隐患和故障。非滤波场合下使用绝缘电阻低的电容也会影响电路性能，如模拟比例积分电路中，绝缘电阻低的积分电容不仅使得电路积分常数发生变化，而且改变了比例积分电路的放大系数，致使电路精度降低，性能下降。

在需要大容量电容，如电解电容，又需要较稳定的温度系数和较高的绝缘电阻的场合(如上述较大时间常数的积分电路)，可采用钽电解电容。钽电解电容的频率范围、绝缘电阻、温度特性等各方面都优于铝电解电容，只是价格偏高，而且电压等级相对较低，仅适用于低压应用场合。

3. 常用电容器种类及选用原则

根据以上各类特性和参数指标的不同，常用电容器的种类及选用原则如表3-1所示。

表3-1 常用电容器种类及特点

种类	符号	适用频率	介质损耗	绝缘电阻	特点及适用场合
铝电解电容	CD	低	高	小	容量大，体积小，价格低；有极性，耐压不高，受温度影响大，易损坏；适用于电源滤波和低频旁路
钽电解电容	CA	中	低	较大	容量大，体积小，受温度影响小；有极性，价格高，耐压低；适用于低压大电容值精度要求高的场合
纸介电容	CZ	中高			容量大，价格低；易损坏
聚苯乙烯电容 聚丙烯电容	CB	中高	低	大	高频滤波特性和温度稳定性好，耐压高；价格高，容量范围一般，体积偏大；适用于温度稳定性要求较高、中高频滤波等场合

（续）

种类	符号	适用频率	介质损耗	绝缘电阻	特点及适用场合
涤纶电容	CL	中高	低	大	高频滤波特性和温度稳定性好，耐压高；价格低，容量范围一般；适用于温度稳定性要求较高、中高频滤波等场合
云母电容	CY	高	低	大	高频滤波特性和温度稳定性好，耐压高；价格高，容量范围小；适用于对温度稳定性要求较高、高频滤波等场合
陶瓷电容	CC	高	低	大	不同类型陶瓷电容具有不同的高频滤波特性和温度稳定性、耐压和容量范围，体积小，适用于对温度稳定性要求较高、高频滤波等场合

此外，根据连接和安装方式的不同，还有如下两类电容，它们通过特殊连接和安装方式极大地降低了等效串联电感 *ESL*，因而能用于高达数百兆赫兹甚至超过 1GHz 的场合。

(1)穿心电容

图 3-24 是电容接入滤波电路时的连接示意图。分析图中引线方式可以发现：普通电容之所以难以提高谐振频率用于更高频率场合，一是因为电容引线电感构成电容器 *ESL* 而引起电容谐振，削弱了电容对高频信号的旁路作用，二是由于导线间的寄生电容，相当于一个微分电路，使高频信号产生耦合，降低了滤波效果。

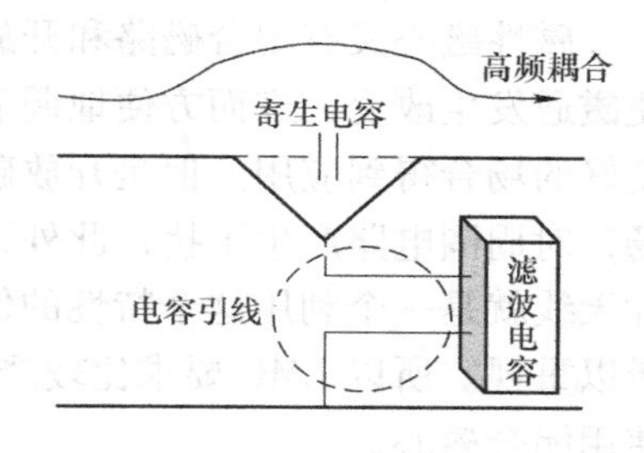

图 3-24　电容接入滤波电路时的连接示意图

穿心电容是用薄膜卷绕的短引线电容，电路符号如图 3-25 所示。穿心电容的一端制成金属外壳，另一端则以穿心的形式直接连接滤波前后的信号，部分穿心电容产品外形如图 3-26 所示。它基本上省去了引线电缆，不仅没有引线电感造成电容器谐振频率过低的问题，而且可以直接安装在设备金属机箱或面板上，利用金属机箱或面板起到高频隔离的作用，因而避免了滤波前后的信号专门引线到电容而导致的寄生电容问题，非常适用于将电容器一端接地的共模滤波场合(即将穿心电容外壳接地)。

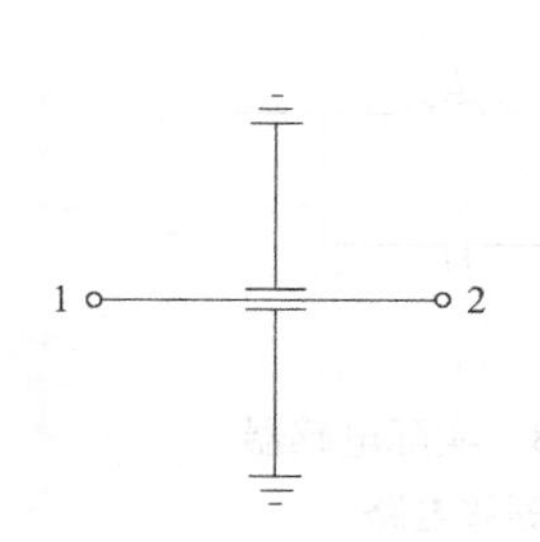

图 3-25　穿心电容电路表示

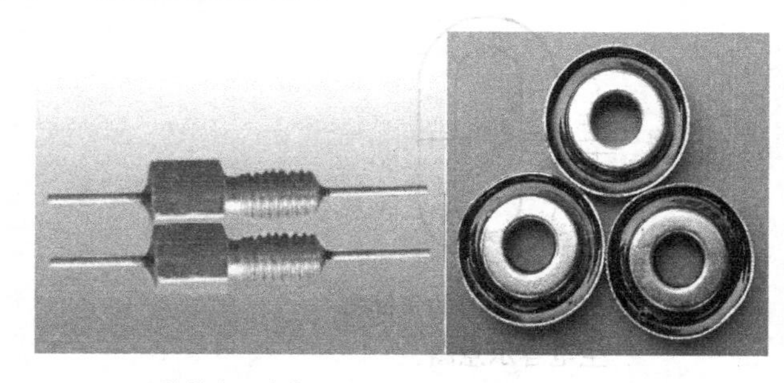

a) 柱状穿心电容　　b) 环状穿心电容

图 3-26　不同封装形式的穿心电路

(2)片状电容

片状电容并非专门为了抑制电磁干扰的器件，但是它在封装上去掉了引脚，引线电感几乎为零，因此也成为抑制电磁干扰的理想器件。片状电容总的等效电感可以减小到元件本身的电感(为传统电容器引线电感的 1/5～1/3)，其自身谐振频率可达到同样容量带引线电容器的2倍。安装中，为了避免走线的附加电感破坏这个优点，连接滤波器和去耦电容器的引线应尽可能短而直。

3.2.2　电感器

一段导线就具有电感，若这段导线是弯曲的而不是直的，就具有更大的电感量，因此，要获得较大的电感量就需要将导线绕成线圈。

线圈有两种形式：一种是非磁性的（或称空心的），即线圈绕成的圈中没有磁性元件，电感量很小，但是不会随频率变化而饱和。空心电感为了绕制工艺需要，可以用绝缘棒作为轴心，在其外绕导线形成电感，所以空心电感线圈内不一定是空心的，只是没有磁性材料作为轴心而已。另一种比较多见的是磁性线圈，即线圈围绕磁性元件绕制而成，因而具有比较大的电感量。由于有磁性元件作为磁心，因此这样的电感器就需要根据工作频率选择磁心和设计电感量（线圈匝数），否则将出现饱和。

磁性磁心又有闭合磁路和开放磁路之分。开放磁心可以通过调节开放部分的空气隙长度使磁通发生改变，进而方便地调节电感量，故在许多需要方便调节电感量以及要求电感线性度好的场合得到应用。但是开放磁心在空气隙处产生的漏磁通，会在电感周围产生较强的磁场，对周围电路产生干扰；此外，开放磁心电感对外界的磁场也非常敏感，例如收音机的磁性天线就是一个利用这个特性的例子，类似电感拾取外界噪声而增加电路敏感度的问题也应予以重视。所以EMC要求比较严格的场合，为了避免漏磁通引起的EMI问题，仍应该尽量使用闭合磁心。

1. 电感器的实际特性

和实际的电容器一样，实际的电感器特性也是非理想的，它除了电感量这个参数以外，还有寄生电阻和寄生电容，寄生电阻来自于绕制电感线圈的导线电阻，通常非常小，而且不随频率变化，所以可以忽略不计，但是其中寄生电容的影响不可忽视。

电感绕制时围绕磁心形成的线圈往往有多圈，或称多匝。每匝与其他匝之间存在匝间电容，电感器寄生电容由此产生。一个C型磁心上绕制线圈的匝间寄生电容如图3-27所示。

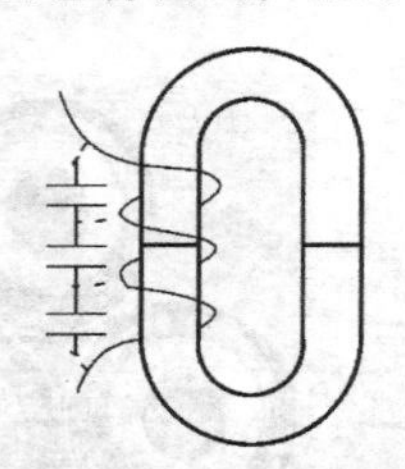

图3-27　绕制线圈的匝间寄生电容示意图

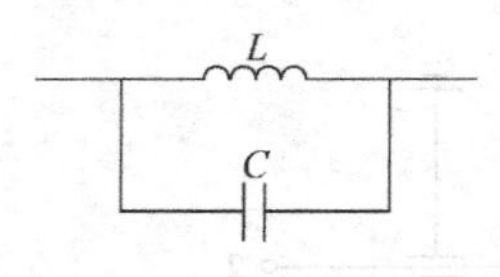

图3-28　实际电感器等效电路

理想电感器的阻抗 ωL 随角频率 ω 的升高成正比增加，因而对串联电路的高频电流干扰信号衰减较大。但是由于匝间寄生电容的存在，实际的电感器等效电路是一个 LC 并联电路，如图3-28所示。当角频率 $\omega=1/\sqrt{LC}$ 时，等效电路发生并联谐振，这时电感量达到最大值，具有最好的滤波作用；超过谐振点后，电感器的阻抗随频率升高而降低，呈现电容阻抗特性。电感量越大，往往意味着线圈匝数越多，寄生电容也越大，电感的谐振频率也越低。电感器的频率特性如图3-29所示。

2. 减小寄生电容的途径

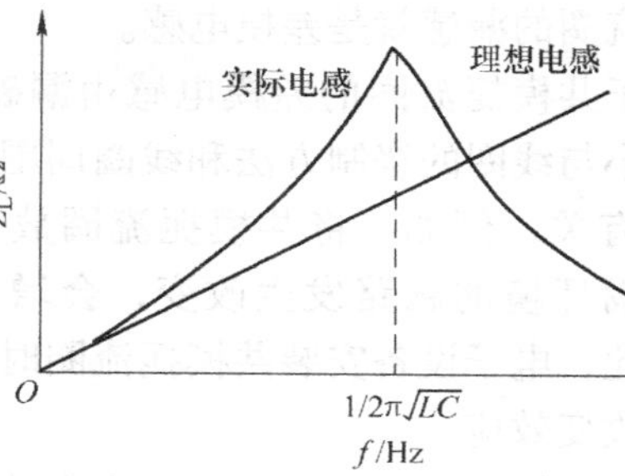

有效地抑制高频电流干扰，应该尽可能增加电感阻抗，拓宽电感器的频率范围，最关键的是减小寄生电容。电感器的寄生电容与线圈匝数、磁心材料和线圈绕制工艺等因素密切相关。以下是减小寄生电容的两个原则。

(1)尽量减少线圈匝数

尽可能采用截面积大的磁心以便同等电感量时线圈匝数最少；若空间允许时，尽量使线圈为单层，并使线圈入端远离出端。

图 3-29　电感器的频率特性

(2)多层线圈的绕制方法

电感量和磁心限制下必须多层绕制时，如果按照低频电感大多数线圈的绕制工艺，先绕完一层再往回绕，则入端(第一层起始端)和出端(最后一层末端)之间的寄生电容最大。应向一个方向绕，边绕边重叠，这样每匝的寄生电容较小，总寄生电容是各匝间寄生电容的串联，因而可以减小电感器的总寄生电容；或在一个磁心上将线圈分段绕制，同样每段的寄生电容也较小，总寄生电容为两段间寄生电容的串联，电感器的总寄生电容量小于每段的寄生电容量。

3. 共模滤波电感——共模扼流圈

当存在差模信号时，电感中流过较大的工作电流，会发生饱和，饱和后电感量急剧下降，因而对较高频率的共模噪声信号难以起到滤波作用。

如果让电流从如图 3-30 所示的电感某一方向流经一条导线，接着以相反的方向从另一导线流回，这种情况下两个(或更多)绕组共用一个磁心，磁心中的总磁场是每一线圈所产生的磁场的差值。当绕组紧密耦合时，产生的磁场相互抵消，扼流圈呈现低阻抗，因而对有用的差模信号几乎没有影响；同时，共模噪声电流(包括地环路引起的骚扰电流)流经两个绕组时方向相同，产生的磁场同向相加，扼流圈呈现高阻抗，从而起到抑制共模噪声的作用。这种电感称为共模滤波电感，简称共模扼流圈(Common Mode Choke)，它是在一个闭合磁环上对称绕制方向相反、匝数相同的线圈。

由于共模扼流圈在电路中使用时不会加入任何直流偏置，因而可以采用高磁导率磁心材料得到尽可能高的阻抗。

共模电感实质上是一个双向滤波器：一方面要滤除信号线上的共模电磁干扰，另一方面又要抑制本身不向外发出电磁干扰，避免影响同一电磁环境下其他电子设备的正常工作。

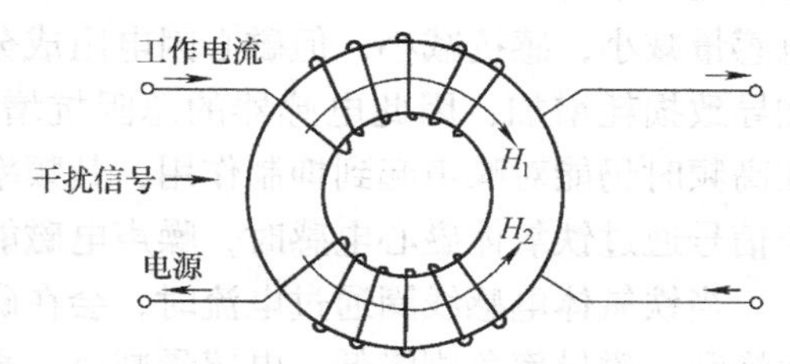

图 3-30　共模扼流圈

如果环形线圈没有绕满一周，或者绕制不紧密，那么磁通就会从磁心中泄漏出来。通常由于绝缘方面的安全考虑，心体上的线圈不是双线绕制(即两个磁通相反的绕组同时用双股导线在同一芯体上绕制)，而是分开在心体两边绕制，这样两个绕组之间就有相当大的间隙，自然就引起磁通“泄漏”。也就是说，磁场在所关心的各个点上并非真正为零，扼流圈就有漏感。漏感不再具有电流去线和回线产生磁场相互抵消的作用，如图 3-31 所示。因此，共模扼流圈的漏感就是差模电感。

由于共模扼流圈的差模电感由漏磁场形成，它的大小与线圈的绕制方法和线圈周围磁路分布等因素有关。例如，将共模扼流圈放入钢制盒体，周围环境的磁路发生改变，会增加差模电感。因此，电子设备安装共模扼流圈时应注意周围环境改变效应。

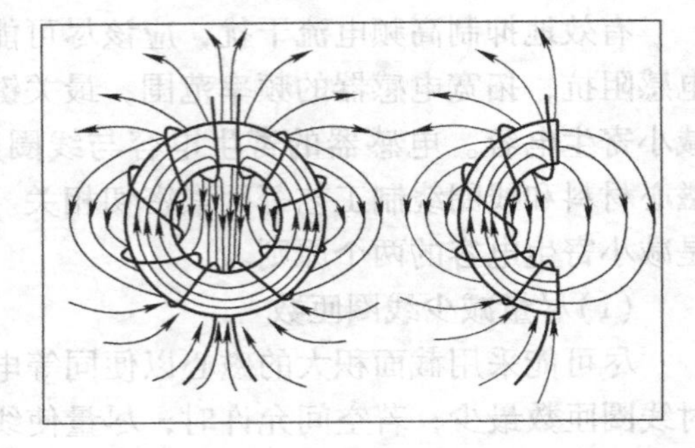
图 3-31 共模扼流圈的差模磁路

寄生差模电感由于工作电流产生的磁场不会相互抵消，所以会导致电感磁心饱和。漏磁场也会形成新的辐射干扰源。但是寄生差模电感总是不可避免地存在着，它也并非总是有害的，它对差模干扰仍具有一定的抑制作用，设计时应全面考虑。

4. 抑制 EMI 重要器件——铁氧体磁心

滤波器设计中，一类重要的方式是采用有损耗器件，在阻带内将电磁骚扰能量吸收，并转化为热损耗，从而起到滤波的作用。其中，铁氧体材料就是一种使用极其广泛的有损耗器件，可实现上述共模扼流圈等高频滤波电感设计。

铁氧体为亚铁磁性材料，立方晶格结构，其制造工艺和机械性能类似于陶瓷，颜色呈黑灰色，故又称黑磁性瓷。分子结构为 MO · Fe_2O_3，其中 MO 为金属氧化物，通常是 MnO 或 ZnO。阻抗形式上，铁氧体磁心绕制的电感阻抗仍随频率的升高而增加，但是在不同频率上抑制 EMI 的机理不同。

铁氧体磁心电感器的频率特性如图 3-32 所示。在低频段的阻抗由电感的感抗构成，这时磁导率较高，电感量较大，电感器呈现低损耗、高 Q 值的电感特性。由于这样的电感容易产生谐振，所以在低频段有时会出现增大干扰的现象。而在高频段，阻抗的主要成分是电阻，随频率的升高而出现磁导率降低的特性，电感量减小，感抗减小，但磁心因电阻成分增加导致损耗增加，因此电感器的总阻抗增加，在高频时仍能对噪声起到抑制作用，其频率特性优于普通电感器(如图 3-29 所示)。高频噪声信号通过铁氧体磁心电感时，噪声电磁能量以热的形式耗散。

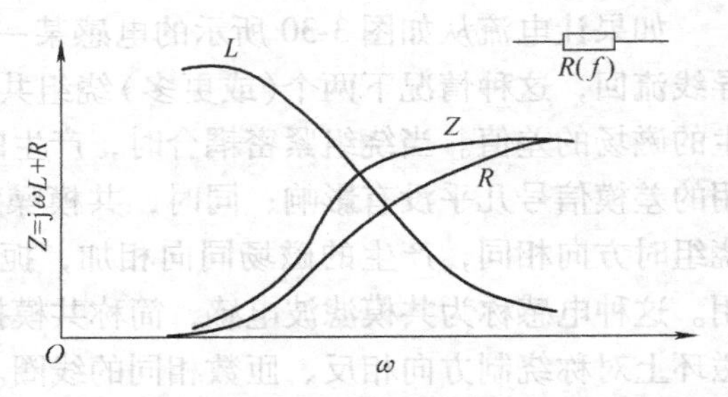

图 3-32 铁氧体磁心电感器的频率特性

当铁氧体电感线圈通过电流时，会在磁心中建立磁场。磁场强度超过一定值时使磁心发生饱和，磁导率急剧降低，电感量减小，影响滤波器的低频插入损耗。而高频状态下，磁心磁导率较低，主要依靠磁心的损耗特性工作，所以电流对滤波器的高频特性影响不大。

3.2.3 电阻器

电阻器在电路中起降压或限流的作用，为耗能元件，简称电阻。电阻在一定场合中能对 EMI 起到抑制作用，但某些情况下也会产生噪声。

电阻器按照材料划分为线绕型、薄膜型和合成型。所有电阻器在通电后，都会出现不同程度的噪声电压，表现为两个引出端电位的不规则波动。这种噪声源于电阻体内载流子浓度的变化，是导体电子无规则热扰动和导体微粒不规则振动的结果，因而也是不可避免的。因此，噪声小是电阻器质量的标志之一。

电阻器产生的噪声随制造方法不同而各异。线绕电阻的噪声最小，但是由于线绕电阻绕制情况类似于电感线圈绕制，具有电感，不适用于高频场合。而相同功率场合下应用时，额定功率大的电阻器产生的噪声小。例如，1/2W 合成型电阻器产生的噪声电压均方根值是 2W 电阻器的 3 倍左右。通常，实心电阻器和实心固态电阻器等合成型电阻器产品较多见，但是噪声最大，温度特性和频率特性也劣于薄膜型电阻器，不适用于通信设备。

电阻器也会在一定频率下呈现出电感性或电容性，从而使电路的工作状态发生变化。在需要精确阻性元件时可以采用频率补偿的方法，即在电阻器呈容性时，采用感性电路与之串联，而在电阻器呈感性时则采用容性电路与之并联。需要大功率宽频率范围的电阻器时，如电力电子电路中用来吸收电压或电流尖峰的各种缓冲电路，电阻中不能有电感，而且由于功率较大，需要温度特性好的电阻器，这时应尽可能采用金属膜电阻并缩短引线，或采用无感绕制法的线绕电阻器。

电阻器是电子设备中使用最广泛的元件之一，设计电子电路时，应该全面、综合考虑电阻器的各项指标，包括体积、经济性、使用场合、噪声性能、额定电压、温度系数和额定功率等，以便获得最佳应用效果。表 3-2 简单列出了各类电阻器几项指标的比较。

表 3-2　各类电阻器的比较

电阻器	热噪声	电感	价格	温度特性
线绕型	小	大	中	中
薄膜型	中	中	高	好
合成型	大	小	低	差

3.2.4　滤波器

实践证明，即使是一个经过很好设计并且具有正确的屏蔽和接地措施的装置，也仍然会有传导骚扰发射。滤波是压缩信号回路噪声骚扰频谱的一种方法，当骚扰源成分不同于有用信号的频带时，可以用滤波器将无用的骚扰滤除。因此正确地设计、选择滤波器对抑制传导是一种比较有效的方法。

1. EMI 滤波器原理

滤波器是由电阻、电感、电容或有源器件组成的选择性网络。它作为电路中的传输网络，有选择地衰减输入信号中不需要的频率成分，而让正常信号基本无障碍地通过。EMI 滤波器通常为低通滤波器，其目的是让有用的低频成分通过，而衰减高频噪声信号。然而完全消除沿导线传出或传入设备的噪声通常是不可能的。任何电网络的实际频率特性都不可能在某一频率下成为无穷小，将噪声衰减到零。滤波的目的是将这些噪声减小到一定程度，即将噪声频谱抑制到标准规定的极限值以下。

EMI 滤波器工作方式有两种：一种是将无用信号能量在滤波器中吸收并消耗掉，这类滤波器中含有损耗性器件，如电阻或铁氧体等；另一种是阻止无用信号通过，让无用信号能量反射至信号源，并且必须在系统其他地方消耗掉，这类滤波器由非损耗性器件组成，如纯电抗性器件。无论哪一类滤波器，都应使其损耗在阻带内尽量大，这是 EMI 滤波器设计区别于其他信号滤波器设计的重要特征。

(1)滤波器的插入损耗

插入损耗(Insertion Loss)，简称插损，是滤波器最为重要的技术性能参数之一，用符号 IL 表示。插入损耗定义为：信号源和接收机(负载)之间接入滤波器前后，由源传送给负载的功率之比(分贝值，dB)，即

$$IL = 10\log\left(\frac{P_1}{P_2}\right) \tag{3-12}$$

或近似表示成同一信号源下接入滤波器前后，负载阻抗上电压之比(分贝值)，即

$$IL = 20\log\left(\frac{V_1}{V_2}\right) \tag{3-13}$$

显然，在保证滤波器安全、环境、机械强度和可靠性满足有关标准要求的前提下，滤波器设计时应实现尽可能高的插入损耗，因为高的插入损耗意味着对骚扰信号有好的抑制能力。

(2)滤波器阻抗匹配与失配

我们知道，在一个由源和负载组成的电路中，若负载阻抗 Z_L 与源阻抗 Z_S 相等，则负载上可以获得源所能提供的最大功率，这种情况称为理想阻抗匹配。一般地说，阻抗匹配就是要使源提供的功率全部传递给负载，这是传输有用信号时的理想状况。而对于噪声骚扰信号，则希望这类无用信号尽可能不传输给敏感设备负载，因此必须通过在电路中插入一类特殊网络，打破这样的阻抗匹配，使得源产生的噪声信号尽可能被插入的网络抑制，而不传递到负载。阻抗匹配被打破时的情况，称其为阻抗失配，起这样作用的插入网络就是滤波器。

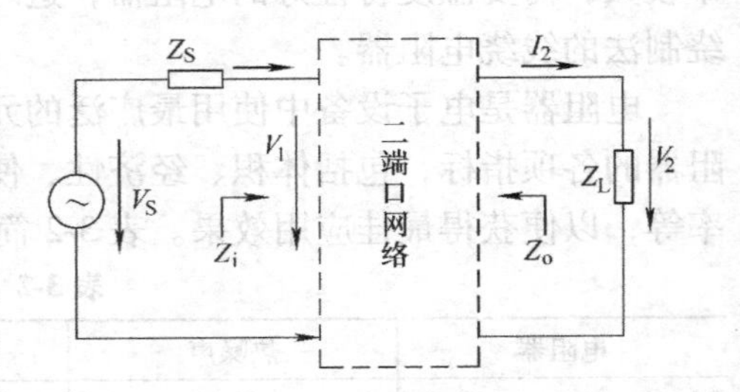

图 3-33　二端口网络接入源和负载之间的关系

我们可以通过电路原理重新认识阻抗失配现象和对 EMI 的抑制作用。为了便于分析 EMI 滤波器与插入损耗之间的关系，将滤波器表示为二端口网络，如图 3-33 所示。图中，若源阻抗 Z_S 和负载阻抗 Z_L 不相等，且这个二端口网络的端口输入阻抗 Z_I 和输出阻抗 Z_O 分别等于源内阻 Z_S 和负载阻抗 Z_L，则根据电网络理论，此时这个二端口网络仅起匹配阻抗作用，源所能提供的功率全部被负载吸收。于是有

$$\begin{cases} V_1 = I_1 Z_I \\ V_2 = I_2 Z_O \\ I_1 = \dfrac{V_S}{Z_S + Z_I} \\ V_1 I_1 = U_2 I_2 \end{cases} \tag{3-14}$$

由式(3-14)可知，接入此理想二端口匹配网络后，负载 Z_L 上的电流为

$$I_{L-2} = \frac{V_S}{2\sqrt{Z_S Z_L}} \tag{3-15}$$

而该电路未接此理想匹配网络时，负载 Z_L 上的电流为

$$I_{L-1} = \frac{V_S}{Z_S + Z_L} \tag{3-16}$$

因此，接入理想匹配网络前后，流过负载 Z_L 的电流之比为

$$\frac{I_{L-1}}{I_{L-2}} = \frac{2\sqrt{Z_S Z_L}}{Z_S + Z_L} \tag{3-17}$$

式(3-17)表明，由于 $I_{L-1}/I_{L-2} < 1$，即未接入理想匹配网络前，负载电流 I_{L-1} 小于接入后的负载电流 I_{L-2}，源传输到负载的功率也要相应减小。接入理想匹配网络使负载上电流最大并获得最大传输功率，而没有接入理想匹配网络则不能获得最大电流和最大功率，显然就是源和负载阻抗不匹配造成的。这种由于源与负裁阻抗不匹配而产生的负载电流变化($I_{L-1} < I_{L-2}$)，可以理解成一种电流反射现象。这种反射同样也会引起功率损耗，表现为反射损耗，大小为

$$A = 20\log\left|\frac{I_{L-2}}{I_{L-1}}\right| = 20\log\left|\frac{Z_S + Z_L}{2\sqrt{Z_S Z_L}}\right| = -10\log(1 - |\rho|^2) \tag{3-18}$$

式中，ρ 为反射系数，$\rho = \left|\frac{Z_S - Z_L}{Z_S + Z_L}\right| \leqslant 1$。

由式(3-18)可知，当阻抗完全匹配时，$\rho = 0$，所以有 $A = 0$，即没有反射现象，源所能提供的功率全部被负载吸收，也不存在反射损耗。而当电路出现全反射时，$\rho = 1$，因而有 $A \to \infty$，负载上电流为零，即源和负载阻抗形成最大失配，源能提供的功率全部被反射回来，负载上没有功率损耗。

反射损耗实际上是反射电流在反射点处产生的功率损耗，它与馈线上的损耗无关，仅与阻抗失配程度有关。它说明阻抗失配同样可以衰减信号的能量，阻碍信号的传播。这里的反射点指 EMI 滤波网络内部。

根据以上原理分析，对于骚扰信号，EMI 滤波器应该尽量在阻抗不匹配的条件下工作，阻碍骚扰信号的传播。这样，EMI 滤波器对 EMI 信号的损耗就等于滤波器的固有插入损耗加上反射损耗。

(3) 理想 EMI 滤波器的特点

理想的 EMI 滤波器实际上是具有双向抑制性的低通滤波器，它既能毫无衰减地将有用信号传输到电子设备上去，又能阻断或最大限度地衰减高频 EMI 信号，保护电子设备免受电磁干扰；同时，它还能阻断或最大限度地衰减电子设备自身产生的 EMI 信号，防止其进入源端，污染源端的电磁环境，危害其他电子设备。在某种意义上，EMI 滤波器起着互相隔离的作用。因此，理想 EMI 滤波网络应具有以下特点：

1) 为了使源端的有用信号能够毫无衰减地通过 EMI 滤波器，滤波器的输入端阻抗 Z_I、输出端特性阻抗 Z_O 应该分别与信号源阻抗 Z_S、设备阻抗 Z_L 完全匹配，滤波器仅起阻抗匹配的作用，不吸收有用信号的能量。

2) 为阻断来自源端的 EMI 信号传入电子设备，应使滤波器的输入端阻抗 Z_I 与源端的干扰源高频阻抗 Z_{SH} 完全匹配，滤波器将来自源端的 EMI 信号全部吸收并消耗；同时还应使 EMI 滤波器的输出端阻抗 Z_O 与电子设备的高频阻抗 Z_{LH} 严重失配，实现对 EMI 信号的全反射，从而阻断此 EMI 信号传入电子设备的途径。

3) 为了阻断来自电子设备端的 EMI 信号传入源端，应使滤波器的输出端阻抗 Z_O 与电子设备的干扰源阻抗 Z_{LH} 完全匹配，滤波器将电子设备产生的 EMI 信号全部吸收并消耗掉；同时还应使滤波器的输入端阻抗 Z_L 与源端的高频阻抗 Z_{SH} 严重失配，尽可能实现对 EMI 信

号的全反射，从而阻断此 EMI 信号传入源端的途径。

实际上，由于信号源的阻抗值 Z_{SH} 和电子设备干扰源的阻抗值 Z_{LH} 均随时间、场合和频率变化而改变，特别是电力电子电路由于开关型通断工作导致源和负载阻抗呈现大范围变化，很难找到一个滤波网络能够同时满足上述三个要求。或者说，实际工作条件不能保证滤波网络处于理想工作状态。因此 EMI 滤波器在实际工作时必然存在各对应端口之间的阻抗彼此不匹配问题。

(4)阻抗失配对插入损耗的影响

滤波器设计中插入损耗是关键的参数。为了分析阻抗失配对插入损耗的影响，这里忽略干扰源阻抗的影响，并假设滤波器为典型的 LC 型(如图 3-34a 所示)，此时滤波器的插入损耗与电路的电压衰减相等。因此滤波器的插入损耗为

$$IL = 20\log\sqrt{(1-\omega^2LC)^2+\left(\frac{\omega L}{Z_L}\right)^2} \tag{3-19}$$

由于 LC 滤波器的固有谐振频率为 $\omega_0=1/\sqrt{LC}$，所以可以将式(3-20)写为如下形式

$$IL = 20\log\sqrt{\left(1\ \frac{\omega^2}{\omega_0^2}\right)^2+\left(\frac{\omega L}{Z_L}\right)^2} \tag{3-20}$$

考虑不同负载的影响时，分为以下几种情况：

1)负载 Z_L 为纯阻性：阻抗值为 $Z_L=R_L$，此时滤波器的插入损耗为

$$IL = 20\log\sqrt{\left(1-\frac{\omega^2}{\omega_0^2}\right)^2+\left(\frac{\omega L}{R_L}\right)^2} \tag{3-21}$$

由式(3-21)可见，滤波器在 $\omega>>\omega_0$ 时具有较大的插入损耗，可以很好地工作；但在 ω_0 附近，$1-\omega^2/\omega_0^2\rightarrow0$，$\omega L/R_L$ 项起决定作用，若 $R_L>\omega L=\omega_0L=\sqrt{L/C}$，则会有插入损耗 $IL<0$，即此时该滤波器不但不能衰减 EMI 信号，反而会放大 EMI 噪声信号。

2)负载为感性负载：Z_L 可用一个电感 L_L 和一个电阻 R_L 并联表示，则该电路的谐振频率由于负载电感与滤波器电容并联、电容容抗值被降低而增大，从 ω_0 变为 $\omega_L=\omega_0\sqrt{1+L/L_L}>\omega_0$。此时滤波器的插入损耗变为

$$IL = 20\log\left[\left(\frac{\omega_L}{\omega_0}\right)^2\sqrt{\left(1-\frac{\omega^2}{\omega_L}\right)^2+\left(\frac{\omega L}{R_L}\right)^2\left(\frac{\omega_0}{\omega_L}\right)^2}\right] \tag{3-22}$$

滤波器在 $\omega>>\omega_L>\omega_0$ 时才具有较大的插入损耗，因此在原来阻性负载情况下 $\omega>>\omega_0$ (应具有大于零的插入损耗)，而又不满足 $\omega>>\omega_L$ 时，插入损耗并不能大于零，即 EMI 滤波有效范围较阻性负载减小。若在频率范围内出现电感和电容谐振，还将使原来没有电感负载时的阻带内出现负的插入损耗，即对 EMI 信号具有放大作用，这是应当避免的。

人们在设计 EMI 滤波器时，往往仅考虑阻性负载而忽视负载中可能存在的附加电感值，这样导致 ω_0 偏移到 ω_L 使插入损耗变小，不能满足设计要求，或出现谐振而放大噪声，这些都是容易被忽视的问题。

3)负载为容性负载：可以用一个电容 C_L 和一个电阻 R_L 并联表示 Z_L，电路的谐振频率变为 $\omega_C=\omega_0/\sqrt{1+C_L/C}<\omega_0$，插入损耗变为

$$IL = 20\log\sqrt{\left(1-\frac{\omega^2}{\omega_C}\right)^2+\left(\frac{\omega L}{R_L}\right)^2} \tag{3-23}$$

此时电路的谐振频率 ω_C 比 LC 滤波电路的固有谐振频率 ω_0 低，因此使滤波器截止频率以内的插入损耗增加，EMI 信号的滤波效果增强。

由上述分析可知，对于一个给定的源和 EMI 滤波器，当所接负载为容性时，滤波器截止频率以内的插入损耗将增加，来自源的 EMI 信号可以被较好地抑制；反之，当所接负载为感性时，滤波器截止频率范围内的插入损耗会变小，甚至会出现源噪声被放大的可能，从而影响对 EMI 信号的抑制。同样，对于纯阻性负载，如搭配不当，可能会出现插入损耗 IL 为负值的情况，从而使 EMI 信号获得正的增益而被放大。

2. 滤波器的分类

滤波器从不同角度去分析，就有不同的分类。

1）根据滤波原理，按照噪声能量的最终处理归属，EMI 滤波器分为反射式滤波器（Reflective Filter）和吸收式滤波器（Dissipative Filter）。反射式滤波器利用了上述反射原理，将噪声能量反射回噪声源，而吸收式滤波器则利用耗能元件将噪声能量消耗掉。

2）根据工作条件可分为有源滤波器（Active Filter）和无源滤波器（Passive Filter）。有源滤波器中含有源元件，而无源滤波器由无源元件（R、L、C 等）构成。

3）根据频率特性可分为低通滤波器（Low-pass Filter）、高通滤波器（High-pass Filter）、带通滤波器（Band-pass Filter）、带阻滤波器（Band-reject Filter）。

4）根据使用场合，可分为电源滤波器、信号滤波器等。

5）根据用途可分为信号选择滤波器和 EMI 滤波器两大类。其中 EMI 滤波器也具有反射式滤波器和吸收式滤波器两大类。

3. 反射式 EMI 滤波器的结构以及选用原则

（1）常用的反射式 EMI 滤波器结构形式

反射式 EMI 滤波器有不同的结构形式。它是无源网络，具有互易性，即把负载接在 EMI 滤波器的输入端或者输出端都是可以的。但在实际应用中，要达到有效抑制干扰信号的目的，必须将要连接的源阻抗和负载阻抗按照以上理想滤波器特点进行合理连接，使得 EMI 滤波器在通带中和在截止频率处的插入损耗在阻抗严重失配条件下都能满足设计要求。

根据前面分析的反射原理，当滤波器的输出阻抗 Z_0 和与之端接的负载阻抗 Z_L 不相等时，在这个端口上会产生反射，Z_0 与 Z_L 相差越大，反射系数 $\rho = |(Z_0 - Z_L)/(Z_0 + Z_L)|$ 越大，端口产生的反射也越大。当 EMI 滤波器两端阻抗都处于失配状态时，噪声信号在它的输入和输出端都会产生反射。在 EMI 滤波器的实际应用中，可依据这个反射原理来实现对噪声信号的更为有效的抑制。选择滤波器时，应注意端口阻抗的正确搭配，造成尽可能大的反射。

常用的无源无损滤波器（LC 滤波器）的结构形式有并联电容滤波器、串联电感滤波器，以及它们的组合型如 LC 型、LT 型、T 型和 π 型等，如图 3-34a ~ d 所示。

1）并联电容滤波器。电容并联于具有电压性噪声的端口，就构成了最简单的低通 EMI 滤波器，通常连接于携带干扰的导线与回路地线之间，用来旁路高频能量，而允许期望的低频能量或信号电流流通。并联电容滤波器的特点是在高频状态下提供很低的阻抗特性，改变系统阻抗失配情况，得到尽可能大的失配。关于电容器的特性和设计使用注意事项，前面已经介绍，这里不再重复。

2）串联电感滤波器。串联电感滤波器是低通滤波器的另一种简单形式，它与携带干扰的导线串联连接，以其高阻抗特性抑制电流性噪声。应用中利用它的高阻抗特性串接在电路中，可改变系统的阻抗失配情况，得到尽可能大的失配。电感的特性及注意事项也已经在前面介绍。

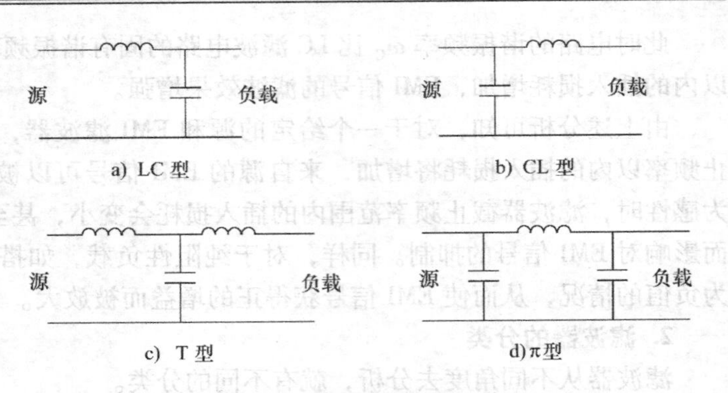

图 3-34 常用 EMI 滤波器结构形式

3）LC 型滤波器。LC 型滤波器（图 3-34a）是电力电子电路中最常见的滤波器结构。其中“源”指噪声源或干扰源，“负载”指需要滤波的网络。当电路的输入电源中含有噪声或谐波信号时，为了在接入实际电路时不让这些噪声或谐波信号影响电路工作，应将“源”端接输入电源，“负载”端接实际电路的输入端，即通过滤波器将电源中的噪声或谐波信号滤除；而当所研究的电路中存在很大的噪声或谐波信号时，如二极管构成的桥式整流电路所产生的电流谐波，或 Buck 电路产生的以开关频率脉动的电压和电流纹波，为了不让这些噪声或谐波信号流入电源污染电网，应将“源”端接产生谐波的装置/电路（如不控整流桥），“负载”端接电路的输入电源（电网），以滤除电路产生的谐波。图 3-34a 中箭头指示了谐波路径。

4）CL 型滤波器。当将滤波器的“源”端接产生谐波的装置/电路，“负载”端接电路的输入电源时为 CL 型滤波器，实际接法如图 3-34b 所示。

5）T 型滤波器。当电源和电路中都含有噪声和谐波时，均需要滤波。将图 3-34a 和 b 结合起来，就构成了 T 型滤波器，如图 3-34c 所示。它可以同时抑制来自电源和电路侧的噪声和谐波信号。即滤波器的“源”端既可以接电源，也可以接电路；而“负载”端也同样如此。T 型滤波器能有效地抑制瞬态干扰，主要缺点是需要两个电感，使得滤波器的总尺寸增大。

6）π 型滤波器。在 LC/CL 型滤波器“源”或“负载”端再增加一个滤波电容，改变滤波器入端的阻抗，即构成 π 型滤波电路，如图 3-34d 所示。来自“源”或“负载”的噪声先经过低阻抗的滤波电容回路，再进入 LC 型滤波电路。同样，这样的滤波电路也可以同时抑制来自电源和电路侧的噪声和谐波信号。

（2）阻抗失配下应有的滤波器结构

以上分析给出了滤波器设计的基本原则。但是，源和负载阻抗通常由于网络工作拓扑情况变化而出现非常大的变化，如电力电子开关电路，对其做精确分析非常困难。以上所分析的这些简单的例子，仅考虑了负载性质的变化对滤波器插入损耗的影响。如果同时再考虑到噪声源阻抗的影响，那么阻抗失配对滤波器插入损耗的影响将变得更为复杂。

因此，在工程应用中，需要先对 EMI 滤波器的结构进行原则上的选择。选取的基本出发点是：用滤波器的电感与低的源阻抗或者负载阻抗串联，用滤波器的电容器与一个高的负载阻抗或源阻抗并联，以此保证阻抗最大失配的条件下，滤波网络实际工作时，既有较大的插入损耗，又有最大的反射损耗，从而实现对 EMI 信号的有效抑制。这样，EMI 滤波器中的 LC 电路仍可以维持其谐振滤波特性，同时也能够部分补偿或削弱源阻抗和负载阻抗变动对滤波器性能的影响。

当源和负载阻抗的绝对值可以估计时，为了保证在阻抗最大失配的条件下插入损耗最大，可以根据不同的阻抗失配情况选择相应的滤波器结构：

1）低的源阻抗和低的负载阻抗时选取 T 型滤波器结构；

2）低的源阻抗和高的负载阻抗时选取 LC 型滤波器结构；

3）高的源阻抗和低的负载阻抗时选取 CL 型滤波器结构；

4）高的源阻抗和高的负载阻抗时选取 π 型滤波器结构。

以上结论，用图示于图 3-35 中。

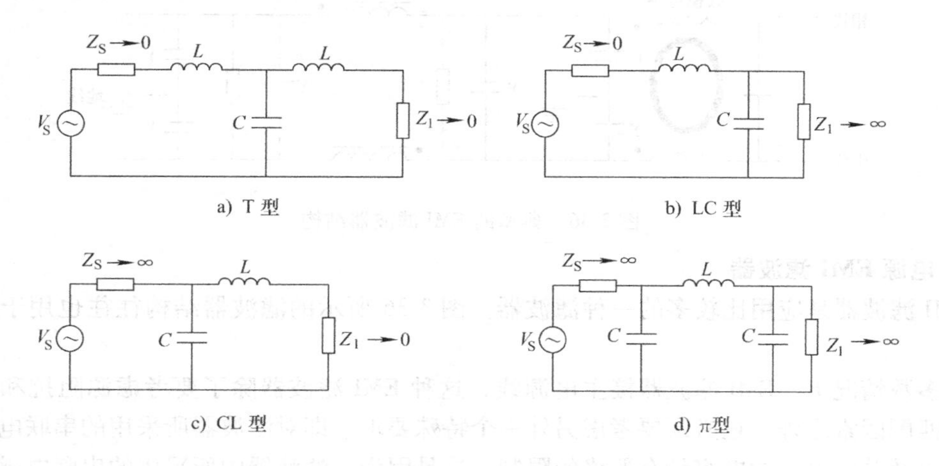

图 3-35　阻抗失配条件下的常用 EMI 滤波器结构

（3）有源滤波器

上述采用无源元件构成的 EMI 滤波器，在低频场合中由于庞大笨重而难以接受。这种情况下采用有源元件，如大功率晶体管，构成有源滤波器，可以在保持较小的体积重量的情况下提供较大数值的等效电感 L 和等效电容 C。有源滤波器有以下几种类型：

1）有源电感滤波器：模拟电感线圈的频率特性，对噪声信号提供高阻抗的电路，阻止噪声信号的流通。

2）有源电容滤波器：模拟电容的频率特性，对噪声信号提供低阻抗的通路，将噪声信号旁路到地。

3）补偿式滤波器：通过一定的有源控制电路产生特定频率的噪声信号，如三次谐波信号、五次谐波信号等，注入需滤波的信号中消除对应的特定谐波成分，多用于电力输电线路的滤波。

4. 吸收式滤波器

反射式滤波器中，总是希望滤波器的输入输出阻抗能在一个相当宽的频率范围内与指定的源和负载阻抗相匹配，但是实际上这样的匹配难以保证，如电源滤波器基本上不能实现与其连接的电源线阻抗匹配。因此，在这种失配中，将一个滤波器插入传输干扰的线路中时，往往造成干扰电压增大而不是减小。因为一部分有用能量被反射回电源，导致干扰电平增加，这是无损元件构成的反射式滤波器的缺陷。因此，反射式滤波器将干扰能量反射回源后，必须在适当的地方将它消耗掉。

吸收式滤波器由有损耗的元件组成，如电阻或铁氧体元件，它通过吸收不需要的频率成分，将其转化成热能，来达到抑制噪声的目的。在前面电感磁心介绍中已经了解到铁氧体元件的特性，它在低频段的阻抗呈现电感的感抗，而在高频段则主要呈现电阻特性，使高频噪声信号通过铁氧体元件时，噪声电磁能量以热的形式耗散。

在设计使用时，一般将反射式滤波器和吸收式滤波器组合起来使用，以求得到更好的滤波效果，既有陡峭的频率特性，又有很高的阻带衰减。市场上的商业滤波器通常为如图3-36所示的结构，其中的共模滤波电感由铁氧体元件构成。

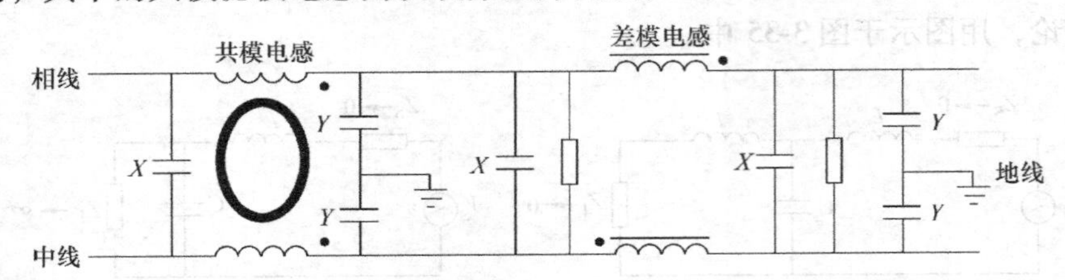

图 3-36 典型的 EMI 滤波器结构

5. 电源 EMI 滤波器

EMI 滤波器是应用比较多的一种滤波器。图 3-36 所示的滤波器结构往往也用于电源滤波器。

大多数情况下，EMI 滤波器接主电源线，这种 EMI 滤波器除了要考虑源阻抗和负载阻抗的不匹配因素之外，还必须要考虑另外一个特殊要求，即对滤波器所采用的串联电感器的电感量以及并联电容的电容量有严格的限制。这是因为，滤波器中所采用的串联电感受到电源频率下电压降的限制，不能选得太大；而接地的滤波电容的容量则因安全的原因，受到允许接地漏电流的限制，也不能选得太大。

(1) 电源 EMI 滤波器允许的最大串联电感

设滤波器中串联电感的电感量为 L，等效电阻为 R，电网角频率为 ω_m，电网侧额定工作电流为 I_m，在电网频率下，电感上的压降为

$$\Delta V = I_m \sqrt{R^2 + (\omega_m L)^2} \tag{3-24}$$

考虑到电网中可能产生的浪涌电流的影响，通常 ΔV 只允许限制在额定工作电压的百分之几。如果忽略电感内电阻 R 上的电压降，假设允许电感上的电压降等于 ΔV_{max}，则允许串接电感 L_{max} 的数值为

$$L_{max} = \frac{\Delta V_{max}}{2\pi f_m I_m} \tag{3-25}$$

式中，f_m 为电网频率。

(2) 电源 EMI 滤波器允许的最大滤波电容

电源 EMI 滤波器中接在相线与大地之间的滤波电容通常称为 Y 电容，该电容容量过大，将造成漏电流过大，从而危及人身安全，如图 3-37 所示。图中 Z 为滤波器的等效负载，C_i 为等效分布电容，R_i 为等效漏电阻，V_m 为电网相电压。由图可

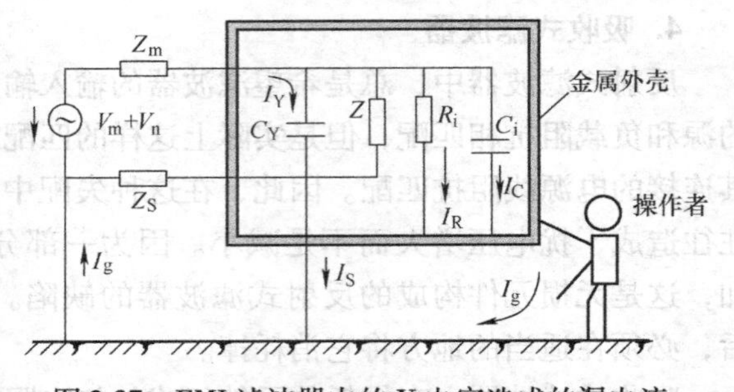

图 3-37 EMI 滤波器中的 Y 电容造成的漏电流

得地线电流为

$$I_g = \sqrt{I_R^2 + (I_C^2 + I_Y^2)} \approx I_Y \cdot 2\pi f_m \cdot C_Y \times 10^{-6}(\text{mA}) \tag{3-26}$$

6. 插入损耗与阻抗的测量

（1）阻抗与50Ω测量系统概念　在电子和电气设备中，由于电路拓扑结构复杂，阻抗往往难以通过计算得到，因而插入损耗也很难通过计算获得，需要对设备进行测量才能获得有关数据。在测量中，由于电源和设备负载阻抗不同，无法用统一的标准衡量，同时也由于电源和负载连接后各种阻抗会发生变化，被测设备产生的噪声还会进入电源，使测量难以实施。因此，需要采用一种标准的隔离网络，使各种测量都在标准阻抗下完成以便相互比较，而且可以阻隔被测设备与电源之间的噪声骚扰。这样的网络称为线路阻抗稳定网络，简称LISN（Line Impedance Stabilization Network），又称人工电源网络，测试时串接在被测设备电源进线处。它在给定频率范围内，为骚扰电压的测量提供规定的负载阻抗，并使被测设备与电源相互隔离。LISN提供的这个标准阻抗统一为50Ω。插入损耗式（3-12）和式（3-13）也是要求在具备50Ω阻抗条件下进行测量的。LISN主要有两个作用：

1）隔离和耦合作用：阻止EUT产生的骚扰信号进入电网，同时衰减来自电网的干扰信号；通过耦合电容把射频骚扰信号接至测量接收机。

2）稳定阻抗作用：提供统一的阻抗（50Ω），以便于在不同电网下的测试结果相互比较。

LISN电路有多种形式。图3-38为一些厂家提供的LISN电路。

（2）基于实验测量的阻抗模型

根据反射式滤波器原理，了解源阻抗和负载阻抗的大小及性质，对选择最合适的EMI滤波器结构是至关重要的。

噪声滤波器的设计要求和商业目录指明，应采用50Ω测量系统的插入损耗来评估功能（源阻抗是50Ω，负载阻抗也是50Ω），因此滤波器特性都是在50Ω的源和负载阻抗测试环境下描述的。这种方法获得的滤波器性能参数在测试条件下被设计成最优的。而这使人们直接联想到极为重要的一点：滤波器的性能在实际工作情况下失去了50Ω条件时不可能达到最佳。因为滤波器由电感和电容组成，是一个谐振电路，其性能和谐振主要取决于源端及负载端的阻抗。实际应用中，源和负载阻抗非常复杂（电力电子装置中开关器件的通断工作导致阻抗变化就是一个非常典型的例子），并且在要抑制的频率点上的阻抗情况可能是未知的。而EMI滤波器的负载阻抗比源阻抗更加不确定，这是因为它与该电力电子装置在电网中的连接点位置有关，而且它随时都在变化（因为接入同一配电网络的用户随时都在变化）。

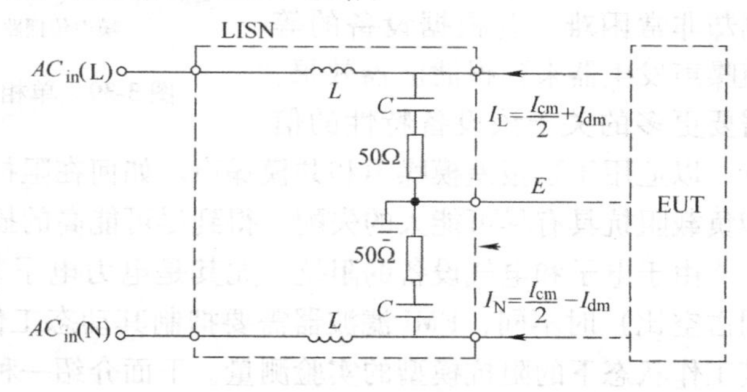

图3-38　常见的LISN电路形式

总之，当滤波器装于一个实际的装置中时，阻抗变化决定于装置与电源端的连接、装置在运行下的情况（负载变化、占空比变化）以及运行频率等，而使得源阻抗和负载在运行时的阻抗并非总是50Ω。如果滤波器的一端或两端与电抗性元件相连接，则可能产生谐振，使某些频率点上的插入损耗变为插入增益。因此其噪声减小的效果可能完全不同于采用50Ω测量系统的插入损耗所得到的结果。

例如图 3-39 所示的单相逆变器共模噪声测量电路，共模传导发射的激励源是每相导电元件开路时存在于装置接地点（机壳）和逆变器直流环中点之间的高频电位差。这个电位引起电流通过对地的分布电容流动，经过接地线到装置。然后这个电流的一部分通过装置中的分布阻抗返回到直流侧，余下的部分通过输入侧接地导线返回到 LISN，这是起主要作用的共模传导发射。如果将此噪声传导机理简化成共模等效电路，实际上就是激励源和分布参数组成的无源阻抗电路。图中，L_{stray} 为线路共模分布电感，C_{stray1}，C_{stray2} 和 C_{stray3} 分别为各部分对地的共模分布电容。

从对图 3-39 的噪声传播机理分析中可以发现，电力电子逆变器装置可视为一个噪声发生器。有关文献提出了装置的精确共模阻抗模型以评估线路噪声滤波器的噪声减少效果。但是，无论模型如何简化，其中参数的确定仍然需要依靠测量。而实际测量是非常困难的，因为测量结果的精确度依赖于实验装置的布置、测试设备的阻抗以及装置工作中的阻抗的变化程度。即使装置不工作时的静态测量具有较高的精度，装置实际工作时的动态阻抗变化影响仍是非常大的。

阻抗关系在滤波器设计中起着非常重要的作用。如果构成源或负载的器件的高频特性可以确认，则差模阻抗可以预测出；但由寄生参数构成的共模阻抗的预测却非常困难。若根据设备的等值噪声发生器来预报滤波器效果，需要更多的关于该设备特性的信息，以适用于预报差模噪声和共模噪声。如何在阻抗变化很大的情况下，仍保证滤波器的源和负载阻抗具有尽可能大的失配，得到尽可能高的插入损耗，也是滤波器设计的难点之一。

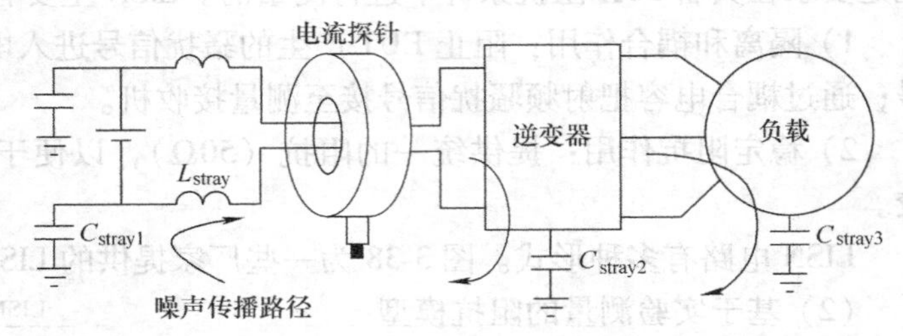

图 3-39　单相逆变器和直流母线共模电流及测量电路

由于电子和电气设备的阻抗，尤其是电力电子装置的阻抗，在静态和动态（工作在不同占空比）时不同，EMI 滤波器需要抑制其动态工作时产生的 EMI 噪声，应将焦点集中于其工作状态下的阻抗模型的实验测量。下面介绍一种动态工作时装置阻抗特性的间接测量方法，它在对装置的阻抗特性完全不知道的情况下（即将装置视为黑盒子），采用实验测量的方式建立装置工作时的共模阻抗非参数模型，真实地反映实际工作时的阻抗变化情况，对于准确测量阻抗并精确设计滤波器提供了很好的思路。

在图 3-40 所示的一个确定参数（确定噪声源 E 和一个确定负载为 R 的接收器）的电路中，插入一个无源元件 Z 来实施插损测量（如图中虚线所示）。这个无源元件 Z 是以串联方式插入电路，还是以并联方式插入电路，取决于其阻抗 Z 与 50Ω 阻抗标准的差别大小。

假设插入损耗测量时源和接收器（负载）都是典型的 50Ω，当将要插入电路的阻抗 Z 在一个预先确定的频率范围中的特性阻抗远大于 100Ω 时，应采用串联插入方式，将这时串入的阻抗 Z 记为 Z_{SERIES}，这样，在接收器输入端未串联该阻抗的电压（V）与串联了该阻抗的电压（V'）之比的插入损耗测量结果直接给出了这个阻抗模型，即

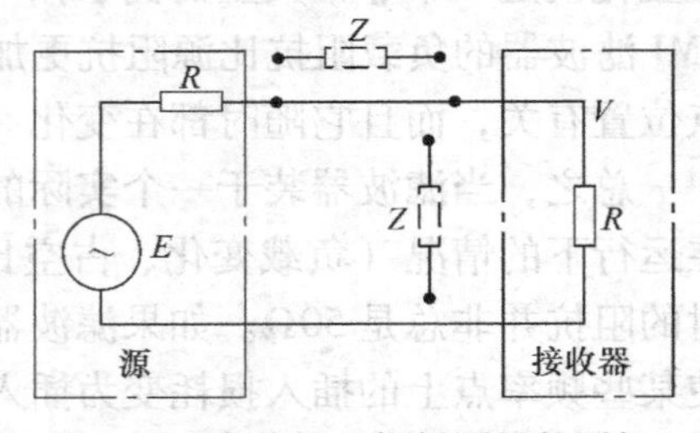

图 3-40　实施插入损耗测量的图解

$$IL = 20\log\left(\frac{V}{V'}\right) \approx 20\log\left(\frac{Z_{\mathrm{SERIES}}}{2R}\right) \tag{3-27}$$

同样，若这个将要插入电路的阻抗 Z 在一个预先确定的频率范围中的特性阻抗远小于 25Ω，应采用并联插入方式，将这时的并联插入阻抗 Z 记为 Z_{PARALLEL}，如电容。这样又可以得到下面一个类似的插入损耗计算公式，即

$$IL = 20\log\left(\frac{V}{V'}\right) \approx 20\log\left(\frac{R}{2Z_{\mathrm{PARALLEL}}}\right) \tag{3-28}$$

由于 Z（Z_{SERIES}或 Z_{PARALLEL}）已知，由测量结果就可以将阻抗 R 估计出来。

该测量原理强烈依赖于实验步骤。为了避开不希望的寄生元件的影响，测量应当在尽可能控制非理想源（由连接的长度、与地平面和其他金属物体的接近程度等因素所致）的情况下进行。显然，此方法的精确性也是建立在无源元件的频率特性基础上的。

基于上述插入损耗测量原理，通过一个串联或并联阻抗元件 Z 来实施插入损耗测量，可以间接地获得噪声源内部阻抗。通常这一测量系统是由一个与 LISN 相连接的接收器构成的，所以这一系统的共模输入阻抗与 LISN 的 50Ω 阻抗以及接收器的 50Ω 输入阻抗处于并联状态。在连接电缆和设备（由内部共模阻抗和噪声发生器 E_{cm}描述其特性）之间串联插入一个已知的共模阻抗 Z_{ins}，如图 3-41 所示，插入损耗为

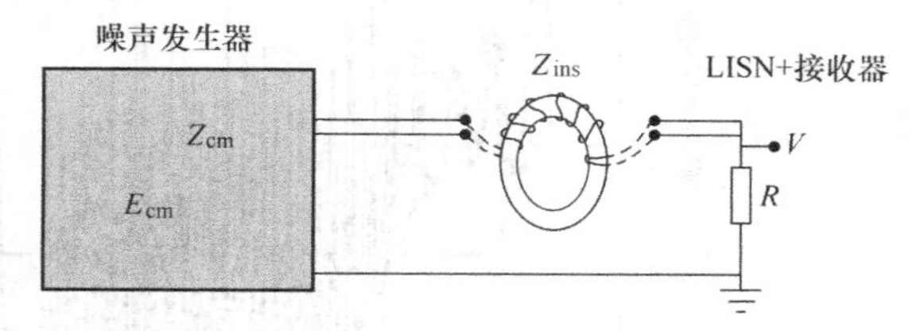

图 3-41　用串联插入的方法对噪声发生器共模阻抗 Z_{cm}进行测量

$$IL = 20\log\left|\frac{\dfrac{R}{R+Z_{\mathrm{cm}}}E}{\dfrac{R}{R+Z_{\mathrm{cm}}+Z_{\mathrm{ins}}}E}\right| = 20\log\left|1+\frac{Z_{\mathrm{ins}}}{R+Z_{\mathrm{cm}}}\right| \tag{3-29}$$

假设 $Z_{\mathrm{cm}} >> R$，且 $Z_{\mathrm{ins}} >> Z_{\mathrm{cm}}$，则可以得到

$$IL \approx 20\log\left|\frac{Z_{\mathrm{ins}}}{Z_{\mathrm{cm}}}\right| \tag{3-30}$$

由于插入的阻抗 Z_{ins}已知，所以可以根据式（3-30）估算出系统内部共模阻抗 Z_{cm}。

同理，在连接电缆和设备（由内部阻抗 Z_{cm}和噪声发生器 E_{cm}描述其特性）之间并联插入一个已知的共模阻抗 Z_{ins}，插入损耗为

$$IL = 20\log\left|\frac{\dfrac{R}{R+Z_{\mathrm{cm}}}E}{\dfrac{R /\!/ Z_{\mathrm{ins}}}{R /\!/ Z_{\mathrm{ins}}+Z_{\mathrm{cm}}}E}\right| = 20\log\left|1+\frac{RZ_{\mathrm{cm}}}{Z_{\mathrm{ins}}(R+Z_{\mathrm{cm}})}\right| \tag{3-31}$$

假设 $Z_{\mathrm{cm}} << R$，且 $Z_{\mathrm{cm}} >> Z_{\mathrm{ins}}$，又可以得到

$$IL \approx 20\log\left|\frac{Z_{\mathrm{cm}}}{Z_{\mathrm{ins}}}\right| \tag{3-32}$$

这种情况下的系统内部共模阻抗 Z_{cm}可同样根据式（3-32）估算出来。

选择采用串联阻抗还是并联阻抗，取决于 Z_{cm}的期望值。如果它远远大于 25Ω，就应选择采用串联插入的策略，否则就应采用并联插入方式。如果 Z_{cm}的幅值与 25Ω 相差不大，可采用

一个旁路电容来方便地减小接收器输入阻抗，此电容的阻抗为先前已测量过的已知阻抗 Z_{ins}。

这样，根据插入损耗测量（如图 3-42 所示）并估算出来的阻抗 Z_{cm} 与已知频率特性的阻抗 Z_{ins} 一样，也是一个仅能用频率特性来表达的阻抗，如图 3-43 所示，而非参数模型，所以将它称为非参数模型。这个方案所基于的假定通常不能在全部传导发射频率范围内被满足，也就是说，要测量的未知阻抗 Z_{cm} 仅在某些频率范围内是可靠的；在其余的范围内必须采用不同的外部阻抗 Z_{ins} 进一步测量。尽管如此，这样以频率特性表示的非参数阻抗模型，仍然为滤波器设计提供了相对准确的阻抗信息。

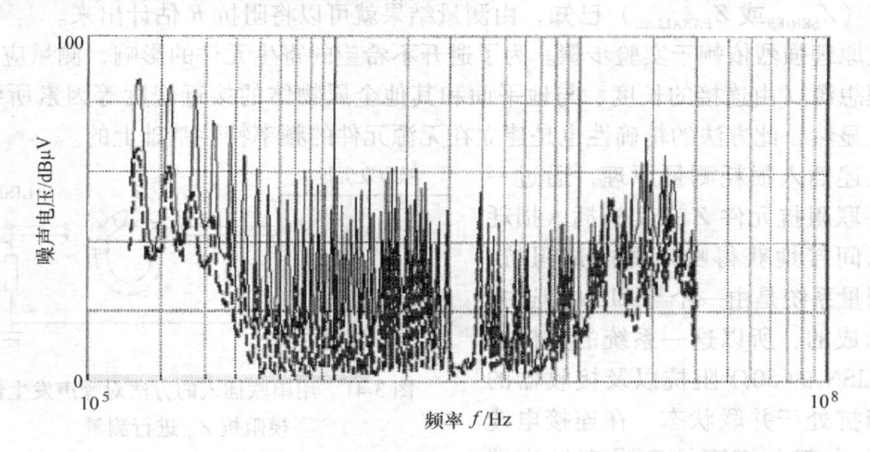

图 3-42 有或无串联电感时测量的由电子焊接设备产生的共模噪声

（虚线为无串联电感，实线为有串联电感）

7. 电源滤波器设计的相关问题

电源中使用了大量的 EMI 滤波器，因此 EMI 滤波器与电源相关的一些问题需要进一步研究。例如，有关典型线性电源或离线调节器的 EMI 滤波器设计问题，这些电源的负载可能是一个开关电源。此外，电源 EMI 滤波器的负载往往是一个电源，其后接的功率因数校正电路或因 EMI 滤波器的效应，无法获得原先设计为 1 的功率因数。合适的设计，将使 EMI 滤波器工作在最佳状态，同时也可以使功率因数校正电路的功率因数回到 1。

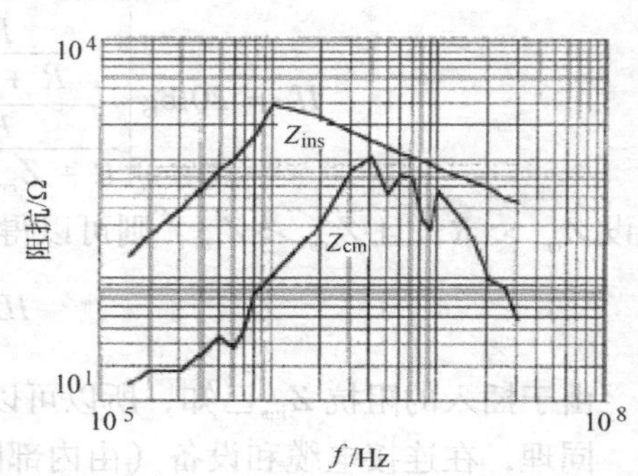

图 3-43 计算的 Z_{cm} 和测量的 Z_{ins}

（1）电源 EMI 滤波器设计

EMI 滤波器设计时常常不能正确地确定负载参数，尤其对于电源负载。因而基于源和阻抗失配的最佳滤波效果受到影响。EMI 工程师需要经常通过与用户一起工作以获得这种信息。

图 3-44 为一个单相交流 120V、400Hz 电网与 EMI 滤波器相连的示意图，滤波器负载为电源，该电源可带中心变压器，也可不带。这里以该例介绍两类电源的 EMI 滤波器设计问题，一类是容性输入电源的滤波器；另一类是感性

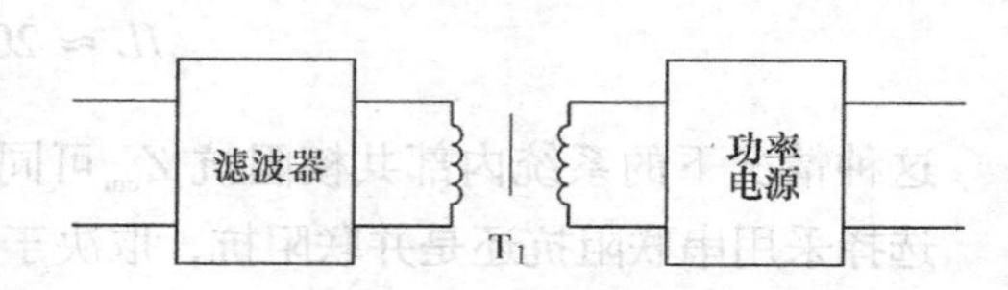

图 3-44 电网进线、EMI 滤波器和电源

输入电源的滤波器。

图 3-45 是一个最大输出功率 800W 带有容性输入滤波器的电源。运用 Williams 方程并进行傅里叶分析，可得基波电流均方根值为 8A。把该电流值或作为产品参数的一部分告知使用方。连同所有高次谐波在内的整个电流均方根值为 10.61A，这是根据一个 24Ω、200μF 储能电容器的直流负载得到的。若最严重的情况仅止于此，则 EMI 滤波器仍可正常工作。但是实际的容性峰值充电电流为 24.2A，若按最初的参数值设计，EMI 滤波器将饱和。

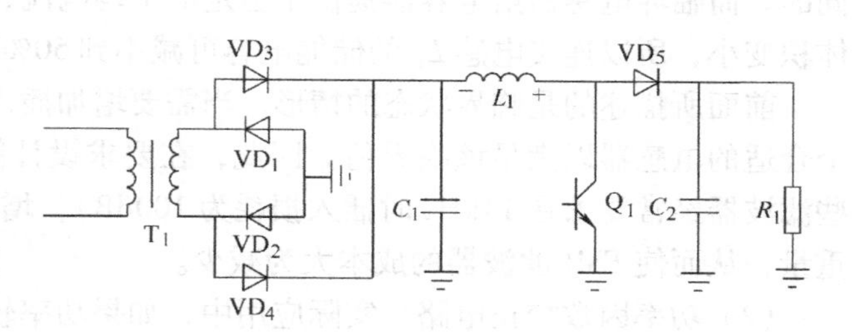

图 3-45 带储能电容器 C_1 的滤波器典型电源

具有电感的电源成为感性输入滤波器电源（如图 3-46 所示）。这个临界电感器（图 3-46 中 L_1）可削弱容性充电电流的峰值。电感器的电感大小、尺寸、重量、成本由负载所需最小电流决定。临界电感值 L_c 由下式计算：

$$L_c = \frac{R_0}{6\pi f} \tag{3-33}$$

式中，R_0 的值等于最大直流电源电压除以最小的负载电流；f 为线路频率而不是纹波频率，在这个案例中取 400Hz；电感的量纲是“亨”。

显然，这种临界电感电路最适用于电流几乎保持不变的电源中，因为电感值将大为减小。L_1 向储能电容器提供一个恒值电流，该电流大小等于平均负载电流。这里的线路电流为 400Hz 的方波即 400Hz 的线路频率，但是同样适用于 50Hz 或 60Hz 的系统中。EMI 滤波器可滤除高次谐波，使得线路电流更接近正弦波。

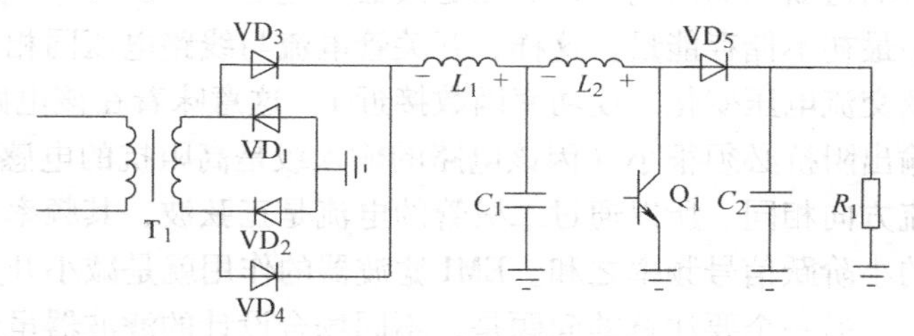

图 3-46 具有临界电感 L_1 的同一个电源

如果 EMI 测试实验室要求在 20kHz 处具有 80dB 的插入损耗，则 EMI 滤波器需要采用双“π”结构，该结构使用 2 个 90μH 的电感和 3 个 8μF 的电容和 1 个可调电容（如图 3-47 所示）。在所要求的电流大小并且频率为 400Hz 的场合，这个插入损耗是必须要满足的，但如果是容性输入类型的电源，由于大峰值电流的存在，该滤波器将会饱和。所以电感器必须重新设计，以便处理 25A 的大电流。

无论是 8A 电流还是 25A 电流，滤波器的元器件值都相同，但是电感的铁心不同。对于最初给定的 8A 电流，使用 MPP 粉或 HF 铁心；而为了满足 25A 峰值电流的需要，应使用更大尺寸的铁心，如 C 形铁心。

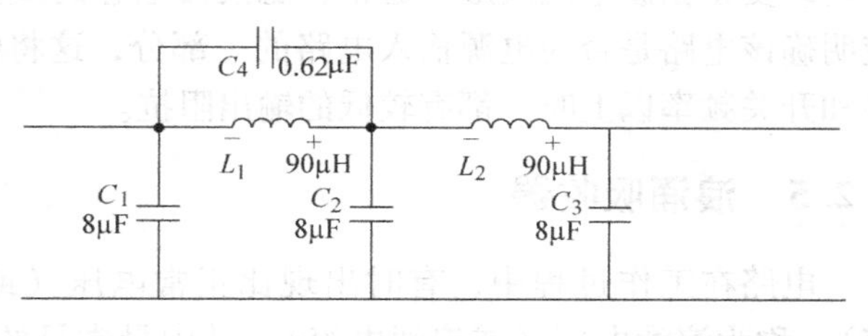

图 3-47 用于 25A 电流的 8A 滤波器

理论上，所有的滤波器电容器是相

同的。而临界电感器给电容器提供了恒定的平均电流、减少了输出纹波电压，使得电容值和体积变小，所以连接电感 L_1 的储能电容可减小到50%以下。

前面所描述的是临界状态的情形。当需要增加插入损耗值或增加电流时，就需要设计一个合适的电感器以满足该临界值。因此，在要求设计能通过较大电流的 EMI 滤波器时（这些滤波器经常要求在 14kHz 时插入损耗为 100dB），增加这样一个临界电感器可节省空间和重量，从而使 EMI 滤波器的成本大为减少。

（2）功率因数校正电路　实际应用中，如果功率较低，采用功率因数校正电路（PFCC）能改善电流存在短暂脉冲峰值的缺陷，则不再需要应用临界电感器。电流较大时，应用功率因数校正线圈进行功率因数校正，使电路功率因数接近于1（如图 3-48 所示），但该功率因数校正技术仅适用于400Hz 的场合。

由于电源和 EMI 滤波器的共同作用，电路的功率因数可低至 0.43。这种情况是由 EMI 滤波器中大容量的电容器引起的。不带功率因数校正电路的电源的功率因数低至 0.7，而不正确的滤波只会使功率因数更低。

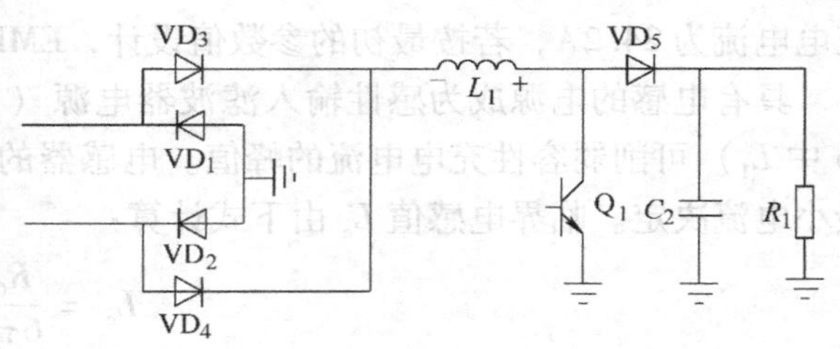

图 3-48　典型的功率因数校正电路

图 3-48 功率因数校正电路通过二极管的通断来输出电压，而在滤波器大电容中最初不储存能量。这样，开关管电流与线路电压同相，开关管产生的高频脉冲跟随线路正弦交流电压变化，使功率因数接近 1。这意味着在该电路开关管工作频率上，EMI 滤波器的输出阻抗必须很小（因该电路的输入级是高阻抗的电感器）。开关管通断时，电感的导通电流方向相同。所以通过二极管的电流是正弦波，其频率为线路频率与最高开关频率下所叠加的小阶跃信号频率之和。EMI 滤波器的作用就是减小开关频率，而不降低开关管电流。

另一个要注意的问题是，不同场合设计的滤波器虽然参数非常相似，但某一组可以正常工作，而另一组却不能正常工作。前一组在应用时可能负载是阻性的，而另一组应用于功率因数校正电路，在相同的功率范围内滤波器的输出阻抗却可能是感性的（如变压器）。前一种应用场合中感抗可能是非常合适的，但对于功率因数校正电路而言就太大了，它使得功率因数校正电路不能正常工作并且可能损坏开关管。此时需要在滤波器输出端接入一个高质量的电容器，其自谐振频率远高于开关频率的 10 次谐波。

归纳上面两种情况可得到如下结论：功率因数校正电路对于小型和中型电源非常适用。与应用临界电感器的情形类似，采用功率因数校正电路可减小所有电感器的尺寸，但也因此会略改变正弦波电流波形。通常，滤波器电感的重量和体积比 L_1 电感器小。滤波器设计时应明确该电路是否为电源输入电路的一部分，这将保证所设计的 EMI 滤波器工作于开关频率和开关频率以上时，都有较低的输出阻抗。

3.2.5　浪涌吸收器

电路在工作过程中，有时出现比正常电压（或电流）高出很多倍的瞬时电压（或电流），称为浪涌电压（或浪涌电流）。其中最常见的是雷电浪涌和开关浪涌。浪涌的主要成因是雷电、电网开关操作、低压电源线上各类设备的起动停机操作，以及电力电子设备的开关工作方式、感性负载通断工作方式等等。其本质为在短暂的时间内出现巨大的能量冲击。如果浪涌的能量无法释放或吸收而大量进入电子装置内部，不仅影响设备的正常工作，甚至会烧毁器件和设备。

雷电引起的过电压、过电流情况已经在前面分析过。而开关浪涌多形成于接通或断开电感负载、继电器接触器线圈、变压器一次侧开关器件等，尤其是切断空载变压器和继电器。例如，开关工作时切断一个电感负载产生的浪涌电压为 $u=-L\mathrm{d}i/\mathrm{d}t$，这里 L 是电感负载的电感量。由于开关工作时间非常短（尤其是电力电子电路中的电子开关，关断时间仅为数微秒），$\mathrm{d}t$ 非常小，而需要关断的电流 $\mathrm{d}i$ 是一个定值，导致 $\mathrm{d}i/\mathrm{d}t$ 非常大。如果不采取措施，一个直流6V的继电器线圈断电时产生的浪涌电压可高达300～600V，故而产生火花，用触点切断线圈时会烧坏触点；用半导体器件切断线圈时，浪涌电压会击穿器件；同时如此高的浪涌电压也会对其他工作电路和设备造成严重干扰。因此，抑制浪涌电压（电流）成为电磁兼容设计中必不可少的一部分工作。为了保护电路器件和设备，以及防止易感设备受到干扰发生误动作，需采用抑制（或吸收）浪涌的器件。

利用气体放电管、固体放电管、压敏电阻、硅瞬变电压吸收二极管（TVS）以及热敏电阻等瞬变骚扰抑制器件，组成浪涌保护电路，可以部分吸收浪涌能量，为浪涌提供泻放通道，起到避免浪涌能量进入设备内部的保护作用。这些器件都称为浪涌吸收器件，简称浪涌吸收器。

1. 气体放电管

气体放电管是一种开关型的防雷保护器件，电流容量大，一般用于防雷工程的第一级或第二级的保护。

气体放电管一般采用陶瓷作为封装外壳，放电管内充满电气性能稳定的惰性气体，放电管的电极一般为两个电极、三个电极和五个电极三种结构。当在放电管的极间施加一定的电压时，便在极间产生不均匀的电场，在电场的作用下，气体开始游离，当外加电压达到极间场强并超过惰性气体的绝缘强度时，两极间就会产生电弧，电离气体，产生“负阻特性”，从而马上由绝缘状态转为导电状态。即电场强度超过气体的击穿强度时，会引起间隙放电，从而限制了极间电压。也就是说，在无浪涌时，处于开路状态，浪涌到来时，放电管内的电极板关合导通，浪涌消失时，极板恢复到原来的状态。

气体放电管由于极间绝缘电阻大，因而寄生电容很小，残压较低，一般为900V左右，所以用于对高频电子线路的保护有着明显的优势。然而由于其本身在放电时时延性较大，动作灵敏性不够理想，响应时间较慢（为80ns左右），因此对于上升陡度较大的雷电波也难以进行有效的抑制，所以在防雷工程上，气体放电管大多与限压型防雷器综合应用。

2. 固体放电管

固体放电管（半导体放电管）是一种过电压保护器件，它是基于晶闸管原理和结构的一种两端负阻器件，固体放电管是在硅单晶片两面同时掺杂同种杂质而形成的，工作原理和一个两端的晶闸管相似，利用PN结的击穿电流触发器件导通放电，可以流过很大的浪涌电流或脉冲电流，其击穿电压的范围就构成了过电压保护的范围；使用时直接跨接在被保护的电路两端，有时可串接电阻或熔断器。工程完备的过电压保护电路，用来吸收突波，抑制过电压，达到保护易损组件的目的。选用不同的材料和工艺，可以做出各种不同电压和电流的放电管。

固体放电管的优点是导通电压小，几乎无热耗，可重复使用，能承受较大的冲击电流，响应快（纳秒级反应速度），无极性（双向保护），使用安全、可靠，性能优于其他瞬间过电压保护元器件，广泛应用于通信交换设备中的程控交换机、电话机、传真机、配线架、XDSL、通信接口、通信发射设备等一切需要防雷保护的领域，以保护其内部的IC免受瞬间过电压的冲击和破坏。在当今世界微电子及通信设备高速发展的今天，固态放电管已成为全世界通信设备的首选器件。

3. 压敏电阻

压敏电阻是一种以氧化锌为主要成分的金属氧化物半导体非线性的限压型电阻。其工作原理为：压敏电阻的氧化锌和添加剂在一定的条件下“烧结”，电阻就会受电压的影响激烈变化，其电流随着电压的升高而急剧上升，上升的曲线是一条非线性指数曲线。当在正常工作电压时，压敏电阻处于一种高阻值状态；当浪涌到来时，它处于通路状态，强大的电流流过自身泄入大地；浪涌过后，它又马上恢复到高阻值状态。压敏电阻的几个重要参数如下：

压敏电压：压敏电压是在温度为20℃、压敏电阻上有1mA电流流过时，相应加在该电阻两端的电压。在交流电网中，压敏电压一般比电网的峰值电压要高，为峰值电压的0.7倍，而峰值电压一般认为是交流电网电压的$\sqrt{2}$倍。

漏电流：漏电流是指在正常情况下通过压敏电阻微安数量级的电流。漏电流越小越好。漏电流必须是稳定的，不允许在工作中自动升高，一旦发现漏电流自动升高，就应立即淘汰该元件，因为漏电流的不稳定是加速防雷器老化和防雷器爆炸的直接原因。因此在选择漏电流这一参数时，不能追求越小越好，在电网允许值范围内，选择漏电流值相对稍大一些的防雷器，反而较稳定。

响应时间：响应时间是指加在防雷器两端的电压等于压敏电压所需的时间，达到这一时间后防雷器完全导通。压敏电阻的响应时间快，约为25ns左右。

寄生电容：压敏电阻一般都有较大的寄生电容，电容值一般在几百微微法到几千微微法之间，因而它不利于对高频电子系统的保护。因为这种寄生电容对高频信号的传输会产生畸变作用，从而影响系统的正常运行。因而对频率较高的系统的保护，应选择寄生电容低的压敏电阻型防雷器。

压敏电阻的优点为残压低，响应时间快，无续流，可以实现劣化和故障告示功能，因此保护效果安全、可靠。它是目前供电系统中常用的浪涌吸收产品，特别是在电力、电信供电领域；缺点为有泄漏电流，寄生电容较大，不利于对高频电子线路的保护。

4. 硅瞬变电压吸收二极管

硅瞬变吸收二极管（Transient Voltage Suppressor，TVS），属雪崩击穿二极管类，工作原理类似于稳压管，是箝位型的干扰吸收器件，电路符号和普通的稳压管相同，应用中与被保护设备并联。

TVS具有极快的响应时间（亚纳秒级）和非常高的浪涌吸收能力，可选择的电压档次多，是高频限压的理想器件，可用于保护设备或电路免受静电、电感性负载切换时产生的瞬变电压以及感应雷所产生的过电压的影响。

TVS有单方向（单个二极管）和双方向（两个背对背连接的二极管）两种，主要参数是击穿电压、漏电流和电容。使用中TVS的击穿电压应比被保护电路工作电压高10%左右，以防止因线路工作电压接近TVS击穿电压，导致TVS漏电流影响电路正常工作；也避免因环境温度变化导致 TVS 击穿电压落入线路正常工作电压的范围。

TVS 有多种封装形式以便于工业应用，如轴向引线产品可用在电源馈线上；双列直插和表面贴装的形式则适合于在印制电路板上作为逻辑电路、I/O 总线及数据总线的保护。TVS 具有响应时间快、瞬态功率大、漏电流低、击穿电压偏差小、箝位电压容易控制、体积小等优点，目前已广泛应用于家用电器、电子仪表、通信设备、电源、计算机系统等各个领域。

作为半导体器件的 TVS，要注意环境温度升高时的降额使用问题，特别要注意 TVS 的引线长短，以及它与被保护线路的相对距离。当没有合适电压的 TVS 时，允许多个 TVS 串联使用。串联后的最大电流取决于所采用管中电流吸收能力最小的一个。而峰值吸收功率等于这个电流与串联 TVS 电压之和的乘积。各种浪涌吸收器的具体特性和参数、应用方式、场合，可参见有关技术手册。

5. 其他浪涌吸收电路

很多常见的元器件组成合适的浪涌吸收电路后，也可用于特定场合下的浪涌能量吸收，几个有代表的吸收器如下：

1）RC 式吸收电路，或 RCD 式吸收电路（如图 3-49 所示）为电容式吸收电路，并联在电感线圈或开关工作方式的电力电子器件上，在开关断开时电容吸收感性负载能量引起的开关管过电压，在开关管再次开通时将电容上吸收的电压通过开关管泻放掉。二极管 VD 的作用是在过电压发生时，电容不经过电阻直接充电，快速吸收电场能量；而电容放电时则通过电阻，因而不形成放电过电流。RCD 吸收电路多用于中等容量的电力电子设备（2～5kW）；RC 电路用于小容量场合（2kW 以下）。

2）其他元件的应用，如用二极管 VD 吸收电感线圈的浪涌。将二极管并联于电感线圈（或继电器线圈），切断电感电流时，电感两端的感应电压使二极管导通，完成续流过程，而不产生反相过电压。该应用在电力电子电路电感回路的续流设计中非常常见。

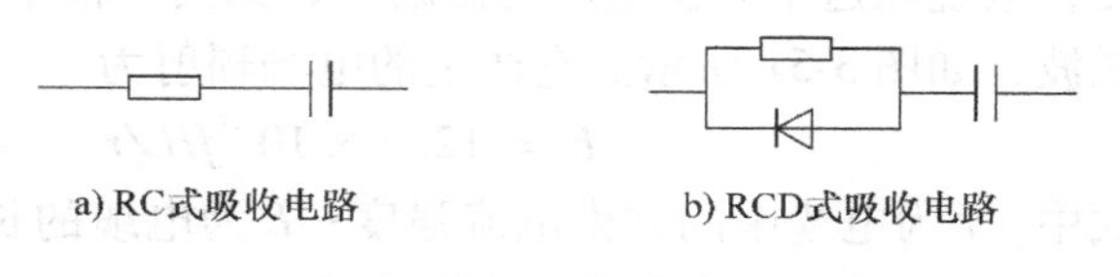

图 3-49　常见元件构成的吸收电路

3.2.6　连接器

一个系统是由各种不同部件、设备或装置组成的，其中的信号需要从一个部件（装置）传送到另一个部件（装置），而这些部件或装置由于彼此机械构成上的独立性，以及互相连接工作信号和电路上的灵活性，不能用一根完整的电缆去连接不同设备电路和信号的电缆，需要根据不同部件或装置，用专门特制的器件将部件（装置）彼此的电路或信号连接起来，并且方便拆装。这种特制的器件就是连接器。

连接器也称插头座，广泛应用于各种电气线路中，起着连接电路或断开电路的作用。它在需要时将 A 部件（装置）中的电路与 B 部件（装置）中的相应电路连接，因而使 A、B 部件彼此信号流通；不需要连通时，方便地卸下连接器即断开该处的电气和机械连接。图 3-50 示出了 PCB 上电信号通过 DB 型插头座与系统中的其他部件连接的例子。

1. 电缆的辐射

电缆是系统的最薄弱环节，常常可以看到这样的现象：两台独立进行电磁干扰测试时完全合格的设备，通过电缆连接起来后，构成的系统就不合格了。这是由于电缆的辐射作用所

图 3-50 PCB 上电信号通过连接器与系统中的其他部件连接

导致的。实践表明，按照屏蔽设计规范设计的屏蔽机箱一般很容易达到 60 ~ 80dB 的屏蔽效能，但往往由于电缆处置不当，造成系统存在严重的电磁兼容问题。统计显示，有 90% 的电磁兼容问题是由于电缆造成的，因为电缆是高效的电磁波接收天线和辐射天线，所产生的辐射非常严重。

电缆之所以会辐射电磁波，是因为电缆端口处有共模电压存在，电缆在这个共模电压的激励下，如同一根单极天线对外发射电磁波，如图 3-51 所示。它产生的电场辐射为

$$E = 12.6 \times 10^{-7} fIL/r \tag{3-34}$$

式中，I 为电缆中的共模电流强度；L 为电缆的长度；f 为共模信号的频率；r 为观测点到辐射源的距离。

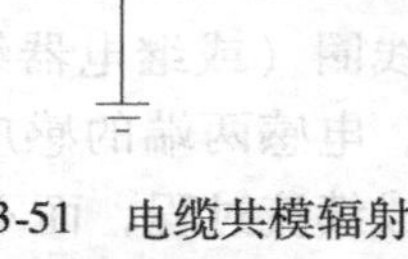

图 3-51 电缆共模辐射模型示意图

要减小电缆的辐射，可以减小高频共模电流强度，或缩短电缆长度。但是电缆的长度往往不能随意减小，因此控制电缆共模辐射的最好方法是减小高频共模电流的幅度，有效方法是在电缆的端口处使用低通滤波器，滤除电缆上的高频共模电流。传统的机械安装都是将滤波器安装在线路板上的电缆端口处，如图 3-52 所示。

这样安装滤波器后，经过滤波后的信号线在机箱内较长，容易再次感应上干扰信号，形成新的共模电流，导致电缆辐射。再次感应的信号有两个来源，一个是机箱内的电磁波会感应到电缆上，另一个是滤波器前的干扰信号会通过寄生电容直接耦合到电缆端口上。解决该问题的方法是尽量减小滤波后暴露在机箱内的导线长度。

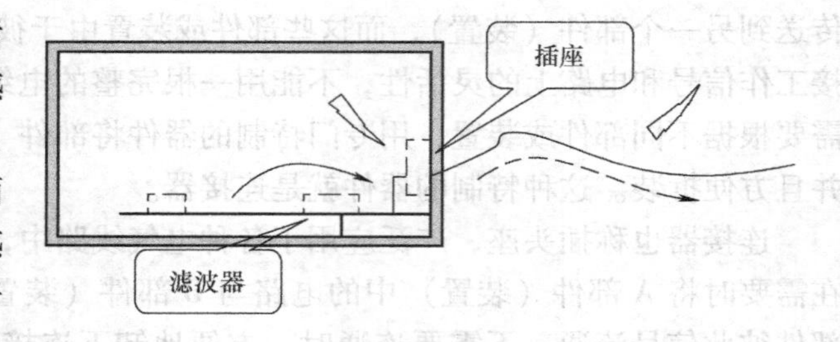

图 3-52 线路板上的共模低通滤波器

2. 滤波连接器

滤波连接器是在普通电连接器的基础上，经过内部结构改进，增加滤波电路（滤波网

络），因此，它既具备普通电连接器的所有功能，又兼具抑制电磁干扰的特性。

滤波连接器的每个插针上有一个低通滤波器，能够将插针上的共模电流滤掉。这些滤波连接器往往在外形和尺寸上与普通连接器相同，可以直接替代普通连接器。由于连接器安装在电缆进入机箱的端口处，因此滤波后的导线不会再感应上干扰信号。

滤波连接器内部的结构形式多种多样，简单的滤波网络仅是一个滤波电容，复杂的滤波网络可为电感、电容组成的无源滤波网络，其外形和普通常用的插头插座完全一致，可以替换。如图 3-53 所示的同轴型滤波连接器与同类连接器外形完全一致，唯一的不同是滤波连接器只允许部分频段的信号通过。

滤波连接器一般是低通滤波器，为二阶滤波。滤波器内有很多个管脚，每个管脚的滤波性能均应完全一致。如果每个管脚的滤波性能具有差异而使不同信号线上传递的信号产生差异，就会引入差模干扰。有些厂商可以根据用户的要求提供特殊的滤波连接器，这些连接器的某些插针上没有滤波器。用户之所以要求某些芯上不装滤波器，大致有两种情况，一种是连接器中的某些芯线传输的信号频率很高，轻微的滤波也会造成信号失真，因此不能对这些芯线进行滤波；另一种情况是有些用户为了降低成本，要求厂商仅在传输信号的芯上安装滤波器。

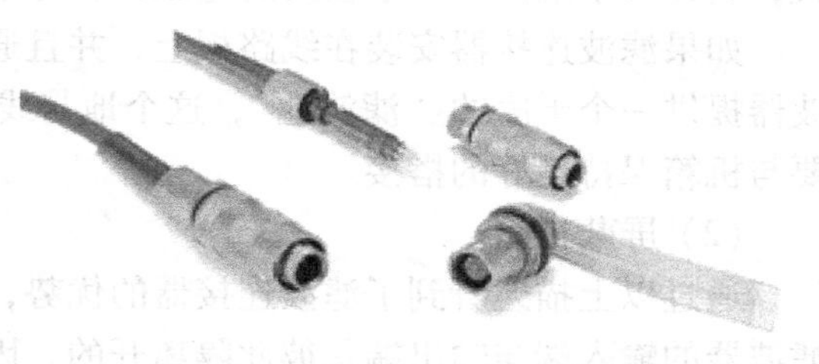

图 3-53 同轴型滤波连接器外形

使用屏蔽电缆虽然有时也能解决电缆辐射的问题，但使用滤波连接器的方案在许多方面要优于屏蔽电缆，例如：滤波连接器能够将电缆中的干扰电流滤除掉，从而彻底消除电缆的辐射因素。而屏蔽电缆仅仅是防止干扰通过电缆辐射，实际这些干扰电流还在电缆中。因此当主机通过屏蔽电缆与打印机连接时，干扰电流会进入打印机，通过打印机的天线效应辐射。

滤波连接器抑制电缆辐射的效果比屏蔽电缆更稳定。屏蔽电缆的效果在很大程度上决定于电缆的端接。电缆由于频繁的拆装或使用较长时间后搭接点的氧化，端接阻抗会增加，造成屏蔽效能下降。使用滤波连接器后，可以降低对电缆端接的要求，不必使用价格昂贵的高质量屏蔽电缆，从而降低了成本。

归纳采用滤波连接器的主要优点如下：

1）体积小。将滤波电路（滤波网络）设计在连接器内部，为使用设备节省了空间。

2）多功能。将滤波器同连接器金属外壳连接，可同时实现滤波、屏蔽、接地；可根据用户要求在同一连接器内混装不同的滤波频段。

3）使用方便。由于研制、生产的滤波连接器是在普通电连接器的基础上，经过内部结构改进增加滤波电路（滤波网络）而成，可不改变原有的安装尺寸及方式，因此可以与同型别的普通连接器互换使用。

4）低成本。采用滤波连接器可以省去大部分设备抑制电磁干扰的设计成本，而且与特制滤波器具有同等功效，适用于各种信号输入、输出、转接端口的电磁兼容设计。

3. 使用滤波连接器的注意事项

（1）滤波连接器的接地

滤波连接器必须良好接地才能起到预期的滤波作用。对于直接安装在面板上的滤波连接器，一般保证机箱与滤波连接器之间是导电接触就不会有问题，但是在要求较严格的场合（如要满足军标的干扰发射限制要求），还应给予足够的重视，因为许多场合滤波连接器与机箱之间的接触并不是十分充分的，而仅在某些点上有接触，这样导致高频的接触阻抗比较大。为了避免这一点，往往需要在滤波连接器与机箱面板之间安装电磁密封衬垫（详见“3.1.2.3 其他屏蔽材料及应用”）。

另外，对于含有旁路电容的大部分滤波连接器，由于信号线中的大部分干扰被旁路到地上，因此在滤波器与地的接触点上会有较大的干扰电流流过。如果滤波器与地的接触阻抗较大，会在这个阻抗上产生较大的电压降，导致较强的辐射。

如果滤波连接器安装在线路板上，并且通过线路板上的地线与机箱相连，则要注意为滤波器提供一个干净的“滤波地”，这个地与线路板上的信号地分开，仅通过一点连接，并且要与机箱保持良好的搭接。

（2）屏蔽机箱

通过以上描述看到了滤波连接器的优势，但值得注意的是，获得这些优势的前提条件是滤波器的输入端与输出端是彼此隔离开的。因此如果机箱本身不是屏蔽的，则滤波连接器就失去了这些优势。所以，只有在屏蔽机箱上才有必要使用滤波连接器。

（3）滤波连接器的选用

选用滤波器连接器时，除了要考虑选用普通连接器时的因素外，滤波器的截止频率是一个重要的参数。当连接器中各芯线上传输的信号频率不同时，要以频率最高的信号为基准来确定截止频率。虽然许多厂商可以按照用户的要求在不同的芯线上安装不同截止频率的滤波器，但这往往是不必要的。因为只要有一根信号线上有频率较高的共模电流，它就会耦合连接到同一个连接器上的其他导线上，造成辐射。一般滤波连接器厂商给用户的参数是滤波器中的电容值，为了知道不同电容值对应的截止频率，往往还提供一份电容与截止频率的对照表。

对于脉冲信号，可以将滤波器的截止频率选在 $1/t_r$ 处，t_r 是脉冲的上升时间。当脉冲的上升时间不确定时，可以用脉冲信号的 15 次谐波作为滤波器的截止频率。

（4）滤波连接器的安装焊接

如果设计中采用了滤波连接器，还应注意后续的 PCB 焊接加工问题。滤波电容一般是瓷介电容，瓷材料一般在高温、高温变化率、撞击或压力这三方面比较脆弱，因此滤波连接器在应用的时候，应给予注意。

3.3 噪声补偿技术

前面介绍的无源元件构成的 EMI 滤波器，几十年来一直是利用电感和电容来削弱主要传导噪声信号。对于大功率工业应用领域，这些元件不但要耐受所需（主要输入）的大电流和高电压信号，还要承受不需要的信号所带来的电流和电压。EMC 电力滤波器这样的需求迫使这些元件在其特性和体积上要特制成专业级的，使得最终产品既昂贵又笨重。即将出台的传导发射和抗扰度标准可能更加关注 9kHz 以下的低频噪声这一棘手问题，而由于低频 EMI 滤波器体积重量带来的问题，EMC 滤波器设计将着眼于选择其他技术，以确保尺寸和质量被控制在合理的范围内。

目前，EMI 滤波技术的进展十分有限，研究基本是在滤波器电感的磁心材料（如铁氧体以及电介质特性）上徘徊。目前使用较广的无源工业级 EMC 电力滤波器是一种多级低通滤波器，主要由串联的电感和并联的电容组成。滤波器设计想要在现有的功能和尺寸上有所发展，面临如下三个主要因素的约束：

第一，安装机箱中总电容值是有限的，因为出于安全考虑，不允许大量的泄漏电流流入机箱体中。同样出于安全考虑，这些电容必须能承受几千伏的电压，即安全性保障上存在潜在威胁。

第二，削弱低频噪声需要很高的电感值，而这又会导致在低频 50Hz 基波电压上产生不希望的电压降。这种电压降会反过来影响到滤波器所保护的仪器在正常运行时所需的最小电压。

第三，为了减弱不需要的信号，电感必须串入低频（如 50Hz）电流通路，并要在不饱和状态下处理该电流。这种要求就决定了必须使用大直径电缆线和大量的铁氧体材料。这些因素以及对高安全系数电容的需要，使滤波器最终的尺寸和质量无法适应需求。

另一方面，我们知道，滤波器是在 EMI 信号已经产生的情况下完成对其衰减阻挡的作用，由于电路负载导致的阻抗匹配和失配要求难以完全满足，使得实际上 EMI 滤波器无法完全消除噪声，只能在某种程度上削弱噪声。

在源、路径和敏感设备这三个形成干扰的要素中，EMI 滤波器只是起到切断耦合路径的作用。这里重要的要素是干扰源，如果消除了干扰源，一切 EMI 问题都可以迎刃而解。

然而，噪声源是客观存在的，如电力电子电路中的开关器件的开关工作方式，是电路正常工作的前提，尽管这种开关通断的工作方式产生了高频电压或电流噪声，但也是电力电子电能变换所必须的工作方式。如何能保留这样的变换功能，而又能消除而不是削弱 EMI 噪声呢？

值得关注的是，在电磁兼容行业外的其他工业应用领域，噪声正在被消除而不是被削弱。如用于航空旅行的消除噪声的 Bose 耳机技术已经被普遍采用，汽车制造商也将静音技术引入到汽车内部。能否将这些消除噪声的技术应用于低频主要传导噪声上呢？这些思路引导着 EMC 领域进行消除电子噪声方法应用上新的探索。

3.3.1 噪声补偿原理

1. 基于消除声学噪声的原理

Bose 耳机和汽车内部所应用的噪声消除系统等，都能产生一种用来消除周围噪声的校正信号。这种校正信号和噪声信号具有同一振幅，但相位相反。尽管实际上两种信号仍然都存在，但是这种互相抵消的干扰使得复合的波形呈现出零振幅。举例来说，飞机引擎和汽车消声器的噪声是可以预测的，这有助于抵消它们。持续地监控周围噪声频率和振幅的变化，并采用特殊的算法优化噪声的消除方法，使其接近于实时控制。

噪声信号需要实时检测、分析计算，形成反相信号并完成抵消噪声的处理任务，因此对于高频噪声信号而言，这样的实时处理非常困难，执行处理任务的控制系统速度必须远远大于所需要抵消的噪声信号的变化速度，才能使补偿得以实现，因此比较适合于补偿低频噪声信号。此外，这样的补偿系统如果成本非常高，也难以推广应用。而声学噪声的消除正是依赖于微芯片集成度和速度的不断提高，实现物美价廉，以及强大的数字处理能力，这样才变得切实可行。

这种采用与噪声信号反相的信号去合成消除噪声的机理，实际上是采用反相噪声信号去补偿受噪声干扰信号，因此也称为噪声补偿原理。

2. 基于补偿原理的电力输电线滤波器的消噪技术

电力输电线滤波器要处理的是稳态的、重复的、确定性的低频噪声。输电线路中的噪声特性可能为暂态（即单个的电台尖峰），或为稳态（即开关电源产生的重复性开关噪声）。这里仅讨论稳态的、重复的、确定性的噪声。

(1) 概念和基本步骤

按照类似消除声学噪声系统的原理，可以列出消除稳态、重复、确定性噪声的四个步骤：

1）对噪声的波形采样；

2）取逆采样波形（变为与噪声相位相反的波形）；

3）将逆信号波形增幅至与实际噪声相同的振幅；

4）注入逆转、增幅后的信号，实现噪声的对消。

图 3-54a ~ d 为噪声消除过程的有关波形。

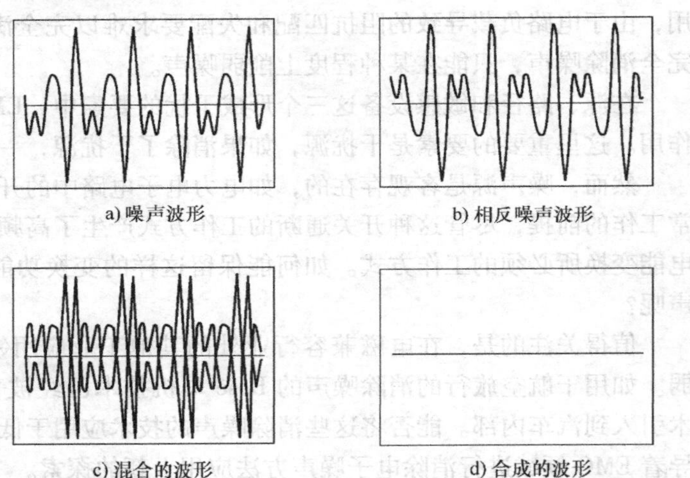

a) 噪声波形　　b) 相反噪声波形

c) 混合的波形　　d) 合成的波形

图 3-54　噪声抵消过程的有关波形

图 3-55 是应用于电网噪声消除技术的概念框图。图中，波形 A 表示电网线路上的电源电压的采样波形，由需要的 50Hz 基波电压和电网噪声组成。波形 B 是与采样的 50Hz 基波电压完全锁定于相同振幅和相位的纯 50Hz 信号。这两个波形被送入一个差分放大器，差分放大器仅放大其输入端之间的差。最终输出的结果是放大器的增益 G_{ain} 乘上 V_+ 与 V_- 的差，即

$$V_{\text{OUT}} = G_{\text{ain}}(V_+ - V_-) \tag{3-35}$$

波形 C 表示差分放大器的输出波形。噪声相位的反相变换可以通过交换差分放大器的输入来实现，或者采用功率放大器在放大的同时实现反相。注意，这里单个的噪声波形相对于所需的 50Hz 电网电压具有较低的振幅。采用适当算法的处理器能控制并持续优化噪声消除的过程。

从补偿的基本原理和图 3-55 中可以看到，提供这样的反相噪声需要有源部件完成，因此这样的补偿方法多用于有源滤波器。

(2) 噪声消除技术实现方面的若干问题

首先可以从实用的和经济的观点来看图 3-55 概念框图的适用领域。显然，目前的大多数产品本身具有抗低频电网噪声干扰的能力，这由它们在与电网电源连接时仍能正常工作即可证明。但是，EMC 标准的低频主要内容是关注低频噪声的增长，对低频发射的控制有可

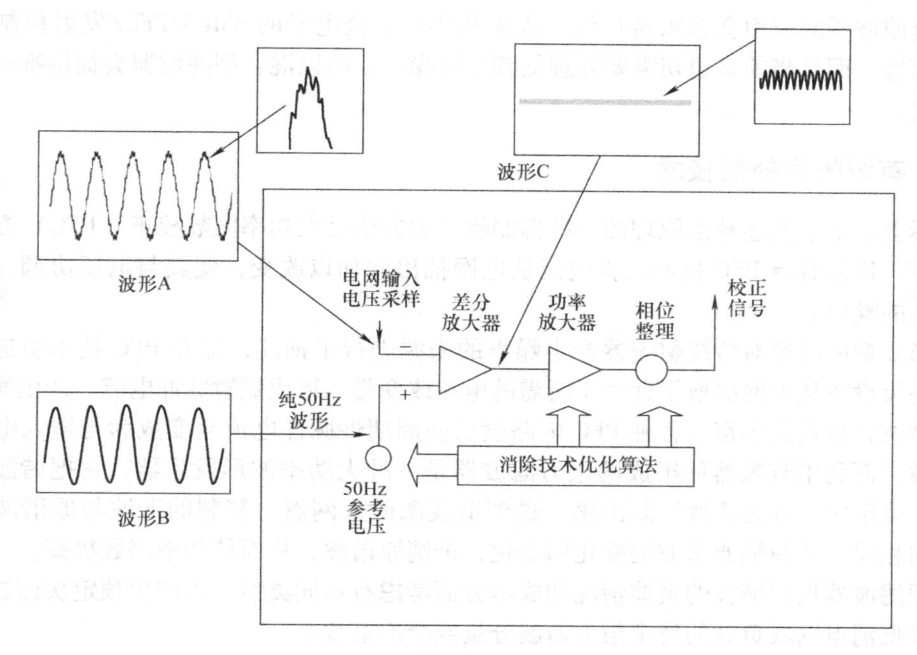

图 3-55 应用于电网的噪声补偿技术的概念框图

能会成为将来的 EMC 准则。虽然不能用上述补偿原理去消除高频噪声和短暂变化的波形陡沿（上升沿或下降沿）现象导致的 EMI，仍可以相应地用低元件值的电感、电容等无源元件来解决，所以仍然为无源滤波器留有空间。

噪声消除技术要实现低成本，才能获得合理的产品价格，得到推广应用，故这种滤波器的设计和研发范围需要由预估的价格确定，但是电路在很大程度上依赖于现有的技术，现有技术的发展已使其不太繁琐了。由此，引入有源噪声消除技术将会产生一个处理低频电力网噪声增殖问题的较高级的产品。即将实行的低频 EMC 标准和抑制低频噪声的难度会引起用户的高度重视，因此必然会产生对该项技术的需求和技术实现。

现有的技术中有几种技术可以对有源噪声消除技术的实现方案提供帮助，它们包括：

1）带有集成散热片的 IC 形式的功率放大器，如用户音频放大器中所使用的功放。它们可以覆盖从几赫兹到 20kHz 的频率范围，因而可适应这类功率放大器的需求。

2）以嵌入式微处理器形式实现的处理能力。这种嵌入式技术的市场正以指数形式增长，并且和软件模块一起提供了许多形式的研发平台。

这样的有源滤波器通常与无源滤波器组合，共同形成一个独立的混合单元。二者相对独立，以各自方式和不同频率实现。在有源滤波器部分，处理普通模式噪声所必需的是一个独立的功率放大器以及采样/注入安排，而现今的处理器更能天衣无缝地控制噪声消除方案中的这两个回路。现在，随着微电子技术和先进的信号处理算法的出现和迅速发展，有源噪声消除技术和传统的噪声隔离技术相结合，展现出了巨大的发展前景。这种组合中，无源 EMC 滤波器仍然是降低传导噪声的至关重要的组成部分，并且有源和无源滤波器的结合使用形成了很好的互补，因为其中一个停止工作时另外一个还可以继续工作。

展望这种混合滤波器的应用前景，其面世也会遵循标准的产品价格周期，即最初的产品会比较昂贵，因而只有早期使用者会选择它们。之后，随着销售数量的增长，价格会逐步降低，混合滤波器的应用会越来越广泛。未来数年中，全电子的 SMPS/PFC/发射控制器芯片系列将面世，而且当前又迫切需要处理低频传导噪声，所以混合型滤波器会提供唯一实用的解决方法。

3.3.2 有源噪声补偿技术

实际上，基于上述补偿原理的一种抑制噪声的方法已在功率因数校正（PFC）方式中使用了多年。许多有源 PFC 技术是将电流从电网抽出并加以改变，使其与电压协调，以此减少所产生的噪声。

在第 2 章中已经对传统整流器产生噪声的来源进行了描述，即在 PFC 技术引进前，电力电子整流设备从电网提取了远大于所需的电流改变量，形成短暂脉冲电流、产生噪声，其中低次谐波含量及其丰富。各种 PFC 电路设法使周期性脉冲电流改变成为与输入电压同相的正弦波。而利用有源器件组成的电力滤波器是一种大功率波形发生器，它把谐波经过采样、180°移相后，再完整地复制出来，送到谐波源的入网点。复制的谐波与原谐波幅值相等、方向相反，并跟随原谐波的变化而变化，抵消原谐波，从而使功率因数提高。

有源滤波器根据谐波的具体情况和成本方面考虑有不同类型，可产生预定次谐波或全部谐波，以抵消电网或负载的特定最大谐波分量或全部谐波。

现代的整流设备可将 PFC 的功能与开关电源控制器结合起来，这样结合的控制器具有可设计性，能根据需求加入更高级的功能。

1. 有源滤波器与特定谐波无源滤波器结合

图 3-56 是有源滤波器与特定谐波无源滤波器结合工作的示意图。图中 E_s 为交流电源，负载为谐波源。特定谐波无源滤波器（HPF）是一个高通滤波器，并联在电网上，消除频率较低、功率较大的特定次谐波，余下的功率较小的各次谐波由有源滤波器（APF）补偿，故 APF 的功率可大大降低。APF 检测出谐波源负载电流 i_L 的谐波分量 i_{LH}，通过运算输出指令信号，由补偿电流产生电路产生补偿电流 i_c，$i_c = -i_{LH}$，使得电源侧电流 i_s 中不含谐波，仅有基波。

有源滤波器与无源滤波器相比有以下特点：①不仅能补偿各次谐波，还可以抑制闪变、补偿无功，一机多功能；②滤波器特性不受系统阻抗等的影响，可消除与系统阻抗发生谐振的危险；③具有自适应功能，可自动跟踪补偿变化着的谐波，具有高度可控性和快速响应性。

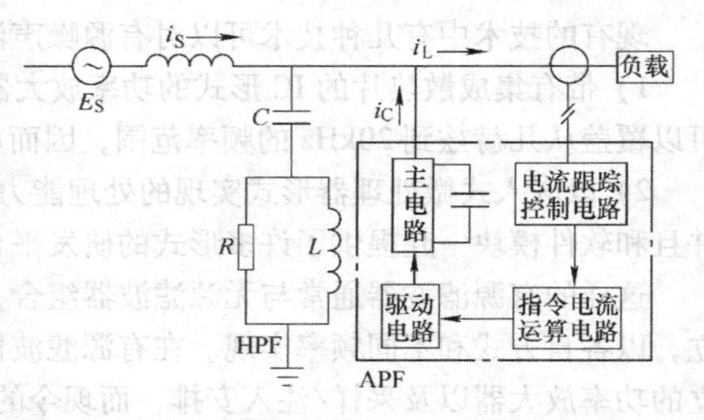

图 3-56 有源滤波器与特定谐波无源滤波器结合

按照接入电网的方式，有源滤波器可分为串联有源滤波器和并联有源滤波器，近年来又设计出串联混合型和并联混合型有源滤波器。

2. 有源电力滤波器与再生电能综合控制

谐波、无功和不平衡问题也是轨道交通供电系统必须面临和解决的问题。无功降低了功率因数，增大了系统容量，而不平衡问题更会引起负序电流的产生，通过公共接点危害电网及其他设备。城市轨道交通牵引供电系统采用整流机组向电动车组提供直流电源，因此不可避免地产生谐波，当谐波含量超过一定范围时，对城区电力系统、城市轨道交通动力照明系统以及 35kV 中压环网系统产生以下主要危害：

1）可能使电力系统的继电保护和自动装置产生误动或拒动，直接危及电网的安全运行。

2）使各种电气设备产生附加损耗和发热，使电机产生机械振动及噪声。

3）谐波电流在电网中流动，作为一种能量，最终要消耗在线路及各种电气设备上从而增加损耗，影响电网及各种电气设备的经济运行。

4）由于电网中谐波电流的存在，通过电磁感应、电容耦合以及电气传导等作用，对周围的通信系统产生干扰，从而降低信号的传输质量。

5）谐波使电网中广泛使用的各种仪表，如电压表、电流表、有功及无功功率表、功率因数表、电度表等产生误差。

6）增加电网中发生谐波谐振的可能，从而造成过电流或过电压引起的危险。

同时，轨道交通供电系统需要最大限度地降低电能能耗，节约电能成本，保障轨道经营成本。利用动车组再生电能的再生电能吸收装置和有源电力滤波一体化的综合控制，可实现轨道交通供电系统的经济和高质量运行。基于动车组再生电能和有源电力滤波综合控制的系统结构如图 3-57 所示。

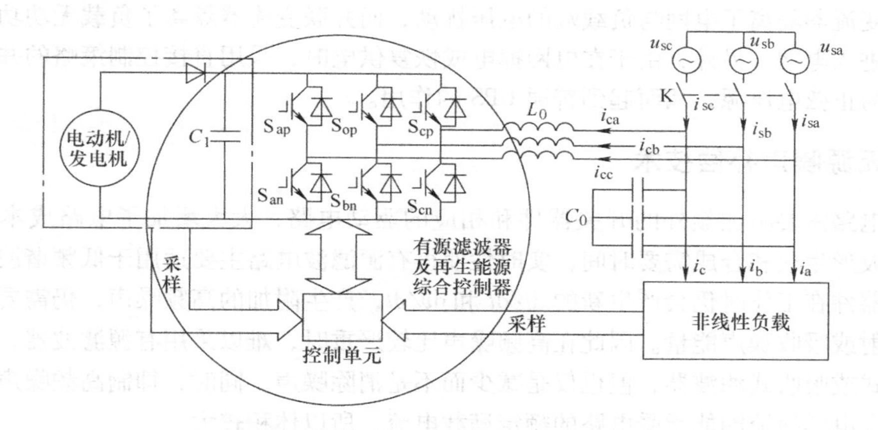

图 3-57　与能量回馈功能结合的动车牵引供电系统综合控制结构图

综合控制系统把制动时产生的多余能量存储在电容中，兼顾电力系统的谐波、无功问题，把储能和谐波、无功问题结合起来，综合治理，即把制动能量转换过来的电能通过变换再注入到系统中实施谐波和无功的补偿，提高供电质量。

3. 串并联补偿式 UPS

图 3-58 是一种双三相桥 PWM AC/DC 变换器与蓄电池构成的 UPS，其中一个三相桥 PWM 变换器 VSC1 通过变压器 Ts 串接在交流电网和负载之间，称为串联变换器；而另一个三相桥 PWM 变换器 VSC2 也通过与负载并联的变压器并接在交流电网负载侧，称为并联变换器。利用它们可以在电网电压不稳定或具有谐波时，提供需要的补偿电压（包含谐波电压）和补偿电流（含无功电流、谐波电流），以便抵消电网、负载中的谐波，因此构成串并联补偿式 UPS。这样的结构在一定范围内普遍适用，利用它还可以构成 UPQC、UPFC 在内的多种统一的电能质量调节器。

在电网电压不是额定值且含有谐波电压、负载有谐波电流和无功电流的情况下，由串联

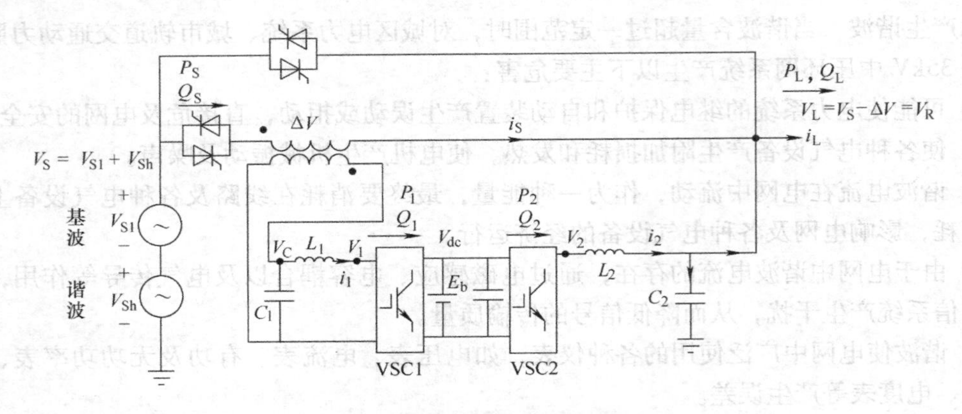

图 3-58　串并联补偿式 UPS 原理图

变流器 VSC1 提供电网部分基波电压和全部谐波电压，并联变流器 VSC2 提供负载无功电流和谐波电流。即采用串并联补偿式 UPS 后可实现：电网输出电流 i_S 为与电网基波电压 V_{S1} 同相的正弦有功电流，电网供电的功率因数 $\cos\phi$ 为 1；负载电压 V_L 不论带线性或非线性负载均被控制为基波正弦电压，且 $V_L = V_R$（指令额定值）并与 V_{S1} 同相。因此在这样的控制策略下，串联变流器隔离了电网与负载端的电压扰动，而并联变流器隔离了负载无功功率、负载谐波电流进入电网。另外，由于在电网掉电或恢复供电时，采用直接控制策略的并联变流器始终受控为正弦电压源，从而起到普通 UPS 的作用。

3.3.3　无源噪声补偿技术

有源电路需要附加额外的开关器件和相应的驱动电路，大大增加了电路成本。由于检测、反相波形生成和合成需要时间，实时性使得有源滤波电路主要适用于低频谐波抑制。同时，有源器件在工作时仍会产生新的 $\mathrm{d}i/\mathrm{d}t$ 和 $\mathrm{d}v/\mathrm{d}t$，产生附加的高频噪声，仍需要采用无源滤波器反射或吸收噪声能量。因此在高频噪声比较严重时，难以采用有源滤波器，只能采用传统反射式或吸收式滤波器，但也仅是减少而不是消除噪声。同时，抑制高频噪声的无源滤波器又要求电感扼流圈能承受电路的额定满载电流，所以体积较大。

高频时若能采用无源方式形成反相噪声注入具有噪声的信号中，就能起到高频噪声补偿作用。根据前面介绍的噪声补偿原理，这样的无源补偿方法应该有效，附加电路部分体积小且简单，而且相对于专门设计无源滤波器技术而言，应更容易加入到已经成型的产品或者设计当中，让设计者能使用需要的控制方式自由设计电路结构而不受滤波器的约束。这一思想已经在部分电路中得以实现和应用。下面介绍这种新颖的无源噪声补偿技术在抑制高频共模噪声中的设计思想和应用。

1. 无源补偿电路原理

图 3-59 中，开关器件的 $\mathrm{d}v/\mathrm{d}t$ 通过外壳和散热片之间的寄生电容 C_{PARA} 对地形成噪声电流 $i_{noise} = C_{PARA}\mathrm{d}v/\mathrm{d}t$。若采用一个电路检测开关器件的 $\mathrm{d}v/\mathrm{d}t$，把它反相，然后加到一个补偿电容 C_{COMP} 上面，从而形成补偿电流 $-i_{noise}$ 抵消噪声电流。这一新产生的补偿电流与噪声电流等幅但相角相差 180°，并且也流入接地层。根据基尔霍夫电流定律，这两股电流在接地点汇流为零，因而在测量系统的 LISN 电路 50Ω 电阻上的共模噪声电压被大大减弱。

与大多数将重点放在整个共模电压上面去尽量抑制共模尖峰电压的方法不同，该方法侧重的目标是噪声电流，是基于电流平衡的观点。每个变换器电路中总有一个或多个电路节点要承受高速的 dv/dt 变化率，而且这些节点相对于地的电位各不相同。这些节点都有各自对地的寄生电容参数，都有各自对地电流的流向，它们共同作用导致了共模电流。图 3-60 所示的 Boost 变换器的共模模型中，对地共模电流 $i_0 = i_1 + i_2 + i_3 + i_4$，从逻辑上考虑，要降低 i_0 就得同时降低各节点对地寄生电流 i_1、i_2、i_3、i_4。而抑制电流噪声的理想状况下，从一个开关节点流出的大部分噪声电流可以通过其他节点流回，因此可能只有很小一部分共模噪声电流会流出变换器。也就是说这些不同流向的噪声电流 i_1、i_2、i_3、i_4 之间会自我平衡。

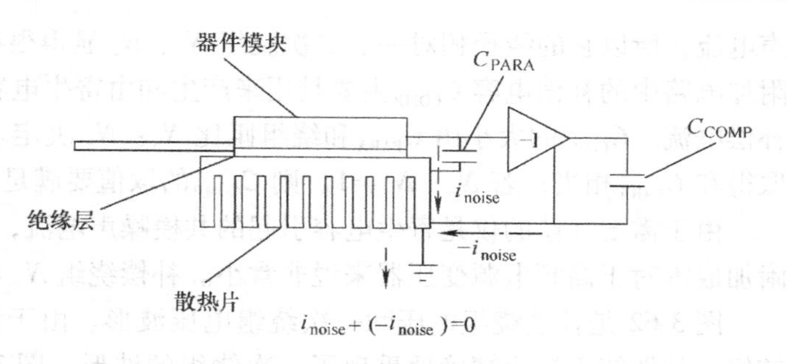

图 3-59 消除共模噪声的补偿原理

这一方法的关键之一就是实时性，所以补偿电路必须具有最小的传输延时。

另外一个需要考虑的关键因素是补偿电路所需的电压、电流等级。从图 3-59 中可以看出，电压等级就是开关器件的耐压，电流等级就是噪声补偿器需向接地层注入的补偿电流的幅值。数字电路、信号级的模拟电路以及光耦等都因为这两个参数要求而不能用于图 3-59 所示的补偿器。尽管电压传感器能用在此处，但目前还没有廉价的集成模拟电路或数字电路来提供补偿器所需要的噪声尖峰电流。

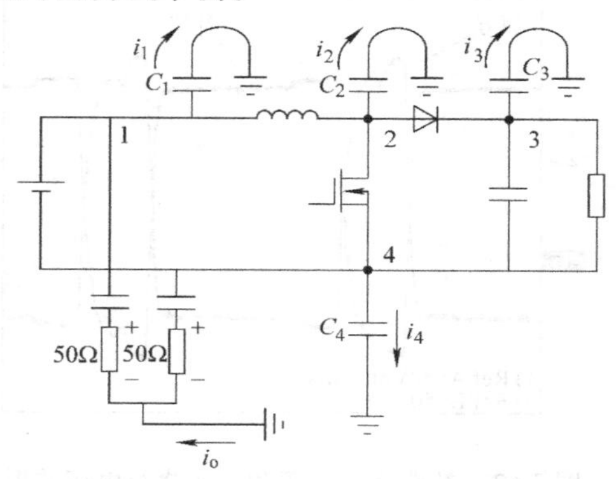

图 3-60 Boost 变换器的共模模型

传感器中，磁性元件构成的传感器不仅具有比较廉价的优点，而且传输延时小，电压、电流等级可以很高，因此可用于此类场合。这一解决方案的优越性还在于无需额外的控制电路和辅助电源电路，不依赖于电源变换器其他部分的运行情况，结构简单、紧凑。

2. 无源共模噪声补偿原理的应用实例

（1）在单端反激式变换器中的应用

图 3-61 是一个基于无源共模噪声补偿原理的应用实例，它是在一个单端反激式变换器上完成的。开关器件的电压变化率 dv/dt 所导致的寄生电流 i_{PARA} 注入接地层，附加补偿电路产生的反相噪声补偿电流 i_{COMP} 也要同时注入接地层。理想的状况就是这两个电流相加为零，从而大大减小流向 LISN 电阻的共模电流。因此，这里的单端反激电路利用现有电路中的高频电源变压器磁心，在原有的高频电源变压器上再附加一个补偿绕组 N_c，由于该绕组只需流过由补偿电容 C_{COMP} 产生的反向噪

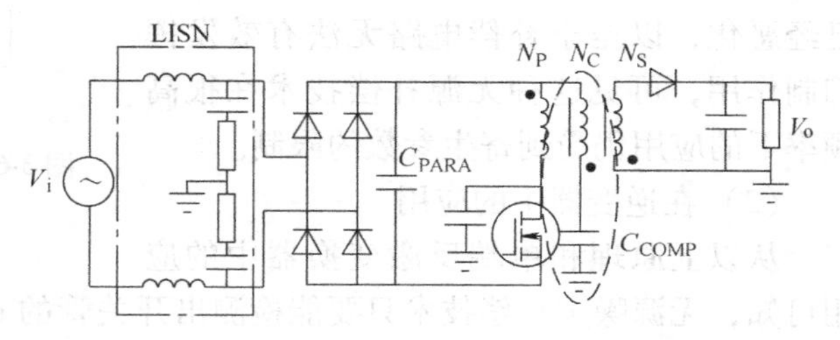

图 3-61 带有无源共模抑制电路的隔离型反激变换器

声电流，所以它的线径相对一、二次绕组 N_p、N_s 显得很小（由实际装置的设计考虑决定）。附加电路中的补偿电容 C_{COMP} 主要是用来产生和由寄生电容 C_{PARA} 引起的寄生噪声电流反相的补偿电流。C_{COMP} 的大小由 C_{PARA} 和绕组匝比 N_p：N_c 决定。若 N_p：$N_c=1$，则 C_{COMP} 的电容值取得和 C_{PARA} 相当；若 N_p：$N_c\neq 1$，则 C_{COMP} 的取值要满足 $i_{COPM}=C_{PARA}\mathrm{d}v/\mathrm{d}t$。

由于需要补偿的仅是寄生电容引起的共模噪声电流，所以补偿绕组所需线径很小，这一附加成本对于高频电源变压器来说非常小。补偿绕组 N_c 与一次绕组交错绕制。

图 3-62 是补偿绕组电压和一次绕组电压波形。由于设计和绕制得当，两个绕组间耦合较好，补偿绕组较为精确地重现了一次绕组的波形。图 3-63 是流过补偿电容的电流和开关管散热器对地寄生电流的波形。由于开关管的金属外壳为集电极且与散热器相通，散热器形状的不规则导致了开关管寄生电容测量的不确定性。鉴于补偿电流的幅值大于实际寄生电流，说明补偿电容的取值与寄生电容的逼近程度不够好，取值略偏大。尽管如此，从图 3-64 所示的电流波形可以看出，加入补偿电路后，共模噪声电流得到了很好的抑制。

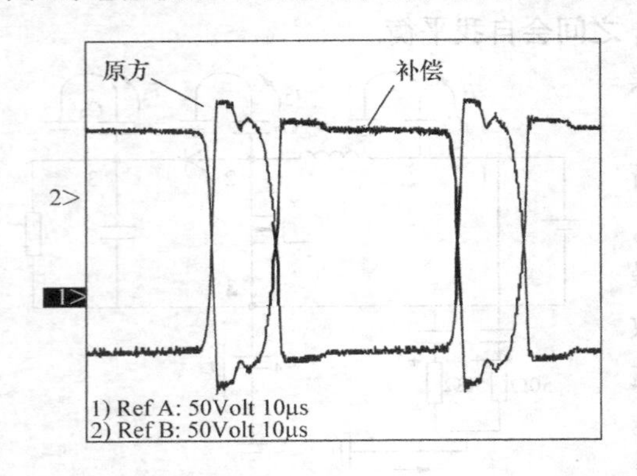

图 3-62　补偿绕组电压和一次绕组电压波形

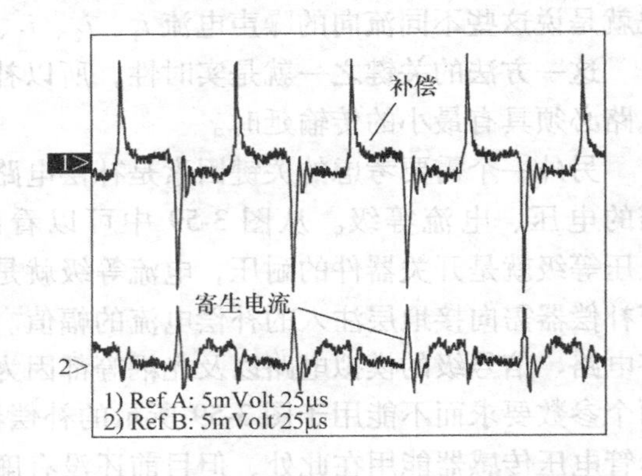

图 3-63　补偿电容电流和对地寄生电流波形

基于磁性元件的无源补偿技术，与前面分析过的具有磁心的电感一样，在很高频率时，高频变压器的补偿绕组漏感变得不容忽视，例如，将变压器漏感从原来磁化电感的 0.1% 增大到 10% 的时候，补偿电路也开始失效。如果漏感相对于磁化电感来说很小的话，这个波形畸变可以忽略，但高频时实际补偿电容上呈现的 dv/dt 波形已经恶化，以至于补偿电路无法有效发挥抑制作用，可见这种无源补偿技术在很高频率下的应用仍受到寄生参数的限制。

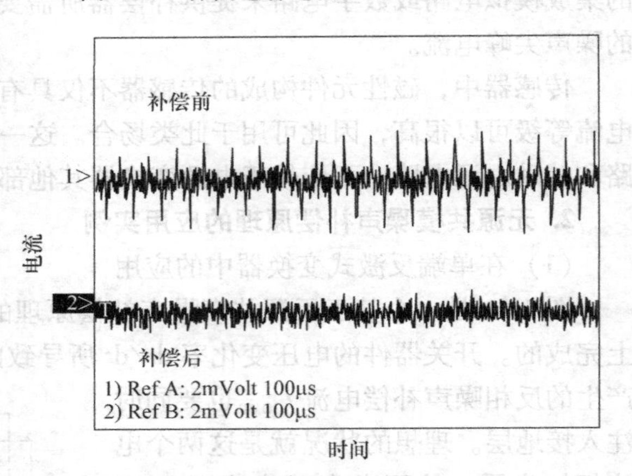

图 3-64　补偿前后流入 LISN 地的共模电流波形
（电流卡钳系数：100mV/A）

（2）在逆变器中的应用

从以上原理和单端反激变换器中的应用可知，无源噪声补偿技术只要能检测出开关管的 dv/dt，即可通过补偿电容形成补偿电流来实现。在具有输出变压器的逆变器中，输出变压器一次电流波形完全体现了这样的电压变化率 dv/dt，因此在输出变压器上再绕一个补偿绕组也可实现补偿；同样，补偿绕组的线径很小，因为它仅需要流过对地的共模噪声电流，相对于流过变压器的正常工作电流，共模噪声电流要小得多。图 3-65 是加入补偿电路的逆变器电路。

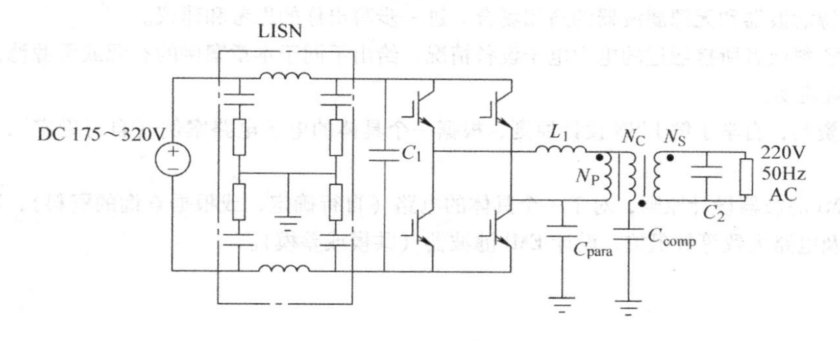

图 3-65 加入补偿电路的逆变器电路（补偿绕组与变压器一次侧耦合）

在没有输出隔离变压器的逆变器中，显然无法利用变压器附加补偿绕组。如何能检测出开关管的 dv/dt 并形成补偿电流呢？

实际上，逆变器的输出滤波器电路中的滤波电感也是一个磁性元件，滤波电感上的电压仍能体现开关管的 dv/dt。这样，在输出滤波电感上再附加一个补偿绕组（类似于变压器的二次绕组），就可以实现无源噪声补偿技术，如图 3-66 所示。

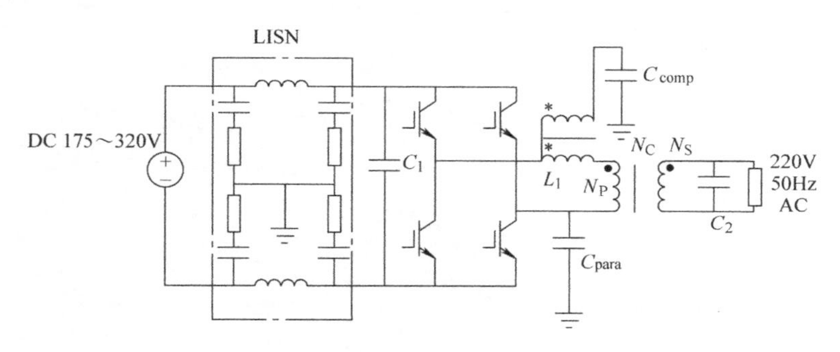

图 3-66 加入补偿电路的逆变器电路（补偿绕组与输出滤波耦合）

（3）在非隔离型 DC/DC 变换器中的应用

基于上述无输出变压器的逆变器中实现无源噪声补偿的原理，在没有隔离变压器的场合，诸如 Buck、Boost、Buck-Boost 这类非隔离型 DC/DC 变换器，仍可以通过改造电路中的滤波电感以形成无源补偿电路，实现噪声的抑制。具有无源共模噪声补偿电路的 Buck 变换器如图 3-67 所示。

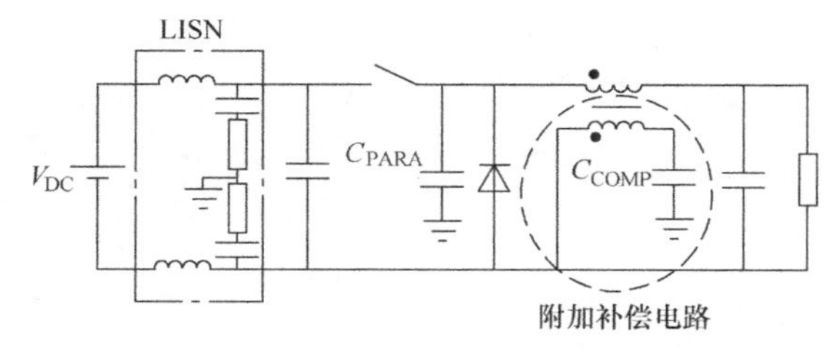

图 3-67 具有无源共模噪声补偿电路的 Buck 变换器

思考题和习题

1. 说明有源滤波器和无源滤波器的适用场合。进一步写出你的思考和建议。

2. 通过查资料或者所接触过的电力电子设备情况，给出不同于本章案例的有源或无源滤波器的实用案例，并给出原理说明。

3. 通过查资料，自学了解 LISN 设计原则，根据一个具体的电子电路案例（自行确定），给出 LISN 设计具体方案。

4. 根据 EMI 滤波器设计原则，对于一个具体的电路（自行确定，或根据查询的资料），和你确定的噪声频率范围以及电路大致等效阻抗，设计 EMI 滤波器（共模或差模）。

第4章　电磁干扰试验和测量技术简介

在前面章节中，我们介绍了很多抑制 EMI 的技术，它们可以在一定程度上抑制电磁干扰。但是抑制的程度是否被认可，或者说是否将干扰抑制到不足以影响其他敏感设备的程度内，敏感设备是否已经具备了足够的免疫力去抵御干扰，这些仅靠设计是不够的。由于电磁环境复杂、涉及面广、影响因素多，既不能完全用电磁学理论分析计算去评价和设计系统，也无法准确分析计算干扰路径造成的影响，而干扰源本身由于情况各异本身就具有复杂性，大多数干扰源都无法精确计算，所以，电磁学理论分析计算仅具有参考意义；而且传统的干扰抑制技术也是降低干扰的手段而不是最终结果。设备和系统是否符合电磁兼容要求的最终标准，应该用科学的数据证明，这就引出电磁兼容试验和测量，简称测试。只有对电子设备和实际的电磁环境进行测量，才能进行科学的电磁兼容设计和评价。

电磁兼容测试是电子设备符合电磁兼容要求的最终检验。迄今为止，没有任何学科像电磁兼容学科那样强烈地依赖于试验和测量。所以，电磁干扰试验和测量技术是电磁兼容学科重要和关键的组成部分。

有关电气工程和电子设备的电磁干扰测量，在相关的 EMC 标准中有详尽的规定，主要内容有相应的限定值、测量方法和所需要使用的仪器。测量主要分为两大类：干扰度测量，包括传导发射（Conducted Emissions）测量和辐射发射（Radiated Emissions）测量；敏感度测量（REF Susceptibility），包括传导敏感度测量、辐射敏感度测量、静电放电干扰的敏感度（脉冲干扰敏感度）测量，等等。

电磁兼容测量往往需要多次进行，用于电磁兼容测量的仪器昂贵，测试环境要求高，也往往要花费很多人力和财力。实施电磁兼容测量可以选择去专业的电磁兼容测量实验室，也可以选择自己组建一个电磁兼容实验室，先进行所研制设备的电磁兼容特性的摸底排查，降低 EMI 水平后再去专业 EMC 实验室进行最终评估。对于经常研发新产品的企业而言，后者所花费的财力要小，而且能在产品研发期间发现问题并及时解决。

大多数电磁干扰具有随机性，因而对测量结果还应进行必要的统计处理。

4.1　干扰测量的一般问题

电磁干扰测量是要通过仪器“看”到电磁干扰，了解电磁干扰的幅度和发生源。我们先来了解干扰是如何表示的，以便确定用什么方法去测量它。

4.1.1　干扰的表示方式

根据电磁干扰的定义和表现特征，以及希望避开干扰、抑制干扰的途径，需要了解的干扰测量内容和表示方式有：

1. 干扰信号的频率或频谱

1）窄带干扰：测量频率。

2）宽带干扰：测量频谱或频谱密度（脉冲干扰）。

2. 干扰信号的幅度

1）传导干扰：测量干扰电压 U，干扰电流 I。

2）辐射干扰：测量电场强度 E，磁场强度 H，辐射功率密度 S，干扰信号功率 P。

针对以上需要测量的内容，干扰可以根据需要在时域表述，也可以用频域特征去描述。时域描述的干扰需要在时域测量，而频域描述的干扰需要在频域测量，因而采用的仪器和测量原理、要求也不一样。

4.1.2 干扰的测量方式和仪器

1. 时域测量

时域测量是测量干扰信号与时间有关的特性。例如，干扰脉冲信号的幅值、波形、前沿、宽度、功率等。

示波器是一种直接将电压幅度随时间变化的规律显示出来的仪器，它相当于电气工程师的眼睛，使你能够看到线路中电流和电压的变化规律，从而掌握电路的工作状态。所以时域测量常用仪器是：记忆示波器（储存波形并送入计算机处理和分析）、电压探头、电流探头、功率探头（卡钳）等。

在电磁干扰测量与诊断方面，示波器可以给工程师一些参考，但并不是理想工具。这是因为：

1）所有电磁兼容标准中的电磁干扰极限值都是在频域中定义的，而示波器显示出的是时域波形，因此测试得到的结果无法直接与标准比较。为了将测试结果与标准相比较，必须将时域波形变换为频域频谱。现在的信号处理软件借助于傅里叶变换可以将时域信号波形变换成频域的谱分析图形，但是受到示波器测量带宽的限制，处理后的频谱分析图精确性不高。

2）电磁干扰相对于电路的工作信号往往都是较小的，并且电磁干扰的频率往往比信号高，而当一些幅度较低的高频信号叠加在一个幅度较大的低频信号上时，用示波器是无法进行测量的。

3）示波器的灵敏度在毫伏级，而由天线接收到的电磁干扰的幅度通常为伏级，因此示波器也无法满足灵敏度的要求。

因此，除了设备研制者对于产品 EMC 特性摸底的测试外，绝大多数 EMI 测试都是直接采用频域方式进行的。

2. 频域测量

频谱分析仪是一种将电压幅度随频率变化的规律显示出来的仪器，它显示的波形称为频谱。频谱分析仪克服了示波器在测量电磁干扰中的缺点，能精确测量各个频率上的干扰强度。

而对于电磁干扰问题的分析而言，频谱分析仪是比示波器更有用的仪器，它可以直接显示出信号的各个频谱分量，有利于我们关注特定频率或频率范围中的频谱分量。

频域测量就是测量干扰信号与频域有关的特性。例如，干扰信号的频谱、某一频率上的干扰电压或干扰场强。

使用的仪器为：频谱分析仪、干扰场强仪、选频电压表等。

3. 时域和频域测量中的互换关系

由于某种干扰往往既可以在时域测量，也可以用频域指标衡量其特征，那么，两种测量指标之间必定存在互换的关系。因此可以通过某一种指标去衡量其在其他方面的特性，例如，我们都非常熟悉时域与频域有这样的对应关系：脉冲信号的上升时间越快，其频域中的频率带宽就越宽。了解它们之间的关系有助于选择测量仪器和测量方法。

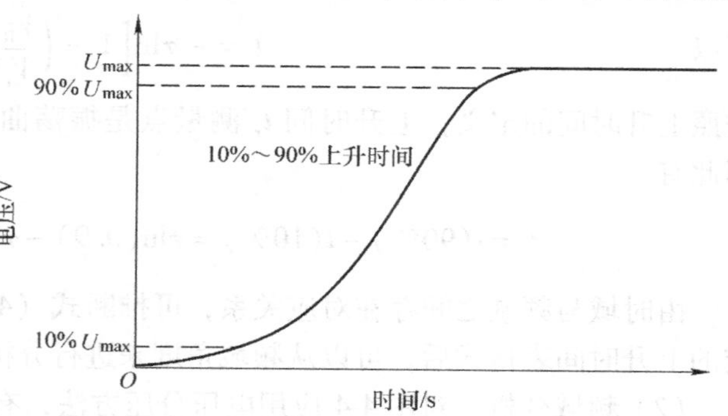

图 4-1　脉冲输入下的时域响应

上升时间通常定义为信号幅值从最大稳态值的 10% 变化到 90% 对应的时间（如图 4-1 所示），但是带宽描述的频率范围也覆盖了一个信号所含能量的大部分。例如，如果一个高通频率响应可以表示为图 4-2 所示的情况，带宽即可定义为信号的频率响应衰减 3dB 以内所对应的频率范围。

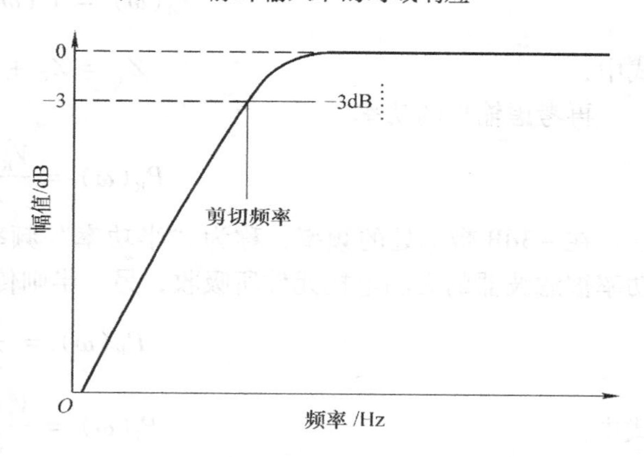

图 4-2　脉冲输入下的频域响应

测试中，工程师们根据所使用的仪器，交替地使用上升时间和带宽这两种定义术语。对同样一个被测量的干扰信号，这两种不同域里的术语之间一定存在必然联系。

现在借用一个简单的无源滤波器来讨论两个术语之间的关系。这个滤波器可以是一个低通的、高通的或者带通的滤波器，其拓扑不需要任何特别的结构，它可以是并联的或串联的，其网络结构可以是任何形式，如 *R-C*，*R-L* 或 *R-L-C* 形式。这里以最简单的一阶 *R-C* 电路为例，在时间和频率两个不同的域中讨论，如图 4-3 和图 4-4 所示。

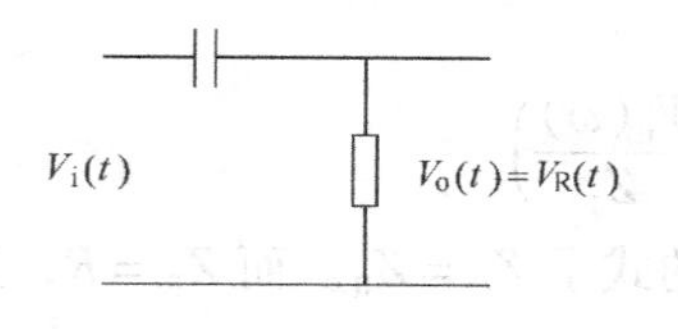

图 4-3　*R-C* 时域电路原理图

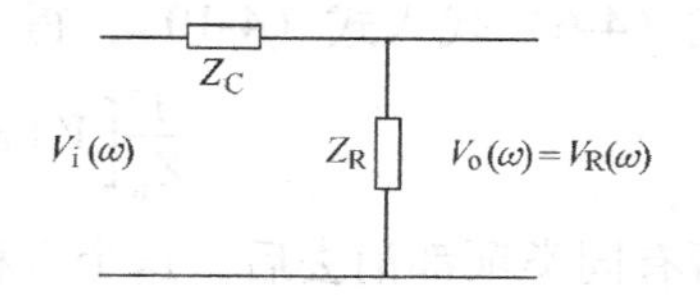

图 4-4　*R-C* 频域电路原理图

（1）时域分析　写出图 4-3 所示拓扑的输出方程为

$$V_R(t) = V_i(t) - V_C(t) \tag{4-1}$$

解这个一阶微分方程，可以得到

$$V_R(t) = V_i(t)\left[1 - \exp\left(\frac{-t}{RC}\right)\right] \tag{4-2}$$

假定输入电压具有单位阶跃函数形式。对 t 求解，并用电路时间常数 τ 替换 RC，得

$$\frac{V_{\mathrm{R}}(t)}{V_{\mathrm{i}}(t)} = \left[1 - \exp\left(\frac{-t}{\tau}\right)\right] \tag{4-3}$$

所以

$$t = -\tau\ln\left[1 - \left(\frac{V_{\mathrm{R}}(t)}{V_{\mathrm{i}}(t)}\right)\right] \tag{4-4}$$

按照上升时间的定义，上升时间 t_{r} 测量点是振荡曲线 10% ~90% 的幅值对应的时间区间，因此有

$$t_{\mathrm{r}} = t(90\%) - t(10\%) = \tau\ln(0.9) - \tau\ln(0.1) = \tau\ln\left(\frac{0.9}{0.1}\right) = \tau\ln 9 \tag{4-5}$$

由时域与频域之间存在对应关系，可推断式（4-5）中也含有频率成分。建立了由 τ 决定的上升时间表达式后，可以从频域角度来进行分析。

（2）频域分析　对图 4-4 应用电压分压方法，有

$$V_{\mathrm{R}}(\omega) = V_{\mathrm{i}}(\omega)\left(\frac{Z_{\mathrm{R}}}{Z_{\mathrm{T}}}\right)$$

式中，

$$Z_{\mathrm{T}} = Z_{\mathrm{C}} + Z_{\mathrm{R}} \tag{4-6}$$

再考虑输出的功率

$$P_{\mathrm{R}}(\omega) = \frac{V_{\mathrm{R}}^2(\omega)}{Z_{\mathrm{R}}} \tag{4-7}$$

在 -3dB 带宽处的频率，称为“半功率”频率，这个术语的含义是：输入信号的一半功率被滤波器的无功电抗元件所吸收，另一半则传递到输出，即

$$P_{\mathrm{R}}(\omega) = \frac{1}{2}P_{\mathrm{i}}$$

式中，

$$P_{\mathrm{i}}(\omega) = \frac{V_{\mathrm{i}}^2(\omega)}{Z_{\mathrm{T}}} \tag{4-8}$$

$$P_{\mathrm{R}}(\omega) = \frac{1}{2}\left(\frac{V_{\mathrm{i}}^2(\omega)}{Z_{\mathrm{T}}}\right) \tag{4-9}$$

将式（4-7）的 P_{R} 代入式（4-9），得

$$\frac{V_{\mathrm{R}}^2(\omega)}{Z_{\mathrm{R}}} = \frac{1}{2}\left(\frac{V_{\mathrm{i}}^2(\omega)}{Z_{\mathrm{T}}}\right) \tag{4-10}$$

把式（4-6）代入式（4-10），得

$$\frac{1}{Z_{\mathrm{R}}}\left[V_{\mathrm{i}}(\omega)\left(\frac{Z_{\mathrm{R}}}{Z_{\mathrm{T}}}\right)\right]^2 = \frac{1}{2}\left(\frac{V_{\mathrm{i}}^2(\omega)}{Z_{\mathrm{T}}}\right) \tag{4-11}$$

在所有同类项都消去后，这个方程简化成较简单的式子 $Z_{\mathrm{C}} = Z_{\mathrm{R}}$。而 $Z_{\mathrm{R}} = R$，且 $Z_{\mathrm{C}}(\omega) = 1/\mathrm{j}\omega C$，对 ω 求解，得到 $\omega = 2\pi f = \frac{1}{RC}$。

注意到由于相位与这一分析没有关联，取绝对值后，上式与虚部（j）无关。这里，f 是带宽的 -3dB 处剪切频率，或称 $B(\mathrm{Hz})$，而 RC 是时间常数 τ。

进一步推导可得

$$\tau = \frac{1}{2\pi f} \quad 或 \quad \tau = \frac{1}{2\pi B} \tag{4-12}$$

回到时域方程式（4-5），把式（4-12）代入式（4-5），得到最终所求的上升时间 t_{r} 公

式，即

$$t_r = \left(\frac{1}{2\pi B}\right)\ln 9 = \frac{0.349699}{B} = \frac{0.35}{B} \tag{4-13}$$

从上述分析也可非常容易地观察到：使用半功率带宽（BW）或剪切频率（f_{-3dB}），作为上述一个具有阻抗 $Z_C = Z_R$ 的滤波器在输出功率为输入功率 50% 时的工作频率。由于 $Z_C = 1/(2\pi fC)$，即在 f_{-3dB} 下 $Z_C = Z_R$，所以 $R = 1/(2\pi f_{-3dB} C)$。这一结论可直接导出：$2\pi f_{-3dB} = 1/RC$。

另外，由于 τ 定义为 RC 时间常数，故可直接推导出 $2\pi f_{-3dB} = 1/\tau$，加上 $2\pi BW = 1/\tau$，这就是方程式（4-12），这样可直接从式（4-5）得到式（4-13）。

例：一个需要分析的信号具有 10ns 的上升时间。那么一个示波器的最小带宽，或一个频谱分析仪的最低清晰度带宽（RBW）是多少？

答：把所给数据代入式（4-13），得到 $B = 35\text{MHz}$。它表示：如果示波器的带宽，或者频谱分析仪的 RBW 是 35MHz，则仪器屏幕上能显示的最快信号上升时间（显示的幅值上无显著的衰减），将不低于 10ns。

同样，如果希望相当准确地测量一个具有 1ns 上升时间的信号，示波器或频谱分析仪则需要具有至少 350MHz 的 −3dB 带宽。

由式（4-13）可知，信号上升时间与测量仪器可达到的带宽具有天然的联系。测量仪器的带宽越宽，其响应时间就越快。测量系统要以一个相当准确的图形显示脉冲信号时，其 −3dB带宽（B）或 RBW 应设置成式（4-13）的最小值。

4.1.3　测量的一般要求

1. 测量环境

EMC 标准规定的测试场地主要包括开阔场地、电波暗室、屏蔽室等。

（1）基本要求

EMC 实验室无论其规模大小，都必须遵从一些最起码的指导原则。

首先，EMC 实验室必须洁净，没有无关物品，专用于 EMC 测量。附近（至少 3m 内）没有荧光管、空调压缩机、焊接设备或电动机械工具等高噪声源；同时测试也应尽可能避免在较高楼层和窗前进行，避免电磁波的干扰。

一般需要一个由金属制成并可靠连接大地的地参考平面（称为测试地参考平面），这个金属板可以是任意厚度的铜、铝或镀锌金属，受试设备（Equipment under Test，EUT）即要测试的样机按照尺寸的不同，可以放在一个工作台上，也可以放在地面上，均要求地平面延伸出 EUT 测试系统的边缘（包括相关的电缆和测试设备）足够大的尺寸，即构成传导性参考平面，代替墙上交流插座的参考地。墙上交流插座的参考地虽然连接到真正的大地，但是由于连接大地的工作设备非常多，这个大地是充满噪声的，而且是波动的、不确定电位的；同时，通过较长导线连接到墙上交流插座代表的大地，还会产生较大的引线电感。

实验室内的所有金属物体必须可靠接地或予以清除。所有测试设备和 EUT 均应接上述地参考平面。

电源系统必须“净化”（在电源进入 EMC 实验室之前需要正确接入线滤波器）。

尽可能满足屏蔽的要求：即使是传导干扰测试，也应尽可能避免开阔场地中的其他辐射场源影响被测试的电缆线、在电缆线上感应出不属于 EUT 的噪声。所以，除了初始阶段的摸底测试外，权威性的或最终的 EMC 测试，均应在正式的 EMC 测试实验室（屏蔽室）内进行，这样的实验室能完全隔绝外界噪声。

电源或负载接线、测试仪器仪表接线均相互不交叉，避免干扰。

(2) 开阔测试场地

在室内或封闭的空间进行辐射发射和敏感度测量时，由于辐射发射信号往往会通过墙面、地板、天花板等周围的建筑体形成反射和散射，这些散射信号会严重影响测试结果。如果是在一个合适的开阔场地测试，就不会存在反射和散射信号问题。

此外，测试环境中其他设备工作时的影响，以及测试仪器本身的影响，也会造成测试环境本身产生噪声，影响测试结果。所以，进行测试的开阔场也应满足一定的要求才能获得较真实的测试效果。

因此，要保证开阔试验场地的电磁环境必须相对安静、空旷、平整，并且不会有来自诸如广播电台、电视台发射机引起的较强信号，以及汽车点火系统或弧焊设备引起的人为电磁辐射。

另外，应确保开阔试验场地内不能有任何电磁散射体。建筑物和类似的结构、输电线和架空的电话线、栅栏、树木类的植物，都是电磁散射体。地下电缆和管线如果埋得不够深，也会引起电磁散射。因此，开阔场地应远离建筑物、电力线、地下电缆、地下管道、树木等，背景电磁辐射比测试电平至少低 6dB 以上（有的专业测试标准对背景噪声规定更严格，如需要低 20dB 以上）。

使用金属接地平面可以避免来自地下金属物体等地下散射源引起的强散射。这个金属接地平板可以是钢板，或金属网板等。

GB/T6113—1995 中规定的开阔测试场地有椭圆形场地和圆形场地两种，通常为椭圆形场地。在测试场地内不能有其他反射物。椭圆形场地的尺寸要求如图 4-5 所示。根据实际允许的情况将天线放置在与 EUT 一定距离的位置进行测试，这个距离称为焦距，长轴是焦距的 2 倍，短轴是焦距的$\sqrt{3}$倍。发射与接受天线分别置于椭圆的两个焦点上，而两个焦点的距离即焦距，就是要求的测量距离。

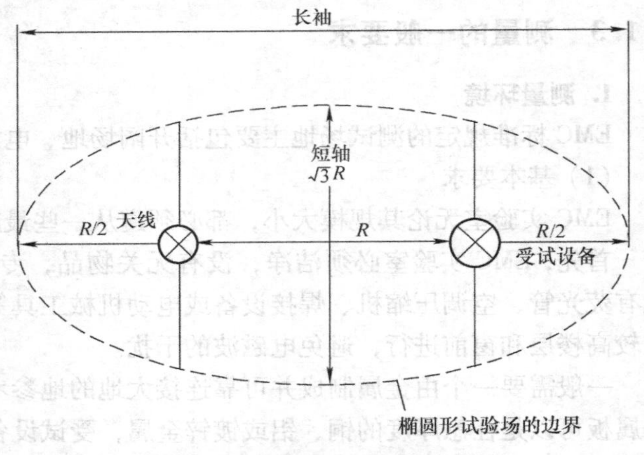

图 4-5 开阔场地尺寸要求示意图

根据标准规定，测量距离一般为 3m、10m、30m，不同距离则采用不同准则（相应称为 3m 法、10m 法和 30m 法）。我国大多采用 3m 法测量，而美国 FCC 标准和英国标准为 10m 法测量。

城市中很多开阔测试场地建于高楼顶上，由于背景电磁噪声（如图 4-6 所示）的影响，已经无法满足国家标准中的测试条件。另外，开阔场地受气候条件的影响很大，在雨、雪、雾、风、烈日等气候条件下，无法进行测量。替代方式是后面介绍的专用测量暗室——电波暗室。

(3) 屏蔽室

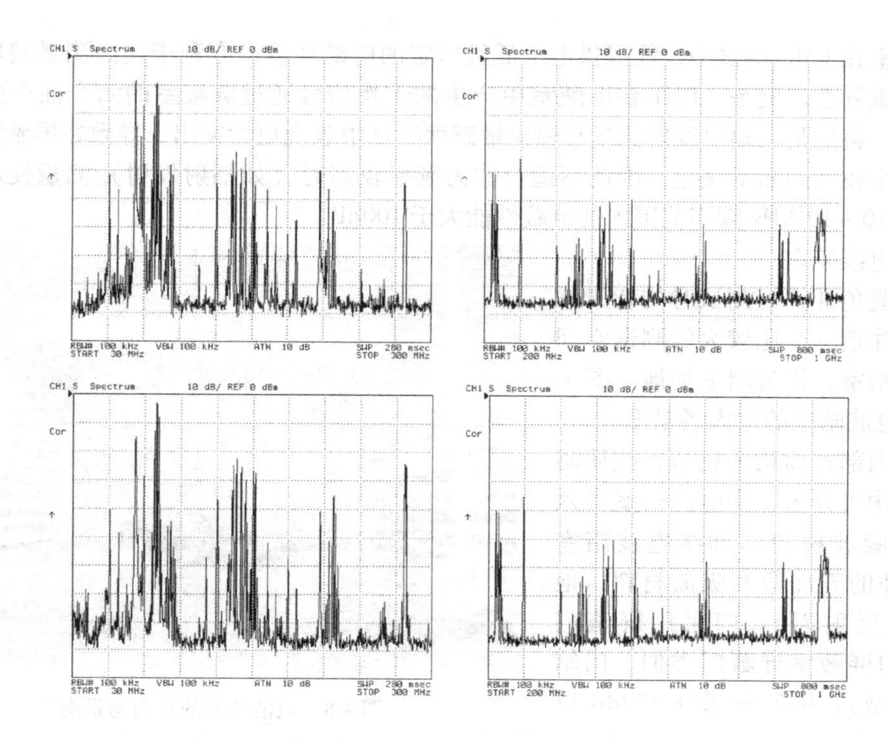

图 4-6　不同时间和天气情况下的开阔场背景噪声

进行传导干扰测试时，为了防止测试受到来自于外界电磁环境的辐射干扰，或通过电源线传导的干扰，以及由于要试验用的电磁信号泄漏，一般正规测试都在专用的屏蔽室中进行。

屏蔽室（Screen Room）是用金属板（网）做成的六面体房子。金属板起屏蔽作用，按屏蔽材料分类，有钢板式和铜网式（只能屏蔽电场）；按结构形式可分为单层（钢板、铜网）和双层（铜网、钢板）两种。为了屏蔽的连续性，对屏蔽室金属板接缝要进行焊接、拼装、接缝处加导电衬垫等连续性处理；屏蔽室的门采用刀型弹性接触式屏蔽门，通风窗为截止波导式网孔通风窗，如图 4-7 所示。

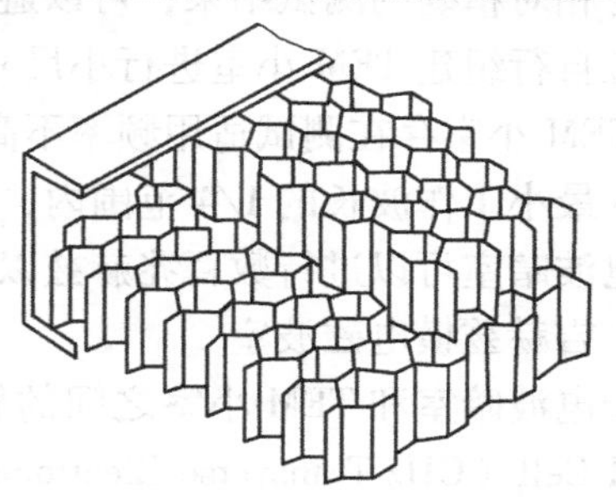

图 4-7　屏蔽室的截止波导式网孔通风窗

设六角形波导口外接圆直径为 D（mm），则其截止频率（GHz）为

$$f_c = \frac{150}{D} \tag{4-14}$$

假设干扰信号频率为 f，$f > f_c$ 时，表明干扰信号能容易地通过通风窗，屏蔽效果差；$f < f_c$ 时，干扰信号有损耗，有屏蔽效果；$f \ll f_c$ 时，干扰信号损耗大，屏蔽效果好。也就是说，通风窗的孔越小，f_c 越高，屏蔽效果

越好。

屏蔽室在 EMC 测试中，能提供电平低且恒定的电磁环境，有利于提高测量精度、可靠性和改善重复性。但是，EUT 在屏蔽室中产生的干扰信号通过屏蔽室的六个面产生无规则的漫反射，特别是在辐射发射测量和辐射敏感度测量中表现更为突出，导致在屏蔽室内形成驻波而产生较大的测量误差，因此不适合作为频率较高时（如辐射发射）测量使用。目前屏蔽室在 $10\sim10^7$kHz 频率范围内的屏蔽性能大于 100dB。

（4）电波暗室

为了避免开阔场测试时的背景噪声，专门建造一个比较大的测试空间——电波暗室，作为测量场地。图 4-8 为一个电波暗室的室内场景图。

图 4-8　电波暗室的室内场景图

暗室内部六面均为钢板，按照暗室内部结构可分为：全电波暗室（六面均敷有吸波材料）和半电波暗室（除地面外的五面敷有吸波材料，地面为金属反射面）。门采用屏蔽门（与前面的屏蔽室屏蔽门类似，门结合处为刀型），屏蔽效果在 100dB 以上。

全电波暗室可充当标准天线的校准场地，而半电波暗室则用作 EMC 测量场地，进行 3m 法、10 m 法测量。

电波暗室造价很高，连同测试设备需要大约上千万元。

（5）横电磁波传输小室

横电磁波传输小室简称 TEM 小室（Transverse Electromagnetic Transmission Cell），1974 年由美国国家标准局首先推出，它改善了开阔场和电波暗室的一些缺点，外型为上下两个对称梯形，结构简单。

TEM 小室能够像电波暗室的屏蔽结构那样对外部的电磁环境进行隔离；标准矩形 TEM 小室可以产生与标准场一样精确的场强，即它自身就是一个能够产生测试场强的变换器，因而无需附加天线，其带宽不会受到测试系统所使用天线实际带宽的限制。所以，TEM 小室自身就是一个宽带测试设备，能提供 RS（辐射抗扰度）和 RE（辐射发射）的 EMI/EMC 测试并获得相对精确的测试结果；可以避免制造电波暗室的高成本，易于搬运。目前很多产品研发单位自行组建 TEM 小室进行小尺寸 EUT 的测试。

但 TEM 小室存在测试适用频率不高、空间受限等局限性。标准 TEM 小室的测量尺寸约在设计的最小工作波长的 1/4 范围内，只能进行兆赫兹以下频率的 EMC 测试。而装有吸波材料的电波暗室可以进行数百兆赫兹以上频率的 EMC 测试。

（6）吉赫兹横电磁波室

介于电波暗室和 TEM 小室之间的解决方法是吉赫兹横电磁波小室，简称 GTEM 小室，或 GTEM Cell（GHz Transverse Electromagnetic Transmission Cell），它可以进行宽频带的测试。例如，一个具有外形尺寸 7m（长）×3.6m（宽）×2.7m（高）的 GTEM 小室，其频率范围为 0 ~3GHz。图 4-9 所示为 GTEM 小室外形示意图。

GTEM 小室是一个纵向锥形、横向矩形的同轴线系统，传输球面波，锥形角度很小，可近似为平面波，终端用吸波材料吸收电磁波（基本没有反射），用一个电阻网络作为电流负载。大工作区空间很大，可用于较大型设备的测量，如 29 英寸、34 英寸彩电。小工作区内可产生很强的电磁场。

图 4-9 GTEM 小室外形示意图

2. 测量仪器和设备

传导和辐射干扰测量仪器设备的最低要求配置如下：

1）扫频式频谱分析仪（或 EMI 接收机）：频率范围为 10 ~ 10^6kHz；有足够的灵敏度，具有可选择的中频带宽（10 ~ 100kHz）。若 EUT 频率很高，则频谱分析仪的频率范围需要更宽。

2）低噪声、宽带的前置放大器：用于提高频谱分析仪的灵敏度。

3）EMI 电流探头（也称探针）：电流探头串入到所要测量的电流回路中，将所需测量的电流进行合适匹配（衰减或放大）后送到测量仪器中进行分析，因而也实施了被测回路与测量回路的隔离，如图 4-10 所示。图中，$V_{i\text{-probe}}$是探针输出的被测电流的测量值。

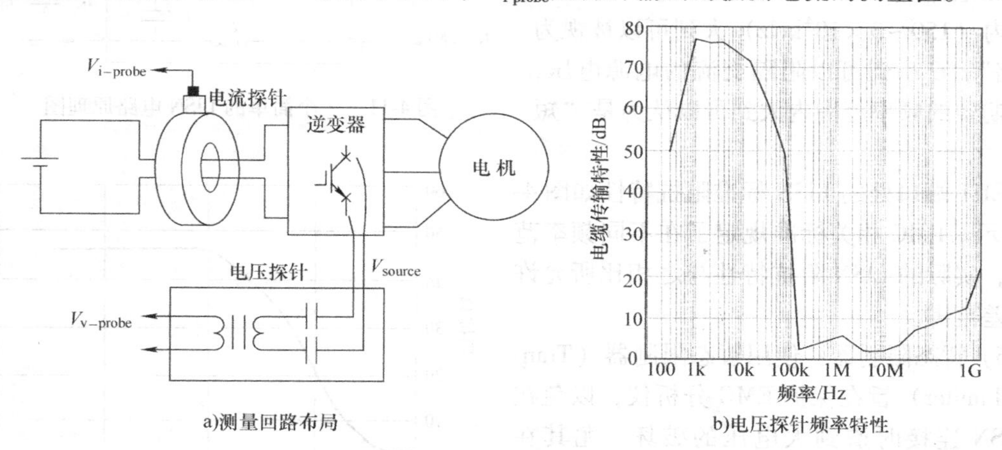

图 4-10 测量回路中的电流探针和电压探针

电流探头也有其频率特性，需要在测量结果中考虑电流探针的特性，以完成测试仪器校准工作。很多仪器已经配置了这样的电流探针，并且对其频率特性有所考虑，例如，在对数频率特性的测量结果中扣除电流探头的对数频率特性，所剩的就是被测信号（或噪声）的对数频率特性。

电流探头一般插入阻抗非常小，频率高达 50MHz 左右。

4）电压探针和功率探针：除了电流探头外，有时还需要电压探针和功率探针。

电压探针用于将所需要测量的高电压值，转换成频谱分析仪等设备要求的低电压值。电压探针往往是根据测量需要自行绕制的，它实际上是一个在所需测量频段特性满足要求的电压互感器，它有自己的频率特性 $G_v(f)$，需要在最终测量值中予以考虑，如图 4-10b 所示。图 4-10a 中，电压探针的输出（测量值）为 $V_{\text{v-probe}}$，它与噪声源 V_{source}（被测噪声）的关系为

$$V_{\text{v-probe}} = V_{\text{source}} G_v(f) \tag{4-15}$$

频率在 30MHz 以上的干扰或信号能量通常通过辐射而不是传导方式传播，然而，当电源线为了防止外部辐射耦合进来而已经进行了良好屏蔽时，仍可以传导由设备传来的干扰电压，在电源电缆与 EUT 的连接点附近，这种传导发射的强度达到最大。采用功率探头在此进行测试。

功率探头也称为吸收钳，用来进行 30～300MHz 间的传导 EMI 测试。

5）线路阻抗稳定网路（Line Impedance Stabilization Network，LISN）：将周围的电力线噪声与 EUT 隔离，滤除电源线上的无用输入电磁干扰，为 EUT 提供“纯净”的电源网络，确保所测量的噪声全部为 EUT 产生；同时它还提供一个稳定的 50Ω 均衡阻抗，建立了公共的评价准则，因此允许测量工作在任何地点重复进行。

LISN 电路依结构和用途的不同，可分为直流、单相和三相等多种形式，前面章节已经有所介绍。一个简单的单相 LISN 原理如图 4-11 所示，其中，电感 L 和电容 C 的值由以下原则来决定：L 小到不会降低交流的电源电流（50/60Hz），但在期望的频率范围内（150～3×10^{4}kHz）大到可以被视为“开路”；C 小到可以阻隔交流的电源电压，但在期望的频率范围内大到可以认为是“短路”。

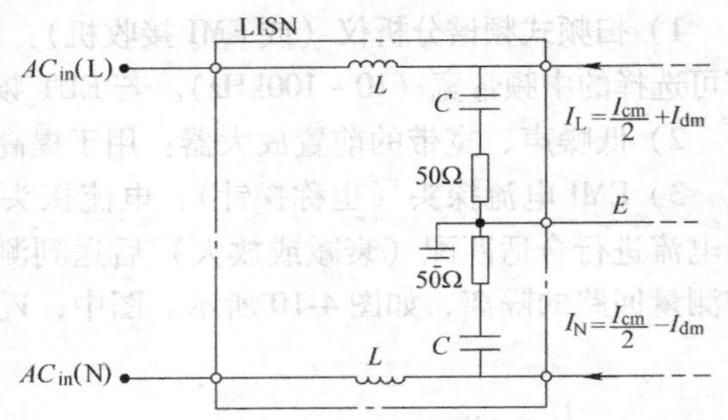

图 4-11 一个简单的 LISN 电路原理图

EUT 端口处的 LISN 标准阻抗特性如图 4-12 所示。EMC 相关标准规定了在不同频率范围内，实际的 LISN 阻抗特性与之相比所允许的误差范围。

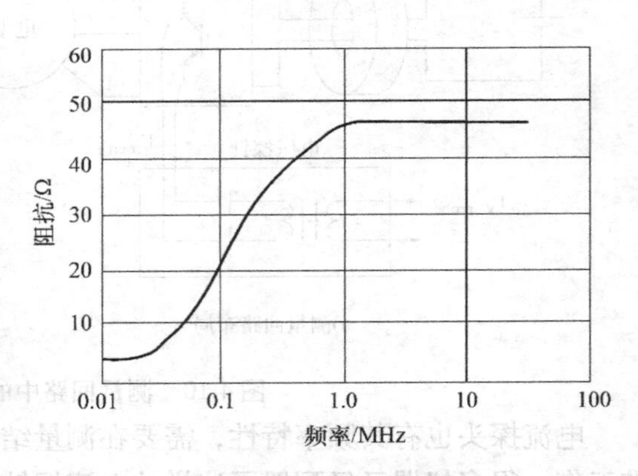

图 4-12 EUT 端口处的 LISN 标准阻抗特性

6）暂态限制器：使用暂态限制器（Transient Limiter）旨在保护 EMC 分析仪，以免在与 LISN 连接时遭到大电压的破坏，尤其在 LISN 所连接的 EUT 采用开关电源供应器时。例如，HP 的暂态限制器包含一个限制器、一个高通滤波器和一个衰减器，能耐受 10kW 约 10μs，其频率范围为 9～200kHz，其中的高通滤波器可以减小耦合到 EMC 分析仪的电源频率能量。

7）测试地平面：测试地平面是特别设置的传导地平面，以取代交流插座上的参考地（通常为真正的大地），因为这个插座上的交流参考地是充满噪声的、不确定的，将会影响测量的结果。

测试地平面可用任一种金属板（铜、铝或镀锌板），厚度没有要求。这个金属板平面作为所有测试设备的参考地，包括频谱分析仪、示波器、LISN 等设备的机壳接地。

EUT 尺寸比较小时，可以将测试地平面铺在工作台上，EUT 放在工作台上的传导地平面上测试；EUT 尺寸比较大时，测试只能放在地面上实施，因此也可以将测试地平面铺在地面上和 EUT 之间。不论什么情况下进行测试，测试地平面金属板都要延伸出被测试系统边缘（包括相关的电缆和 EUT 设备）足够大的尺寸。参见本章后面内容中的传导和辐射发射测试布局图。

8）天线：测量辐射发射干扰强度等项目时，需要天线设备。

发射机输出的射频信号，通过电缆输送到天线，由天线以电磁波的形式辐射出去；电磁波到达接收地点后，由天线接收下来（但只能接收很小的一部分功率），并通过电缆送到无线电接收机。

根据测量所需频率范围、场合和用途，有各种不同型式的天线，如双锥天线（频率 30 ~ 300MHz），对数周期天线(频率 200 ~ 1000MHz)，等等。图 4-13 为几种天线的外观图及天线特性。

天线用于 EMC 领域时，描述天线接收特性的常用方法是天线因子 AF（Antenna Factor）当一个测量天线的终端与一个接收机（如频谱分析仪）相连时，设接收机测得的电压为 V_{out}（单位为 V），测量天线的表面入射电场强度为 E_{in}（单位为 V/m），以天线因子表示这个接收机接收到的电压与天线建立的入射电场的联系。天线因子 AF 定义为测量天线表面入射电场强度与天线终端接收到的电压之比。AF 因不同的天线而不同。

$$AF = \frac{E_{in}}{V_{out}} \tag{4-16}$$

天线因子的单位为 1/m，但这个单位常被忽略，而常以 dB 来表示，即

AF_{dB} = dBμV/m（入射场） - dBμV（接收到的电压）。

3. 其他方面要求（设备人身安全和辐射安全等）

在有安全性考虑要求时，所设置的测试地平面金属板需要与场地的交流电源的大地连接。

测量仪器在工作时也可能会产生电磁干扰。为了保证测量的准确性，应在 EUT 尚未工作时先读出测量仪器上指示的干扰量，并保证这个指示量小于标准规定限值。

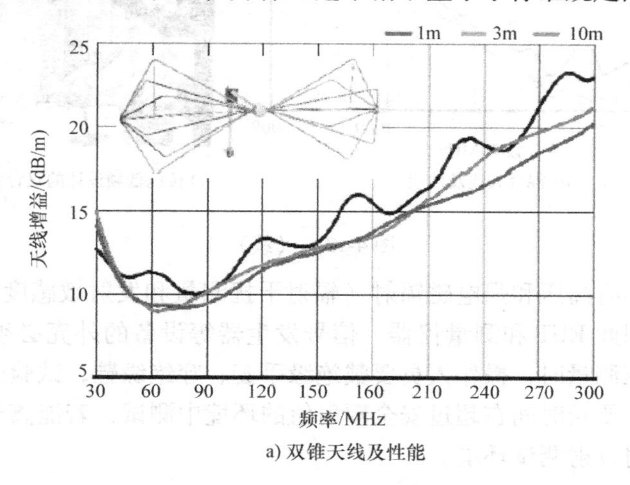

a) 双锥天线及性能

图 4-13 各种不同的天线外形及天线性能

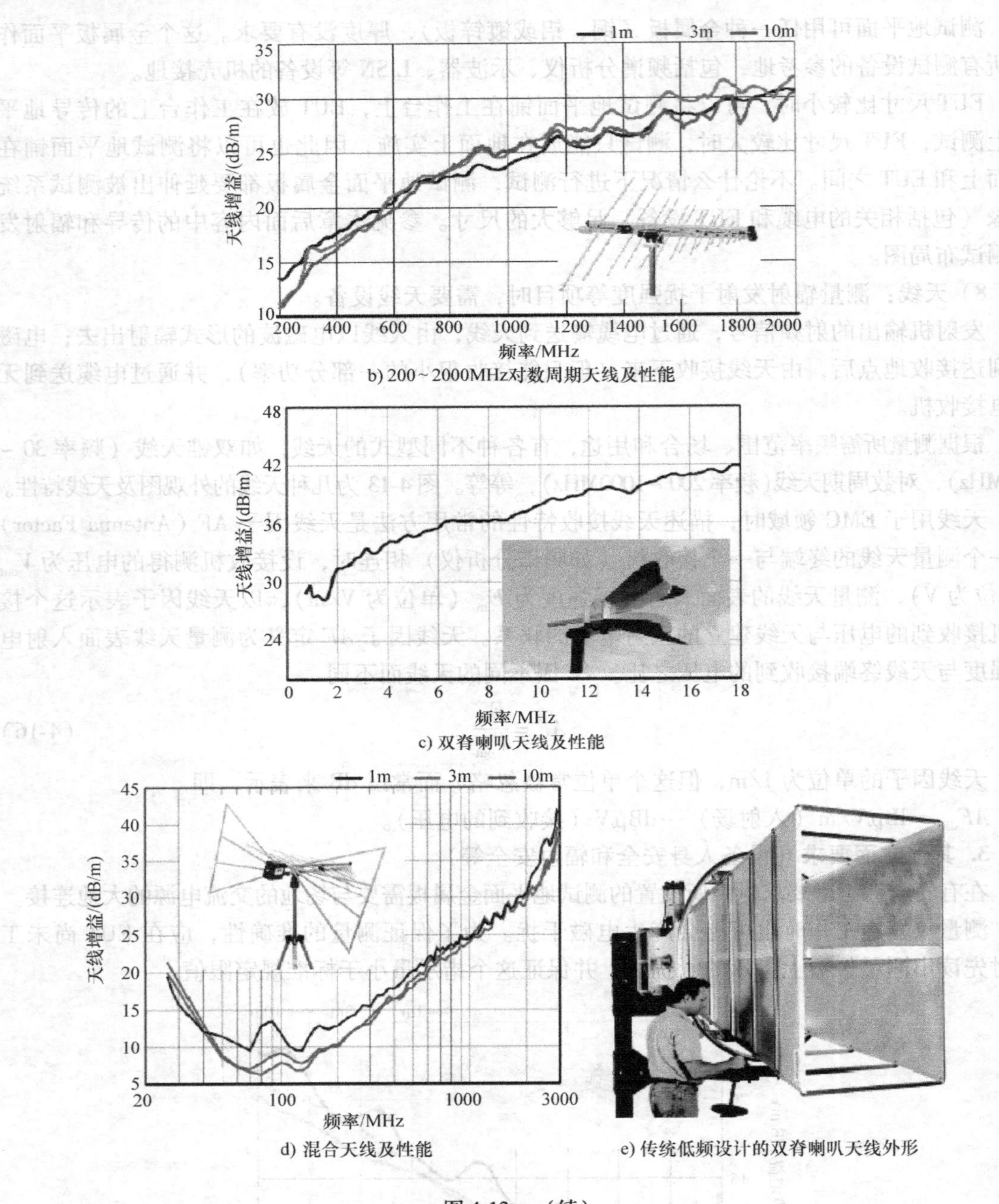

b) 200～2000MHz对数周期天线及性能

c) 双脊喇叭天线及性能

d) 混合天线及性能

e) 传统低频设计的双脊喇叭天线外形

图 4-13 （续）

某些干扰测量伴有高压和强电磁辐射（辐射干扰测量和发射敏感度测量），因而会对人身安全造成威胁。因此 EUT 和测量仪器、信号发生器等设备的外壳必须接地。进行脉冲电场、静电放电等高压测量时，操作人员要戴绝缘手套、穿绝缘鞋，试验中不能触摸无防护的金属手柄等物品；不要长时间在超过安全辐射值的环境中测试，若能离开测试环境而进行测试时则尽量避开辐射发射测试环境。

4.2 干扰的测量

电磁干扰测量分成干扰的测量和敏感度的测量。由于干扰是噪声经过耦合路径形成的，所以对干扰的测量综合考虑了干扰源和耦合路径这两个要素的测量。

4.2.1　传导干扰测量

来自闪电雷暴或其他形式的自然噪声，或来自各种工作中电子电气设备有意/无意发射的噪声，沿着很长的电力线，从噪声源传导到相同的电力线连接的其他设备而形成传导干扰，这些噪声可能是多种瞬态或其他形式。与此类似，信号和控制电缆也可作为传导干扰的载体。

因此，传导测试主要是基于电缆线（所关心的被干扰或发送干扰的电缆线）的测试。而在测试布局中，如果要分别获得差模干扰和共模干扰的结果，根据测试的传导干扰是差模的还是共模的，探针和接线要满足相应的测试要求。

测试时，有必要先确定产生最大 EMI 发射幅度的 EUT 的工作频率和电缆位置，因而可以比较准确地在这个位置进行感兴趣频率范围的传导 EMI 测量。

传导干扰的测量应根据 EMC 标准，针对 EUT 的具体规定条款进行，如功率大小、交流还是直流、所应测试的频率范围。测试结果与 EMC 标准的限定值进行比较后，可以确定是否满足要求。若不满足要求则说明在这些频段上噪声分布是超标的，确定这些频段和噪声分布可有针对性地找出解决办法。

4.2.2　传导敏感度测量

对传导 EMI 的敏感度或抗扰度测量，可以应用传导 EMI 测试的相反方式实施，即与传导 EMI 测试相似但经过调整后的配置，通过电缆线将干扰注入到 EUT，这样就通过实际确认的 EUT 性能参数，进行敏感度监测，判断 EMI 电平达到多大时，EUT 性能下降至超过规定的限值。

测试时，可以通过电容耦合或变压器耦合，将传导 EMI 注入到线上，来模拟共模或差模 EMI 干扰。为了防止注入的传导 EMI 进入到原本干净的电源，或除 EUT 之外的其他设备，应该在 EUT 被注入干扰后通往电源的电缆线上串联滤波器。

4.2.3　辐射干扰测量

干扰源发射出的电磁能量在空间传播，被电子设备的天线（或等效于天线的构件）、线路等吸收，超过一定值时就会影响设备的正常工作。EMC 标准对各种电气和电子设备的辐射量极限值做了规定，辐射干扰测量则是完成这样的检测。前面介绍的开阔场地、电波暗室、TEM 小室、GTEM 小室等，还有各种天线和测试设备，都是为了进行辐射干扰测量所设计的场地和设备。

4.2.4　辐射敏感度测量

在电磁屏蔽效能不高、不完全能屏蔽外界电场和磁场时，电气和电子设备也会被环境中的强电场或磁场干扰，应根据需要进行辐射敏感度测量。

一般在干扰频率较低时可仅测试辐射磁场，在干扰频率较高时可仅测试辐射电场。通常测量时除了需进行工作状态监视外，还需设计针对数据处理设备的试验程序并监视。

辐射磁场敏感度测试时，通过天线产生给定频率和强度的磁场，将 EUT 置于均匀磁场中，逐渐增加场强，直至 EUT 工作发生异常。这时的磁场强度或磁通密度与频率的关系，就是 EUT 的辐射磁场敏感度。

而辐射电场敏感度测试时，通过电场天线产生一定频率和场强的辐射电场，将 EUT 置于辐射电场中。电场敏感度也可以采用脉冲电场模拟试验方法，用脉冲发生器产生脉冲电场进行测量。如果测量中可能产生高电压或强辐射，应注意设备人身安全和辐射安全等方面的安全事项。

试验应在 EUT 的不同方向上进行，合格的要求是：EUT 在所有方向上都不发生误动作，或者数据不超过规定范围。

4.2.5 静电放电敏感度测量

静电放电（ESD）敏感度也是静电放电抗扰度。测试包括：

1）空气放电测试：充电电极与 EUT 距离很近时，静电放电在充电电极和 EUT 之间产生电火花。

2）接触放电测试：电极与接收设备（EUT）接触，通过对静电发生器电缆中的开关进行操作以产生静电放电。

对 EUT 直接放电或对其临近金属物体放电引起的对 EUT 间接放电，都可能引起 EUT 受扰或出现故障。这个临近的金属物体可类似于靠近 EUT 的水平或垂直耦合体，所以可以通过对 EUT 直接施加测试脉冲，或把测试脉冲施加到 EUT 附近的水平或垂直耦合板上，间接完成静电放电测试。

测试脉冲可以用市场上购买到的静电放电枪（如图 4-14 所示）产生，也可以制造静电放电发生电路产生静电脉冲。静电放电枪或静电放电发生器就是产生和释放 EUT 所需强度和波形电压/电流脉冲的设备。一般静电所引起的典型电压值可达 15kV，所以静电放电发生器是进行了特殊设计的电路和设备。有关的电路和性能参见生产厂家的说明书。测试则按照 EMC 标准要求选择静电放电发生器，进行测试布局，并按要求的步骤完成。

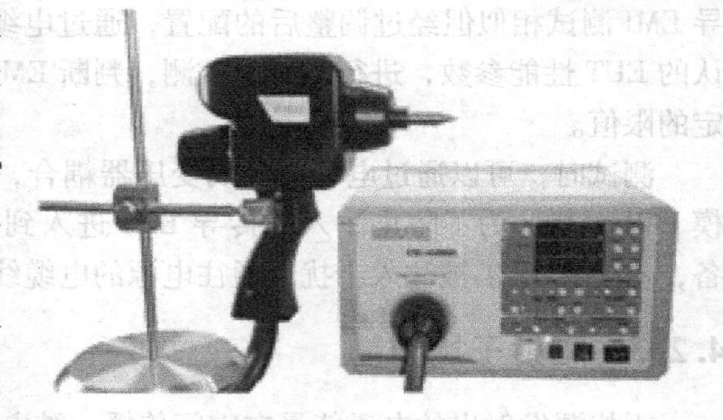

图 4-14 静电放电枪

4.2.6 脉冲干扰敏感度测量

最常见的传导抗扰度（敏感度）测试是浪涌测试和电快速瞬变脉冲群测试，它们都是脉冲形式的测试。

电快速瞬变脉冲简称 EFT（Electrical Fast Transient），由一系列重复出现的周期或非周期脉冲构成，持续时间很短，每一个脉冲群中都包含了数个脉冲，脉冲强度可达几千伏，脉冲群中的单个脉冲有特定的重复周期、电压幅值、上升时间、脉宽。电快速瞬变脉冲群的抗扰度试验标准 IEC61000-4-4（GB/T17626.4），对用于 EMC 测试的 EFT 波形做了如图 4-15 所示的定义：脉冲群持续时间为 15ms，其脉冲群间隔为 300ms，单脉冲宽度为 50（1 ± 30%）ns，脉冲幅度为 2kV，脉冲上升沿为 50（1 ± 30%）ns，脉冲重复率为 2.5（1 ± 20%）kHz。

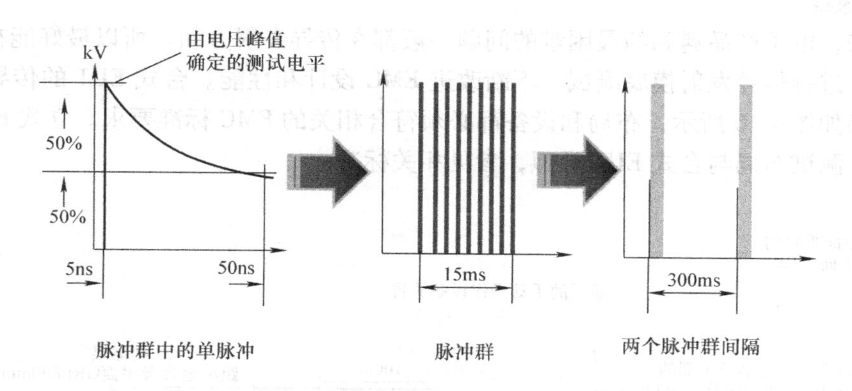

图 4-15　标准 IEC61000-4-4 对 EFT 波形的定义

电快速瞬变脉冲通常通过电缆线（电源、信号）传导到接收设备，当电缆没有进行良好屏蔽时，还会通过辐射的方式影响到接收设备，显然这样的影响是以共模的形式影响电缆线的。

因此，对 EUT 的电缆线（电源线、信号线和控制线）都应进行 EFT 测试。在从电源端引入 EFT 干扰给 EUT 时，一般需要使用耦合/去耦网络，它可以保证干扰只能进入 EUT 而不会反向注入电源。

4.3　组建简易电磁兼容实验室的方法

研究的产品要投放市场，必须符合 EMC（电磁兼容）要求，例如欧洲已经出台强制性规定：销售违反电磁兼容规范的产品将面临高额罚款。因此，厂家和商家都越来越重视产品的电磁兼容性问题，严格遵守每一个应该通过的指标测试。

但是在专门的 EMC 测试实验室完成测试，所需测试费用非常大，而且在产品研发一直到投放市场的多个环节，可能需要多次测试，因此大大增加了 EMC 测试成本。

为了降低成本，许多研发、生产单位等采用内部预兼容测试方法，即：自己先组建一个简单而符合基本测试规程要求的 EMC 实验室，以便在研发、中试、产品定型等各种环节进行 EMC 摸底测试，及时修正这些时期出现的 EMI 问题，并使测试结果具有比较大的余量，以修正与专门 EMC 实验室测试时环境和仪器等造成的偏差；待产品在自己组建的实验室测试完全通过并在各种要求的指标上具有比较大的余量后，再去专门的 EMC 实验室完成正式测试。

预兼容测试最起码的要求是必须在尽可能接近标准要求的条件下进行。因此组建一个符合规范的简单EMC实验室，应该根据自己公司的需求和规模，结合EMC标准的要求实施。下面是组建电磁兼容实验室的一些基本原则和方法。

4.3.1 传导发射测试

需要一台频谱分析仪（或EMI接收器）、电缆和LISN（线阻抗稳定网络，手工制作或外购），如果可能的话，还应该有一个屏蔽房间（最起码有一个屏蔽帐篷）和一张距地面80cm的绝缘桌。

多年来，电子产品遇到的最困难的问题一般都在传导发射方面。所以最好能在研发初期就开始经常进行传导发射摸底测试、不断改进EMC设计和性能。台式EUT的传导发射测试装置和布局如图4-16所示，布局和设备都必须符合相关的EMC标准要求。立式EUT除去绝缘试验桌，测试布局与台式EUT类似，参见相关标准。

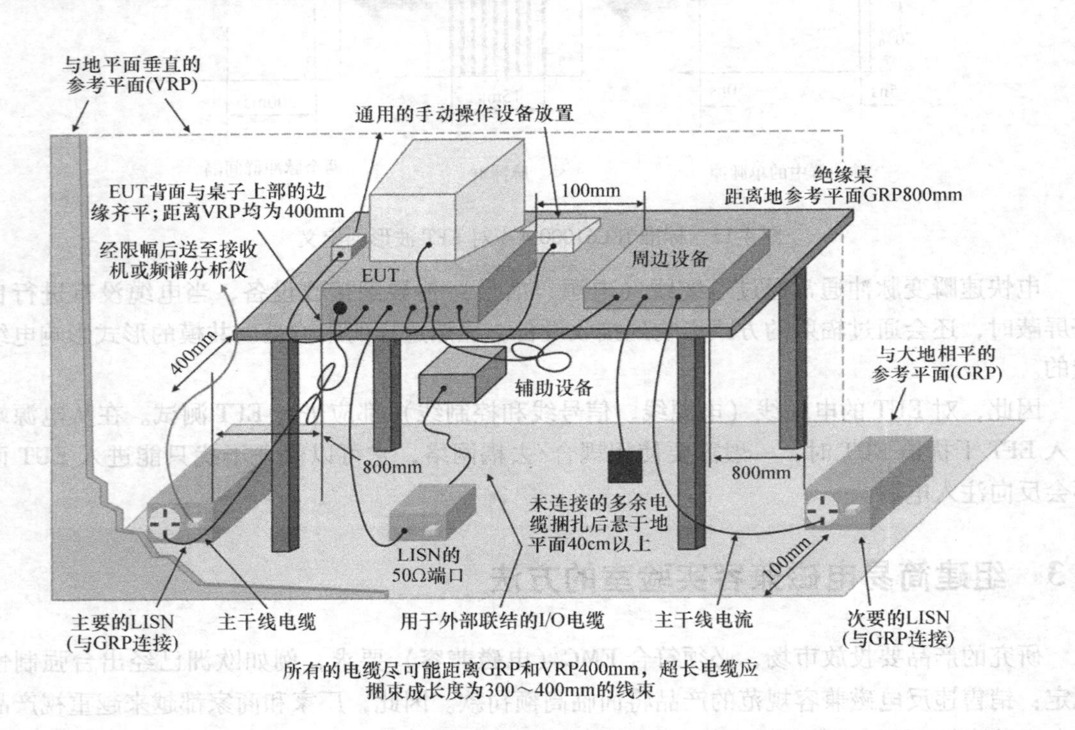

图4-16 传导发射测试场地及设备的简单布局

测试装置主要包括：

1）EUT（被测设备）：如果它是台式的，则安放在一个距地面800mm高的绝缘桌上；

2）辅助设备（外设）：按正常使用方式连接，未使用的输入和输出必须正确端接，多余的电缆必须截短，或绕成直径300～400mm的一卷；

3）频谱分析仪（或EMI接收器）：在0.15～30MHz的频率范围内必须具有9kHz的分辨率带宽（*RBW*）。

相关EMC测试规范和产品标准中对测量过程有详细描述。如果按照标准正确地执行布局和测量，其结果与第三方实验室的测试结果将不会有太大出入。

4.3.2　辐射发射测试

辐射发射测试需要的设备为：与传导发射测试时同样的频谱分析仪或 EMI 接收器；一副天线；连接各设备的电缆；OATS（开放区域测试场地，或电波暗室，或半电波暗室）；为测量干扰功率而制作或外购的吸收钳。测量布局如图 4-17 所示。

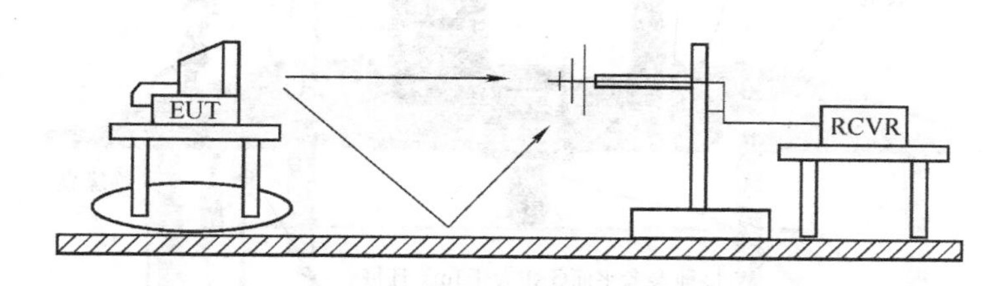

图 4-17　辐射发射测试场地及设备的简单布局

EUT 被安放在一张绝缘桌面的转台上，距地面 800mm，以便在测试过程中通过转动 EUT 来找出最大发射值。天线安装在天线竿上，并可在 1 ~ 4m 之间移动，目的同样是为了找出最大发射值。EUT 与天线中心（上有标记）的距离为 3m 或 10m。接收器装置按照 EMC 相关测量标准制作，在 30 ~ 1000MHz 的接收范围内其分辨率带宽必须为 120kHz。针对辐射发射测量，接收器需要有一个设定。

对于上述所有测量，需要注意在评估结果时必须将一些修正因子纳入考虑。首先，对于所有测量装置，±4dB 为接收的不确定区间。其次，电缆衰减和连接器衰减也必须予以考虑。除此之外，还要考虑其他因素，这些在相关 EMC 标准中有阐述。

4.3.3　谐波测试与闪烁测试

如果要进行完全兼容测试，则需要专用设备（专用谐波分析仪）；但如果仅为评估的话，一台便携式谐波分析仪甚至一台能进行 FFT 评估的示波器就足够了。这对于电子产品研发的早期和中期过程是非常有利、省时的，而且能降低测试成本。

谐波和闪烁测试没有环境方面的要求，只需将 EUT 连接到谐波分析仪的电源入口，并根据厂商的说明和标准的要求执行测试即可。同样，测试设备中包含一些已有的设置，如各种传感器、连接电缆、供电电源等，必须确保这些测试设置符合自己产品的标准要求。如果评估时使用其他方法（如便携式电源谐波分析仪），应仔细阅读标准要求，然后再评估测量结果。

4.3.4　静电放电抗扰度测试

静电放电（ESD）抗扰度测试对于大型设备可能并不是很重要，但在如今各种产品普遍小型化的时代，ESD 测试已成为大部分设备，如便携式计算器、MP3 和 MD 播放器、USB 存储设备、音频设备等的“关键”EMC 测试之一。测试布局也应符合该 EUT 所要求满足的标准，满足标准 EN61000-4-2 的静电放电测试装置和布局如图 4-18 所示。测试要采用专用的静电放电枪（如图 4-14 所示）。

EUT 仍然安放在一张绝缘桌上，位于水平耦合平面（Horizontal Coupling Plane，HCP）上（该平面由一种金属传导材料制成），并通过一个绝缘抗静电衬垫与其隔离。垂直耦合平

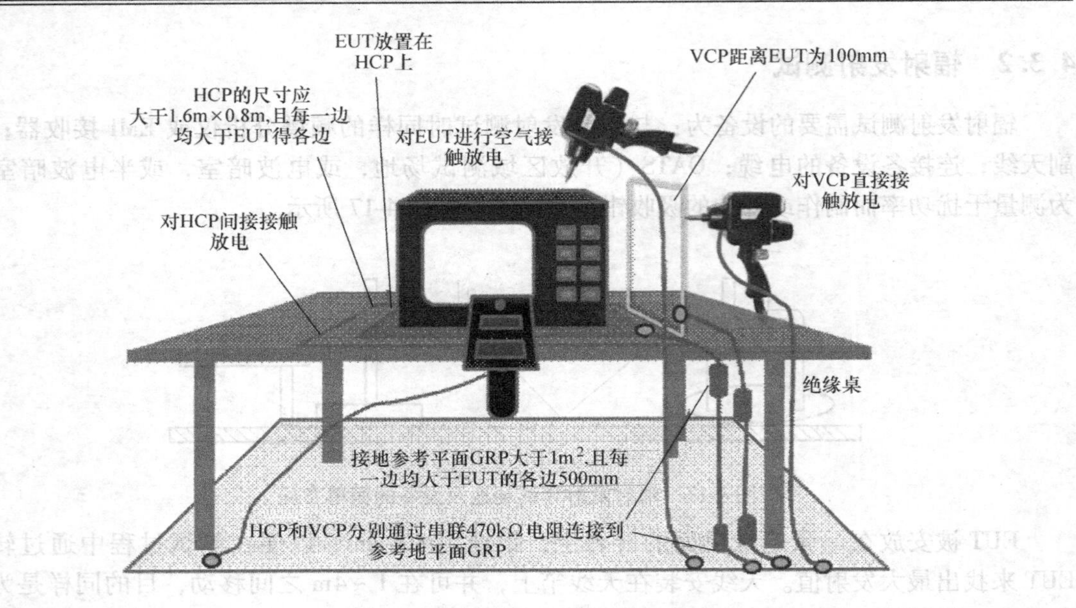

图 4-18 静电放电测试装置和布局

面（Vertical Coupling Plane，VCP）和水平耦合平面分别连接到地参考平面，每个连接端各使用一只 470 kΩ 的电阻。对于 EUT 的每个侧面和 VCP、HCP 以及 EUT 上每个用手能触摸到的金属表面，分别使用锋利尖端进行接触放电（直接放电），通常每个极性 5 次放电。对于机箱的所有塑料部分，则利用圆形尖端进行空气放电（间接放电）。

4.3.5 辐射电磁场抗扰度测试

本项测试需要与辐射发射测试类似的设备，此外还需要信号发生器、放大器、衰减器、场强仪。

辐射电磁场抗扰度的测试装置与辐射发射测试非常类似，但是在这项测试中，信号发生器和功率放大器将馈送给天线，以便在 EUT 附近产生“均匀电磁场”（±6dB）。不同产品的频率范围也不相同，应予注意。

4.3.6 传导干扰抗扰度测试

进行传导干扰抗扰度测试需要的设备，与 4.3.1 节和 4.3.5 节中的类似，另外再加上耦合/解耦网络，但不需要天线。

信号发生器和功率放大器必须提供足够的功率，以便耦合/解耦网络能将信号耦合到被测线。

4.3.7 其他抗扰度测试

除了 4.3.1 ~ 4.3.6 小节各项测试外，还有如下四项 EMC 测试，视标准要求来选择测试：

1）电快速瞬变抗扰度测试；

2）浪涌抗扰度测试；

3）电源频率磁场抗扰度测试；

4）电压骤降、短时中断与电压变化抗扰度测试。

这四项测试需要专用设备，这些设备可从多个厂商处买到。由于这些测试项目使用的是高度专业化的设备，如果实验室中有这些设备，工程师无需太多操作，只要正确连接 EUT 就可以了，最重要的任务是监控 EUT 的工作方式。

测量设备的制造商和经销商通常提供执行不同测试的包装和（或）全套装置，以及有关如何按照最新标准执行这些测试的指导甚至培训。应用时可向当地销售代表查询设备的性能和功用。大部分情况下，设备都有根据标准需求预设的测试程序，因而应首先阅读说明手册。

4.3.8 如何自制近场测试设备

在产品研制的各个阶段，标准测试方法可能会给出精确的结果，但却无法显示问题的来源所在。如在挑选元件时，有些控制器芯片的发射要比其他芯片低 40dB，或具有更高的抗扰度，而产品完成时由于多个元件综合作用以及印制电路板的布局等多种复杂情况，产品发射可能大大超标，不能通过 EMC 测试，而这时标准测试方法也几乎无法给出有关问题来源的任何信息。在印制电路板一级，工程师们一般使用近场测试探针或缺陷检测器等进行测量，而近场测试探针也不能给出有关整体设备传导或辐射水平的任何信息，其误差为 20 ~ 40dB。但近场测试探针可以保证一点：每次使用时，其测量结果总要好于前述的各种测量。为了通过近场测试探针大致了解产品是否能通过 EMC 测试，需要在已经确知结果的样品上进行多次尝试。

因此，采用近场测试非常适合产品研制阶段的干扰源摸查，在元件级、模块级（包括印制电路板级）、产品级等多个阶段进行测试，通过前后测试结果比对找出发射源是有可能的。

图 4-19a 和 b 是一些磁场探针、电场探针和一根管脚探针的例子。它们的优点是容易制作，外购也相当便宜。它们都使用 50Ω 的电缆，并连接到一台（廉价的）频谱分析仪。

近场探针用来拾取电磁场的全部两个分量。虽然市场上有一些非常灵敏的电磁场场强仪，但电磁场的近场场强并不太容易测量，它们无法给出辐射噪声频率成分的任何信息，但可以方便地指出“问题分量”。近场探针在连接到频谱分析仪时，还可给出频率成分信息。

磁场探针提供一个与磁射频场强成比例的输出电压。利用这个探针很容易找到电路的射频源。不过要注意，磁场的场强随距离迅速变化（成三次方关系）。另外，探针的方向至关重要，因为磁场方向一定是垂直于磁环路的。探针不会给出太多的量化信息，但对于某个元件（集成电路芯片、开关三极管等），随着探针距离元件越来越近，探针的电压输出也将增大。即使周围有许多元件，通过研究原理图，设计者也可以很容易地辨认出噪声源。如果决定更换元件，也很容易测量出更换后的结果，这样，在工程开始时就能选择可靠的元件。

管脚探针允许直接在 IC 芯片管脚或 PCB 的细导线上鉴别噪声电压，还能方便地判断滤波器的效果，尽管这只是一种定性的判断。管脚探针可以在滤波器的前、后分别进行接触测量，并观察其效果情况。但工程师们必须正确估计接触电容，并选择电容较小的探针（不大于 10pF）。

电场探针可拾取共模电压和需要的信号，而共模电压是辐射电压的一个重要来源；此外，磁场探针无法拾取电场。因此在工程实际中，使用全部三种探针是有益和省时的。

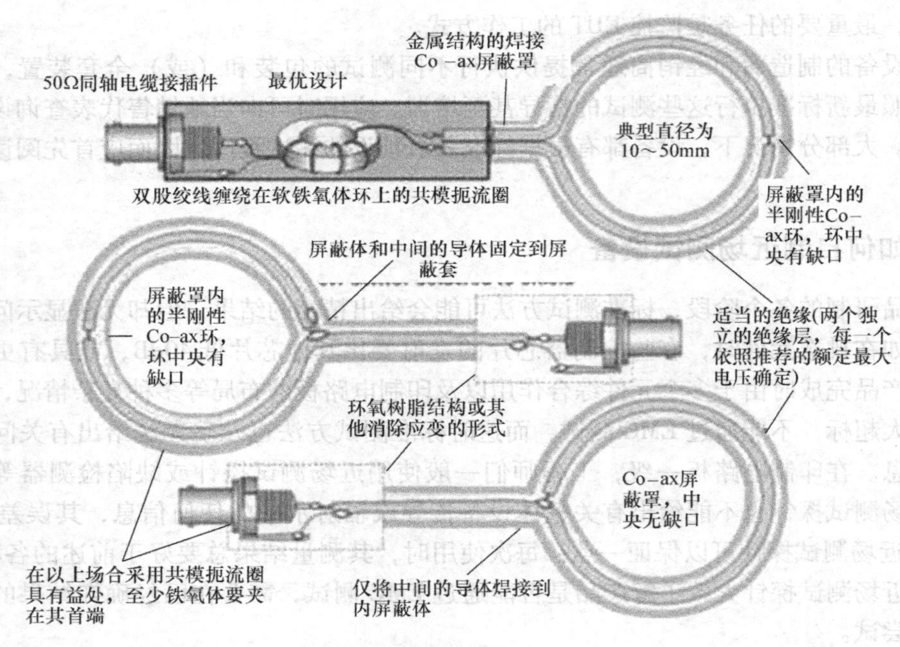

a) 三种自制磁场探针结构

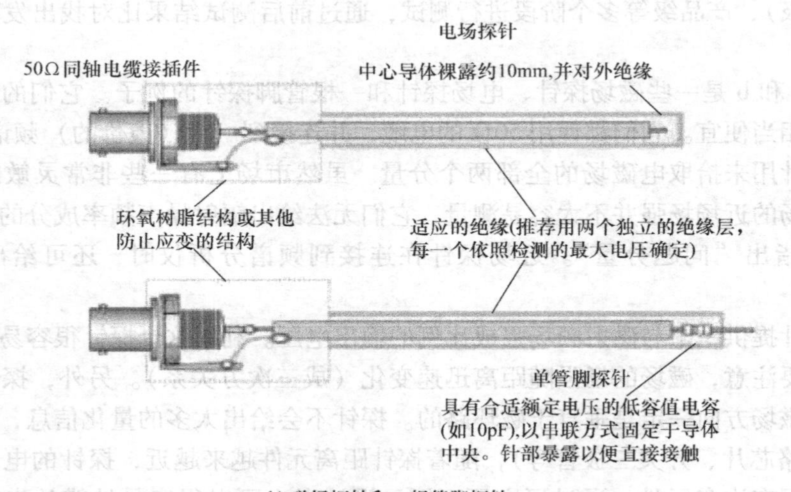

b) 磁场探针和一根管脚探针

图 4-19　磁场探针、电场探针和一根管脚探针示意图

思考题和习题

1. 解释为什么 EMC 实验室必须洁净，没有无关物品。

2. 如果测试场合中电源或负载接线、测试仪器仪表接线发生交叉，会如何产生干扰？举例说明。

3. 解释“电源系统必须净化”的要求表示的意义。

4. 为什么在进行测试时，要确保附加的辅助设备和测试设置符合自己产品的标准要求？

5. 辐射发射测量时，标准为什么要对测量距离做规定（如3m法、10m法、30m法等），而传导干扰却无相应的距离规定？

第5章 电子电路系统中的EMC设计

5.1 电子产品EMC研究方法简介

EMC设计的基础是EMC分析和预测。电磁兼容预测法，就是在产品的设计阶段，通过计算的方法，对电气、电子元器件、设备乃至整个系统的电磁兼容特性进行分析和评估。

产品的电磁兼容性质，实际上在其开发设计阶段就已经基本定型。如果在早期设计研发时缺乏EMC设计的考虑，待到产品即将定型要投放市场的最后阶段才发现EMC方面的问题，则需要花费很大气力和软硬件成本去解决，或者根本无法解决。所以，产品的电磁兼容分析和预测，近年来一直是电磁兼容领域比较热门的研究之一，也是产品设计者们关注的重要问题。

电磁兼容设计应贯穿整个产品(或系统)的研发和生产过程。在这个过程中实现产品要求的电磁兼容性，需要可靠的、操作性强的电磁兼容分析、预测方法和手段。分析和预测是否可靠和具有可操作性，关键是建立数学模型(包括实际电路和布局下的干扰源、传播路径和干扰接收器模型)，并对系统内外的电磁干扰进行较为准确的计算，采取可行的措施消除影响电磁兼容的主要因素。

一般EMC分析程序应能计算所有可能的干扰源、通过各种传播途径、对每个干扰接收器的影响，并判断这些综合影响是否危及到相应的标准与设计要求。这些分析方法(计算程序)的优劣，不仅取决于所能处理的干扰源和干扰接收器的数目和布局，还取决于预测方法的精确性和可实现性。目前已经有很多分析预测软件面世，但是很多场合下，其复杂程度、高成本或建模的困难限制了其推广应用。

5.1.1 电磁兼容预测中的有关理论和主要研究方法简介

随着计算机技术和算法的发展，目前电磁兼容预测主要采用计算预测类方法。电磁兼容预测对象的多样性，决定了其计算方法的多样性。可以说，计算电磁学的所有方法，从低频到高频，从解析法到数值法，都可以在电磁兼容预测中得到应用，而且由于实际问题的复杂性，往往还必须结合电路算法才能获得最终的预测结果。

1. 场的方法

场的方法是以分布的观点来观察求解的问题域，其出发点是Maxwell方程组，内容是求解边值问题。按求解结果与实际解的逼近程度分为解析法和近似法。

解析法利用数学变换得出精确解，其优点是结果准确并可借此掌握问题域中各变量之间的内在联系，尤其是各参数对所关心结果的影响，缺点则是只能求解极少数形状极其简单的场域。所以目前实际电磁兼容预测中主要采用近似法求解，其中，以数值法和高频近似解法的应用最为广泛。

常用的数值算法包括有限差分法、有限元法、边界元法及矩阵法等，一般针对波长不是很大的情况。当求解域远远大于波长时，由于计算量随计算域的增大而呈级数急剧增长，使计算时间、计算资源达到难以接受的程度，故被称为低频算法。而高频近似算法(以物理光学法、几何光学法、集合绕射理论等算法为代表)专门针对波长相对于计算域很小的“高频问题”。

电子产品和电力电子装置导致的电磁干扰，频谱范围基本上属低频范围(数兆赫兹以内)，所以其电磁兼容预测中应用到的主要是低频数值算法，主要方法和基本原理如下。

(1) 有限差分法

以差分代替微分，从微分方程出发，利用差分原理将微分方程转化为差分方程组，实现连续电磁场的离散化求解，它是建立在计算机技术高度发展的基础上的。它已在微波、电磁场散射、雷达等领域得到了广泛应用，其应用特点是技术成熟，程序模块性强。不足之处是处理几何形状复杂、变化剧烈的场域时有一定的工程难度。尤其对于电力电子装置这样复杂的结构，计算由各种开关元器件、导线、电感、电容等组成的复杂混合场，提炼数学模型本身就非常困难，求解也更为不易。

(2) 有限元法

通过与边值问题对应的泛函得出等价的变分问题(泛函极值问题)，把连续的求解域离散成剖分单元之和，对泛函求极值，得出有限元矩阵方程，求解后得出整个问题域中的电磁场分布状况。根据对边值问题的积分转化方法的不同可分为变分有限元法和 Galerkin 有限元法。有限元法的优点是能处理不同形状的边界，使用方便，程序通用性强，而且便于处理非线性、多层媒质及各项异性场。

(3) 矩量法(广义 Galerkin 法)

将连续方程离散化，使之成为代数方程。它较多用于求解积分方程，目前在天线、微波等领域得到广泛应用。

2. 路的方法

路的方法是以集中的观点来观察、研究问题域。目前工程中用到的算法主要是指近代电路理论，其基础为基尔霍夫定律、欧姆定律为代表的经典电路理论。从传输的内容来看，可分为实现电能量的产生、传输和转换的电力系统，和实现信息的产生、发送、接收、处理的通信系统。电磁兼容涵盖这两方面的内容。

近代电路理论发展具有鲜明的特征：全面引入网络理论，紧密与系统理论相结合，深受计算机的影响，注重对非线性电路与系统的研究，分析方法有节点类分析方法和网孔类方法等。在电磁兼容分析中最常用的是稳态分析和瞬态分析(包括线性与非线性电路)。Pspice、SAB 和 MATLAB 等仿真软件目前已成为基于电路分析的常用仿真分析软件。

3. 场路结合方法

在电磁兼容预测中，单纯场的方法或路的方法往往难以解决工程问题，而将场的方法和路的方法结合使用的场路结合方法，则大大改善了解决问题的广度和深度。所谓场路结合方法，是通过场的方法提取等效电路参数，形成等效的子电路，再用路的方法进行稳态或瞬态仿真。

基于以上场或路的方法或算法已研制出了一些相关软件，这些软件一般可分为两类：一类是专用软件，即针对某一领域开发的软件；另一类是通用软件，即侧重电磁基本特性的分析软件。前者考虑了行业的特征，对业内问题处理方便，但对新问题的适应性差；后者的通用性好，但对许多问题的处理手段不完善，使用较为繁杂。有的软件价格昂贵、使用复杂，一般难以被电磁兼容设计者接受。

电磁兼容本身的复杂性决定了电磁兼容预测专业性强，分支体系庞杂，很难形成针对所有问题的电磁兼容预测软件。而且实际预测工作必须借助于计算机的强大计算能力来完成。目前云计算平台的迅速发展，为 EMC 预测分析提供了较可行的方向。

5.1.2 电力电子电路与系统的 EMC 研究方法

1. 补救式解决问题方法(纠错法)

在电气电子系统功能性设计时不做统筹的电磁兼容考虑，设备完成后期出现电磁干扰问题时，再分析原因、寻找解决的办法，来纠正 EMC 设计中的错误，例如，在 EUT 辐射发射检测后，对检测噪声超标的部位采用滤波器、屏蔽罩等，统称为纠错法。这一方法的特点是：产品的 EMC 设计仅体现在出现问题后的解决阶段，解决方法就是对出现的问题进行补救。

对于较为复杂的系统，如果没有统一的考虑，出现干扰的可能性极大，甚至可能影响系统自身的工作，而且不易分析原因所在，无法解决干扰问题而导致系统重新设计或系统设计失败。所以这样的方法仅在 EMC 研究的早期阶段采用过，已经不再适用于现代电气电子设备的产品研发和 EMC 设计。

2. 规范设计法

规范设计是 EMC 分析设计发展进程中的第二个阶段。规范设计就是要对系统、分系统、各部件、元器件制定一系列详细的电磁兼容设计规范，建立系统的精确 EMI 模型，严格按照规范进行设计和调试，将电磁干扰的可能性降为最低。

图 5-1 所示为三相桥式逆变器-感应电动机传动系统，下面分析其共模 EMI 噪声模型。图 5-1 中，在输入相和系统的地之间流动的电流产生了传导共模噪声。在电气传动系统中，共模噪声主要是由于快速开关工作的逆变器的输出电压变化 dv/dt 和在装置输出端对地变化的分布电容联合形成的。

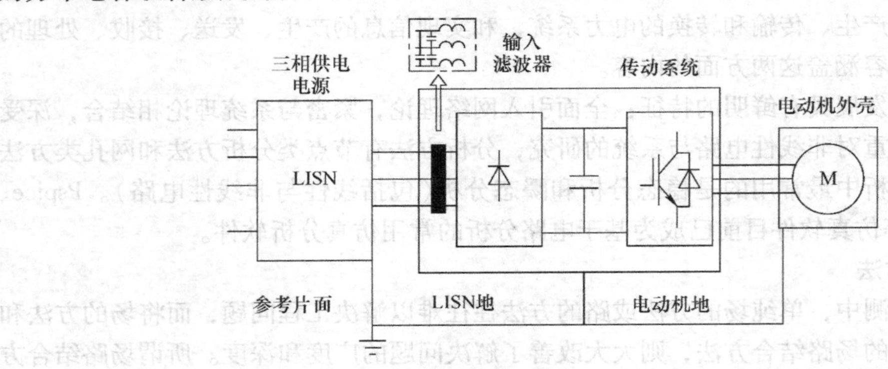

图 5-1 三相桥式逆变器-感应电动机传动系统

对上述电路图的工作状态做适当的假定后，可以获得共模电流等效电路(参见图 5-2)。在通常关注的频率范围内(较高频段)，装置输入端的差模滤波器线-线电容呈现短路状况，因此 LISN 的三相输入电缆相对于地而言，为并联连接；传动系统工作时，通常输入三相桥中有两个二极管导通，从共模电流中看到，不同模式滤波器的有效电感是每线电感的一半(图 5-2 中的 $L_{\text{filt}}/2$)；对共模电流而言，直流侧(即三相不控整流后、三相逆变前面的直流端）的电容，使直流侧的正和负母线实际上等效为一个高频时的等位点。忽略开关死区时间时，三个输出相通过逆变器的一条导电桥臂被连接到直流母线的两端，因此它们为等效并联连接。

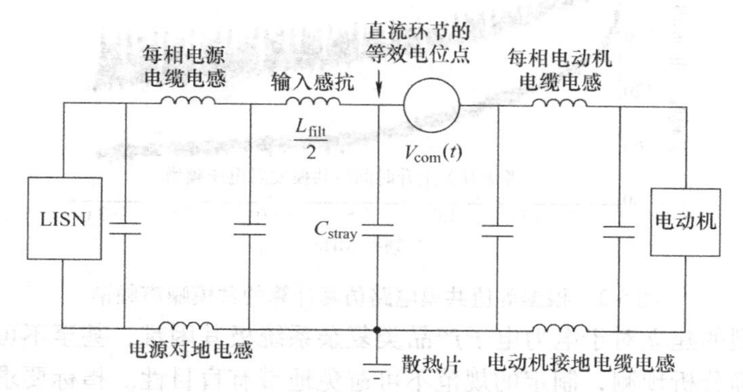

图 5-2　传动系统共模电流等效电路

功率器件模块的分布电容（参见第 2 章图 2-13）可直接等效为直流侧和散热片之间并联电容形式，用图 5-2 中的 C_{stray} 表示。

直流侧和电动机起始点间，假设共模电流路径为开路且能由直流侧电压和三相 PWM 开关函数推导，则根据戴维南定理推导出其等效电压，即为共模发射激励源 v_{com}，有

$$v_{\text{com}} = \frac{V_{\text{dc}}}{6}\sum_{i=a,b,c}\left[2S_i(t) - 1\right] \tag{5-1}$$

式中，$S_i(t)$为 1 或 0，决定于正或负边的开关器件是否导通。$S_i(t)$在 0 和 1 之间的转换可定义成连续的，以便模拟与开关器件工作状况相关的有限 $\mathrm{d}v/\mathrm{d}t$。

而图 5-1 所示传动系统中的差模噪声，也可采用类似合适的假定，推导出其等效电路模型。利用建立的这个共模等效电路模型，通过 SAB 仿真软件计算，可进行共模发射的预测，分析如下：

对于 PWM 的一定形式，如果假定脉冲上升时间为零，并假定采用自然采样方式，共模噪声电压可以表示为

$$\begin{aligned} v_{\text{com}}(t,\phi) = {} & \frac{MV_{\text{dc}}}{2}\cos(\omega_0 t + \phi) + \frac{2V_{\text{dc}}}{\pi}\sum_{m=1}^{\infty} J_0\left(\frac{m\pi M}{2}\right)\sin\left(\frac{m\pi}{2}\right)\cos(m\omega_{\text{c}} t) \\ & + \frac{2V_{\text{dc}}}{\pi}\sum_{m=1}^{\infty}\sum_{n\pm1}^{\pm\infty}\frac{1}{m}J_n\left(\frac{m\pi M}{2}\right)\sin\left[\frac{\pi(n+m)}{2}\right]\cos\left[(m\omega_{\text{c}} \pm n\omega_0)t + n\phi\right] \end{aligned} \tag{5-2}$$

式中，M 为调制深度；ω_0 为调制频率；ω_{c} 为载波频率；对应于 a、b、c 相，分别有 $\phi = (0, 2\pi/3, 4\pi/3)$。

由式（5-2）可计算出 $v_{\text{com}}(t)$的频谱。图 5-3 为根据式（5-2），在理想 PWM 开关时（不考虑开关时间）和上升、下降时间设置为 500ns 两种情况下获得的频谱，开关频率均为 5kHz。从图中可以很清楚地看到，它们仅在低频时是一致的，而在高频时，忽略开关上升时间、认为开关为理想的 PWM 开关过程，共模噪声发射远高于考虑了开关上升时间的实际开关过程的共模噪声发射，导致高频范围内出现非常悲观的 EMI 预报。因此合理地计入有限的上升时间，才能准确预测评估传导 EMI 发射。

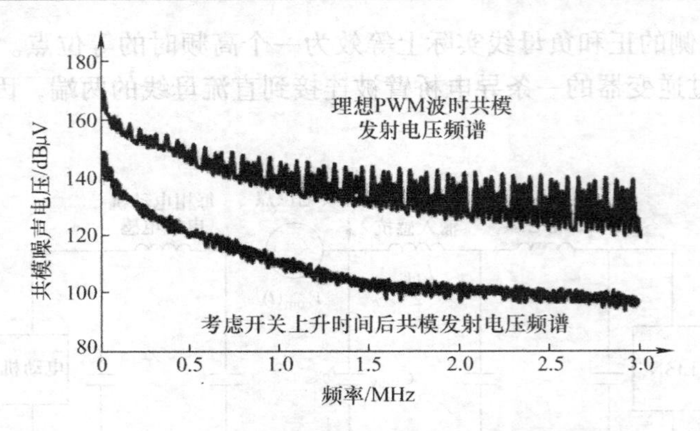

图 5-3 根据等值共模电路仿真计算的共模噪声频谱

由于精确模型的建立对于电力电子产品类复杂系统极其困难，甚至不可能建立，因此无法对干扰进行精确分析预测，制定的规范不可避免地带有盲目性。指标要求太低，可能导致电磁兼容设计失败；指标要求太高，又会造成不必要的浪费。

3. 计算与测试结合的预测法

计算与测试结合的预测法，是指对系统、分系统、各部件、元器件等各级别（各研究阶段）的电磁特性分别进行分析预测，合理分配各项指标要求，并且在系统的整个设计过程中，结合实验测试，不断地进行修正和补充，使系统工作在最佳状态。

计算与测试结合的预测法充分吸收了前两个阶段方法（纠错法和规范设计法）的优点，克服了它们的局限性，是目前电磁兼容预测技术的最高阶段。因为它既可以对研发的电力电子装置的传导电磁发射进行早期预测，也可以结合测试不断确定分布参数，有利于对系统潜在电磁干扰的分析、对装置电磁发射的控制措施设计，因而可以降低装置为满足电磁兼容设计所需的成本。

建立预测模型可以先建立电磁兼容三要素模型，即骚扰源模型、耦合路径模型和敏感设备模型。它们之间的关系如图 5-4 所示。

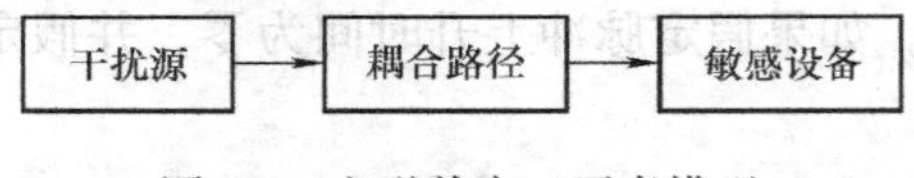

图 5-4 电磁兼容三要素模型

（1）干扰源模型

不同的干扰源可以建立不同的模型。例如发射机，发射设备的基本任务是产生电磁能，在设计所需频带范围内的辐射为基本辐射，属有用信号；而不在设计所需频带范围内的辐射为带外辐射，属无用信号。所有辐射能量均可从其空间分布、频谱特性方面加以描述。

而对于电力电子设备，大量的研究已经表明，其产生的 EMI 来源于功率变换单元中开关器件通断时产生的 dv/dt 和 di/dt。通常对于电力电子设备主要关心其传导性电磁干扰，例如，共模干扰源主要由 Cdv/dt 引起，而差模干扰源主要为 Ldi/dt，它们都和耦合路径中的分布参数有关。

不同的电路拓扑产生的传导噪声源大小可能不一，需要计算和测试同时进行。同一电路拓扑中的共模噪声源和差模噪声源通常也各异，对于具体电路和布局要做具体分析。

（2）耦合途径模型

根据电磁干扰传输和耦合途径的特征，一般可将工程中各类问题归纳为几种模型：天线对天线干扰模型；电磁场对导线的感应干扰模型；导线对导线感应模型；带电导线对机壳(大地)模型；公共阻抗传导干扰模型；孔缝泄漏场模型；机壳屏蔽效能模型。

传导干扰中常研究的为电磁场对导线(包括导线与回路之间的电耦合、磁耦合、混合电磁耦合等)、导线对导线感应模型、带电导线对机壳(大地)模型和公共阻抗传导干扰等耦合路径模型。根据电路理论和电磁场理论，结合测试，可以获得较为准确的相应模型。例如，公共阻抗传导干扰分析和预测。在公共阻抗干扰分析中，接地阻抗是最常见的公共阻抗。下面介绍几个分析计算公式和例子。

1)接地板阻抗：接地板一般为导体(如飞机或舰艇上的外壳和甲板)，其直流电阻值很低，但高频阻抗值却很大，所以高频阻抗是导致电磁骚扰的重要原因。接地板直流电阻为

$$R_{\mathrm{DC}}=\frac{\rho l}{A}=\frac{1000}{\sigma t}=\frac{17.2\times10^{-6}}{\sigma_{\mathrm{r}}t} \tag{5-3}$$

式中，ρ 为接地板电阻率；σ 为接地板导电系数；σ_{r} 为接地板金属相对于铜的导电系数；A 为接地板截面积；l 为接地板长度；t 为接地板厚度(mm)。

接地板高频阻抗为

$$Z_{\mathrm{HF}}=\frac{369\sqrt{\mu_{\mathrm{r}}f/\sigma_{\mathrm{r}}}}{1-\mathrm{e}^{-t/\delta}}\times10^{-6} \tag{5-4}$$

式中，μ_{r} 为接地板金属相对于铜的磁导率；f 为干扰频率(MHz)；δ 为集肤深度(mm)。

应用上述直流电阻、高频阻抗公式时，应使计算阻抗的两点间距离 d 小于接地板宽度，也小于骚扰分量中的最短波长 λ。此时有

$$Z=(R_{\mathrm{DC}}+\mathrm{j}Z_{\mathrm{HF}})[1+\tan(2\pi d/\lambda)]\approx(R_{\mathrm{DC}}+\mathrm{j}Z_{\mathrm{HF}})\Big|_{d\leqslant0.05\lambda} \tag{5-5}$$

2)铜线的阻抗：铜箔广泛应用于信号线和安全接地，其直流电阻为

$$R_{\mathrm{Cu}}=1000l\sigma A=\frac{4000l}{\sigma\pi D^{2}} \tag{5-6}$$

式中，l 为铜箔长度(mm)；D 为导线直径(mm)。

其电感为

$$L_{\mathrm{HF}}\approx0.002l\left[\ln\left(\frac{4l}{D}\right)+\frac{1}{4}\right] \tag{5-7}$$

根据式(5-6)和式(5-7)可计算出铜线阻抗。显然，对于低频干扰，阻抗与导线截面积成反比，但对于高频干扰，截面积对阻抗的影响会逐渐变弱。此外，导线长度使阻抗增大，在高频情况下电阻、电感都会增加，但阻抗增加更快。

3)感应干扰：感应干扰有容性和感性两类，实际问题中二者往往是并存的。

容性干扰中最典型的是距离很近的两导线之间的相互影响。由于两导线间存在线间电容，其中一根导线中的工作电压可在另一根导线中感应电压而成为干扰源，感应电压与干扰源电压、干扰频率、导线间电容及受干扰导线所接负载成正比，即

$$V_{\mathrm{n}}=\mathrm{j}\omega RC_{12}V_{1} \tag{5-8}$$

式中，V_{n} 为感应电压；ω 为骚扰频率；R 为受骚扰导线所接负载；C_{12} 为导线间电容；V_{1} 为骚扰电压。

导线间电容 C_{12} 与导线之间的距离和方向有关，导线互相平行时，距离越大，C_{12} 越小。减小线间电容(加大二者间距离或调整位置)，以及屏蔽等，都是比较有效的去耦措施。

感性干扰为磁耦合干扰，通常为两个存在磁场交链的通路之间的感应。由于两个回路间存在磁场耦合，其中一个回路的工作电流可在另一回路中感应出电压而成为干扰源，感应电压与干扰源频率、干扰磁通密度、接收回路面积、交链回路夹角的余弦成正比，即

$$V_n = j\omega BA\cos\theta \tag{5-9}$$

式中，B 为干扰磁通密度；A 为接收回路面积；θ 为交链回路夹角。

减小这些因素均可减小感性骚扰，而将平行导线方向改为互相垂直时，C_{12} 也将大大减小。

4)线间串扰(Crosstalk)：在容性干扰和感应干扰的基础上，可建立线间串扰的概念和分析。线间串扰也包括容性串扰和感性串扰两种。

对于容性骚扰的情况，已知骚扰电压 V_1 和感应电压 V_n，定义线间容性串扰量为

$$C_{\mathrm{etC}} = 20\log\left|\frac{V_n}{V_1}\right| = 20\log\left|\frac{1}{1 + jZ_U l/\omega C_{12}}\right| \approx \omega C_{12} Z_U l\ \Big|_{f<0.5\pi C_{12} Z_U l} \tag{5-10}$$

式中，C_{12} 为两导线间每单位长度的平均杂散电容；Z_U 为受扰导线所接负载阻抗；l 为导线长度(m)。

类似地，对于感性骚扰的情况，已知骚扰电压 V_1 和感应电压 V_n，定义回路间感性串扰量为

$$C_{\mathrm{etL}} = 20\log\left|\frac{V_n}{V_1}\right| = 20\log\left|\frac{Z_{U2}}{Z_{U1} + Z_{U2} + j\omega L_2 l}\omega M_{12}\frac{1}{Z_{C2}}\right| \tag{5-11}$$

式中，M_{12} 为两回路间的互感；L_2 为受扰回路的自感；Z_{U1} 为受扰回路的源阻抗；Z_{U2} 为受扰回路的负载阻抗；Z_{C2} 为干扰回路的负载阻抗。

感性串扰与导线长度、高度都有关系。其中，高度的影响体现在互感及等效阻抗的计算中。

实际电路中，容性串扰和感性串扰往往是并存的，此时需要分别计算，然后合成得出敏感设备上的总串扰量。而敏感设备处于干扰源的近端和远端时有不同的合成方式：处于近端时，感性干扰要叠加在容性干扰上；处于远端时，容性干扰要减去感性干扰。

若容性干扰与感应干扰之差超过 20dB 时，以较大的一项代替合成结果，误差不超过 5%；但当二者之差小于 20dB，干扰端接阻抗相等时，近端与远端的差别就很明显。

(3) 敏感设备模型

任何实际敏感设备均非理想的通带，都具有接受带外信号的能力。接收机的受扰程度除与信号类型、骚扰侵入方式有关外，还与信号的调制方式及频谱有关。对具体问题应具体分析、建模。

在电磁兼容分析中可以发现，同一设备、部件或元器件，往往既是干扰源，又是敏感设备，尤其对于电力电子装置这类复杂的电子设备，其中很多元器件、导线在工作时既可发射电磁噪声，又可受到其他部件的干扰。因此对于一个实际的电气电子系统，其中可能存在的干扰对的数量非常大，如由 20 个收发设备组成的系统，其可能的干扰对将超过 100 万对。鉴于电磁兼容问题的复杂性，目前无论在电磁兼容的哪一个级别上都没有完全做到准确预测、分析，即在产品功能设计初期进行电磁兼容设计时，要完全按照电磁场理论估算电磁骚扰发射水平和可能形成的电磁干扰，目前还没有非常实用的预测软件出现。

由于电力电子装置的电路拓扑、布线和机箱内结构布置的不同导致分析方法各异，很难

用以上理论中的统一的方法建立骚扰源模型和耦合路径模型，同时，骚扰源模型在装置的分析中是和路径联系在一起的，一般很难将二者分开。尤其是在装置硬件生产之前分析可能存在的EMI问题，则可能由于分布参数无法确认，甚至骚扰源的大小也很难确认，如经过实际布线、布局后的杂散电容、电感及耦合系数的确认，也必须通过试验测量，无法在硬件生产之前的理论分析中完成。

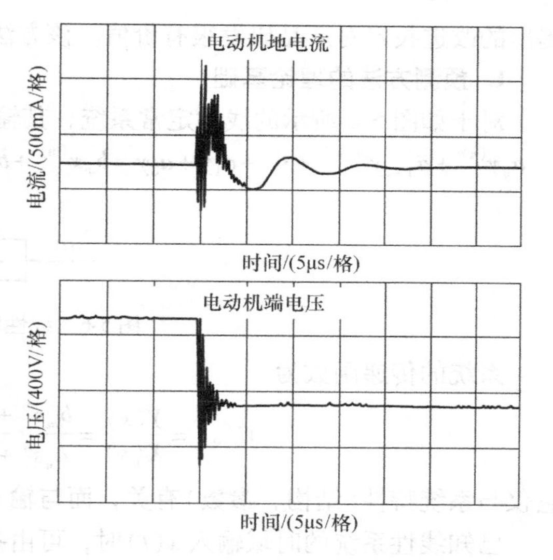

图5-5　高开关频率所致发射在地电流和电动机端电压中的体现

例如，在图5-1所示的传动系统中，EMI发射由一个振荡电流流过高频电子开关器件IGBT的输出电容和缓冲电路而产生，其发射的等效电路的振荡电流以IGBT开关工作时的高 dv/dt 速率流动，影响到电动机的端电压也出现同样频率的噪声电压，如图5-5所示。欲抑制这个与分布参数联系在一起的EMI发射的大小，可通过缓冲电路来改变开关轨迹而实现，这也需要在生产、调试中完成。因此，完全做到在硬件生产之前预测其EMI情况是非常困难的。

5.1.3　实际电力电子装置电磁兼容预测和建模中的问题和对策

电气电子产品的EMC分析不仅体现在电路上，还体现在机械安装方面的因素（布线和机箱结构等分布参数各异）引起的EMI问题，因而往往是要搭建出基本装置后才能显露出EMI问题，导致电气电子产品的EMC预测分析变得非常困难。

研发大功率电力电子装置时，看起来通过在正常条件下使系统运行，就可测试确认EMC特征，但这不仅有可能人为地引起系统的损坏，而且确认EMC的过程直到研究周期结束才可能完成。如果发现不兼容问题，距离项目结束时剩下时间和可更改的自由度有限，遗留的EMC问题经常成为棘手的问题。

鉴于电力电子装置的EMI预测方面的复杂性，在产品研发的初期（而不是之前），采用理论分析和低功率试验测试结合的方法，实现设计和生产阶段的EMI估计，是一种比较明智和实用的对策。这样的方法，需要大致的硬件生产结构、布线知识和近似的分布参数以便测量，而不是完全在硬件生产之前实现EMC预测，因此又被称为准EMC预测方法。

这种方法需要在装置的生产过程中、而不是在生产之前进行预测，所以是针对具体电路的，不具备通用性，但它并不是在装置的生产过程之后实施测试的，其可操作性和准确性较好。

下面介绍的是一种测试大功率变流器EMC特性的低成本简易方法。该方法不用给系统主电路上电来产生实际噪声干扰，而是注入外加的扰动来模拟变流装置产生的噪声，观察各关键部分的响应，将注入的信号与观察到的响应相关联，来预测总输出运行下的EMC特性。

在这样的EMC测试中，由于系统不必上电，测试过程可很快完成，同时减小了引起系统或人为损坏的机会。重要的是，测试结果给任何潜在的EMC问题提供了早期指示，使得提出的改进技术对产品研发很有价值。该方法由简单的理论支持，并得到了试验结果验证。

1. 预测方法的理论基础

对于如图5-6所示的线性定常系统，其输出 $y(t)$ 与输入 $x(t)$ 的关系可表示为

$$a_n y^{(n)} + a_{n-1} y^{(n-1)} + \cdots + a_1 \dot{y} + a_0 y = b_m x^{(m)} + b_{m-1} x^{(m-1)} + \cdots + b_1 \dot{x} + b_0 x (n > m,\ -\infty < t < \infty) \tag{5-12}$$

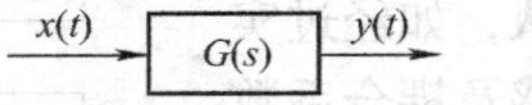

$x(t)$ → $G(s)$ → $y(t)$

图5-6 线性定常系统方框图

系统的传递函数为

$$G(s) = \frac{Y(s)}{X(s)} = \frac{b_m s^m + b_{m-1} s^{m-1} + \cdots + b_1 s + b_0}{a_n s^n + a_{n-1} s^{n-1} + \cdots + a_1 s + a_0} \tag{5-13}$$

它仅与系统特性(结构、参数)有关，而与输入信号无关。

已知线性系统的时域输入 $x(t)$ 时，可由拉普拉斯反变换或卷积求得其输出为

$$y(t) = L^{-1}[Y(s)] = L^{-1}[G(s)X(s)] = \int_0^{\infty} x(t-\tau) g(\tau) \mathrm{d}\tau = \int_0^{\infty} x(\tau) g(t-\tau) \mathrm{d}\tau \tag{5-14}$$

式中，$g(\tau) = L^{-1}[G(s)]$ 为系统的脉冲响应函数。

式(5-12)中，令 $s = \mathrm{j}\omega$，得到用频率参数表示的系统特性——频率特性为

$$G(\mathrm{j}\omega) = \frac{Y(\mathrm{j}\omega)}{X(\mathrm{j}\omega)} = G(s)\Big|_{s=\mathrm{j}\omega} \tag{5-15}$$

式中，$X(\mathrm{j}\omega)$ 和 $Y(\mathrm{j}\omega)$ 分别为系统输入和输出的傅里叶变换。将频率特性进一步写成

$$G(\mathrm{j}\omega) = \left| G(\mathrm{j}\omega) \right| \mathrm{e}^{\mathrm{j}\angle G(\mathrm{j}\omega)} \tag{5-16}$$

$|G(\mathrm{j}\omega)|$ 和 $\angle G(\mathrm{j}\omega)$ 分别称为幅频特性和相频特性。将它们表示成对数频率特性(Bode 图)，即

$$\begin{cases} 20\log|G(\mathrm{j}\omega)| = 20\log|Y(\mathrm{j}\omega)| - 20\log|X(\mathrm{j}\omega)| \\ \angle G(\mathrm{j}\omega) = \angle Y(\mathrm{j}\omega) - \angle X(\mathrm{j}\omega) \end{cases} \tag{5-17}$$

则由已知的输入及频率特性，可得到输出的频率特性为

$$\begin{cases} 20\log|Y(\mathrm{j}\omega)| = 20\log|G(\mathrm{j}\omega)| + 20\log|X(\mathrm{j}\omega)| \\ \angle Y(\mathrm{j}\omega) = \angle G(\mathrm{j}\omega) + \angle X(\mathrm{j}\omega) \end{cases} \tag{5-18}$$

式(5-18)表示的运算关系如图5-7所示，它们仅是幅值上的简单运算关系。

Bode 图既可以由系统参数计算得到，也可以在参数未知、甚至结构未知的情况下，通过测量频率特性曲线得到，可方便地用于系统分析和设计。与传递函数分析法的最大不同之处在于：频率分析法不仅适用于线性定常系统，还可应用于某些非线性系统。这对于电力电子装置的EMI分析这样的复杂非线性系统是非常可贵的，况且许多EMI标准就是用对数频率幅频特性来衡量的。

2. 预测方法简介

(1) 预测和测量示例——电力牵引机车传动系统

该方法相关文献给出的分析实例如图5-8所示。这是一个典型电力牵引机车传动系统，由一个电池组、具有6个大功率开关的三相逆变器和一个交流电动机组成。

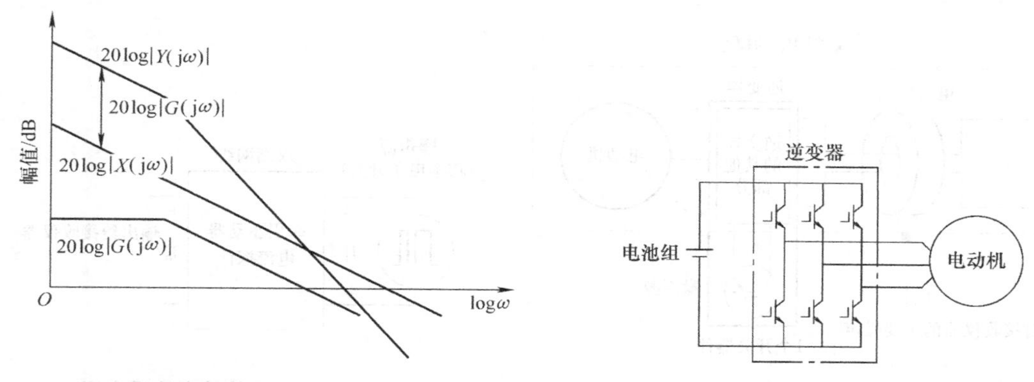

图 5-7　系统对数频率特性与输入、输出关系　　图 5-8　典型电力机车传动系统框图

基本 EMC 测量布局如图 5-9 所示，用 EMI 电流探针来测量直流电缆中的共模噪声电流。图中，L_{stray}、C_{stray1}、C_{stray2}、C_{stray3} 分别是分布电感和分布电容。

测量到的逆变器线-线电压和电动机相电流波形表明：逆变器工作在高频 PWM 策略下，产生了具有快速 dv/dt 和 di/dt 的瞬态过程，引起的尖峰噪声电流流过如图 5-9 所示的主要分布路径。

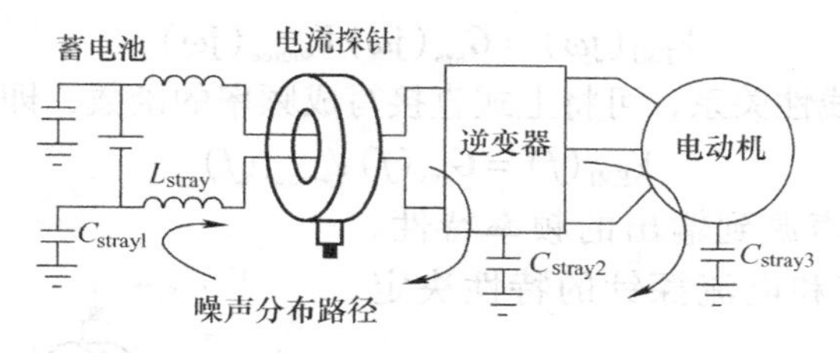

图 5-9　电力机车传动系统和直流母线中共模电流的测量

为研究 EMC 机制，确认主要噪声源和分布路径是很重要的工作。大量研究表明，在数百兆赫兹以下，逆变器的功率开关是主要的噪声源，相应试验也进一步表明：在很小的偏差下，三相逆变器的 6 个功率开关是相同的 EMI 产生源。因此，范围可缩小至研究 EMI 噪声如何由逆变器的一个功率开关产生、并分布到系统的其他部分。

仅研究 EMI 噪声如何由逆变器的一个功率开关产生，并分布到系统其他部分的情况下，可仅使 A 相下臂的开关被调制，B 相和 C 相上臂的开关一直保持开通。这样的情况中，逆变器相当于一个降压斩波器，电动机相当于一个感性负载在工作。这时测量的噪声可能不会反映通常电力机车传动系统整个周期中的噪声，但是这样的简化试验和高度集中的研究(单独的噪声源和单一的观测端口)，可作为一个方便的测试台来评价 EMC 过程。图 5-10 是实施这种概念的简图，在同样的设备和布局情况下，一个功率开关器件工作产生噪声，经同样的噪声分布路径，产生的共模传导干扰，由 EMI 电流探针捕获(测量)出来。

图 5-10 中由一个功率开关构成的噪声产生器，可以进一步用一个等量的电压源代替，而用一个双端网路(黑盒子)来代替等效的噪声分布路径(电动机传动和 EMI 电流探针的结合)，以便来进一步确认图 5-10 表示的概念，如图 5-11 所示。由于存在复合噪声分布路径，盒子可能包括很复杂的特性，这些特性互相交织在一起，并与频率相关。

(2) 噪声源和分布路径的描述——系统对噪声源的频率特性

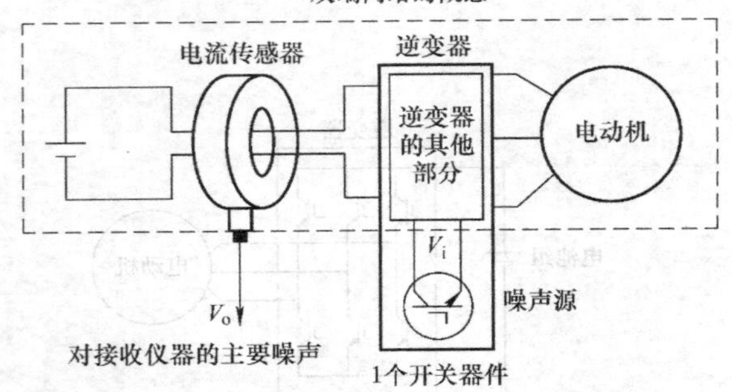

图 5-10　捕获电力机车传动器系统中一个开关器件产生干扰的概念图

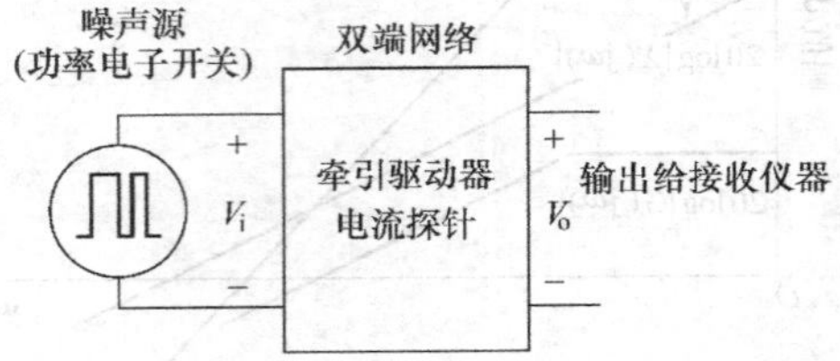

图 5-11　进一步等效实施噪声源测量的示意图

如果将功率开关工作时产生的电压 V_i 作为噪声源 V_{source}，无论其耦合路径如何复杂，最终在输入侧(或输出侧)产生的噪声是我们所关心的。假定关心的噪声为图 5-10 所示的蓄电池直流输入端共模电流测试值 V_{EMI}，并将其作为对接收设备的输出 V_o，采用电流探针测量的值为 $V_{i\text{-}probe}$，则功率开关工作时噪声源到与输出的关系可以表示为

$$V_{EMI}(j\omega)=G_{sys}(j\omega)V_{source}(j\omega) \tag{5-19}$$

鉴于 ω 与频率 f 的线性关系，可将上式直接写成频率的函数，即

$$V_{EMI}(f)=G_{sys}(f)V_{source}(f) \tag{5-20}$$

式中，$G_{sys}(f)$ 为噪声源到输出的频率特性。显然，它是由传动系统和电流探针的特性决定的。

一般用电流探针测量系统的 EMI 噪声时，测量值已计入电流探针的矢量增益，故可用探针输出 $V_{i\text{-}probe}$ 代替所关心的输出噪声 V_{EMI}。显然，只要知道 $G_{sys}(f)$，通过测量噪声源 V_{source}，就可以求得输出噪声的大小，评估系统的电磁兼容性。

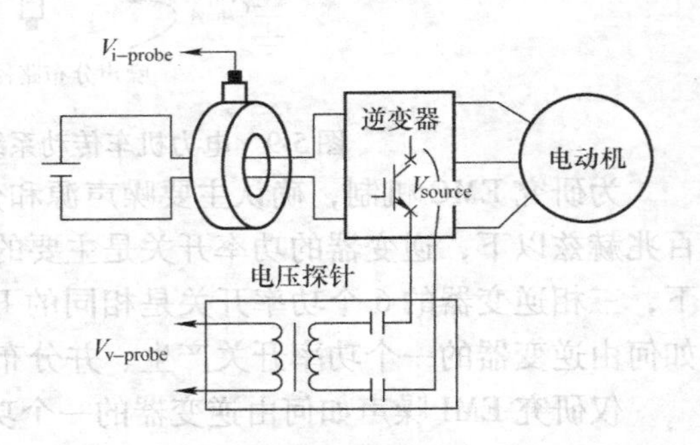

图 5-12　对噪声测量的布局

图 5-12 中对 V_{source} 的测量采用特殊电压探针。设电压探针的输出(测量值)为 $V_{v\text{-}probe}$，它与噪声源 V_{source}（被测噪声）的关系为

$$V_{v\text{-}probe}=V_{source}G_v(f) \tag{5-21}$$

式中，$G_v(f)$ 为电压探针矢量增益。

因此，系统的频率特性可表示为

$$G_{sys}(f)=\frac{V_{i\text{-}probe}(f)}{V_{source}(f)}=\frac{V_{i\text{-}probe}(f)}{V_{v\text{-}probe}(f)}G_v(f)=G(f)G_v(f) \tag{5-22}$$

式中，$G(f)=\dfrac{G_{sys}(f)}{G_v(f)}=\dfrac{V_{i\text{-}probe}}{V_{v\text{-}probe}}$。

若仅关心噪声幅值，则有

$$\left|G_{sys}(f)\right|_{dB}=\left|V_{i\text{-}probe}(f)\right|_{dB}-\left|V_{v\text{-}probe}(f)\right|_{dB}+\left|G_v(f)\right|_{dB} \tag{5-23}$$

由于以对数衡量，它们之间关系仅是分贝值的差别。有关测量计算示意如图 5-13 所示。

（3）实现 EMC 预测

由于像 $|G(f)|$ 和 $|G_{sys}(f)|$ 这样的函数仅仅依赖于系统参数（确切地说，是相关联的寄生参数），而非依赖于噪声是否产生于内部或由外部源注入，因此可以从外部注入一个已知的扰动给系统，来代替逆变器产生的噪声，并观测相应响应。通过把观测到的响应与注入的噪声相关联，可计算出系统等价的传递函数。所以，这样的情况下系统的主电路不需要上电来产生实际噪声，而是外部注入噪声，可以约束注入噪声的幅值和功率，因而不会损坏系统。同样，由于系统不需要进行功能性的工作（但需要类似的布局设计和分布参数），EMC 调试工作可以在产品研发的初期开始进行，即在系统进行功能性工作之前，就可开始确认噪声分布机制和 EMC 的薄弱点。

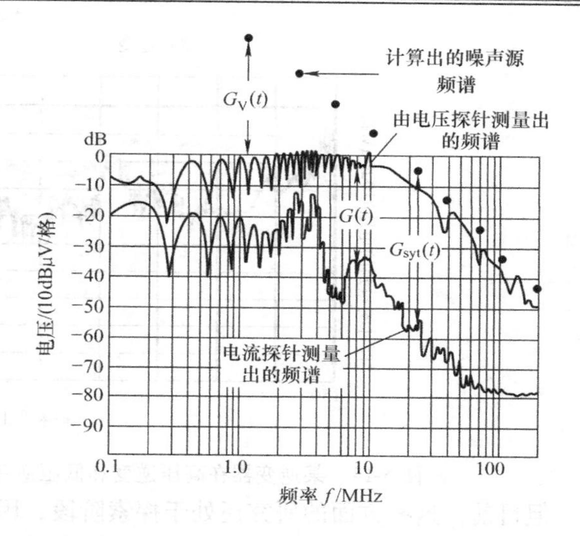

图 5-13　各频率特性幅值（dB）之间的关系

分别在两种情况下用频谱分析仪进行测量以便进行对比分析，第一种情况为系统内部由功率开关器件高频 PWM 工作而产生噪声；第二种情况为由外部注入噪声代替功率开关器件作为噪声源。结果表明：即使两种情况下的信号源不同，从测量结果得到的传递函数是相同的。即：这两个图中曲线间的变化被保持下来了，这个变化就是系统的 EMI 噪声信号传递函数。虽然这个传递函数不是参数模型形式，而只是一种曲线（非参数模型形式），但是在我们关心的频率范围内，它能很清晰地显示出产品所展现的 EMC 频谱特性，为 EMI 滤波器的设计提供依据，在电力电子装置 EMC 设计初期预报潜在的 EMI 情况，是一种有效的方法。这种方法作为电磁兼容性预测方法，具有较高的可信度和可行性，同时也具有非常高的安全性（可在低压或外加噪声源时调试）。

一个电力电子逆变器系统在低压或外部注入噪声时测量的结果，与高压时（实际上电工作）的测量结果的对比如图 5-14 所示。可见它们之间的差几乎是恒定的，这就是传递函数的概念，传递函数是与外加信号无关的。虽然电力电子设备工作状态是非线性的，但是对于噪声信号输入-输出，传递函数却是线性的，因为噪声经过的路径是分布参数构成的线性电路，这就是场-路结合的分析方法，也是测量-计算结合的预测方法。它说明，系统在低压或外部注入噪声时测量的 EMI 频谱特性完全可以反映系统实际上电（加高压工作）后的 EMI 频谱特性，因为系统在高压工作时的实际情况，就是在低压或外部噪声输入时的频谱特性整体上抬了若干分贝。

因此，预测与测量恰当地结合，使得不必对系统上电就能研究噪声分布机制，噪声分布机制可以在非常低的功率等级，非常简易地系统排列，并在很早的研发阶段进行诊断，而不必冒损坏系统的风险。

当然，干扰的产生有噪声源、传导路径、敏感设备三方面的原因，从积极抑制 EMI 方面考虑，应该抑制源、切断路，研究有效的控制方式、电路拓扑，分析分布参数的形成方

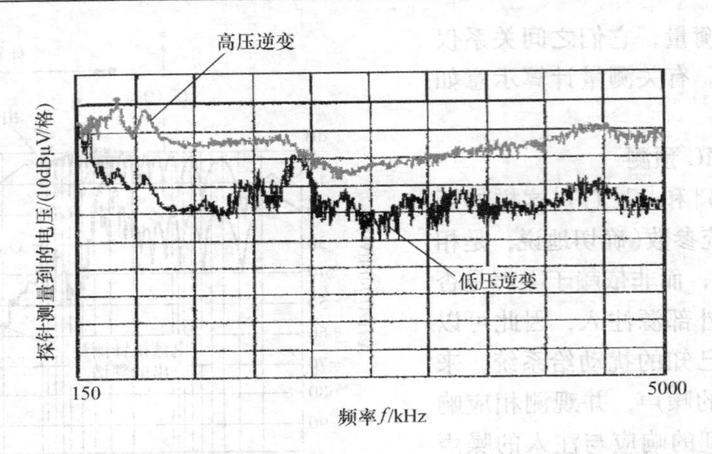

图 5-14 某逆变器在高压逆变和低压逆变时的直流侧传导电流测量频谱

式。但目前，这些方面的研究还处于探索阶段，因而滤波仍是解决 EMC 问题的一种主要方法。这种由简单的实验波形测试和计算机仿真计算来确定装置的频谱特性的方法可以使设计人员在开始选择滤波器时有依据，降低选择滤波器时的不确定性。同时，由于前面关于 EMC 的研究都要通过试验来验证或修正，这种方法也提供了一种简单的验证方法，能提高效率，降低 EMC 的成本。

5.2 电子产品常见 EMC 问题分析及对策

电子装置或设备通常采用模拟和数字电路混合的电子系统，通常也是机械-电气部件集成的系统。

数字电路设备本身工作时会由于其产生的高频脉冲信号或时钟脉冲的陡峭的上升沿和下降沿，而产生电磁噪声。电路中产生的噪声几乎都与脉冲信号或时钟脉冲的重复频率、跃变上升时间和下降时间有密切关系。因而在模数混合电路中，数字电路往往成为微弱模拟信号电路的噪声源。同时，由于数字电路的工作特点是动作能量小、翻转速度快、信号电平低，所以外部电磁环境变化产生的噪声又容易影响到数字电路的正常工作。

目前在工业设备和控制系统中还大量应用着模拟电路。模拟电路对信号的微小变化非常敏感，尤其是放大器或比较电路中的输入电压的微小变化，会导致输出信号状态完全与希望值不吻合。减少模拟电路的误动作，提高电路抗干扰能力，也是电子设备电磁兼容技术的重要方面。

机电集成系统构成设备后，由于设计、安装方面的各种因素，电磁兼容性不仅仅由电路 EMC 设计决定，而是一个统筹考虑的系统设计。因此电子设备的 EMC 设计要经历元件级、电路级和系统级等各阶段的设计。

噪声和干扰的产生原因与前面分析的成因基本一致，而抑制干扰的基本原则仍是电磁兼容三要素法(源、传播路径、敏感设备)，即对噪声做到不产生、不传递、不响应。

5.2.1 模拟电路中的 EMC 问题

1. 模数混合电路抑制噪声的一般性措施

在模数混合电路内部，一般采取以下基本抑制和防护措施：

1)器件布置不可过密；

2)改善装置的散热条件；

3)分散设置稳压电源；

4)在配线和安装位置上尽量减少不必要的电磁耦合；

5)尽量减少公共阻抗值；

6)针对地线干扰采取的措施包括：

- 数字电路与模拟电路分开接地，采用放射形、平面形等接地方式，避免使用单根接地线；
- 对微弱模拟量电路实行全面覆盖的电磁屏蔽；
- 采用直流隔离。

针对来自模数混合电路外部的噪声源，采取的措施如下：

1)中高压电路附近的静电感应噪声：对电子装置和引线加接地的金属屏蔽、远距离传送信号的输入输出线用良好的接地屏蔽，保证柜体电位与传输电缆电位一致，尽可能缩短信号线长度，减小电路阻抗，对整个系统实行全屏蔽等。

2)强磁场对附近集成电路的影响：使集成电路信号线远离产生电磁感应的电力线，或使二者相互垂直，或增加电磁屏蔽等。

3)高频装置、火花放电等产生的电磁波噪声、汽车点火栓噪声、大功率调频调幅电磁波、雷达波以及晶体管内部产生的高频噪声：隔断噪声传递路径为主的屏蔽，更换产生较大干扰的元器件等。

4)电网浪涌电压噪声：在线路上设置各种滤波器、浪涌抑制器等。

2. 模-数转换器的噪声抑制

模-数转换器有积分式、逐次比较式，使用最多的为平方积分式。由于模-数转换精度要求高，对噪声极其敏感，应注意如下问题：

1)减小电源电压脉动(电源脉动或纹波影响模-数转换电路的基准电压)。

2)避免噪声侵入输入电路，尤其是高输入阻抗的模-数转换器，应在输入端设置箝位二极管，并采用放大器缓冲，抑制共模和差模噪声后再做模-数转换。

3)数字和模拟电路的地(公共线)分开。

4)积分电容的选择和屏蔽接地要求，即应采用具有良好高频特性的金属聚丙稀电容；屏蔽采用铜箔接地。

5)电源频率对模-数转换器的影响，即平方积分式模-数转换器应在其设计规定的电源频率下工作，否则将使其输出的零点产生严重的漂移。

6)集成电路电源并旁路电容，这样可降低电源的高频阻抗，能有效抑制芯片的内部噪声和电源噪声。

7)对输入电路的噪声采取的措施，即各级运算放大器前接低通滤波器。

3. 模拟量检测与传感器的噪声抑制

(1)微弱的检测信号传输

传感器检测到的微弱电信号(如毫伏级信号)经过长导线传送到控制装置的输入端或记录仪时，由于信号电平低而传输线长，比较容易受到干扰，传输线两端的电位差与要传送的信号相比也比较明显。通常这样的传感器在出厂时已经调整到最佳状态，而在现场应用中却因噪声干扰而无法正常工作。为了提高信噪比，一般采取的措施如下：

1）提高传送的电平

在传感器的输出将信号电平放大，然后在接收端按同样比例复原；接收端采用差动输入电路，抑制共模噪声的影响；同时，尽可能将传感器的输出电平增大(以不超过接收端的信号接收量程为原则)。例如，用电流霍尔传感器检测电力电子开关电路中的电流时，在传感器额定值比检测的工作电流大很多倍时，电流检测值及输出电平较小，将被检测的电流多穿过传感器几匝，则传感器输出电平成比例增大，能提高信号的抗扰度，而在相应的控制电路(装置)中再同比例折算回真正检测值。

2）抑制传送线上的交流噪声

对共模噪声采用差动输入放大器；当传输距离较远、或附近存在较强的交流磁场时，传输线上交流噪声较大，这样的交流噪声为差模，可采用接收放大器输入端与输出端之间并联钽电解电容的方式滤波，或在接收放大器输入端的两个端子都接入低通滤波器，或在输入端加入有源低通滤波器或陷波器。

(2)非线性传感器信号的噪声抑制

对热敏电阻等非线性传感元件输出的信号，通常采用线性化电路，或对数、指数型放大器等做函数变换，而进入这些电路的传感器信号都含有噪声。

为了降低噪声的影响，通常的方法是采用积分型模-数转换器，并在非线性放大电路输出端接入低通滤波器。这样的处理虽然可使数字量稳定，但是滤波却使得信号发生偏移，如图5-15所示。因此，应该在传感器信号输入到非线性放大器之前就加入低通滤波器或陷波滤波器。

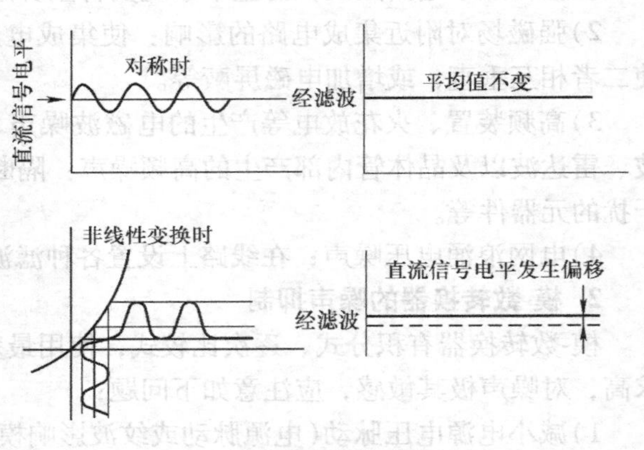

图5-15 滤波的偏移作用

此外，噪声的直流分量也容易导致运放饱和，工作失控，因此电路设计时应注意去除，具体方法参见模拟电路设计中的各种应用电路。

5.2.2 数字电路中的EMC问题

1. 数字电路的噪声容限

数字电路有各种功能，但是基本电路种类仍然是：门电路、触发器以及由它们构成的存储器、计数器、寄存器等。

多数数字电路系统具有存储和判断功能。这样的功能对于控制系统的自动化程度非常有用，但是从存在电磁噪声的角度来看，这样的存储也有可能产生副作用，如把瞬时出现的噪声干扰作为有用信息保存下来，引起电路误动作；较强的噪声还可能使存储器中的信号丢失，使系统无法正常工作。

如同前面章节所述，噪声总是存在的而且不可能完全消除。并非所有噪声都会对数字电路和系统产生不良影响，仅当噪声电压超过了器件的阈值电压时才会起作用。因此，为了保证数字电路的正常工作，应了解所用的数字电路逻辑器件的性能。

数字电路形式远比模拟电路简单，基本器件种类较少，电路中没有电感元件，电容也不多，因此便于大批量生产和制成大规模集成电路。数字集成电路有两大类：以电阻、二极管和晶体管为主体构成的双极性集成电路；以金属-氧化物-半导体(MOS)、场效应晶体管(FET)为主体构成的单极型集成电路。

数字集成电路的特点是所采用的器件有各自的噪声容限指标，被噪声污染的信号幅值不超过该数字电路的阈值电压时，噪声就不会产生副作用，这个阈值电压就称为噪声容限，因此数字电路的抗干扰能力决定于其本身的噪声容限。噪声容限主要分为如下三种。

(1) 直流电压噪声容限

按照器件给出的四个极限值，即高电平输入电压 V_{IH}，低电平输入电压 V_{IL}，高电平输出电压 V_{OH}，低电平输出电压 V_{OL}，来确定直流电压噪声容限：

1) 使输出电平从 V_{OH} 变为 V_{OL} 时所需要的输入电压变化量 ΔV_I 为

$$\Delta V_I \approx |V_{IH\,min} - V_{IL\,max}|$$

2) 使输出电平保持 V_{OH} 的低电平输入电压 V_{IL} 的裕度 ΔV_{IL} 为

$$\Delta V_{IL} \approx |V_{IL\,min} - V_{OL\,max}|$$

3) 使输出电平保持 V_{OL} 的高电平输入电压 V_{IH} 的裕度 ΔV_{IH} 为

$$\Delta V_{IH} \approx |V_{OH\,min} - V_{IH\,max}|$$

表 5-1 是几种典型数字集成电路的直流噪声容限。

表 5-1　典型数字集成电路的直流噪声容限　（单位：V）

项目种类	电源电压 V_{cc}	低电平输出电压 V_{OL}	高电平输出电压 V_{OH}	低电平输入电压裕度 ΔV_{IL}	高电平输入电压裕度 ΔV_{IH}
DTL	5.0	0.1 (0.45)	4.8 (2.5)	1.0 (0.8)	3.3 (0.6)
TTL	5.0	0.1 (0.4)	3.8 (2.4)	1.05 (0.4)	1.9 (0.4)
HTL	15.0	1.2 (1.5)	13.5 (11.5)	5.1 (5.0)	4.0 (2.5)
CMOS	5.0	0.01 (0.05)	4.99 (4.95)	2.25 (0.9)	2.25 (1.5)

(2) 交流噪声容限

交流噪声容限与数字电路对脉冲的反应速度有关。通常反应速度快的集成电路(HTL 和 CMOS)具有较高的噪声容限；而 TTL 器件对输入电压为低电平时从低到高的噪声抵抗能力最差，一般在“2V、20ns”左右的噪声下就会发生误动作。

(3) 能量噪声容限

直流电压噪声容限和交流电压噪声容限反映了单个逻辑元件的抗扰特性；而实际电路中的抗扰性不仅与接收端元件的噪声容限有关，还与驱动端的输出阻抗有关。电路、线路能承受噪声能量的数值，称为能力噪声容限。其计算公式为

$$EMI_{ENG} = V_{TH}^2 t_{PD} / Z_O \tag{5-24}$$

式中，V_{TH} 为门输入电压阈值；t_{PD} 为门传输延迟时间；Z_O 为门输出阻抗。

从式(5-24)可知，接收端逻辑器件的 V_{TH} 和 t_{PD} 越大，驱动侧逻辑器件的输出阻抗愈小时，能力噪声容限越大(能承受更大能量的噪声而不误动作)。

能量噪声容限是一项不容忽视的基本指标。直流噪声容限相差数倍的两种集成电路，其能量噪声容限会相差 100 倍以上。

应注意，噪声容限大的器件，往往产生的噪声也大，容易对其他电路产生不良影响。因此，设计时应全面考虑所采用的器件和电路中其他元件的兼容性问题。

2. 数字电路常见噪声和一般抑制措施

(1) 数字电路常见噪声

1) 电源噪声。例如，电路逻辑状态变化时的电流变化和电压变化(见后面PCB电源和地线噪声分析章节)、开关工作时或接通/断开较大负载时的浪涌电流、雷电引起的浪涌，等等。

2) 地线噪声(见前面章节的分析)。

3) 串扰。串扰是指走线、导线、走线和导线、电缆束、元件及任意其他易受电磁场干扰的电子元件之间的不希望有的电磁耦合，由于导线束之间靠的比较近，某一导线流过电流时在其他相邻导线中感应出不需要的信号。多芯导线(电缆)或捆扎在一起的导线束等传输线之间、印制电路板内平行走线之间、装置内较长的平行配线之间的电磁感应或静电感应，均属于串扰。此外还有高速开关电流流过分布电容等寄生参数，也导致无用信号叠加在工作信号上。这些都是数字电路中最常见的噪声。

串扰是由网络中的电流和电压产生的，类似于天线耦合，其耦合方式为：

电容耦合：直接原因是走线之间存在分布电容。电容耦合是走线与信号交叠区域之间距离间隔的直接函数。

电感耦合：指物理位置很接近的走线，它们之间通过磁场能量(磁通量)相互干扰。电路中源与受干扰走线间阻抗越大产生的串扰电平越高。

4) 反射。传输线路各部分的特性阻抗不同或与负载阻抗不匹配时，所传输的信号在终端部分产生一次或多次反射，使信号波形发生畸变或产生振荡。

5) 公共阻抗噪声。在多个逻辑元件或多块印制电路板之间的公共配线上，高速开关电流因配线阻抗而引起的噪声；静电放电噪声、数字电路本身工作时产生的噪声等也会影响数字电路工作。

(2) 数字电路噪声的一般抑制措施

针对上述常见噪声的一般性措施为：

1) 数字电路输入端不能悬空。

2) 尽量缩短电源线、接地线。

3) 旁路电路靠近集成电路电源引脚。

4) RS触发器等集成电路的输入端和地线间接入陶瓷电容以增强该器件的抗干扰能力。

5) 大量数据信息同时传输和变化时注意抑制感应噪声，减少与其他控制电路间的串扰。

(3) 抑制数字电路噪声的案例

1) 脉冲噪声的抑制。脉冲噪声是对逻辑电路威胁最大的噪声，它可以引起电路性能恶化，如使触发器改变指令功能，出现误动作；使存储器中的信息改变；使时钟、计数器、振荡器等状态变化而改变系统同步；使缓冲器、接口电路等产生的激励改变，等等。

数字电路正常脉冲信号的宽度应大于脉冲噪声的宽度，在有效地抑制脉冲噪声(称为窄脉冲噪声)的同时，要保证正常脉冲信号不丢失。

一般抑制窄脉冲噪声的方法是在数字电路的端子处加无源RC滤波电路，如图5-16a所示。RC滤波电路对信号具有延迟作用故而对脉冲噪声不敏感。然而电平转换期间，电容的充放电电压接近阈值U_{TH}时，也会导致数字电路正常脉冲的上沿和下沿变平坦，噪声容限降低，微小的噪声也会造成输出波形振荡，如图5-16b所示。振荡频率非常高，又对外形成辐射发射。

为了抑制这种振荡，采取的措施通常为波形整形电路，如加施密特触发器(如图5-17a所示)，使正常工作脉冲的上、下沿时间小于1μs甚至更短，提高噪声容限。因此，波形整形电路是将RC滤波电路和施密特触发器结合起来，抑制噪声的同时防止滤波器产生振荡的电路。距离较长时，滤波器应更靠近后级整形电路的输入端(如图5-17b所示)。从图5-17c各点波形可以观察到滤波和整形电路的优越性。

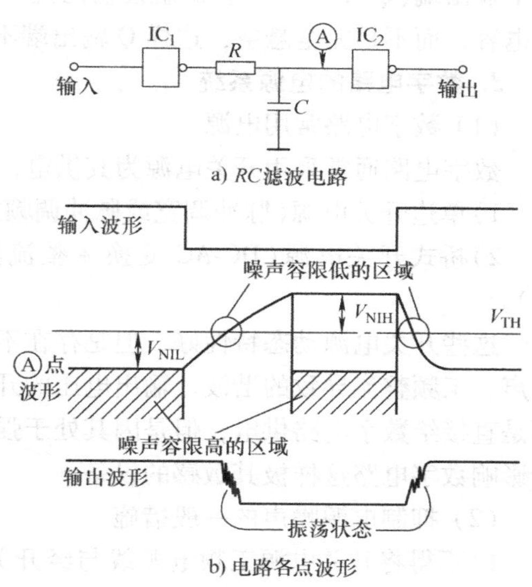

图5-16　采用RC滤波电路抑制噪声

需要注意的是，不论哪一种滤波电路，滤波时间常数必须大于现场可能出现的噪声最大脉宽，同时要小于正常数字信号的脉宽。

2)逻辑电路多余输入端的处理。数字逻辑电路中多余输入端的处理，一般都要求不悬空。如果简单的将多余的输入端悬空，则成为一根天线，能直接接收辐射噪声，或通过漏电阻和分布电容接收外来噪声信号。而逻辑电路在其规定的频率范围内，一旦输入电平超过阈值电压，不论是正常信号还是噪声信号，都会使电路动作，尤其是对于内部含有存储元件的电路。

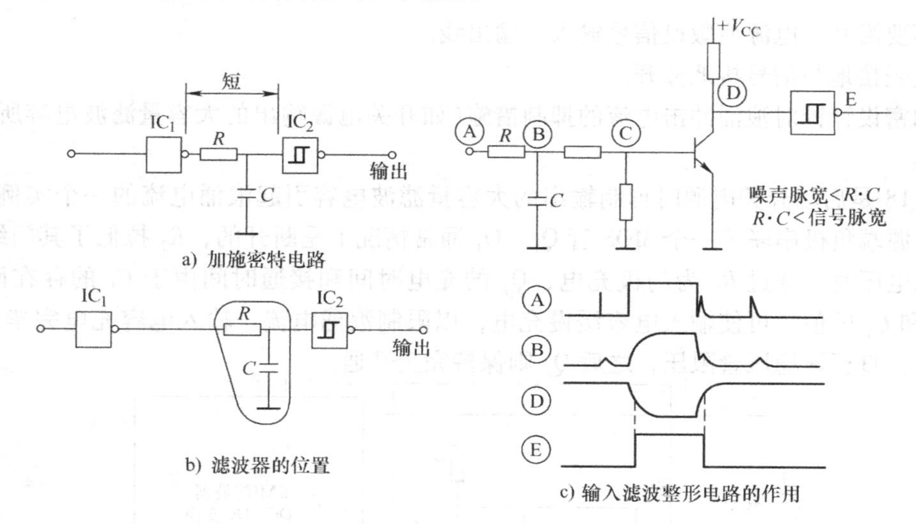

图5-17　滤波器加施密特触发器抑制噪声和滤波振荡

对门电路处理方法的一些建议为(以与非门为例)：多余输入端接到单独的电源上；在多余输入端串联一个1~10kΩ的电阻，再接到电源U_{CC}上；把多余输入端并联在正在使用的输入端上，这样可以加快响应速度，但是信号源功耗增大，所以引起的电源噪声也会增大；把多余输入端与不用的反相器输出端相连，不用的反相器因为也是多余的，其输入端要接地。

对于触发器类亦可采用类似的方法，分析其正常工作时的输出状态后，再将多余输入端接到电源或者地。触发器的输出端也需要注意抗干扰，在触发器两个输出端(Q和$\overline{Q}$)中仅用一个输出端(Q)时，为了提高触发器的抗干扰能力，可将$\overline{Q}$输出端对地接一个1000pF的瓷片电容，而不是完全悬空，这样Q输出端不易受噪声影响，避免误动作。

3. 数字电路的电源系统

(1) 数字电路常用电源

数字电路通常采用开关电源为其供电，有如下一些形式的开关电源：

1)单边开关电源(脉冲调宽或脉冲调频式)；

2)桥式开关电源(DC-AC变换+整流滤波，半桥式、推挽式、全桥式，PWM方式稳压)。

这些开关电源动态特性好，但是存在不同程度的噪声：输入大滤波电容导致的浪涌电流噪声、工频整流导致的谐波、输出电压的开关纹波及电流噪声等。虽然输入侧的浪涌和谐波不是直接给数字电路供电，但是因其处于强电的功率范围，对环境造成的辐射和对地噪声都会影响数字电路这样极其敏感的设备。

(2) 抑制电源噪声的一般措施

1)不得将开关电源工频电源线与经开关电源整流后的直流输出线捆扎在一起，以免形成串扰。

2)输出采用双绞线。双绞线是把电流方向相反、流量相等的两根导线互相顺一个方向拧在一起，因此从整体看，感应磁通引起的噪声电流互相抵消而对所传输的信号没有影响。同时，双绞线由于其拧合形状所致，也有一定的*LC*滤波作用，长距离传输信号时能滤除一部分噪声。

3)不要沿开关电源线敷设信号输入、输出线。

4)机壳接地与信号接地分开。

5)周密设计针对浪涌冲击电流的抑制措施(如开关电源输出的大容量滤波电容所致的冲击电流)。

图5-18是启动开关电源时抑制输出的大容量滤波电容引起浪涌电流的一个实例。这个电路在电源端负极串联了一个MOS管Q_1。Q_1通常情况下是断开的，R_2拉低了其门级电平。外加输入电压时，通过R_1为门极充电，Q_1的充电时间和接通时间由于C_1的存在而减慢。选择R_1和C_1的值，可使输入电容缓慢充电，以限制浪涌电流。输入电容充电完毕，Q_1门极再充电，直至被稳压管限压，之后Q_1则保持完全开通。

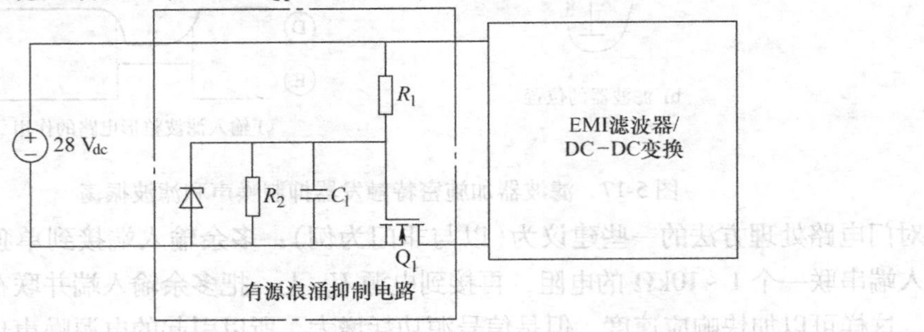

图5-18 采用串联MOS管的浪涌电流有源抑制电路

5.3 PCB 的 EMC 问题及设计

PCB(Printed Circuit Board)即印制电路板，是在电子产品设计中不可缺少的部分，起着机械和电气的双重连接作用。

PCB 是电子元器件电气连接的提供者。它以绝缘板为基材，切成一定尺寸，其上附有若干个导电图形，并布有孔(如元件孔、紧固孔、金属化孔等)，用来代替以往装置电子元器件的底盘，通过将元器件焊接、紧固在上面，以及板上各部分导电图形之间预先设计的连线，实现电子元器件之间的相互连接，通过接插件实现信号对外连接，如图 5-19 所示。由于这种板是采用电子印刷术制作的，故也被称为“印刷”电路板。

PCB 是电子产品最基本的部件，也是绝大部分电子元器件的载体。PCB 的发展已有 100 多年的历史。其设计主要是版图设计或排版设计。采用 PCB 可大大减少布线和装配的差错，提高自动化水平。

图 5-19　PCB 及相应电路

PCB 的排版设计不是简单的把元器件在印制电路板上排列，使电路得以连通就行。一个理论上设计良好的电路必须有合理的排列布局，才能使电路在实体组合后稳定可靠地工作。由于 PCB 的成本是与其面积成正比的，所以布线紧密可以节约 PCB 空间面积，降低成本。但基于前面几章介绍的知识可知，邻近导线互相之间会产生 EMI 问题，因而 PCB 设计关键问题是 EMC 问题。

产品的 PCB 设计完成后，可以说其核心电路的骚扰和抗扰特性就基本确定了，要想再提高其电磁兼容特性，就只能通过接口电路的滤波和外壳的屏蔽来弥补，这样不仅大大增加了产品的后续成本，也增加了产品的复杂程度，降低了产品的可靠性。

在 PCB 布线中增强电磁兼容性不会给产品的最终完成带来附加费用。相反，如果在 PCB 设计中，产品设计师只注重提高密度、减小占用空间、制作简单，或追求美观、布局均匀，而忽视了线路布局对电磁兼容性的影响，使大量的信号辐射到空间形成电磁骚扰，就将导致大量的EMC问题。近年来随着电子技术的迅猛发展，PCB上微处理器和逻辑电路中的时钟速率越来越快，信号的上升和下降时间越来越短，同时板上器件密度和布线密度不断增加，PCB的电磁兼容问题变得日益突出。在很多存在EMC问题的PCB设计案例中，即使最终不得已加上滤波器也无法解决这些问题，因而只能返工对整个PCB重新布线。因此，在设计开始时养成良好的PCB布线习惯是最经济的办法。

5.3.1 PCB上的噪声及由来

1. 地线和电源线上的噪声

当数字电路出现电磁干扰的问题，有经验的工程师会检查地线和电源线上的噪声。通常可以用示波器在电源线和地线上观察到明显的噪声电压，如图5-20所示，因此可以初步断定这些噪声是造成电路电磁干扰问题的原因，但是要找到解决问题的方案，必须了解这些噪声形成的原因。

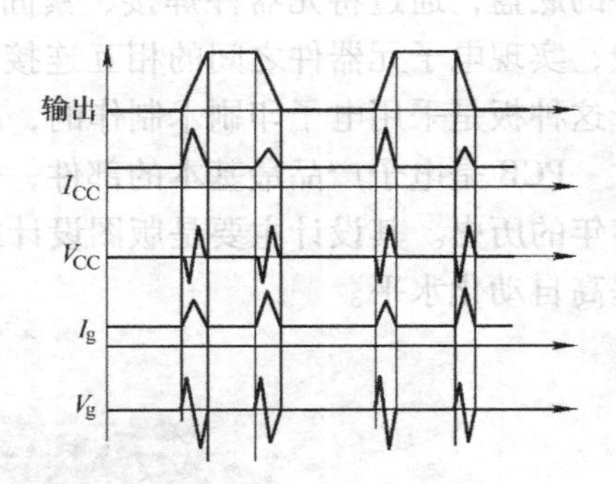

图5-20 电源线、地线噪声电压波形

I_{CC}—电源线上的电流 V_{CC}—电源线上的电压 I_g—地线上的电流 V_g—地线上的电压

(1) 电源线上的噪声

图5-21是一个典型的门电路输出级。当输出为高时，Q_3导通，Q_4截止；相反，当输出为低时，Q_3截止，Q_4导通。这两种状态都在电源与地之间形成了高阻抗，限制了电源的电流。

但是当输出状态发生变化时，Q_3和Q_4会有一段时间同时导通，这时在电源和地之间形成了短暂的低阻抗，产生30～100mA的尖峰电流；当门输出从低变为高时，电源不仅要提供这个短路电流，还要提供给寄生电容充电的电流，使这个电流的峰值更大。由于电源线总是有不同程度的电感，发生电流突变时，电源线上会产生感应电压，这就是在电源线上观察到的噪声。由于电源线阻抗的存在，也会造成电压的暂时跌落。

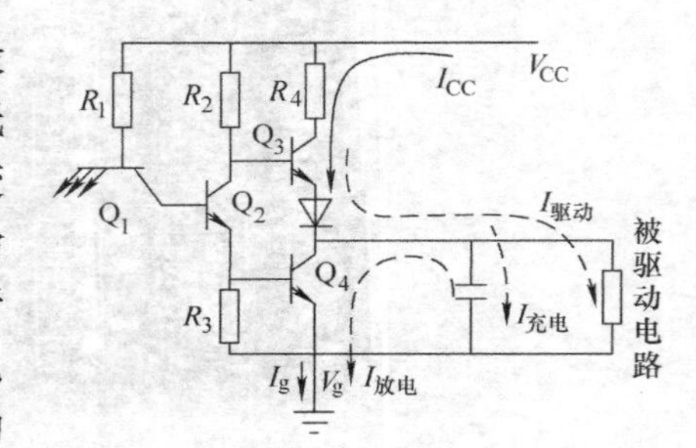

图5-21 典型门电路输出的电路工作情况

(2) 地线上的噪声

在电源线上产生上述尖峰电流的同时，地线上必然也流过这个电流，特别是当输出从高变为低时，寄生电容要放电，地线上的峰值电流就会更大(这与电源线上的情况正好相反，电源线上的峰值电流在输出从低变为高时更大)。地线总是有不同程度的电感，因此地线中会在电流突变时感应出电压，这就是地线噪声。

地线和电源线上的噪声电压不仅会造成电路工作不正常，而且会产生较强的电磁辐射。

通过以上分析，可以总结出电源线和地线上噪声的成因如下：

1) I_{CC}(电源线上的电流)中的噪声。在输出状态不同时，电流I_{CC}的幅值是不同的，输出稳定时，电流也是稳定的。当输出从低变为高时，由于瞬间短路，电流增加，同时需要给电路中的寄生电容充电，电流就更大；当输出从高变为低时，由于瞬间短路，电流增加，但不需要给电路中的寄生电容充电，因此电流与输出从低变为高的情况相比略小。

2）V_{CC}（电源线上的电压）中的噪声。当电流 I_{CC} 发生突变时，由于电源线上存在电感 L，会有感应电压 $L\mathrm{d}i/\mathrm{d}t$ 产生。

3）I_g（地线上的电流）中的噪声。地线上的电流 I_g 是电源线上的电流与电路中寄生电容放电电流之和，在输出稳定时，电流 I_g 也是稳定的。当输出从低变为高时，由于瞬间短路，I_g 增加。当输出从高变为低时，也存在瞬间短路现象，I_g 也在增加。由于电路中的寄生电容放电，因此电流峰值比输出从低变为高时的情况更大。

4）V_g（地线上的电压）。当电流 I_g 发生突变时，同样由于地线的电感 L，也会有感应电压 $L\mathrm{d}i/\mathrm{d}t$ 产生，形成地线上的电压 V_g。

2. PCB 的电磁辐射

PCB 电磁兼容的设计，除了保证电路工作可靠外，一个主要目的就是减小电路板的电磁辐射，保证设备在较低的屏蔽效能下满足有关标准的要求。由于一个电路的电磁辐射和接收的能力往往是一致的，因此在设计中，将 PCB 的电磁辐射降低了，也就同时提高了 PCB 的抗干扰能力。

（1）PCB 的两种辐射机理

PCB 的辐射主要有两个来源，一个是 PCB 走线，另一个是 I/O 电缆。根据辐射驱动电流的模式，辐射可分为差模辐射和共模辐射两种。

差模辐射：电路工作电流在信号环路中流动，这个信号环路会产生电磁辐射。由于这种工作电流本身是差模的，因此信号环路产生的辐射称为差模辐射。

共模辐射：当带电导体（即传输信号的导体）的电位与邻近导体的电位不同时，两者之间就会产生电流。即使两者之间没有任何导体连接，高频电流也会通过寄生电容流动。这种在电路各端形成的相同极性的电流为共模电流（参见前面章节对共模噪声的介绍），所产生的辐射亦称为共模辐射。在电子设备中，电缆的辐射主要以共模辐射为主。

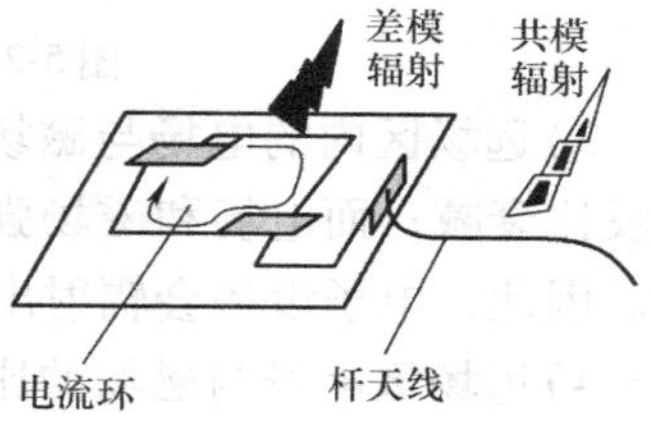

图 5-22　电路板和电缆的两种辐射机理

共模电压是设计意图之外的，因为除了电场波发射设备以外，没有任何设备是依靠共模电压工作，所以共模辐射比差模辐射更难预测和抑制。两种辐射的机理如图 5-22 所示。

（2）电流环路产生的辐射（差模辐射）分析

差模辐射可用如下一组电流环路模型描述和分析：

近场区内为

$$\begin{cases} H = IA\dfrac{1}{4\pi D^3} \\ E = Z_0 IA\dfrac{1}{2\lambda D^2} \\ Z_W = Z_0\dfrac{2\pi D}{\lambda} \end{cases} \tag{5-25}$$

远场区内为

$$\begin{cases} H = \pi IA \dfrac{1}{\lambda^2 D} \\ E = Z_0 \pi IA \dfrac{1}{\lambda^2 D} \\ Z_W = Z_0 = 377 \end{cases} \tag{5-26}$$

上述公式中，H 为磁场强度(A/m)；E 为电场强度(V/m)；I 为环路电流(A)；A 为环路面积(m^2)；D 为观测点到环路的距离(m)；Z_0 为自由空间的阻抗(377Ω)；λ 为电流频率所对应的波长(m)；Z_W 为环路阻抗(波阻抗)，等于电场与磁场的比值(Ω)。

对式(5-25)和式(5-26)加以分析，可以得出以下结论：

1)近场区内的磁场强度：磁场的辐射强度与频率无关(也适用于直流)；磁场的强度随距离的三次方衰减。因此，利用增加距离来减小磁场强度是十分有效的方法。

2)近场区内电场强度：电场的辐射强度随频率呈线性增长，随距离的二次方衰减。结合磁场的情况，可以理解磁场辐射源产生的电场波的波阻抗的变化，由于磁场随距离衰减快，电场衰减慢，因此随着距离的增加，波阻抗增大(如图 5-23b 所示)。

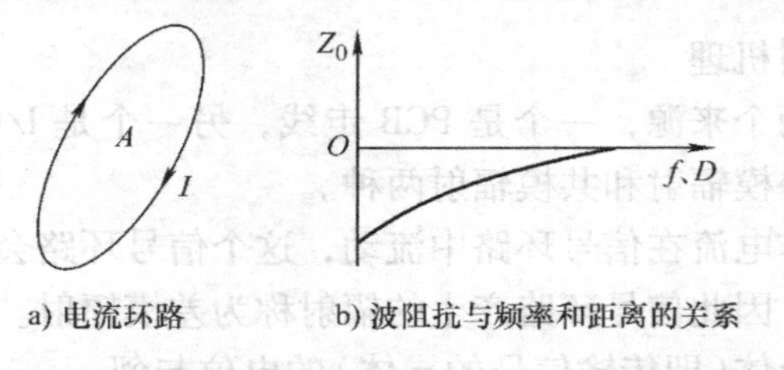

a) 电流环路　　b) 波阻抗与频率和距离的关系

图 5-23　式(5-25)和式(5-26)中各物理量间的关系

3)远场区内的电场与磁场强度：电场和磁场随距离衰减的速率是一样的，都是与距离呈反比衰减；而电场和磁场强度随频率的二次方增加，较小的高频电流就能产生很强的辐射。因此，电子设备会辐射出极高频率的电磁波。

4)远场区电场与磁场的比值(波阻抗)：它是一个定值，为 377Ω。

由于大多数电磁兼容标准中仅对电场辐射强度提出了限制，而且大多数标准的测量条件都属于远场区，因此远场区电场强度的公式用得最多。

(3) 导线(电缆)的辐射模型

导线(电缆)是用来传送有用信号(差模信号)的，它所引起的噪声为共模噪声，其共模辐射强度可用如下一组公式来估算：

近场区内为

$$\begin{cases} H = IL \dfrac{1}{4\pi D^2} \\ E = Z_0 IL \dfrac{\lambda}{8\pi^2 D^3} \\ Z_W = Z_0 \dfrac{\lambda}{2\pi D} \end{cases} \tag{5-27}$$

式中，I 为导线(电缆)中的共模电流(A)，与差模电流不同的是，共模电流的实际值很难预先估算出来；L 为导线(电缆)的长度(m)。

远场区内为

$$\begin{cases} H = IL\dfrac{1}{2\lambda D} \\ E = Z_0 IL\dfrac{1}{2\lambda D} \\ Z_W = Z_0 = 377 \end{cases} \tag{5-28}$$

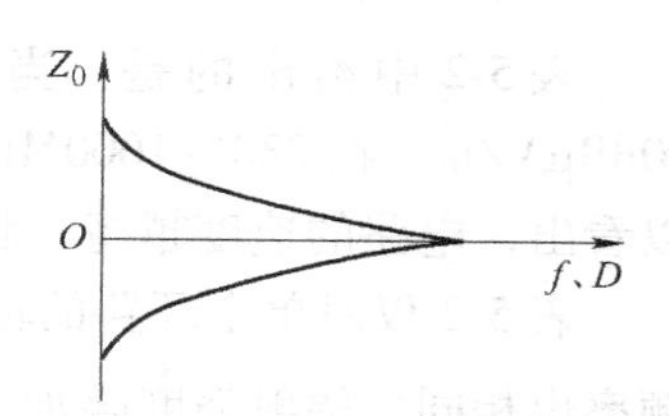

a) 导线中的电流　　b) 波阻抗与频率和距离的关系

图 5-24　式(5-27)和式(5-28)中各物理量间的关系

从式(5-27)和式(5-28)中，可以得出如下结论：

1）近场区内：磁场的辐射强度与频率无关(对直流也适用)，随距离的二次方衰减，这一结论与电流环路相同。而电场的辐射强度随频率增加而减小，随距离的三次方衰减，这与电流环路的情况正好相反。这里因磁场随距离衰减较慢(与距离的二次方成反比)，电场衰减很快(与距离的三次方成反比)，所以随着距离的增加，波阻抗减小(如图 5-24 所示)。

2）远场区内：电场强度和磁场强度随距离衰减的速率均与距离呈反比衰减；与之不同的是，电场强度和磁场强度随频率线性增加(电流环路辐射中是随频率的二次方增加)；波阻抗(电场与磁场的比值)为定值，为 377Ω。

与电流环路同样的理由，在设备电磁兼容性满足与否的预测中，通常采用远场区电场强度的计算方法，即

$$E = Z_0 IL\frac{1}{2\lambda D} \tag{5-29}$$

(4) 差模辐射预测　环路电流会产生差模辐射，辐射又可以在地面造成反射，如图 5-25 所示。

考虑地面反射时，常用的差模辐射预测公式为

$$E = \frac{2.6IAf^2}{D} \tag{5-30}$$

式中，E 的单位为 μV/m；对于脉冲电路，f 为脉冲电流各次谐波的频率。

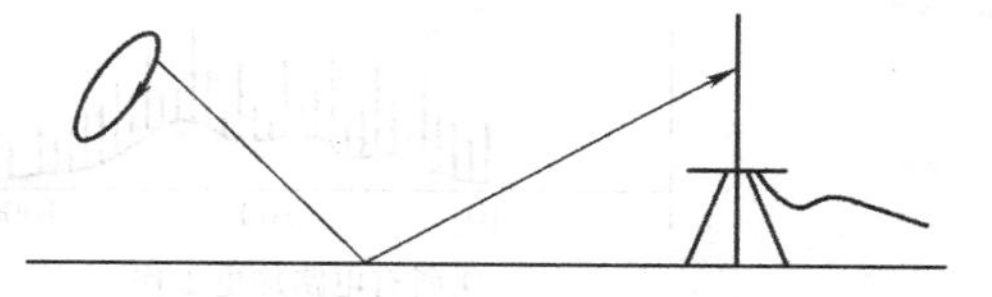

图 5-25　考虑地面反射时环路电流产生的差模辐射与接收设备

电磁兼容标准中，对辐射发射的限制一般体现在电场，因此用上面的公式可以预测电路的差模辐射是否会导致辐射发射超标。

这个公式也可以用来计算为了满足电磁兼容标准规定的辐射发射，所允许的最大环路面积，或最大电流。为了满足 EMI 指标要求，不同逻辑电路所允许的环路面积计算结果如表 5-2 所示。

表 5-2　不同逻辑电路所允许的环路面积

逻辑系列	上升时间/ns	电　流/mA	不同时钟频率允许的面积/cm²			
			4MHz	10MHz	30MHz	100MHz
4000B	40	6	1000	400		
74HC	6	20	50	45	18	6
74LS	6	50	20	18	7.2	2.4
74AC	3.5	80	5.5	2.2	0.75	0.25
74F	3	80	5.5	2.2	0.75	0.25
74AS	1.4	120	2	0.8	3	0.15

表 5-2 中给出的是：当测试距离为 10m、电磁辐射极限值在 30 ~ 230MHz 之间为 30dBμV/m、在 230 ~ 1000MHz 之间为 37dBμV/m 的要求下，不同逻辑电路的面积限制。可以看出，电路的速度越高、脉冲重复频率越高，则允许的面积越小。

表 5-2 仅对单个环路的辐射进行了计算，如果 N 个环路的信号频率相同，则它们辐射的频率也相同，辐射强度叠加，则总辐射正比于 $\sqrt{N}$。因此，为了减小环路引起的辐射发射，在设计电路时应尽可能分散设置时钟频率，尽量避免使用同一个时钟来获得不同的同步信号。如果各个环路中电流的频率不同，则没有叠加的关系。

表 5-2 仅针对差模辐射的情况。电路板的辐射不仅有差模辐射，还有共模辐射。而共模辐射往往比差模辐射更强。因此，绝不意味着只要电路满足了表 5-2 中的条件（多个环路时，考虑叠加），PCB 就能满足 EMI 的指标要求。而如果电路板上某个环路不满足这些条件，则 PCB 产生的电磁辐射肯定会超标。

（5）电路中的强辐射信号源　要布好 PCB，减小其电磁辐射，首先应了解什么信号的辐射最强，在设计时重点考虑产生这些信号的电路。

根据频谱分析的理论，周期信号的频谱为离散谱线，随机信号的频谱为连续谱线。这意味着，周期信号的能量集中在有限的几个频率上，而随机信号的能量分布在无限多个频率上。因此，周期信号的能量更集中，更容易产生干扰。

观察电子设备产生的辐射频谱可以注意到，最强的辐射肯定是单根谱线。将一块电路板的所有电路加电与仅给时钟部分加电，它们产生的最大辐射强度基本是相同的，如图 5-26 所示。因此，电路板上的周期信号是产生辐射最强的信号。

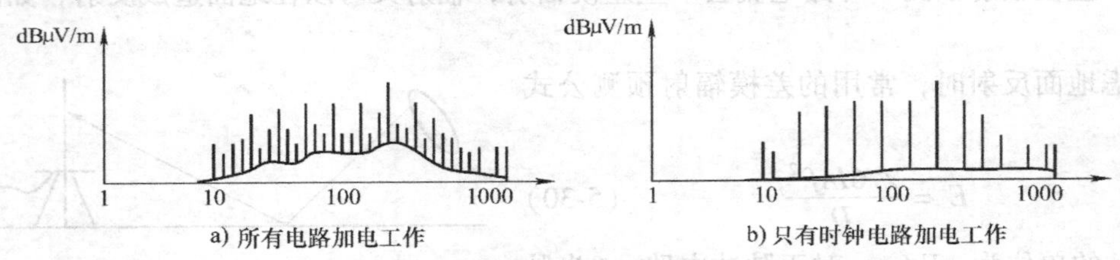

图 5-26　确认最大辐射源的方法

电路中的振荡器、时钟电路、地址总线的低位数据线、产生周期波形的功率电路（如开关电源中的开关管回路、CRT 显示器的行扫描输出等），都是这样的强辐射电路，在设计时要特别注意。

由于周期信号是最强的辐射信号源，因此在分析解决电磁兼容问题时，如果整个设备加电不方便，只要保证时钟或周期信号部分正常工作，就可以开展确认 EMI 的工作了，因为这时的电磁辐射状态也基本上是实际最大辐射状态。

（6）电流回路的阻抗　在分析差模辐射时，需要知道差模电流的实际路径，从而确定差模电流的环路面积。要明确一点的是，实际的电流并不是按照所设计的路径流动，而是选择阻抗最小的路径流动。所以，估算电流路径的实际阻抗是非常关键的，只要确定出最小阻抗的路径，也就确定了差模电流的路径。

图 5-27 是一个等效的电流回路，图中各量之间的关系为

$$\begin{cases} Z = R + j\omega L \\ L = \dfrac{\Phi}{I}, \Phi \propto A \end{cases} \tag{5-31}$$

式中，Z 为回路阻抗；R 为回路电阻；L 为回路电感；I 为回路电流；Φ 为回路的磁通量；A 为回路面积。

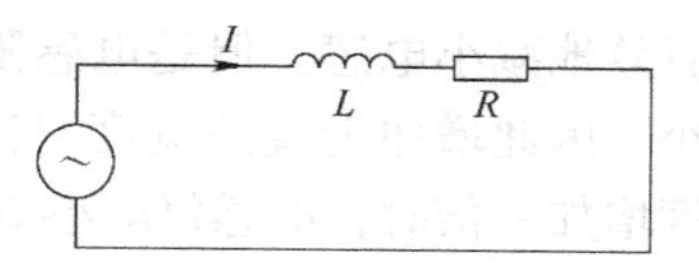

图 5-27　电流回路模型

根据对图 5-27 中各物理量的分析可知：

1）电流回路的阻抗由两部分组成，导线的电阻和环路的电感形成的感抗。频率较低时，感抗很小，回路的阻抗主要由电阻决定。频率较高时，电感的感抗所占比重越来越大，回路的阻抗主要由电感决定。回路的电感越大，阻抗越高。

2）根据回路电感 $L=\Phi/I$，可知回路的面积越大，回路所包围的磁通量越大，电感量也越大。因此，回路的阻抗是与回路的面积成正比的。

图 5-28 所示的实验，可以更加清楚告诉我们这一事实，即高频时回路面积决定回路的阻抗。该实验的有关说明如下：

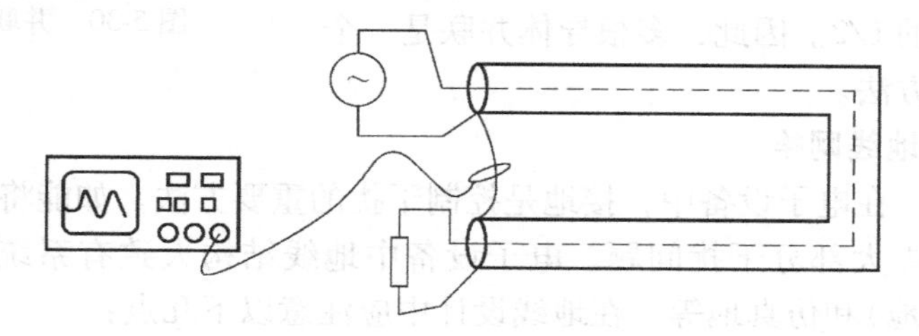

图 5-28　确认电流回路阻抗的实验

实验装置：同轴电缆的一端接信号发生器，频率可变，另一端接电阻负载。同轴电缆的两端外皮(金属编织层)用一根短粗的铜线连接起来，铜线的电阻和电感都很小。在铜线上套一个电流卡钳，用示波器监视铜线中电流的大小。

实验现象：将信号源的频率从低往高调，观察铜线中电流的变化。可以发现，当频率低于 1kHz 时，电流几乎全部走铜线；当频率高于 10kHz 时，电流几乎全部走同轴电缆的外屏蔽层；在 1kHz 和 10kHz 之间时，两个路径都有电流。

结论：高频电流总是走电感最小的路径，也就是回路面积最小的路径。

5.3.2 PCB 上噪声的抑制

1. 控制 PCB 走线的电感

线路走线产生的电感，可以在信号频率较高时产生较大的感抗和电压尖峰干扰，因此，控制走线电感也是 PCB 设计中极为重要的问题。

(1) 矩形导体的电感量　如图 5-29 所示的一段矩形导体状的走线，其电感(μH)为

$$L = 0.002S\left[2.3\log\left(\frac{2S}{W+t}\right)\right]+0.5 \tag{5-32}$$

式中，S 为导体长度(cm)；W 为导体宽度(cm)；t 为导体厚度(cm)。

(2) PCB 上走线的电感量　对于线路板走线，$t \ll W$，则电感计算公式简化为

$$L = 0.002S\left[2.3\log\left(\frac{2S}{W}\right)\right]+0.5 \tag{5-33}$$

从式(5-33)可以看出，电感量与其长度和长度的对数成正比，因此缩短导线的长度能够

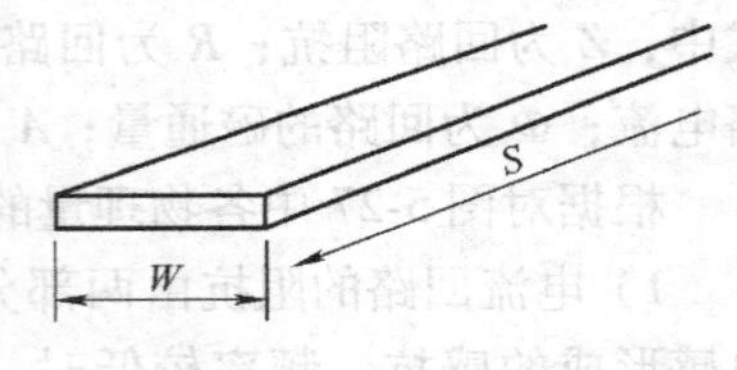

图 5-29 线路板中走线的电感

有效地减小电感。但是电感随着导体宽度的对数减小而减小，因此增加走线的宽度对减小电感的作用很有限，当宽度增加一倍时，电感仅减小 20%。

（3）并联导线的电感 如图 5-30 所示的两个导体并联时，并联总电感为

$$L = (L_1L_2 - M^2)/(L_1 + L_2 - 2M) \quad (5\text{-}34)$$

式中，M 为两个导体之间的互感。若 $L_1 = L_2$，则 $L = (L_1 + M)/2$。

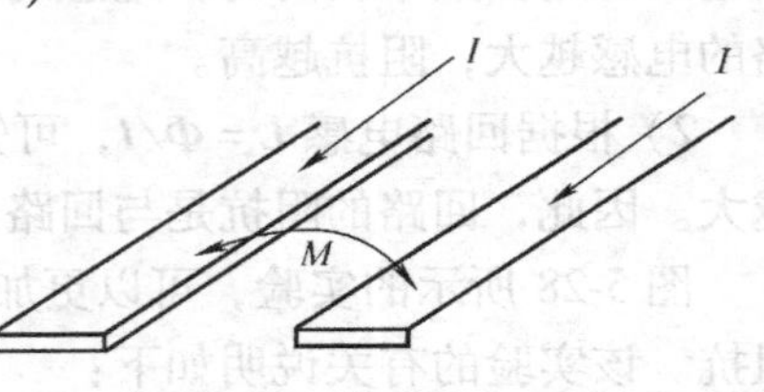

图 5-30 并联导体的电感

当两个导体靠得很近时，互感等于单个导体的自感，总电感几乎没有减小；当两个导体距离较远时，互感可以忽略，在两个导体的电感量相等的情况下，总电感降低为原来的 1/2。因此，多根导体并联是一个降低电感更有效的方法。

2. 地线设计与地线网格

（1）地线设计 在电子设备中，接地是控制干扰的重要方法。如能将接地和屏蔽正确结合起来使用，可解决大部分干扰问题。电子设备中地线结构大致有系统地、机壳地（屏蔽地）、数字地（逻辑地）和仿真地等。在地线设计中应注意以下几点：

1）正确选择单点接地与多点接地。低频电路中，信号的工作频率小于 1MHz，它的布线和器件间的电感影响较小，而接地电路形成的环流对干扰影响较大，因而应采用一点接地。当信号工作频率大于 10MHz 时，地线阻抗变得很大，此时应尽量降低地线阻抗，采用就近多点接地。当工作频率在 1～10MHz 时，如果采用一点接地，其地线长度不应超过波长的 1/20，否则应采用多点接地法。

2）将数字电路与仿真电路分开。电路板上既有高速逻辑电路，又有线性电路，应使它们尽量分开，而两者的地线不要相混，分别与电源端地线相连。要尽量加大线性电路的接地面积。

3）PCB 设计时尽量将接地线加粗。若接地线很细，接地电位则随电流的变化而变化，致使电子设备的定时信号电平不稳，抗噪声性能变坏。因此应将接地线尽量加粗，使它能通过三倍于印制电路板的允许电流。如有可能，接地线的宽度应大于 3mm。

4）将接地线构成死循环路。设计只由数字电路组成的印制电路板的地线系统时，将接地线做成死循环路可以明显提高抗噪声能力。其原因在于：印制电路板上有很多集成电路组件，尤其遇有耗电多的组件时，因受接地线粗细的限制，会在地线上产生较大的电位差，引起抗噪声能力下降，为了保证数字电路的可靠工作，减小电路板上所有电路的地线阻抗是一个基本的要求。若将接地线构成环路，则会缩小电位差，提高电子设备的抗噪声能力。

（2）地线网格 将接地线构成若干小环路，即形成了地线网格。

1）地线网格的作用。对于多层板，往往专门设置一层地线面。但是多层板的成本较高，在民用产品上较少使用。实际上，在双层板上做地线网格能获得几乎相同的效果。如果两块电路板的布局和安装的器件完全相同，只是一个有地线网格，一个没有地线网格，可测量电路板上芯片之间的地线噪声电压值，如表 5-3 所示。这个表显示出地线网格具有非常明显的

噪声抑制效果。

表 5-3　测量值比较　（单位：mV）

测量点	IC1～IC2	IC1～IC3	IC1～IC4	IC1～IC11	IC7～IC15	IC15～IC16
单点接地	150	425	425	625	850	1000
地线网格	100	150	120	200	125	100

2）地线网格的制作方法。在双层板的两面布置尽量多的平行地线，一面水平线，另一面垂直线，然后在它们交叉的地方用过孔连接起来，如图 5-31 所示。虽然从上面的分析中知道，平行导体的距离远些，减小电感的作用更大，但是考虑到每个芯片的近旁应该有地线，所以往往每隔 1～1.5cm 布一根地线。制作地线网格的一个关键是在布信号线之前布地线网格，否则是十分困难的。尽管地线要尽量宽，但是除了作为直流电源主回路的地线由于要通过较大的电流，需要有一定的宽度外，地线网格中的其他导线并不需要很宽，即使有一根很窄的导线，也比没有强。

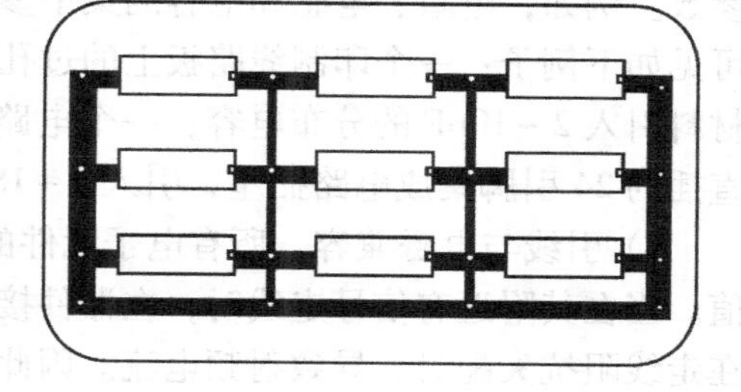

图 5-31　地线网格

3. 消除电源线噪声

如前所述，逻辑门的输出状态发生变化时，电源线上会有电流突变，由于电源线的电感效应，会在电源线上产生噪声电压，对其他共用电源的电路产生干扰，并且会产生辐射。对于电源线电感的问题，一般用下面的方法消除其电感效应。

（1）在关键部分的芯片或电路的电源处增加并联的储能电容

储能电容的作用是为芯片提供电路输出状态发生变化时所需的大电流，这样就避免了电源线上的电流发生突变，减小了感应出的噪声电压。即使在电路板上使用了电源线网格或电源线面（电源系统具有很小的电感），储能电容也是必要的。这是由于储能电容将电流变化局限在较小的范围内，减小了辐射（后面将看到辐射量与电流环路的面积是成正比的）。

储能电容的作用是为芯片提供瞬态高能量，因此在布线时，要尽量使它靠近芯片，目的是使储能电容的供电回路面积尽量小，如图 5-32 所示，或使储能电容与芯片电源端和地线端之间的连线尽量短，如图 5-33 所示。

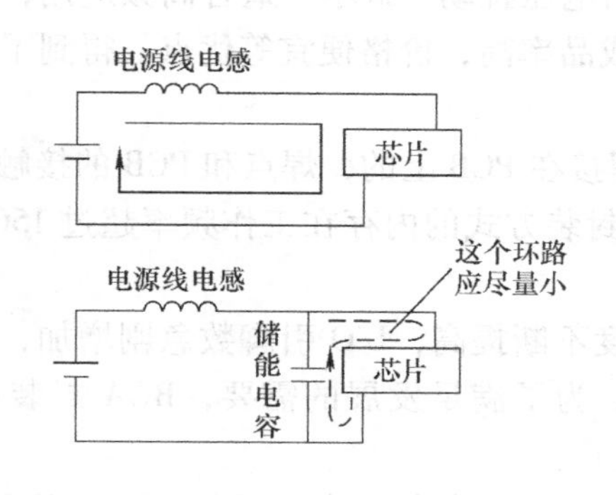

图 5-32　并联储能电容减小电源噪声

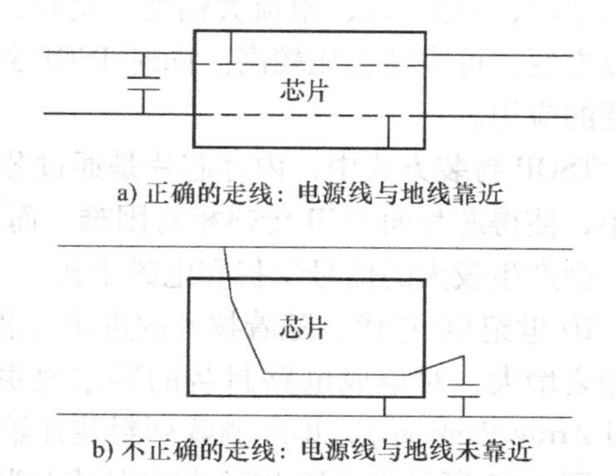

图 5-33　芯片与储能电容的安装与走线示意图

每个芯片的储能电容在放电完毕后，需要及时补充电荷，做好下次放电的准备。为了减小对电源系统的干扰，通常也通过电容来提供电荷，所以也称这样的电容为二级储能电容。当电路板上的芯片较少时，一只二级储能电容就可以了，一般安装在电源线的入口处，容量为芯片储能电容总容量的10倍以上。如果电路板上芯片较多，每10～15片设置一个二级储能电容。这个电容同样要求串联电感尽量小，应该使用钽电解电容，而不要使用铝电解电容，因为后者具有较大的内部电感。

（2）芯片封装和安装 先来看一下PCB上的元件封装和安装、引线等与电磁兼容的关系。

1）元件与电磁兼容。元件参数可以用集中参数表示，但是其结构和封装也会产生分布参数。例如，电阻、电感和电容的集中参数，可以表示为R、L、C。安装引起的分布参数，可见如下例子：一个印制线路板上的过孔大约引起0.6pF的电容；一个集成电路本身的封装材料引入2～10pF的分布电容；一个电路板上的接插件有5～20nH的分布电感；一个双列直插的24引脚集成电路插座，引入4～18nH的分布电感。

2）引线与电磁兼容。所有电子元件的引脚都存在引线电感，电路板的过孔也增加电感值。当在其附近有信号走线时，在器件接地管脚和系统接地板之间，将出现阻抗失配。当存在走线阻抗失配时，导致射频电流。因此，必须设计去耦电容使引线长度电感最小，包括过孔电感和器件引线电感。

电子产品在追求小型化的密集PCB设计进程中，以前使用的穿孔插件元件已无法缩小，同时，电子产品功能更强大，所采用的集成电路（IC）已无穿孔元件，特别是大规模、高集成IC，因而采用表面贴片元件和表面组装技术（Surface Mounted Technology，SMT）。采用SMT具有如下特点：①组装密度高、电子产品体积小、重量轻，贴片元件的体积和重量只有传统插装元件的1/10左右，一般采用SMT之后，电子产品体积缩小40%～60%，重量减轻60%～80%。②可靠性高、抗振能力强，焊点缺陷率低；③高频特性好，减少了电磁和射频干扰；④提高生产效率，以及降低成本达30%～50%。

内存条是典型的引线密集、芯片引脚多的PCB案例。20世纪80年代，内存第二代的封装技术TSOP出现，得到了业界广泛的认可，时至今日仍旧是内存封装的主流技术。图5-34所示为TSOP封装内存，TSOP是“Thin Small Outline Package”的缩写，意思是薄型小尺寸封装。TSOP内存是在芯片的周围做出引脚，采用SMT直接附着在PCB的表面。TSOP封装外形尺寸时，寄生参数（电流大幅度变化时，引起输出电压扰动）减小，适合高频应用，操作比较方便，可靠性也比较高。同时TSOP封装具有成品率高，价格便宜等优点，得到了极为广泛的应用。

TSOP封装方式中，内存芯片是通过芯片引脚焊接在PCB上的，焊点和PCB的接触面积较小，使得芯片向PCB传热相对困难。而且TSOP封装方式的内存在工作频率超过150MHz后，会产生较大的信号干扰和电磁干扰。

20世纪90年代，随着技术的进步，芯片集成度不断提高，I/O引脚数急剧增加，功耗也随之增大，对集成电路封装的要求也更加严格。为了满足发展的需要，BGA封装（Ball Grid Array Package），即球栅阵列封装开始应用于生产。

图5-35所示为采用BGA封装技术封装的内存，可以使内存在体积不变的情况下，容量提高2～3倍。BGA与TSOP相比，具有更小的体积，更好的散热性能和电性能。BGA封装技术使每平方英寸的存储量有了很大提升，采用BGA封装技术的内存产品在相同容量下，

体积只有 TSOP 封装的 1/3；另外，与传统 TSOP 方式相比，BGA 封装方式有更加快速和有效的散热途径。

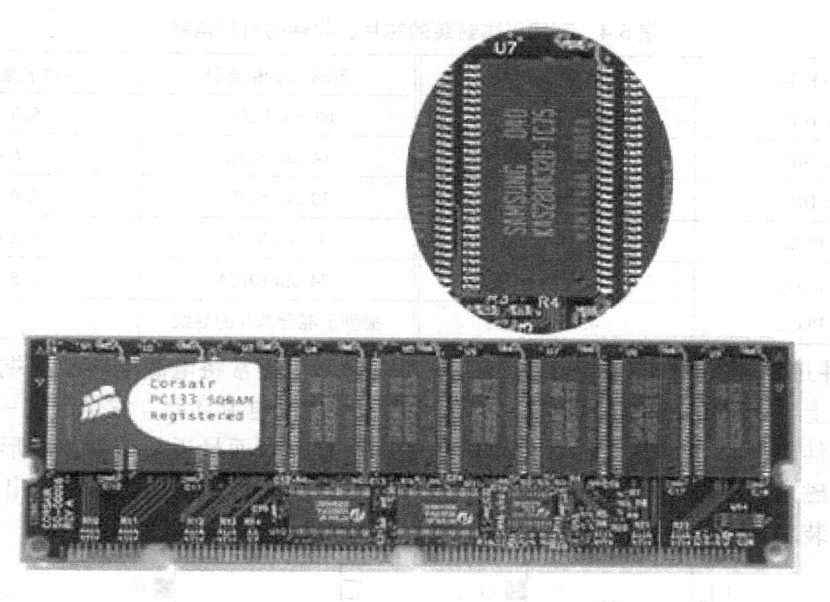

图 5-34　TSOP 封装内存

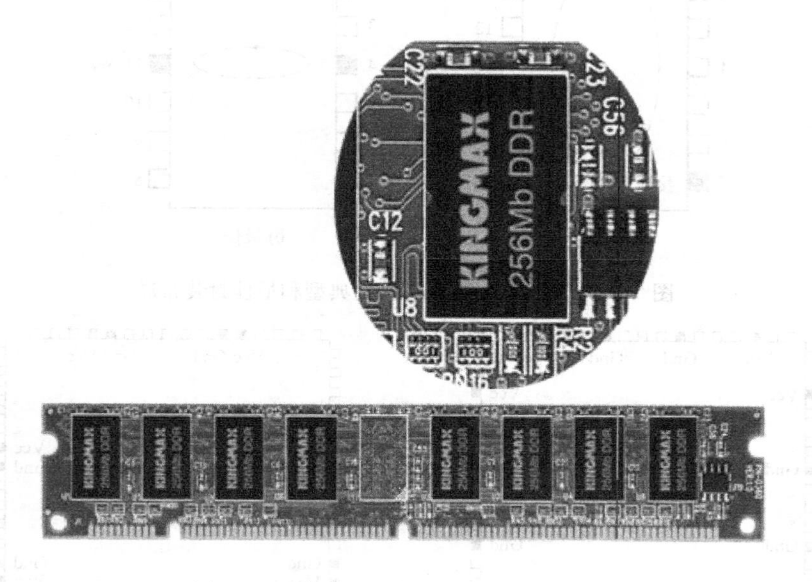

图 5-35　采用 BGA 封装技术封装的内存

BGA 封装的 I/O 端子以圆形或柱状焊点按阵列形式分布在封装下面，BGA 封装技术的优点是 I/O 引脚数虽然增加了，但引脚间距并没有减小反而增加了，从而提高了组装成品率；虽然功耗增加了，但能用可控塌陷芯片法焊接，从而可以改善其电热性能；厚度和重量都较以前的封装技术有所减小；寄生参数减小，信号传输延迟小，使用频率大大提高；组装可用共面焊接，可靠性高。

对各元件封装、安装的电磁兼容性进行比较后得到如下结论：表面安装元件优于通孔元件，而BGA封装元件优于普通表面安装元件。表5-4给出了不同引脚封装的芯片、器件的引线电感。

表5-4 不同引脚封装的芯片、器件的引线电感

包的大小和类型	导线长度电感/nH	包的大小和类型	导线长度电感/nH
14 pin DIP	2.0～10.2	68 pin PLCC	5.3～8.9
20 pin DIP	3.4～13.7	14 pin SOIC	2.6～3.6
40 pin DIP	4.4～21.7	20 pin SOIC	4.9～8.5
20 pin PLCC	3.5～6.3	40 pin TAB	1.2～2.5
28 pin PLCC	3.7～7.8	624 pin CBGA	1.5～4.7
44 pin PLCC	4.3～6.1	捆绑于混合基片的导线	1

3）元件封装与电磁兼容。典型封装的双列直插芯片通常将电源端与地线端设置在芯片的两个对角上，这样或许能方便走线，但是形成了很大的电流环路，它像天线一样将辐射发射出去。最佳的电源-地线设计芯片将这两个引脚设置在对面最近的位置，所形成的电流环路最小，电磁兼容性最佳，如图5-36所示。同理，图5-37也依据这个原则给出了典型的68脚的典型封装芯片和最佳电源-地线封装芯片的布局。

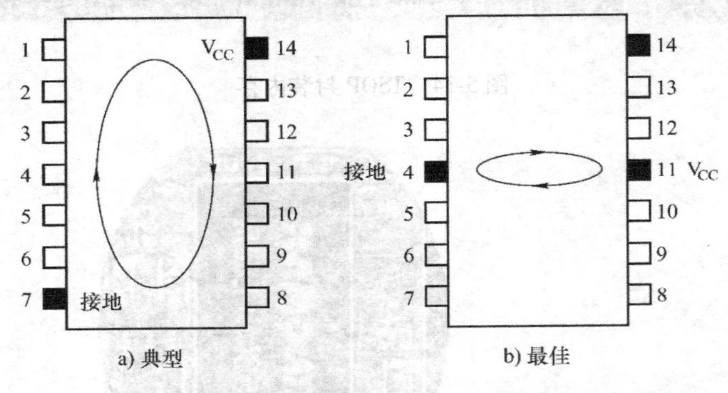

图5-36 双列直插14脚芯片的典型和最佳封装布局

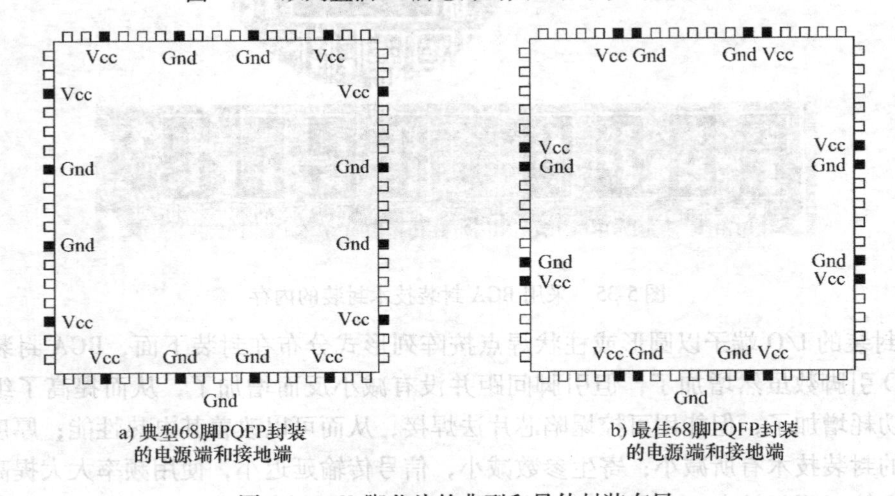

图5-37 68脚芯片的典型和最佳封装布局

储能电容与芯片之间的连线长度是电路板走线的长度加上芯片自身引脚的长度。因此，

要减小这两部分的总长度，应选用电源引脚与地引脚靠得近的芯片，不使用芯片安装座，尽量使用表面安装形式的芯片等。

4. 单层或双层印制电路板如何减小环路的面积

出于成本的考虑，在一般民用设备中都使用单层或双层印制电路板。随着数字脉冲电路广泛应用，单层板和双层板的电磁兼容问题越来越突出。造成这种现象的主要原因是信号回路面积过大，不仅产生了较强的电磁辐射，而且使电路对外界干扰敏感。要改善电路板的电磁兼容性，最简单的方法是减小关键信号的回路面积。

(1) 确认关键信号

从电磁兼容的角度考虑，关键信号主要指能产生较强辐射的信号和对外界敏感的信号。如前所述，能够产生较强辐射的信号是周期性信号，如时钟信号或地址的低位信号。对干扰较敏感的信号是指那些电平较低的模拟信号。

(2) 减小回路面积的方法

单层板中一种简单的方法是在关键信号线边上布一条地线，这条地线应尽量靠近信号线，如图5-38a所示，这样就形成了较小的回路面积，可减小差模辐射和对外界干扰的敏感度。根据前面的分析，当在信号线的旁边加一条地线后，就形成了一个面积最小的回路，信号电流肯定会取道这个回路，而不是其他地线路径。

如果是双层电路板，可以在电路板的另一面靠近信号线的下面，沿着信号线布一条地线，地线应尽量宽，如图5-38b所示，这样形成的回路面积等于电路板的厚度乘以信号线的长度。

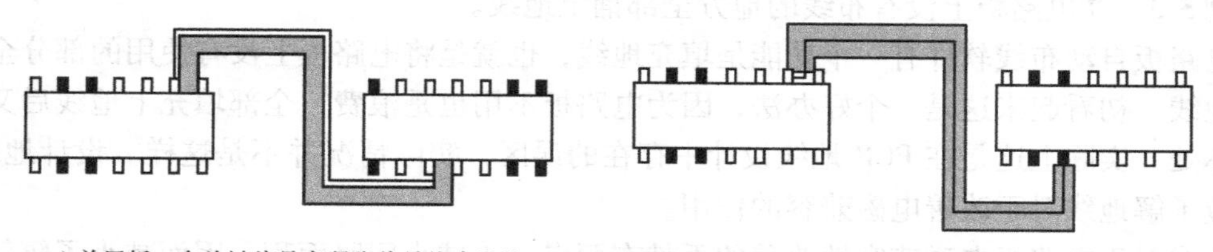

a) 单层板：在关键信号旁紧靠信号线布地线　b) 双层板：在另一面沿关键信号线布地线

图5-38　减小关键信号回路面积的布线方法

由前面的讨论可知，双层板也应使用地线网格，以减小地线的阻抗。使用了地线网格后，信号线的附近总会有一条地线，因而形成的回路面积较小。布线时，还应尽量使关键线靠近地线。产生很强辐射或特别敏感的信号称为关键信号，需要在紧靠关键信号线的地方设置地线。

(3) 布线有关问题和不良布线举例

下面举例说明布线中存在的问题及解决方法。

例5-1　某布线情况如图5-39所示。地线构成梳状，虚线为信号线。

问题：信号通过图中箭头所示回路(称为回流线)流通，这种结构中，尽管信号线很短，但回流线必须绕一个大圈，形成很大的电流环路面积，产生较强的辐射。

解决方法：梳状地线很容易改成网格地线，如图5-31所示，只要在每条竖地线之间增加一条短路线，就构成了地线网格，能够为每个信号电流提供一个较小的信号环路。根据前面讨论的信号环路电感可知，面积小的环路电感也较小，即其阻抗较小，因此信号电流必然会走环路面积较小的路径。

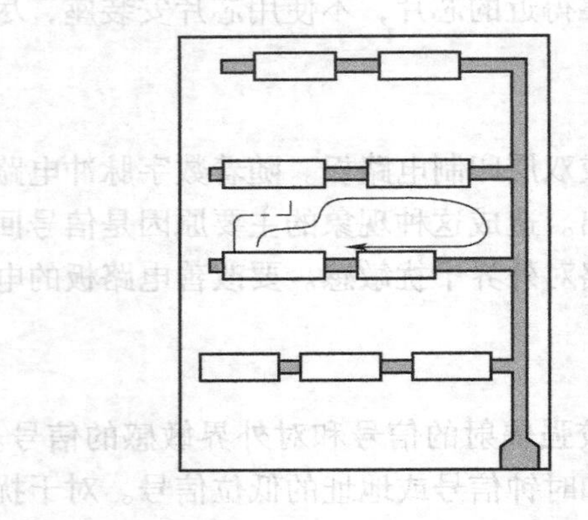
图 5-39　案例 1—回路面积过大

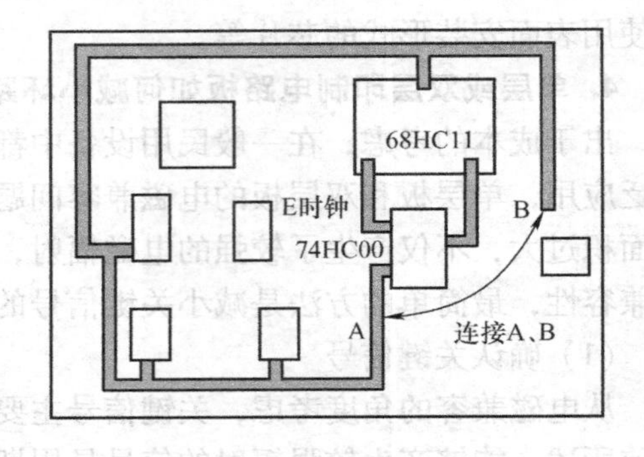

图 5-40　案例 2—回路面积过大

例 5-2　某布线情况如图 5-40 所示。

问题：芯片 68HC11 的时钟信号送到 74HC00，74HC00 的输出返回到 68HC11，这两个芯片虽然靠得很近，信号线仅有 5cm 长，但地线却连到了电路板的两个对角，2MHz 的信号电流面积实际是整块 PCB。

解决方法：将 A 点与 B 点连接起来，可使 2MHz 的高次谐波辐射降低 15～20dB。

说明：在设计电路时，不仅要关注信号线，控制其长度，还要关注信号回流线，使整个回路面积最小。

例 5-3　在电路板上没有布线的地方全部铺上地线。

电路板自动布线软件有一个功能是填充地线，也就是将电路板上没有使用的部分全部填充上地线。初看起来这是一个好办法，因为电路板不用也是浪费，全部填充上地线后又没有什么坏处。实际上这是在 PCB 地线设计中存在的误区，实际情况并不是这样。设计地线时，首先应了解地线对于改善电磁兼容的作用。

地线对于电路板电磁兼容性改善的贡献有两点：①减小回路面积，因而减小了辐射；②减小轨线之间的串扰。减小串扰的机理是：为电磁能量提供了一条更好的路径，使能量不能进入受害导体；减小受扰导体的回路面积，从而减小干扰接收面积。因此，判断设置的地线是否起作用，要从上述两个方面判断。

对于图 5-41 中的地线，从减小回路面积的角度看，没有起任何作用，因此不能减小电磁辐射，也改善不了电路板的电磁辐射发射。至于减小轨线间的串扰是否起作用，要分析具体情况。在这个例子中，如果能在时钟线的正下方布一条地线，一定会起到较好的干扰抑制效果。

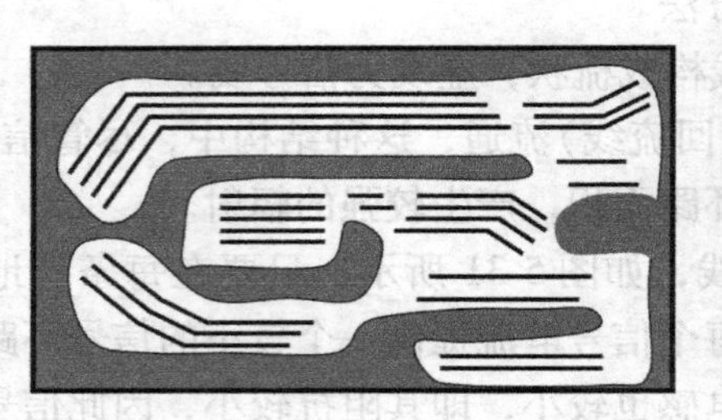
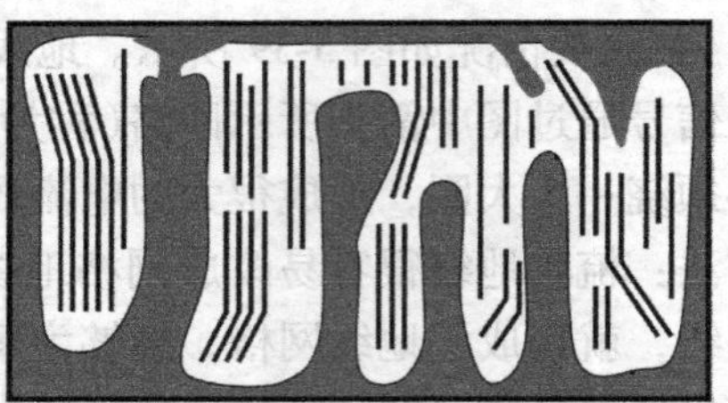
图 5-41　在线路板上没有布线的地方全部填充作为地线的设计

分析思路：设置一根地线之前，要清楚它起什么作用，是减小了回路面积，还是对耦合起到隔离的作用。

5. 采用多层板减小辐射

一般人们采用多层电路板是基于如下两个优点：一是可以增加布线密度，二是可以使传输线的阻抗稳定。实际上，多层电路板还有一个更大的优点：它可以减小电路板的电磁辐射，提高线电板的抗干扰能力。多层 PCB 板示意图如图 5-42 所示。

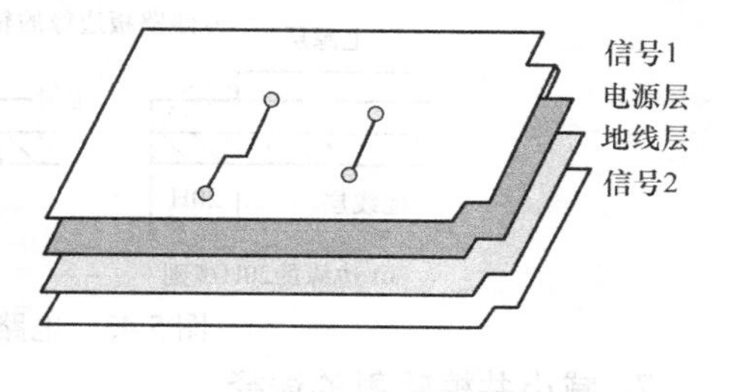

图 5-42　多层 PCB 板

（1）多层电路板减小了信号环路面积　在多层电路板的应用中，一般专门用两层作电源和信号地线，这样，信号线与地线之间的距离仅为电路板层间距离。由于高频电路总是选择环路面积最小的路径流动，实际的电流总是在信号线正下方的地线面上流动，就自然形成了最小的信号环路面积，从而减小了差模辐射。

对于低频信号回路而言，虽然低频信号不一定走最小环路面积的路径，但是，低频信号的差模辐射较小，并且在许多电磁兼容标准中对 30MHz 以下的辐射发射没有限制，所以多层电路板对减小低频信号的差模干扰没有很大作用，但也没有坏处。

（2）多层板各层的设置　四层电路板通常将电源和地线放在中间两层，这样做有以下优点：

1）便于维护；

2）两层信号走线之间的串扰小；

3）电源层和地线层之间距离较小，因此阻抗很小，适合于电源噪声解耦。

如果将地线和电源线层放在外边，将信号线加在中间，从减小辐射的角度可能会有些好处，但是由于下面的缺点使这种方法很少使用：

1）无法对走线进行维护、修理；

2）两个信号层上的走线必须垂直，否则会发生较严重的串扰；

3）不利于使用表面安装器件；

4）降低了信号线的阻抗，增加了电路负荷。

如果电路板上有模拟电路和数字电路，它们的地线面要分开，但要在同一层地线面上划分，而不要用两层分别作地线，因为两层地线面之间的耦合会很严重。

6. 电路板边缘的问题和处理

在电路板的边缘，信号线或电源线上电流会产生更强的辐射，如图 5-43 所示。

为了避免 PCB 边缘强辐射的发生，电路板的边缘设计要注意以下几点：

（1）20H 规则

在电路板的边缘，地线面比电源层和信号层至少外延出 20H，H 是电路板上地线面与电源线面或信号线层之间的距离。这条规则也适合于在电路板上不同区域的边缘场合。

（2）关键信号线的处理

关键信号线（时钟信号线等）不要太靠近电路板的边缘，这也包括电路板上不同区域的边缘。

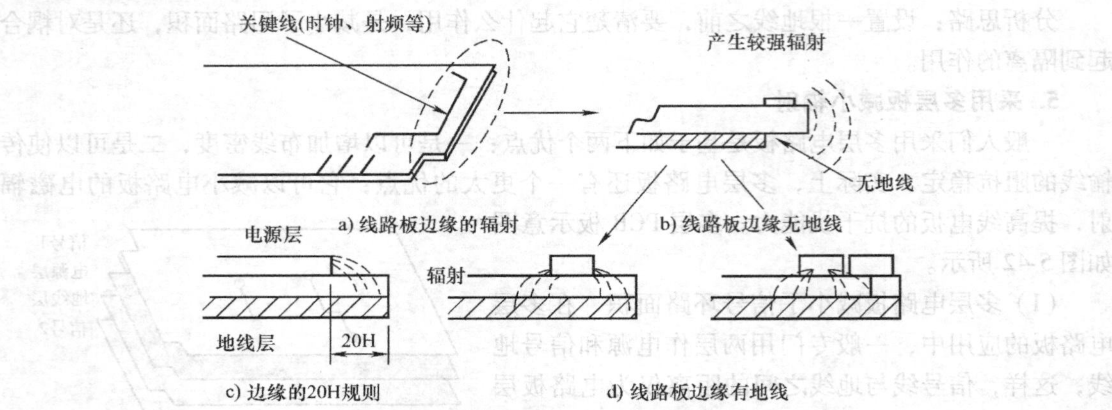

图 5-43 电路板边缘的问题和 20H 规则

7. 减小共模辐射的途径

电缆的共模辐射由下式决定

$$E = 1.26ILf/D \tag{5-35}$$

式中，I 为共模电流；L 为电缆的电感，与电缆长度成正比；f 为共模信号频率。

虽然从式(5-35)表示的共模辐射中很容易看出控制这些参数可以减小电缆的共模辐射，但是控制这些参数并不容易，它涉及共模辐射源、端接方式、阻抗等一系列因素。

(1) 电缆长度控制

在满足使用要求的前提下，尽量使用短的电缆。但电缆长度往往受到设备之间连接距离的限制，不能随意缩短。

(2) 减小共模电流

减小共模电流是有效降低共模辐射的最重要内容。减小共模电流可以从下面几个方面着手：

1) 增加共模电流环路的阻抗。共模电压主要是由分布电容引起的，它与电路板设计、电缆布置、机箱结构等因素有关。设备组装完成后，由设备在电缆上产生的共模电压也就一定了。在共模电压一定的情况下，增加共模电流路径的阻抗可以减小共模电流。共模扼流圈就是增加共模阻抗的有效方法之一。共模环路的阻抗由以下几部分构成：电缆的阻抗、地线的阻抗、线路板与机箱之间的阻抗（包括两个设备之间的阻抗）、机箱与大地之间的阻抗。

对于低频而言，将电路板与机箱断开，或将机箱与大地断开都能够增加共模回路的阻抗。但由于分布参数的存在，对高频而言，将电路板与机箱的连线断开，或将机箱与大地之间的连线断开并不能增加回路阻抗。在实践中，常用的方法是在电缆上安装一个共模扼流圈。简单安装共模扼流圈方法的是在电缆上套一个铁氧体磁环，如图 5-44 所示。

电缆上套了铁氧体磁环后，其效果取决于原来共模环路的阻抗。可以用下面共模辐射改善量关系式来说明其效果：

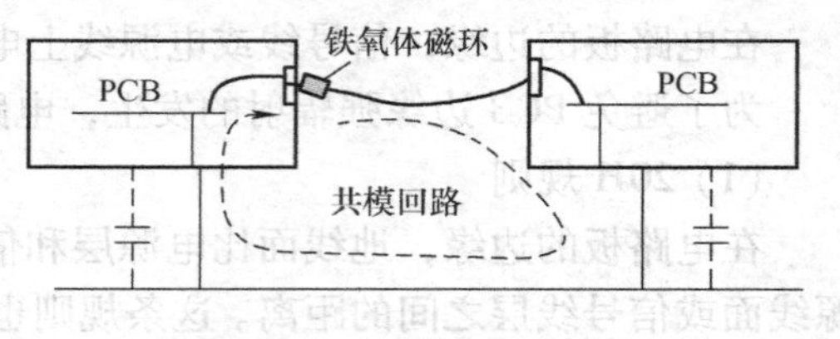

图 5-44 安装共模扼流圈增加共模电流回路阻抗

共模辐射改善量(dB) = 20lg(加铁氧体前的辐射/加铁氧体后的辐射)

= 20lg(加铁氧体前的共模电流/加铁氧体后的共模电流)

= 20lg(加铁氧体后的共模环路阻抗/加铁氧体前的共模环路阻抗)

例如，如果未加铁氧体时的共模环路阻抗为 100Ω，加了铁氧体以后为 1000Ω，则共模辐射改善为 20dB。

许多人对铁氧体寄予了过高的期望，只要一遇到电缆辐射的问题，就在电缆上套铁氧体，结果往往会失望。因为有些电缆的终端是开路的，原来的共模环路已经有了很高的阻抗，再加上几百欧的阻抗几乎没有什么影响。此外，套上铁氧体后，有时电磁辐射并没有明显的改善，这不一定是铁氧体没有起作用，而可能是除了这根电缆以外，还有其他辐射源。

2）减小共模电压阻抗。当共模回路阻抗一定时，减小共模电压就可以减小共模电流。但是共模电压产生的机理十分复杂，一般很难找到共模电压产生的源头。一般通过在电路板的 I/O 接口部分设置干净地、对机箱内的 I/O 电缆屏蔽、使机箱内的 I/O 电缆长度尽量短等方法减小共模电压。

3）减小电缆上的高频共模电流。可以通过使用共模低通滤波器来实现。但是，共模滤波器往往对差模信号也有一定的影响，当差模信号的信号频率较高时，不能有效地滤除高频共模电流。共模扼流圈是唯一对差模信号影响很小的共模滤波器件，但是其效果很有限。

（3）采用屏蔽电缆

屏蔽电缆是抑制共模辐射十分有效的方法，但要注意电缆屏蔽层的端接方法和端接位置，端接的不好可能会增加电缆的辐射。

1）理想的电缆屏蔽。要使屏蔽电缆在抑制共模辐射方面发挥预期的作用，最重要的一点是要满足“哑铃模型”。哑铃模型的含义如图 5-45 所示，电缆屏蔽层与电缆两端的屏蔽机箱一起构成一个完整的屏蔽体，如同哑铃一样完整。这样的一个完整屏蔽体对于抑制共模辐射是最理想的，且与机箱是否接地无关。“哑铃模型”结构的屏蔽体能抑制电缆上共模辐射的机理为：屏蔽体可为共模电流提供一个返回通路，从而使共模电流不从其他导体构成的路径返回，减小了共模电流环路，从而减小了共模辐射。

2）屏蔽的关键。从图 5-45 所示的电缆屏蔽机理可以知道，实现电缆屏蔽的关键是为共模电流提供一个低阻抗的通路。这不仅要求电缆本身屏蔽层的质量要好（射频阻抗低），而且电缆屏蔽层与金属机箱之间的搭接阻抗要低。后者是设计中的关键之一。

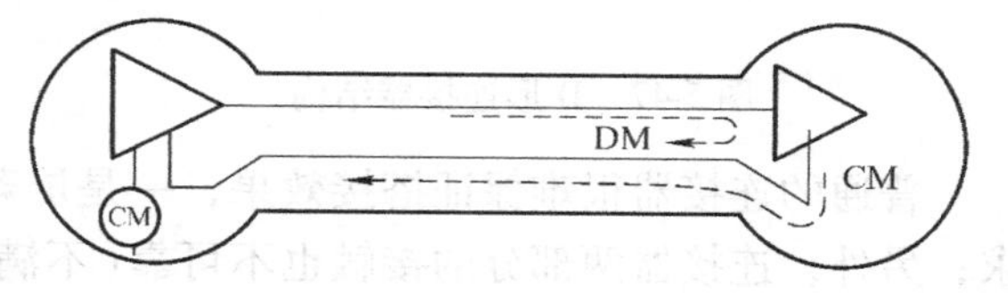

图 5-45　屏蔽电缆抑制共模辐射的机理

如果电缆两端的机箱不是完全屏蔽的机箱，那么，至少要为电缆屏蔽层提供两个大块金属板作为端接点，为共模电流提供一个回流的路径。在有些场合，电缆的屏蔽层仅在一端端接，另一端悬浮起来（如传感器的电缆），如图 5-46 所示，电缆屏蔽层仅能够屏蔽低频电场，对射频共模辐射没有任何作用，这时只能用共模滤波的方法来解决。

3）电缆屏蔽层的正确端接。电缆屏蔽层一般是通过连接器护套与屏蔽机箱连接在一起。电缆屏蔽机理对设计的重要要求是电缆屏蔽层与金属机箱之间的搭接阻抗要低，因此连接器的设计就显得非常关键。连接器一般有以下两种选择：

D 形连接器：D 形连接器是应用最普遍的一种连接器，结构如图 5-47 所示。在普通的应用场合，屏蔽电缆的屏蔽层与金属护套连接，金属护套与连接器的外壳连接，然后通过连接器的外壳与另一半连接器外壳连接，另一半连接器外壳与屏蔽机箱连接。这种连接方式的缺点是电缆屏蔽层经过了 4 次搭接才连到机箱上，搭接阻抗很难保证，其搭接质量在很大程度上取决于连接器护套和连接器两半的接触。一般只能满足较低的电磁兼容要求。当要求较高时，如军标的要求，必须采用专门制作的连接器护套和特殊的结构，如图 5-47 所示。对于图 5-47 的结构，屏蔽层首先与金属护套连接在一起，然后护套与屏蔽机箱通过铍铜簧片连接起来。这时屏蔽层与屏蔽机箱之间的搭接阻抗由两部分组成：护套与屏蔽层之间的搭接阻抗、护套与机箱之间的搭接阻抗。屏蔽层与护套之间的搭接最好是焊接，若条件不允许焊接时，要用机械力压紧，如锥形螺栓。

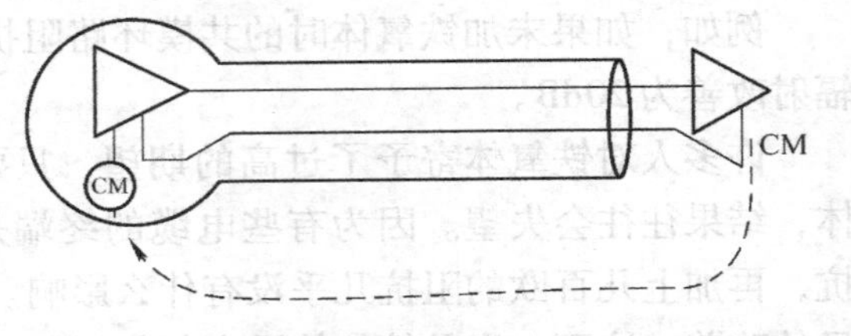

图 5-46 电缆屏蔽成仅有一端端接的情况

航空连接器：结构如图 5-48 所示。这种结构中，屏蔽层与屏蔽机箱之间的搭接阻抗由三部分构成：连接器护套与屏蔽层之间的端接，连接器两部分之间的搭接阻抗，连接器座与机箱之间的搭接阻抗。只有这三部分阻抗均为最小，才能获得最小的屏蔽层搭接阻抗。

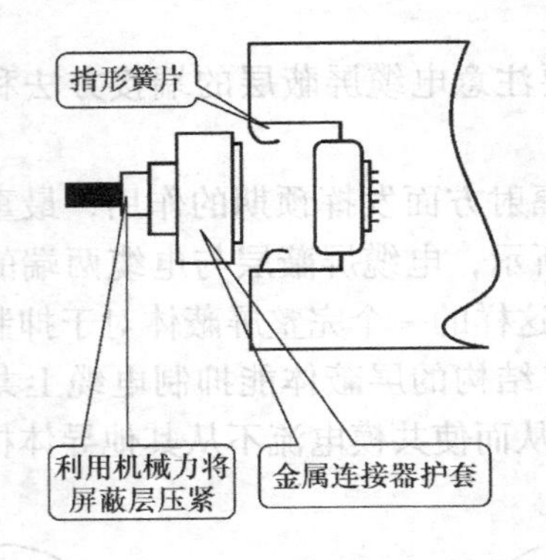

图 5-47 D 形连接器结构

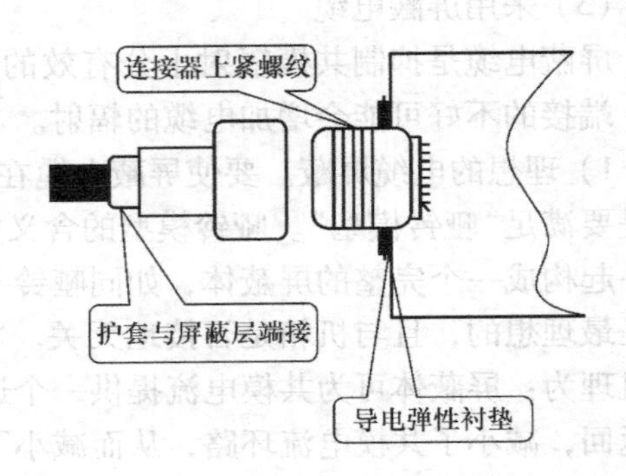

图 5-48 航空连接器结构

普通的连接器很难保证搭接效果，一是屏蔽层锁紧机构不完善，不满足 360°搭接的要求；另外，连接器两部分的接触也不可靠(不满足射频搭接的要求)。因此，螺纹锁紧的航空连接器要比卡接的航空连接器好些。

4）电缆屏蔽层与机箱的连接。屏蔽层与机箱内壁连接还是外壁连接更有利于 EMC 呢？单纯从电缆屏蔽层的端接考虑，最好是接在屏蔽箱外面，这样机箱内部的干扰不会串到屏蔽层上，外界在屏蔽层上感应的干扰也不会传导到机箱内部。但是如果连接器是带滤波的，则应根据要求分别考虑。如果为了防止辐射超标，应将连接器安装在机箱的内部，否则滤波器直接将信号线上的干扰旁路到机箱的外壁，有可能造成电磁辐射；如果为了提高抗扰性，则应接在机箱外壁。

(4) 平衡接口电路

平衡电路在解决电路敏感性方面广泛应用，它能够减小外界的共模干扰对电路的影响，还能减小电路的共模辐射。

图 5-49 所示的平衡电路中，两根导线相对于临近的金属参照物阻抗相等，而且发送电路在两根导线上同时传输相对于地幅度相等、方向相反的两个信号。这样，两根导线上的共模电流成分大小相等、方向相反，产生的辐射相互抵消，因此可以减小共模辐射。

实际的平衡电路由于发送和接收电路的对称性不是理想的，两根导线的分布参数也不会完全相同，因此不是完全的平衡电路。特别是在高频时，导线的微小差别也会导致平衡性的破坏。真正的平衡系统中，发送和接收电路必须有一对相对于地正负对称的电源。现在有些电路模块外部仅靠一个电源供电，因此要再从内部产生双极性电源形成平衡电路。

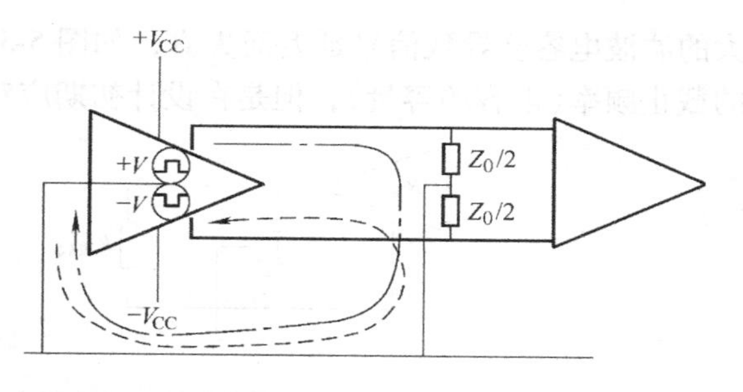

图 5-49　平衡电路对共模辐射的抑制作用

（5）I/O 接口布线的一些要点

电缆上产生共模电压的一个主要原因就是电路板上其他电路与 I/O 接口电路部分的耦合，既有空间耦合的，也有通过地线、电源线等传导耦合的。因此，在进行布线时，设法减小这种耦合，对于减小电缆上的共模电压具有重要的意义。

1）布局。辐射较强的电路（高速数字脉冲电路、时钟电路、震荡器电路等）要尽量远离 I/O 接口电路。有些产品中在 I/O 电路与强干扰电路之间加一片金属遮挡层，理论分析和试验均表明，这个遮挡层的作用很有限。

2）干净区域。如前所述，地线实际是信号电流的回流路径，它上面的射频噪声是很严重的。当电缆连接到这种地线上时，电缆上就有了共模电压。因此，要尽量在电缆接口处保持不受这种噪声的影响，形成一块干净区域。干净区域通过“壕沟”获得，如图 5-50 所示，即 I/O 区域的地线和电源线与电路板上其他电路的地线面和电源线面之间没有任何联系，I/O 区域好比一个“孤岛”。它与主电路之间的联系有以下两个方法获得：

方法一：用隔离变压器或光耦隔离器来连接。这时，I/O 区域与主电路在电路板上是完全隔离的，它们之间的连接仅可能是通过金属机壳。由于任何隔离器都有寄生电容，因此将共模扼流圈与隔离变压器结合起来使用，可以获得更好的共模抑制效果。如果 I/O 区域中需要电源，可以将电源通过一个套有铁氧体磁珠的导线连接，地线用导线直接连接。必要时，在电源上加一个解耦电容，解耦电容的一端接在 I/O 区域的电源线上，另一端接在电路地线面上。电源线与地线要尽量靠近，以减小环路面积。

方法二：I/O 区域的地与电路地之间通过“桥”连接，电源线、数据线等均通过桥上过，电源线通常需要滤波。桥的两端应与金属机壳或大的金属板搭接起来，这样不仅能减小共模电压，还能提高对静电放电和浪涌等高能干扰的抗扰度。

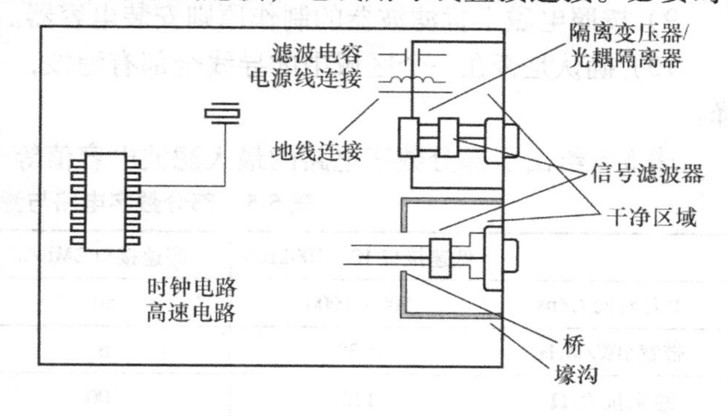

图 5-50　I/O 接口布局设计

注意，隔离区域的边缘仍应满足“20H 规则”。

8. 滤波器电容量的选择

在信号电缆上使用滤波器时，一个重要的参数是滤波器的截止频率（电容的容量）。过大的滤波电容会导致信号延迟而失真，如图 5-51 所示。最好的方法是通过试验确定滤波器的截止频率(电容的容量)，但是在设计初期应对此参数进行估算，具体步骤如下：

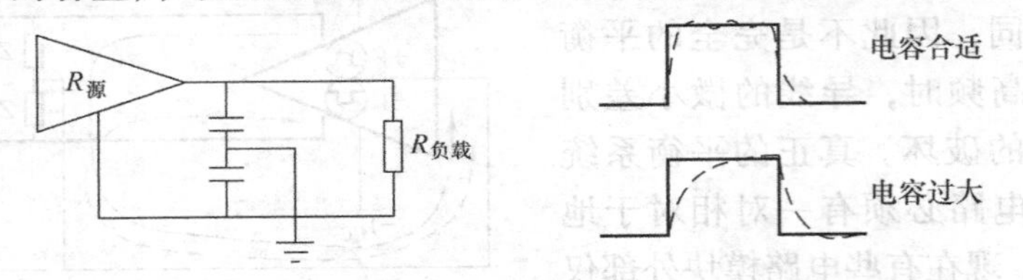

图 5-51 滤波器电容对信号的影响

1）估算要滤波的导线的总阻抗 R，这个值为源端阻抗 $R_{源}$ 与负载端阻抗 $R_{负载}$ 的并联值。

2）确定需要通过信号的最高频率 f。

3）确定不引起明显信号失真的最大电容量 C：

$$C = \frac{100}{fR} \tag{5-36}$$

式中，f 的单位为 MHz；R 的单位为 Ω；C 的单位为 nF。

4）如果被滤波导线中传输的是脉冲信号，则最高频率由脉冲的上升时间 t_r 决定，因此允许的最大电容量为

$$C = \frac{0.3t_r}{R} \tag{5-37}$$

式中，如果 t_r 的单位是 ns，则 C 的单位是 nF；如果 t_r 的单位是 ps，则 C 的单位是 pF。

5）如果允许脉冲信号有一定失真(延长上升沿时间、脉冲拐角变圆)，则电容量可为计算值的 3 倍。因此在实践中，可以选择比计算出的电容量大的标准电容量值。

6）如果干扰频率离信号频率很近，则需要使用高阶滤波器(T 或 π)。

7）确定工作电压和应承受的浪涌电压。

8）选择适当的电容器或滤波器，一般情况下电容量的偏差不是主要问题，但是在平衡电路中，电容量的偏差会导致电路失去平衡。

9）按照电磁干扰滤波器的制作原则安装电容器。

10）确认是否在一个区域中的导线全部有滤波，一根导线不滤波，也会造成整体性能下降。

表 5-5 给出了部分数字电路的最大滤波电容值等参数。

表 5-5 部分数字电路与滤波器参数

	低速接口 10～100kB/s	高速接口 2MB/s	低速 CMOS	TTL
上升时间 t_r/ns	500～1000	50	100	10
带宽 BW/MHz	0.32	6	3.2	32
总阻抗 R/Ω	120	100	300	100～150
最大电容 C/pF	2400	150	100	30

9. 电路板上的局部屏蔽

在实践中，经常要考虑在电路板上对关键器件或电路进行屏蔽，称为局部屏蔽。

(1) 确定局部屏蔽区域

局部屏蔽的关键是确定屏蔽区域。因为所有穿过屏蔽区域的导线都需要滤波(这与屏蔽

机箱的要求是一致的），如果屏蔽区域选择不当，会给滤波带来困难，甚至不能实现。确定屏蔽区域的原则如下：

1）穿过屏蔽区域界面的导线应尽量少。

2）穿过屏蔽区域界面的导线要滤波，即这些导线上传输的信号频率要尽量低。如果这些导线上传输的信号频率较高，势必要求滤波器的截止频率较高，降低了滤波的效果。

（2）导线滤波的方法

对穿过屏蔽区域的导线进行滤波的理想方法是使用馈通式滤波器，但这不适合于电路板上的走线。

对于电路板上的走线，可使用贴片式三端电容器或滤波器（T 形），这种电容器可以安装在电路板上。但这种滤波器的价格较高。实践表明，使用贴片电容也能取得较好的效果。贴片电容要尽量靠近屏蔽盒，一端接在需要滤波的信号线上，另一端接在地线面上（相当于与屏蔽盒的壁相连）。用于抑制辐射的目的时，电容安装在屏蔽盒的内侧；用于抑制外部干扰的目的时，电容安装在屏蔽盒的外侧。

（3）构成一个完整的屏蔽盒　要获得理想的屏蔽效果，屏蔽体必须是一个完整六面体。一般在电路板地面设置一块完整的铜箔或地线面，作为屏蔽盒的一个面，屏蔽盒为一个五面体，扣在这个面上，构成屏蔽体。五面体与地面的接触，从构成完整六面体的理论上看，最好连续，但实际上不可能，因为有导线要穿出，故实际上五面体与地面为点接触，要求接触点尽可能多，间隔小于要屏蔽电磁波波长 λ 的 1/20。图 5-52 为构成完整屏蔽盒的示意图。

注意，如果随便在电线路板上罩一个五面体，并且接地不良，不仅没有屏蔽效能，可能还会在某些频率上增加辐射。

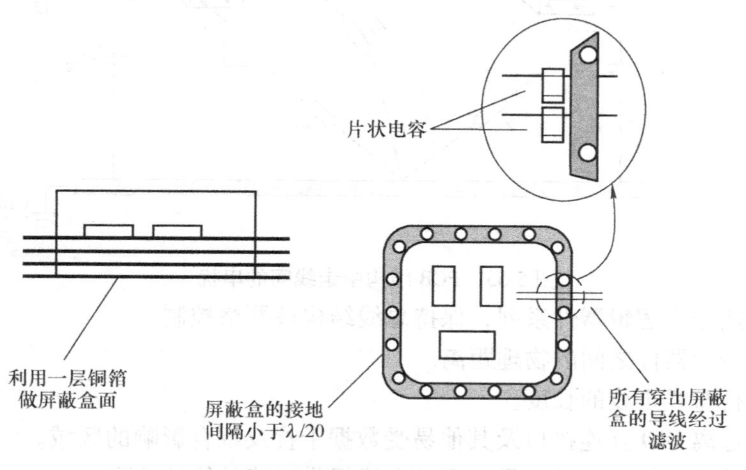

图 5-52　局部屏蔽要点示意图

5.3.3　串扰及其抑制

1. 串扰与 PCB 结构中的走线

PCB 结构中走线到走线的串扰是由网络中的电流和电压产生的，类似于天线耦合。图 5-53 解释了 PCB 结构中走线之间串扰的形成和分析计算的概念。

2. 减少串扰的设计方法

设计中，减少串扰的一般方法如下：

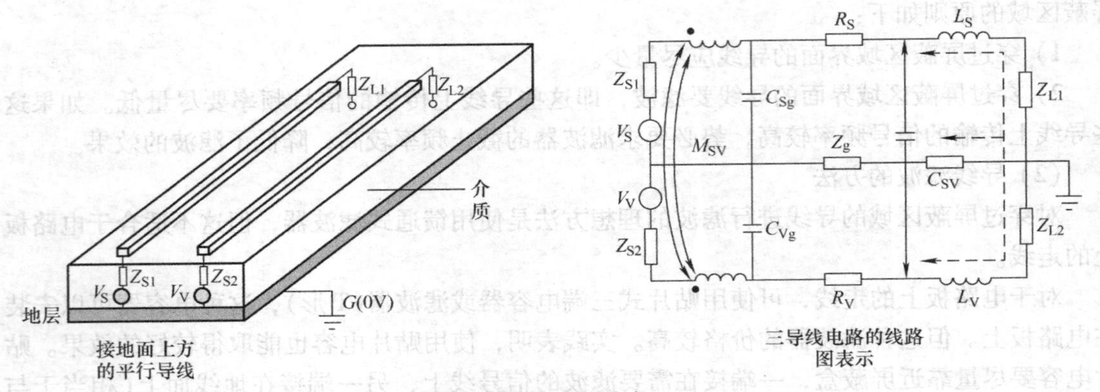

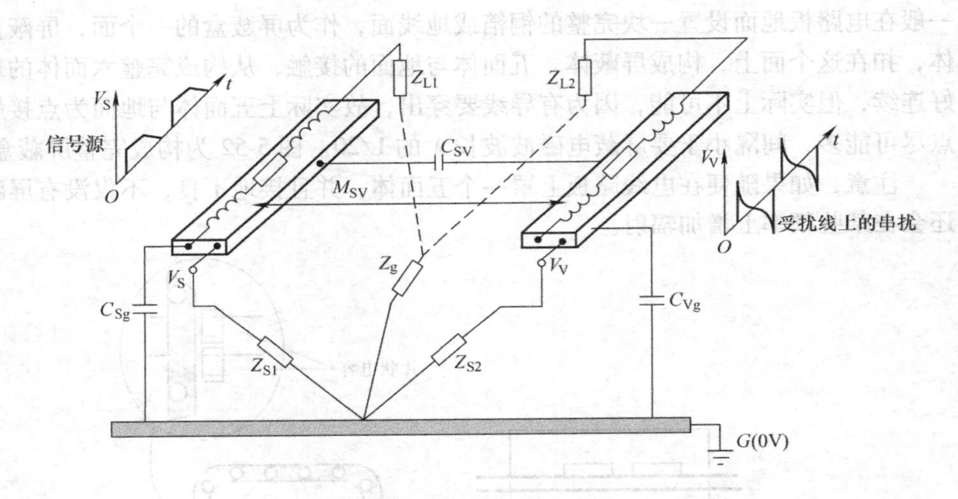

图 5-53 PCB 结构中走线间的串扰

1）根据功能分类逻辑器件系列，保持总线结构被严格控制。

2）尽量减少元器件之间的物理距离。

3）减少并行布线走线的长度。

4）元件要远离 I/O 互连接口及其他易受数据干扰及耦合影响的区域。

5）对阻抗受控走线或频谱能量丰富的走线提供正确的终端匹配。

6）避免互相平行的走线布线，提供走线间足够的间隔以最小化电感耦合。

7）相邻层（微带或带状线）上的布线要互相垂直，以防止层间的电容耦合。

8）降低信号到地的参考距离间隔。

9）降低走线阻抗和信号驱动电平。

10）隔离布线层，布线层必须在实心平面结构下按相同轴线布线（典型的是背板层叠设计）。

11）在 PCB 层叠设计中把高噪声发射体（时钟、I/O、高速互连等）分割或隔离在不同的布线层上。

3. 3-*W* 原则

PCB 走线中应依据 3-*W* 基本原则(这里 *W* 是 PCB 中单一走线宽度)，即：差分对线之间的距离应为 1-*W*，差分线对于其他走线之间的距离需要使用 3-*W* 原则，如图 5-54 和图 5-55 所示。

设计的基本思路如下：

1）通过增加信号线之间的距离，可以减少串扰。

2）走线间距离间隔(走线中心间的距离)必须是单一走线宽度的 3 倍；或两个走线间的距离间隔必须大于单一走线宽度的 2 倍。

3 只对重要的信号使用 3-*W* 原则，而不是对所有的信号使用 3-*W* 原则。

4）通常的规则是对时钟走线、差分对、视频、音频及复位线或其他关键的系统走线强制使用 3-*W* 原则。

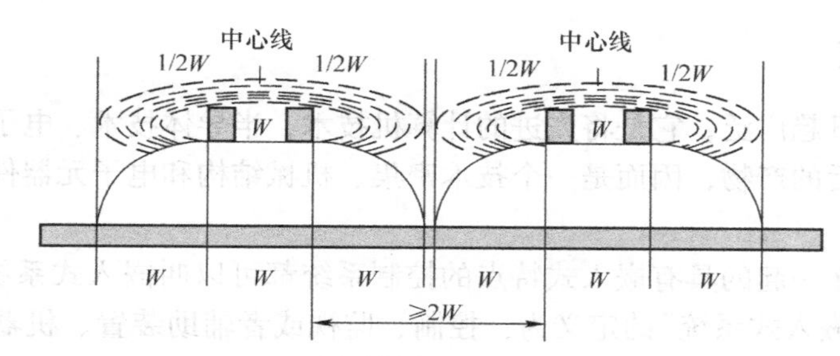

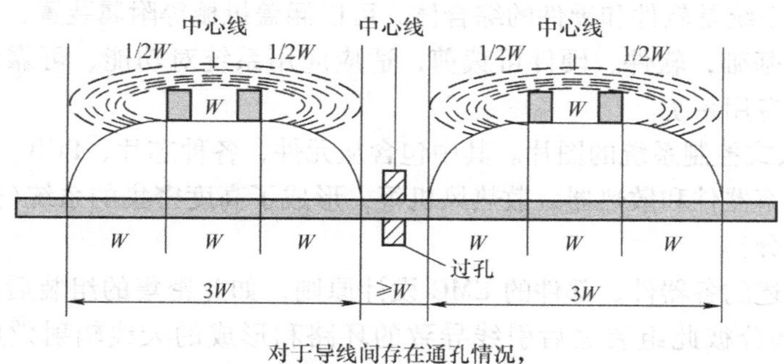

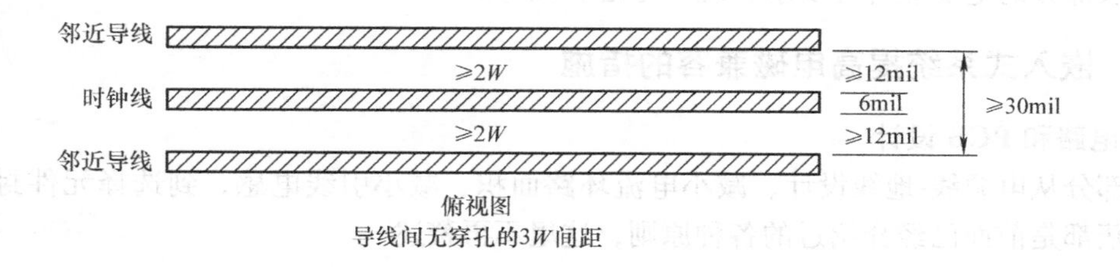

图 5-54　PCB 走线的 3-*W* 原则

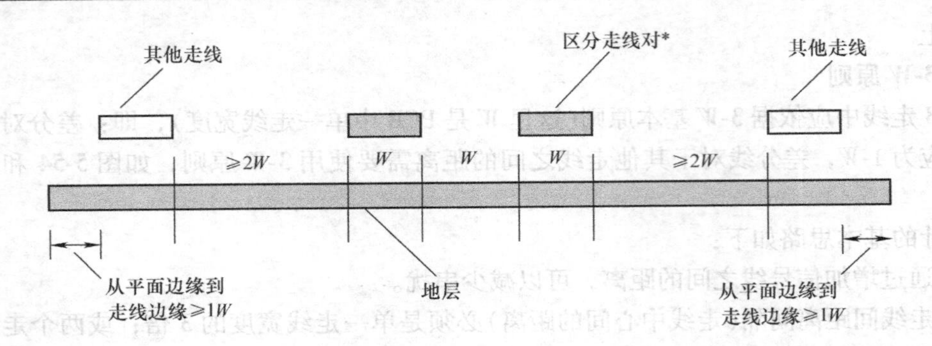

图 5-55 区分走线对时采用的 PCB 走线原则

走线间的“W”需要适当修改以得到预期的差分对阻抗

5.4 嵌入式系统中的 EMC 设计问题

5.4.1 嵌入式系统

嵌入式系统应用日趋广泛，它是将先进的计算机技术、半导体技术、电子技术和各个行业的具体应用相结合后的产物，因而是一个技术密集、机械结构和电子元器件布局密集的集成系统。

凡是与产品结合在一起的具有嵌入式特点的控制系统都可以叫嵌入式系统。IEEE（国际电机工程师协会）对“嵌入式系统”的定义为：控制、监视或者辅助装置、机器和设备运行的装置（Devices used to control，monitor，or assist the operation of equipment，machinery or plants）。即：嵌入式系统是软件和硬件的综合体，可以涵盖机械等附属装置，是以应用为中心，以计算机技术为基础，软件、硬件可裁剪，适应应用系统对功能、可靠性、成本、体积、功耗严格要求的专用系统。

图 5-56 是某嵌入式控制系统的图片。其中包含从元件、各种芯片、PCB、I/O 接口到功率部分的继电器、功率器件和散热器、散热风机等，形成了高度密集的系统（这里尚未包括被控制的机械负载部分）。

即使按照前面论述的各器件、部件的 EMC 设计原则，如此密集的组装后，仍会出现新的 EMC 问题，如各部分彼此组装之后引线导致的环路和形成的天线辐射效应、组合后的 PCB 边缘辐射问题（如图 5-57 所示）等。因此，嵌入式系统的电磁兼容性应集合前面分述的各种分散部分的电磁兼容性要求，统一考虑和设计。

5.4.2 嵌入式系统提高电磁兼容的措施

1. 电路和 PCB 设计

这部分从电源线-地线设计、减小电流环路面积、减小引线电感，到选择元件封装、滤波和屏蔽都是前面已经介绍过的各种原则，这里不再赘述。

2. 接地散热器设计

（1）散热器与模块、地之间的分布参数

功率模块（如 GTR、MOSFET、IGBT 等）需要装散热器。功率管管芯（芯片）通过填充导

图 5-56　某嵌入式控制系统

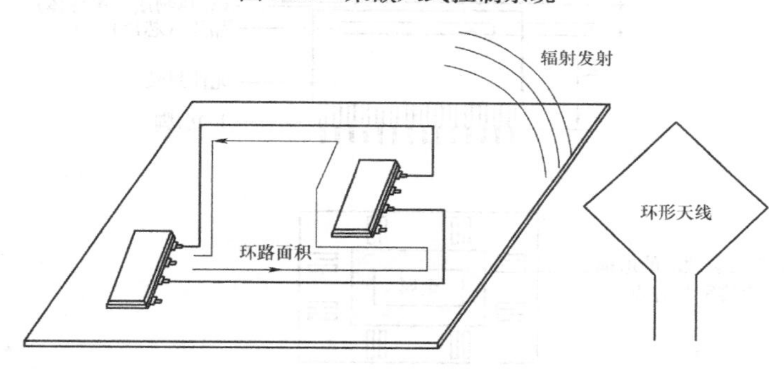

图 5-57　嵌入式系统各部分组合后重新出现的各种 EMC 问题

热胶和塑封后构成功率模块，一面为金属层，需贴靠散热器，另一面是接线端通过引脚连接到电路，周围四面是塑封的外壳。散热器在未接地时与功率模块装配后形成的分布参数如图 5-58 所示，VLSI 处理器与散热器的典型振荡频率约为 400～800MHz。散热器通过分布电容接收到来自功率模块的电压和电流，通过叶片对外反射，如图 5-59 所示，置于器件封装顶部的金属散热器与器件内部的晶片 X 的距离比晶片与接地面 Y 的距离更接近。如果散热器具有导电性，共模射频电流的辐射耦合可通过电容传递至散热器。因而散热器成为一个单纯天线，将器件内部射频能量向自由空间或邻道电路系统辐射。显然，散热器接地后就可消除分布电容 C_3。

（2）接地散热器的实现

以下是散热器接地的基本原则，图 5-60 是这个原则的示意图。

1）散热器必须通过所有 4 个侧面的金属连线与 PCB 的接地层相连。

2）散热器与元件/PCB 上的差模去耦电容器结合使用。

3）接地散热器必须一直处于地电位。

3. 时钟源与电源滤波问题

（1）时钟源概述

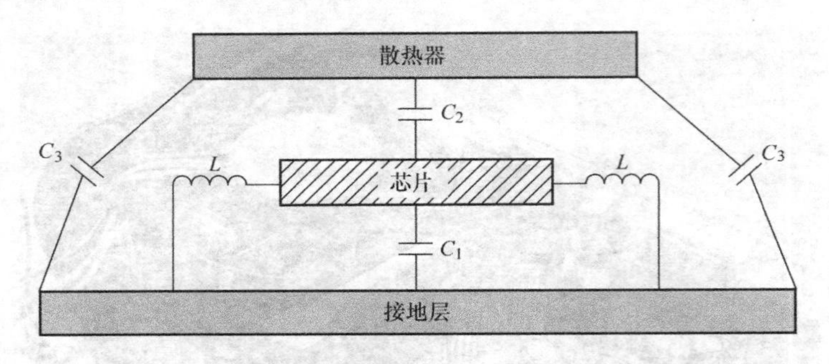

图 5-58 散热器和功率模块之间的分布参数示意图

L—封装引线电感 C_1—芯片与接地层间的分布电容 C_2—散热器与芯片间的分布电容 C_3—散热器与接地层或底盘之间的分布电容

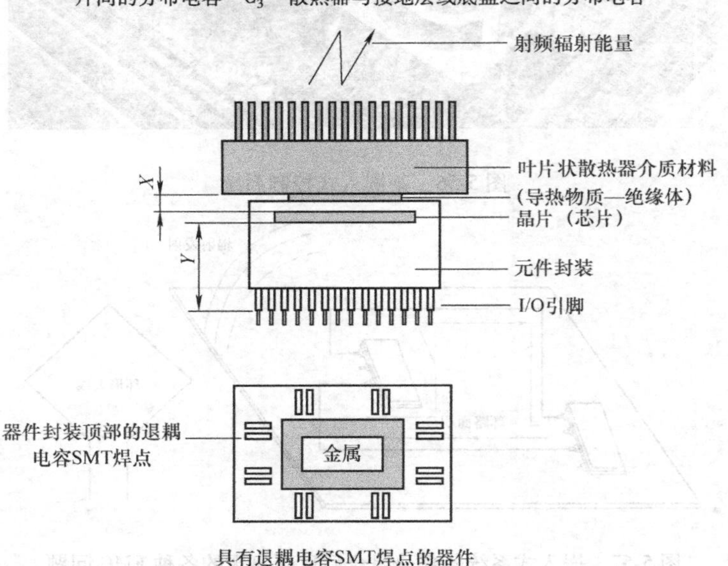

图 5-59 不接地的散热器对外辐射能量

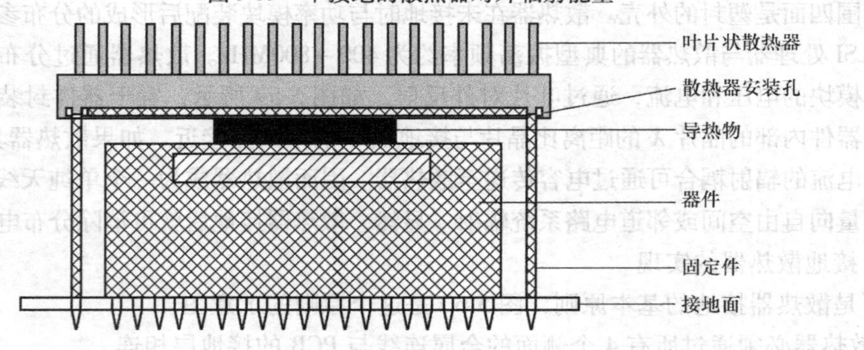

图 5-60 散热器接地的基本原则

时钟源的构成有两种方案，一种是直接的时钟频率提供给处理器；另一种是倍频方案，即振荡器产生的低频时钟，加到处理器的时钟输入引脚上，处理器的内部具有锁相倍频电路，形成所需要的高频时钟。

由于时钟源两种构成方法都能产生等效时钟信号，而高频时钟更能对外辐射 EMI 能量，在电路设计时，可以分散时钟频率，不让能量过于集中形成强辐射信号，即在敏感区域内先产生低频时钟，再在不敏感区域通过倍频方式产生所需要的高频时钟源。

（2）影响时钟源的因素

电源的抖动会导致时钟信号抖动，影响电路工作的稳定。解决方案是在产生时钟的振荡器处采用电源滤波（如图 5-61 所示）。

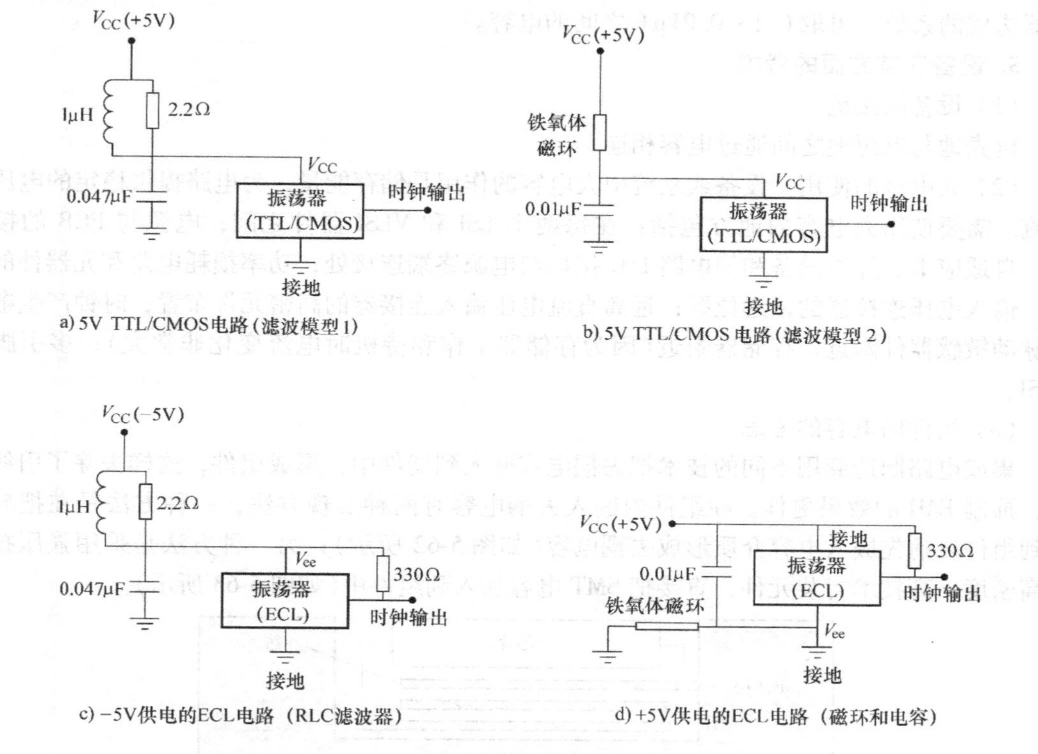

图 5-61　防止时钟抖动的电源滤波

时钟电源的滤波电路设计遵循如下原则：

1）必须将滤波器尽可能地靠近振荡器的电源输入引线，以最大程度地减小射频环路电流。

2）滤波电路中使用表面安装器件要比使用通孔器件好，因为前者元件中的引线电感要小。

4. 旁路和去耦

旁路通常指的是把电路中某一部分的交流信号接到地上；去耦则用于隔离前、后级电路的非需要耦合。旁路和去耦可防止不需要的能量从一个电路传到另一个电路，如用于隔离级联电路的前后级、去除电路中不需要的反馈作用等，进而提高电路的信号传输质量。旁路和去耦作用一般都采用电容完成。

（1）旁路和去耦电容安装

安装原则如下：

1）去耦电容安装通常安装在数字器件的电源引脚附近；

2）去耦和旁路一般用多个（通常是两个）数值相差比较大的电容器并联在一起，作为去耦和旁路，如0.01μF与100pF的电容并联使用。使用时，并联的两个电容器分别连在两个电源引脚上，两个电容器的电容值要相差100倍。

（2）去耦电容参数的选择

一般去耦电容值的选用并不严格，可按 $Cf=1$ 选用，这里 C 为电容值（μF），f 为频率（MHz），例如，10MHz的去耦电容值取0.1μF；100MHz的去耦电容值取0.01μF；对由微控制器构成的系统，可取0.1～0.01μF之间的电容。

5. 设备安装方面的考虑

（1）设备的接地

机壳地与电源地之间通过电容相连。

（2）大电容的使用　设备或系统中大电容的作用是储存能量，为电路提供稳定的电压和电流。需要使用大电容的地方包括：在每两个LSI和VLSI器件之间；电源与PCB的接口处；自适应卡、外围设备和子电路I/O接口与电源终端连接处；功率损耗电路和元器件的附近；输入电压连接器的最远位置；远离直流电压输入连接器的高密元件布置；时钟产生电路和脉动敏感器件附近；存储器附近（因为存储器工作和待机时电流变化非常大）；多引脚的VLSI。

（3）组件内电容的考虑

集成电路制造商用不同的技术把去耦电容嵌入到器件中，形成组件，这样去除了引线电感，抑制EMI的效果更佳。在组件内嵌入去耦电容有两种实现方法，一种方法是在把硅片放到组件之前先嵌入电容介质形成去耦电容（如图5-62所示）；另一种方法是采用强压技术和高密度、高技术封装元件，直接把SMT电容加入到组件中（如图5-63所示）。

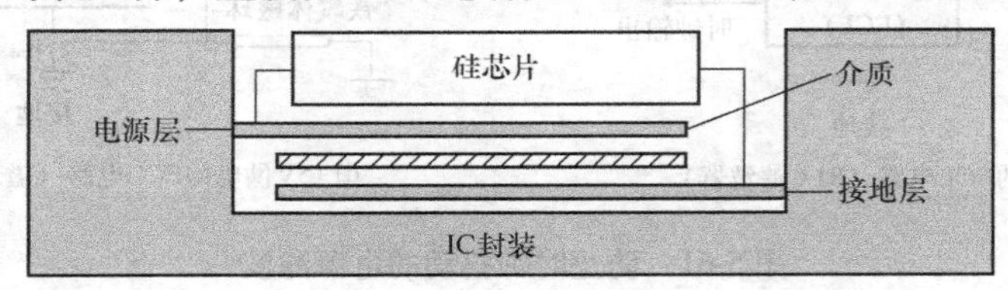

图5-62　方法1——硅片放到组件之前先嵌入去耦电容介质

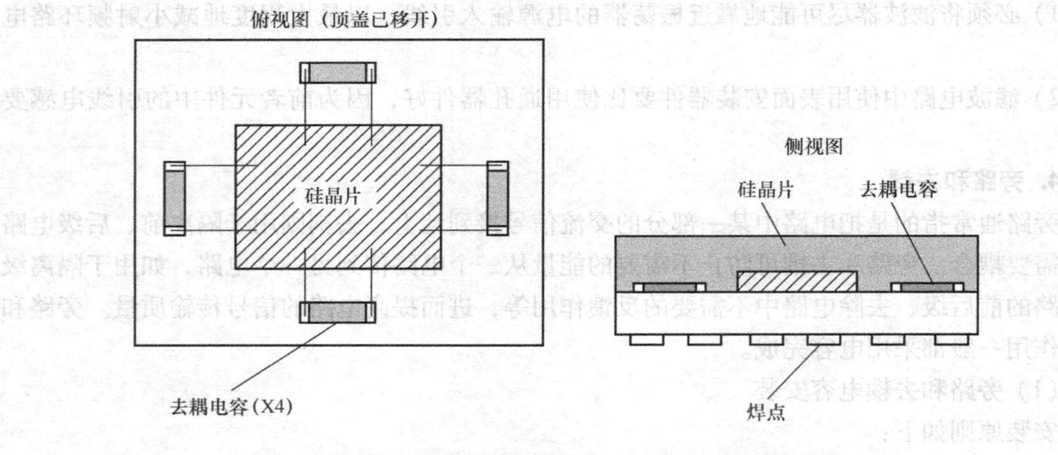

图5-63　方法2——直接把SMT电容压入组件

6. 系统的 EMC 设计

整个嵌入式系统的 EMC 设计方面的考虑，仍以电磁兼容三要素为基本准则，结合前面各部件级、设备级的 EMC 设计原则，形成系统级的 EMC 要求。在最初设计时分配给每一部分(元件、电路、设备)EMC 指标，严格控制在这些级别上不超标，最终考虑系统级的 EMC 指标时就有比较多的把握。

前面已经分别对相关问题进行了论述，这里罗列要点作为总结。

（1）抑制噪声源

噪声源来自于时钟、高速开关动作的元件、引线、电流回路等各种因素，抑制的原则如下：

1）能用低速芯片就不用高速芯片，高速芯片只用在关键地方。

2）1 片 74HC04 中有 6 个非门，如果时钟电路用了其中的 2 个，另外 4 个尽量用在不重要的地方，尤其不要用在 I/O 驱动上。

3）可用串一个电阻的办法，降低控制信号上升与下降沿的跳变速率。

4）尽量为继电器或功率开关元件提供某种形式的阻尼。

5）使用满足系统要求的最低频率时钟。

6）时钟产生器尽量靠近用到该时钟的器件。

7）石英晶体振荡器外壳要接地。

8）尽量让时钟信号回路周围电场趋近于零；用地线将时钟区圈起来，时钟线要尽量短，不要引到电路各处。

9）I/O 驱动电路尽量靠近印制电路板边缘，让它尽量远离控制电路印制板。

10）对进入印制电路板的信号要加滤波。

11）从高噪声区来的信号也要加滤波。

12）多余的门电路输入端不要悬空；多余的运算放大器正输入端要接地，负输入端接输出端。

13）使用 45°折线而不要用 90°折线布线，以减小高频信号对外的发射。

（2）传播路径——减少噪声的耦合

1）在印制电路板上按频率和电流开关特性分区，噪声元件与非噪声元件要离得远一些。

2）对特殊高速逻辑电路部分用地线圈起来。

3）I/O 芯片靠近印制电路板边，靠近引出插头。

4）经济条件允许的话，用多层板，以减小电源、地的寄生电感。

5）单面板或双面板用单点接电源和单点接地。

6）电源线、地线尽量粗。

7）时钟、总线、片选信号要远离 I/O 线和接插件。

8）模拟电压输入线、参考电压端要尽量远离数字电路信号线，特别是时钟线。

9）对 A/D 类器件，数字部分与模拟部分线路宁可绕一下也不要交叉。

10）时钟线垂直于 I/O 线比平行于 I/O 线干扰小，时钟元件引脚远离 I/O 电缆。

11）元件引脚要尽量短，去耦电容引脚要尽量短。

12）关键的线要尽量粗，并在两边加上保护地。

13）噪声敏感线不要与大电流、高速开关线平行。

14）高速线要短、直。

15）石英晶振元件的下面和对噪声特别敏感的器件下面不要走线。

16）敏感信号与噪声携带信号要通过一个接插件引出的话（如用扁带电缆引出），要使用地线—信号线—地线的引出法（信号线与地线交错排列）。

17）弱信号电路、低频电路周围地线不要形成环路。

18）携带高噪声的引出线要绞起来（即采用双绞线），最好屏蔽起来。

19）集成电路上应该接电源、地的端都要接上，不要悬空。

（3）减少噪声的接收

1）任何信号都不要形成环路，若不可避免，应让环路区尽量小。

2）使用高频、低寄生电感的瓷片电容或多层陶瓷电容作去耦电容。

3）每个集成电路加一个去耦电容。

4）用大容量的钽电容或聚酯电容而不用电解电容作电路充放电储能电容。

5）每个电解电容边上都要加一个小的高频旁路电容。

6）需要时，线路中加铁氧体高频扼流环分离信号、噪声、电源、地。

7）可能的话，加频率可选的带通滤波器。

8）使用管状电容时，外壳要接地。

9）处理器无用端要接高电平、接地，或定义成输出端。

10）A/D 参考电平要加去耦电容，用串联终端电阻的方法减小信号传输中的反射。

11）尽量不用 IC 插座，而是将集成电路，特别是高性能的模拟电路器件和数字、模拟混合的集成电路，直接焊在印制电路板上。

思考题和习题

1. “5.1”节中各种 EMC 研究（建模）方法，各适用于什么场合？

2. “5.1.3”小节中介绍的电力电子装置 EMC 预测方法有什么用处？这样建立设备的实测 EMC 频率特性模型后，下一步对抑制其噪声可以做哪些工作（尽你所想到的）？

3. 将本章介绍的 EMC 设计方法归类，以综述形式，写出课程内容总结，说明这些 EMI 抑制方法适用于什么场合。

4. 选择本章中介绍的各种方法或要求中的任一个或数个（如“系统的 EMC 设计”一节中的各种要求），分析和说明其原理。

5. 根据你接触或观察到的实例，说明 EMC 问题和现象，参考本章介绍的 EMI 抑制技术，提出建议的解决方案。

第6章　电力电子电路与系统的 EMC问题及对策

电力电子电路与所组成的系统（如电力传动系统），是采用弱电控制强电，集微处理器、电子电路、功率回路、电气和机械设备等各类部件于一体的典型实例。电力电子技术是否被广泛地应用，反映了一个国家的科技水平。据统计，1995年发达国家电能中有75%左右是经过电力电子技术变换或控制后才使用的。预计21世纪，这一比例将可达95%以上。在电力电子器件中，为了减小损耗提高效率，则必须提高转换速度，因而伴随着电力电子器件的高电压、大功率化的同时，高频化是必然的趋势，高频化必然也带来高的电磁骚扰发射。显然电力电子器件的发展趋势与改善电磁环境是存在矛盾的。

电力电子电路系统中，同时存在强干扰源产生干扰（差模和共模）、噪声传播途径难以切断、敏感元件易受干扰的问题。同时，电力电子电路开关方式产生的脉冲导致的干扰频谱宽，功率范围和产生影响大。对于电力电子电路和系统，除了采用和上一章的电路与系统中相似的EMC方法外，还要研究其特有的工作方式和应用场合产生的EMI问题，采取相应的对策。

电力电子电路与系统在应用中产生的电磁噪声与干扰问题，很大程度上是由于电力电子电路本身工作特点所导致的，如其高开关频率、不对称电路拓扑等，如果去除了产生电磁干扰源的工作方式，电力电子电路就不能工作。现在，几乎所有的用电场合都能看到电力电子电路和系统的应用，因而其EMI影响不容忽视。

研究电力电子电路和系统的EMC问题以及对策，也是世界各国从事EMC研究的工程师们应面对的重要课题。

本章将介绍电力电子电路和装置由于其特有的工作方式和应用场合产生的EMI问题、解决对策，以及目前这些方面的研究进展。

6.1　整流电路和非线性负载产生的低频谐波

6.1.1　谐波问题

随着电力电子技术的发展，各种整流设备、交直流转换设备以及家用电器中的彩色电视机、电冰箱、电子计算机、空调机、电子节能灯等非线性负载数量越来越多，容量越来越大，因此这些非线性负载产生的电流谐波对供电系统的影响也越来越大。相关的谐波测试结果表明：计算机、电子节能灯、彩色电视机的总电流谐波含量高达基波的90%以上，三次谐波高达基波的70%以上，如图6-1所示。

第2章中已经介绍过，非线性电器总电流谐波含量高的原因，是这些电器的输入端普遍采用了桥式整流和电容滤波电路，因而输入电流的波形严重畸变，功率因数低。

除此以外，采用晶闸管相控整流方式，还将产生更严重的谐波。这是因为相控整流不仅

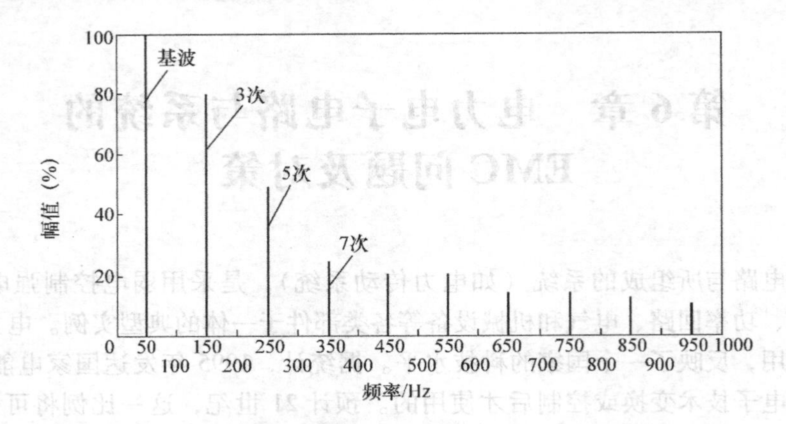

图 6-1 传统单相整流电路输入电流中含有的谐波成分

具有二极管桥式不可控整流电路的电流畸变的特点，还由于控制角的增大导致电流与电压之间相位滞后严重，功率因数更低。

整流电路、非线性负载及其输入电流波形产生的各种谐波，一方面对电网产生污染，造成其他用电设备不能安全经济的运行，如使发电机和变压器产生附加功率损耗，对继电器、自动保护装置、电子计算机及通信设备产生干扰而造成错误动作或计算误差；另一方面导致功率因数低，造成三相电流的相位变化，使中性点电流大大超过各相线电流，严重时会导致损坏用电设备、引起火灾等重大事故。因此，无论从保护电网的安全经济运行，还是从用电设备的正常工作来看，防止和减小电流谐波对电网的污染，已成为全球普遍关注的问题。因此许多国家都相继制定、颁发了控制和限制电力系统谐波标准，其目的主要是控制电网中电压和电流波形失真在允许范围内，保护用电设备安全运行，减小电网污染对各用电设备（包括电信系统）造成的干扰。世界各国所制定的谐波标准大都比较接近，如 IEC555-2、IEEE519 等。其中 IEC555-2 标准自 1994 年起已在欧盟国家全面实施。

6.1.2 谐波和功率因数的概念

功率因数低与波形畸变有关，然而功率因数不等同于畸变率。功率因数定义为

$$PF = \frac{P}{S} = \frac{P}{V_{\mathrm{RMS}} I_{\mathrm{RMS}}} \tag{6-1}$$

式中，P 为交流输入有功功率；S 为电路的视在功率；V_{RMS}为电网电压的有效值；I_{RMS}为电网电流的有效值。

功率因数大小意味着视在功率相同的情况下，所能提供给负载有功功率的大小。若将功率因数从 0.70 提高到 0.98，则容量为 1000kVA 的电源设备可带动功率为 10kW 电动机的台数从 70 台增加到 98 台。提高功率因数能更充分地利用电源设备的容量，而低功率因数不仅浪费能源，而且使线路上的无功电流增大，损耗增加，又存在火灾隐患。

为了描述电路中的阻抗特性，线性电路中的功率因数可以表述为

$$PF_{\text{相移}} = \cos\alpha \tag{6-2}$$

式中，$PF_{\text{相移}}$为相移功率因数；α 为正弦电压与电流波形之间的相位差，当 $\alpha = 0$ 时（即纯电阻性负载），$PF_{\text{相移}} = 1$，当 $|\alpha| > 0$ 时（即电抗性负载），$0 < PF_{\text{相移}} < 1$。

而在具有非线性负载的电路中，当电源电压为正弦波时，输入电流波形为非正弦的，即

电流波形发生正弦畸变，此时电路的功率因数也很低，然而相移功率因数 $PF_{相移}$ 仍可达到 0.9~0.95，说明非线性负载电路的功率因数不仅与相移功率因数有关，而且还与电流波形的失真程度有关。

失真功率因数 $PF_{失真}$ 定义为

$$PF_{失真} = \frac{I_1}{I} = \frac{I_1}{\sqrt{\sum_{n=1}^{\infty} I_n^2}} = \frac{I_1}{\sqrt{I_1^2 + I_2^2 + I_3^2 + \cdots}} \tag{6-3}$$

式中，I_1，I_2，$\cdots I_n$ 分别为失真波电流的基波分量、二次谐波分量、……n 次谐波分量的有效值；I 为失真波电流的总有效值。

因此，电路的总功率因数可表示为

$$PF = \frac{P}{S} = \frac{VI_1\cos\alpha}{VI} = \cos\alpha \frac{I_1}{I} = PF_{相移} \cdot PF_{失真} \tag{6-4}$$

即总功率因数等于相移功率因数与失真功率因数的乘积。这个定义适用于各种类型的负载。例如，对于线性负载，$PF_{失真}=1$，则 $PF = PF_{相移} = \cos\alpha$，即功率因数取决于电压和电流的相位差；对于非线性负载，一般 $PF_{相移}\approx 1$，则 $PF \approx PF_{失真}$，即功率因数取决于电流波形的谐波含量。

目前电力电子的应用器件中，晶闸管电压和电流等级相对于全控器件而言非常大，能实现较大容量的电能变换，所以除了二极管桥式整流电路，晶闸管相控整流和晶闸管交流调压，依然是应用比较广泛的电能闭环方式。它们的输出都是随控制角 α 的增大而脉动加大的周期性非正弦电压（电流），其中高次谐波成分非常丰富；同时基于相控方式的整流还存在相移功率因数问题。波形失真和相移两方面的因素，使相控整流电路的功率因数更低，这是应用中必须考虑和注意改善的问题。

6.1.3　抑制低频谐波的对策

对于作为主要谐波源且功率因数很低的整流器，抑制谐波和提高功率因数有两种典型方法：一是在电网中装设补偿装置，采用无源滤波或有源电力滤波电路，通过高通滤波方式对谐波产生谐振，来旁路或消除谐波，实现对电网谐波补偿；二是对电力电子设备自身进行拓扑和控制方式进行改进，即对整流器本身进行改进，在整流器内部采取有源功率因数校正技术，从而改善整流器的工作原理，使其尽量不产生谐波，且电流和电压同相位，使之入端近乎纯电阻特性，实现高功率因数、低谐波整流，成为新一代的高性能整流器。

1. 在电网中装设补偿装置的无源或有源滤波技术

（1）电力无源滤波技术

电力无源滤波即采用高通滤波电路并联在电网侧，对谐波进行旁路或者提供无功补偿。滤波电路一般仅用无源器件如电感、电容等构成。常用的无源滤波电路如图 6-2 所示。其中单调谐滤波器、二阶高通滤波器以及 C 型阻尼高通滤波器较常用。单调谐滤波器主要针对谐波电流较大的低次谐波，二阶及 C 型阻尼高通滤波器主要应用于滤除高次谐波。

由于某一形式的高通滤波器是针对某一特定谐波频率进行设计的，所以谐波成分较丰富时，通常需要多支无源滤波器的谐波支路并联。图 6-3 是最常用的无源电力滤波器的接线原理图，谐波滤波器每一条支路只对本次谐波呈现最低阻抗，对于基波各支路都呈现容性，所

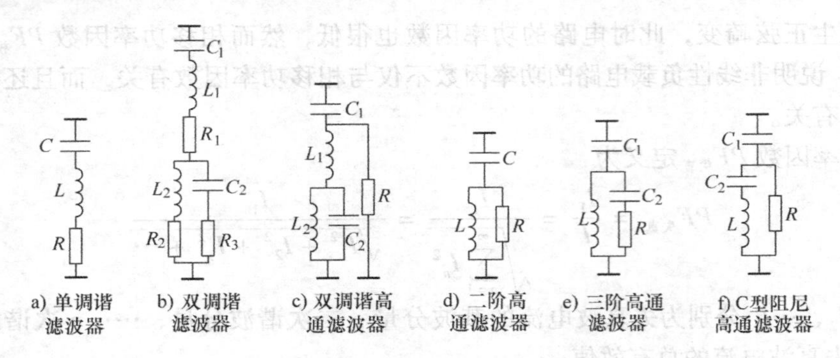

图 6-2　各种形式的电力无源滤波器

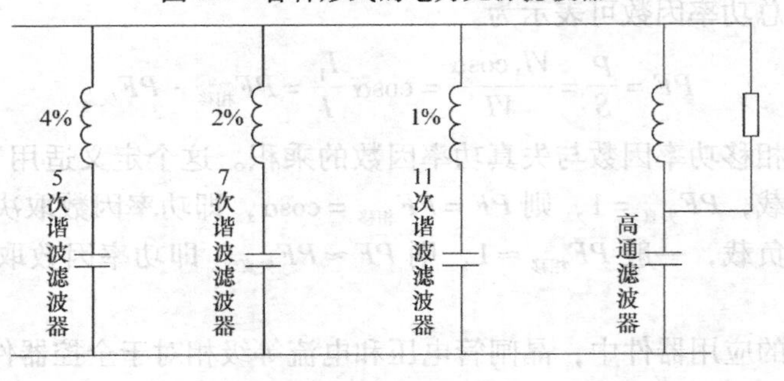

图 6-3　不同谐波无源滤波器常用接线方式

以各支路都在进行无功补偿。设计中各次谐波支路滤波电容的容量必须大于内网谐波源的容量。在无功补偿容量不超限额的情况下，可以把电容器容量选取为同样大，因为电容器的价格远小于电抗器的价格，电容器容量越大，同样谐振频率所需的电抗就越小，总体成本越低。在滤波电抗器的设计中，电抗器的额定电流仅需大于内网谐波源的谐波电流；电容的容抗值与电抗器的电抗值按所滤谐波的串联谐振条件确定。

无源滤波器优点是结构简单、可靠性高、可补偿的谐波功率较大。但也存在明显缺陷：电感、电容元件固定，所以实现的补偿也是固定的，对负载变化的适应性差。采用投切开关配合使用时，也只能有级地调整，而且电容器投切时的暂态过程往往产生局部过电压和过电流；对各次谐波需要有针对性地设计较多不同的滤波器，且其滤波器的体积、重量都相当可观，损耗也很大；无源滤波器的动态响应慢，对一些快速变化过程效果不佳。所以，单纯地使用无源补偿方案，其经济指标和技术指标都比较差。

（2）电力有源滤波技术

电力有源滤波技术已经在“3.3 噪声补偿技术”中做了详细介绍。其主要特点是利用有源器件组成的大功率波形发生器，检测谐波，反相，再完整地复制出来，送到被谐波污染的电网，抵消原谐波，从而使功率因数提高、波形畸变率降低。

2. 功率因数校正技术

传统的无源滤波器采用 LC 调谐滤波器。这种方法既可以补偿谐波，又可以补偿无功功率，而且结构简单，一直被广泛使用。但是，该方法的补偿特性受电网阻抗和运行状态的影响，易和系统发生并联谐振，导致谐波放大，使 LC 滤波器过载甚至烧毁。此外，它只能补偿固定频率的谐波，补偿效果不甚理想。

谐波和相移都导致功率因数降低。改善电能质量、治理电网环境，从根本上解决谐波污染和无功功率问题，应该在用电设备投入电网以前对其进行改造，使之不产生谐波和无功功率，相当于一个纯电阻负载。功率因数校正（Power Factor Correction，PFC）就是这样一种更积极有效的方法。其基本思想是利用电力电子器件和转换控制技术，以及电感、电容元件，对谐波进行补偿，迫使输入电流为正弦波，还可以同时通过控制使电流与电压同相，即同时对失真功率因数和相移功率因数进行补偿，因而成为目前常用的方法。

PFC技术采用的变换器可以是Boost、Buck、Boost-Buck及反激等基本电路，采用双环控制，输出电压稳定，输入电流紧跟输入电压变化，电流尽可能地接近正弦波。这样把挂在电网侧的用电设备变成一个接近纯电阻的负载，不但可以抑制网侧谐波电流，改善网侧功率因数，降低高次谐波产生的噪声和污染，提高电网的质量，也使得电源的电磁兼容性能得到加强。图6-4为采用Boost变换器结构的PFC电路。由于Boost变换器具有电感电流连续、输出功率大、驱动电路简单的优点，储能电感同时作为滤波器抑制电磁干扰，电流波形失真小，所以应用最广泛。

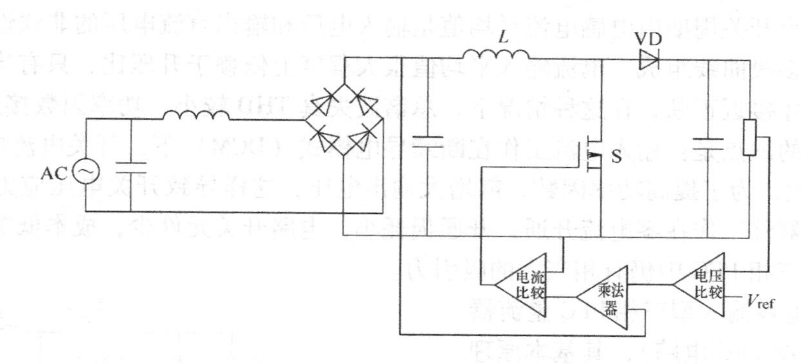

图6-4　Boost结构的单相PFC电路

PFC技术，从采用的电路为无源（仅由电感、电容和二极管等无源器件组成）或有源（除无源器件外，还采用了全控型开关器件形成有源电路拓扑），可分为无源PFC技术和有源PFC技术。从电网供电方式的不同，又可以分为单相PFC技术和三相PFC技术，因此又有单相PFC整流器和三相PFC整流器之分。从补偿谐波的意义上说，PFC也属于有源滤波器的范畴。

单相整流电路的无源PFC技术，是在整流电路中用LC滤波器来增大整流桥导通角，从而降低电流谐波，提高功率因数。无源PFC技术由于采用电感、电容、二极管等元器件代替了价格较高的有源器件，因而使开关电源的成本降低。虽然采用无源PFC不如有源功率因数高，但仍然能使电路的功率因数提高到0.7～0.8，电流谐波含量降低到40%以下。因而这一技术在中小容量的电子设备中被广泛采用。

图6-5是一种由电容、二极管组成的无源功率因数校正电路。其中L_1、L_2、C_1、C_2组成输入侧滤波电路，VD_1～VD_4为桥式整流电路，VD_5、VD_6、VD_7、C_3、C_4组成PFC电路。其工作原理比较简单，读者可自行分析。

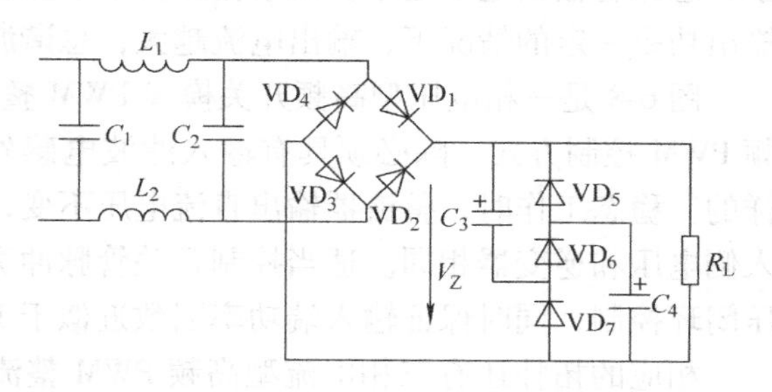

图6-5　单相无源PFC电路

单相功率因数校正技术目前在电路拓扑和控制策略方面已日趋成熟，并且市场上还推出了一系列专门用于单相 PFC 电路的控制芯片，如 UC3854、UC3855、ML4821、ML4812、TK84812、TK84819 等。而三相 PFC 整流器更适合应用在高功率方面。

图 6-6 ~ 图 6-8 是几种三相 PFC 整流器的主电路拓扑结构。

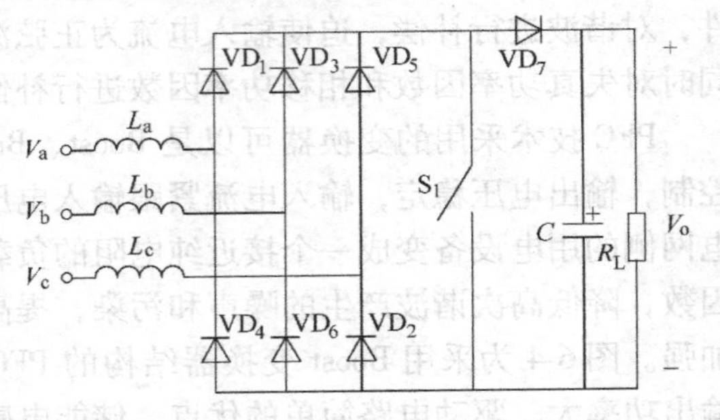

图 6-6　单开关 Boost 型三相 PFC 电路

图 6-6 为应用最多的单开关 Boost 型三相 PFC 整流器（电感输入型），其基本原理是单相断续导电模式 PFC 电路在三相电路的延伸。开关管的开关频率远高于电网频率，在开关周期里，输入电压近似不变，在开关导通期间，电感电流线性上升，电流峰值和平均值正比于相电压；在开关管关断期间，电感中的能量释放到负载。一个开关周期内电感电流平均值是输入电压和输出直流电压的非线性函数。每相电流平均值由多段曲线组成。电流输入平均值很大程度上依赖于升压比，只有当升压比较大时，输入电流才接近正弦，在这种情况下，总谐波失真 THD 较小，功率因数接近 1。

这个电路的缺点是：输入电流工作在断续导电模式（DCM）下，开关电流应力大，EMI（电磁干扰）大；为了提高功率因数，需增大输出电压，这样导致开关电压应力增加。但此电路具有开关器件工作在零电流开通，开通损耗小，电路开关元件少，成本低等优点，因此在中小功率的三相 PFC 中仍有相当大的吸引力。

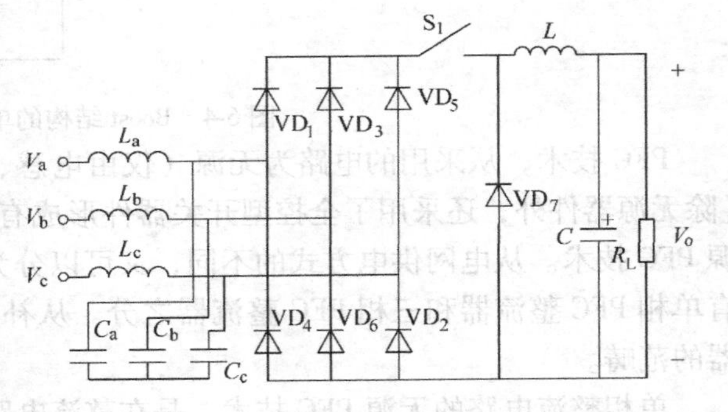

图 6-7　三相单开关 Buck 型 PFC 电路

图 6-7 为电容输入型三相 PFC 整流器（单开关 Buck 型 PFC 电路），其基本原理是电感输入型三相 PFC 整流器（Boost 型 PFC）的对偶，适用于输出电压低于输入电压的场合。不同之处是：工作于 DCM 的 Buck 型三相 PFC 电路的输入电流波形有明显畸变；而且输入功率因数和 THD 依赖于输出电流。输出电流越大，总谐波失真 THD 越小，功率因数越高。电流输入平均值的正弦性很大程度上依赖于降压比，只有当降压比较小时，输入电流平均值才接近正弦。在输入电压不变时，降压比越小，意味着输出电压越小，如果输出功率不变，则意味着输出电流越大。因此可以认为，在输出功率一定的情况下，输出电流越大，总谐波失真 THD 越小，功率因数越接近 1。

图 6-8 是三相电压型高频开关模式 PWM 整流电路，即采用典型的三相全控桥电路和高频 PWM 控制方式。除必须具有输入滤波电感外，PWM 整流器的主电路结构和逆变器是一样的。稳态工作时，整流器输出直流电压不变，开关管按正弦规律作脉宽调制，整流电路输入侧电压和逆变器相同。适当控制开关管脉冲宽度，可以方便准确地实现整流电路的输出电压闭环控制，同时保证输入端功率因数近似于 1。

相应的拓扑还有三相电流型高频 PWM 整流电路，与电压型的主要差别在于输出不是并联一个大电容提供稳定电压，而是串联大的电感以提供恒定的电流。

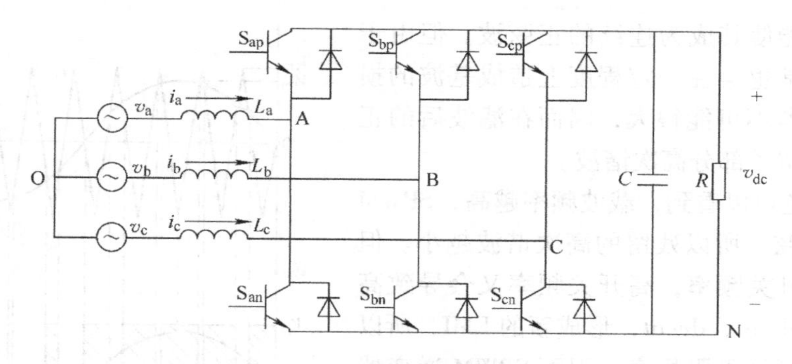

图 6-8　三相电压型 PWM 整流器主电路原理图

这种全部采用全控器件进行整流的 SMR 电路，与前面列举的各种全控和不控器件结合的 PFC 电路相比，具有更快的动态响应、更好的输入电流形式，并能将交流输入电流的功率因数控制为任意值，实现交、直流侧能量的双向流动。

各种 PFC 电路拓扑非常多，功能和控制系统、成本均各有千秋。有兴趣的读者可参见电力电子学有关书籍，在此不再赘述。

有源 PFC 技术采用电力电子高频开关器件构成的变流器，虽然对抑制低频噪声和提高功率因数有效，但由于存在高频开关产生的噪声，恶化了高频电磁兼容特性。

上述各种方法都可以在一定程度上抑制低频谐波。PFC 电路是应用最广的方式，但是 PFC 电路需要补偿的功率因数越高，电路越复杂，成本也越高；同时由于电路采用了高频电子开关，还会产生新的 EMI 问题。

因此，对于功率因数低的电路，应按照总功率因数的组成机理，对失真功率因数和相移功率因数分别进行分析，有针对地进行补偿。例如，有的应用场合中，电路功率因数低主要是相移问题，可以采用简单的并联电容的方式提高功率因数；而有的电路中，电流畸变率中主要的成分为已知的某低次谐波，可以采用固定频率的补偿电路，而不必对所有次谐波给予补偿。目前电力系统中固定频率的有源滤波器对于主要的固定次数谐波的谐振就是典型的例子。

对于非常重要、同时需要补偿相移功率因数和失真功率因数的应用场合，可选择合适的 PFC 电路进行校正，并对采用 PFC 后增加的高频 EMI 情况进行重新评估。

6.2　SPWM 逆变器输出中的谐波

6.2.1　SPWM 方式产生的正弦信号导致的谐波

用电力电子电路逆变产生正弦波，一般都采用正弦脉冲宽度调制方式（Sine Pulse-Width Modulation，SPWM），由高频三角波作为载波 V_c、基波频率的正弦波 V_r 作为调制波，一同送入比较电路来求出它们的交点，成为电力电子开关的切换点，以此形成相应的脉冲宽度和 SPWM 波形，如图 6-9 所示。

依据冲量等效原理，图 6-9 中 SPWM 波形的阴影部分面积近似与正弦波幅值等效。但是 SPWM 波形毕竟不是正弦波，是一个离散的波形，其中含有高频的谐波成分，需要经过低通滤波器滤波才能使其成为连续的正弦波。但由于低通滤波器通常也会在一定程度上造成基波的损失，所以滤波器不可能很大，因而在滤波后的正弦信号中还残留了部分高次谐波。

从图 6-9 还可以看到，载波频率越高，SPWM 信号越接近正弦，所以残留的高次谐波越小。但载波频率就是开关频率，高开关频率又会导致高开关损耗和高 di/dt、dv/dt，形成新的 EMI，所以开关频率也不可能无限提高，因而 SPWM 逆变器的输出中就不可避免地含有高次谐波。

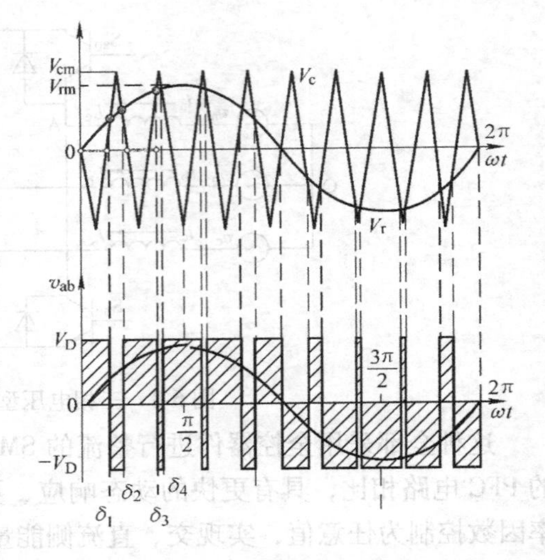

图 6-9 SPWM 信号的形成

另一方面，逆变器的同一桥臂上的开关器件需要死区时间才能可靠工作，即在同一桥臂的开关器件中，上管接收到来自于驱动电路的关断信号后，需要经过一段时间才能可靠关断，完全可靠关断后驱动电路才能给出下管的开通脉冲。这段时间就是死区时间，即同一桥臂上的两个开关器件都不给驱动信号、都不导通的时间。这样的驱动脉冲要求在一定程度上破坏了冲量等效原则，因此导致了在 SPWM 信号中存在谐波成分。死区时间越长，谐波成分越大。

6.2.2 数字式 SPWM 算法造成的正弦波误差和谐波

采用数字控制实现 SPWM 信号时，需要用数字算法去逼近上面提到的 SPWM 信号，因而构成了各种采样法。然而由于数字方法的逼近程度不一，也将在最终的 SPWM 信号中残留不同程度的谐波成分。

形成 SPWM 的传统方式，目前主要有自然采样法和规则采样法两大类。

1. 自然采样法

自然采样法就是图 6-9 中显示的方式：通过计算高频三角载波和正弦调制波的交点来确定开关的切换点，求出相应的脉冲宽度，从而生成 SPWM 波形。利用这种方式可以准确地求取每一个脉冲发生的时刻及宽度，得到较好的 SPWM 波形。但由于脉宽计算公式是一个超越方程，采样点不能预先确定，只能通过数值迭代求解，实时控制较困难，不符合全数字控制要求。该方法目前仅用于模拟控制场合，即由正弦波形成电路、三角波形成电路、比较器等构成。

2. 规则采样法

数字控制电路中采用的是规则采样法。按照脉宽与三角载波的对称关系，可以分为对称规则采样法和不对称规则采样法两种。

（1）对称规则采样法

使 SPWM 波的每个脉冲均以三角载波中心线为轴线对称，因此在每个载波周期内只需一个采样点就可确定两个开关切换点时刻。具体算法是过三角波的对称轴与正弦波的交点，做平行于时间轴的平行线，该平行线与三角波的两个腰的交点作为 SPWM 波“开通”和“关断”的时刻。

对称规则采样法在每个三角载波周期中只需要进行一次采样，计算公式比较简单，并且可以根据脉宽计算公式实时计算出 SPWM 波的脉宽时间，可以实现数字化控制。但是形成的 SPWM 波与正弦波的逼近程度仍然存在较大的误差，如图 6-10 所示。

（2）不对称规则采样法

不对称规则采样是英国 Bristol 大学的 S R Bowes 为了改进正弦波的逼近程度而提出的，基本思想如图 6-11 所示，即每一个三角载波周期的正峰值（D 点）和负峰值（E 点）处分别对正弦调制波进行采样，将其延长与三角波相交于 A、B 两点，从而确定高电平脉冲的起始时刻 t_A 和关断时刻 t_B。不对称规则采样法在每个载波周期内采样两次，这样所形成的 SPWM 波与正弦波的逼近程度较对称规则采样有很大的提高，但却因此增加了程序设计的复杂程度，而且会使系统产生比较大的延时。此外，采样交点 A 和 B 均处于正弦调制波的下方，与实际自然采样时的相交点之间的偏差，导致所形成的正弦波幅值误差更大（仅是波形畸变率降低了）。

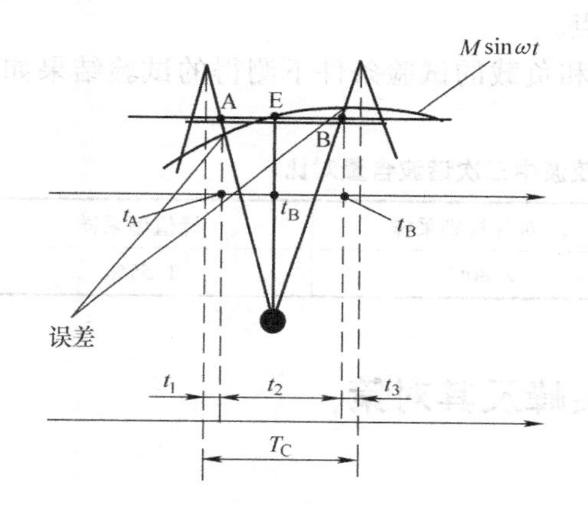

图 6-10　对称规则采样法及误差示意图

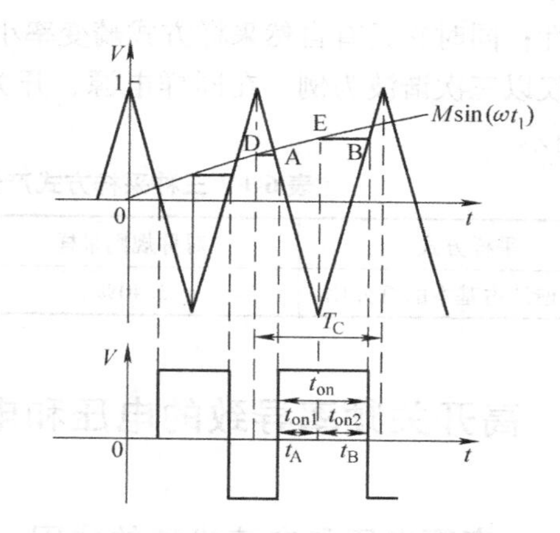

图 6-11　不对称规则采样方式及误差示意图

6.2.3　SPWM 中谐波的抑制

对于 SPWM 方式形成的正弦波中的谐波，包括死区导致的谐波，一般导致的正弦波畸变率不会很大，可采用滤波器解决。对于数字式 SPWM 算法形成的谐波，也可简单地采用滤波器抑制。但是，由于逆变输出为交流正弦波，滤波器中的电感要流过正常工作电流，产生电压降，所以一般滤波器 LC 元件值不宜很大。

由于数字式算法本身具有可编程进行误差补偿的特点，可以在形成数字算法的同时考虑算法上的补偿，或改进算法使谐波含量降低，同时不增加算法的复杂程度以及算法执行过程中的存储单元。

以下是一例针对 SPWM 算法的峰值采样方法，其基本思路是改进采样规则和优化算法，使采样相交点更接近于自然采样的交点，所形成的 SPWM 波形谐波最小。

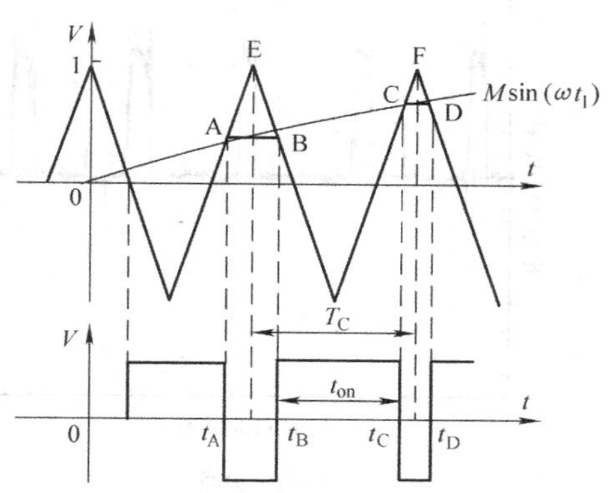

图 6-12　峰值型采样方式

峰值采样算法的采样原理如图 6-12 所示，它在每个三角载波周期的正峰值（E 和 F 点）处对正弦调制波进行采样，称为峰值型采样方式，其水平延长与三角波相交于 A、B 和 C、D 点，从而确定出高电平脉冲的起始时刻 t_B、关断时刻 t_C 和对应的高、低电平脉冲宽度。

经过推导得到生成的 SPWM 波脉宽为

$$\begin{cases} t_{on}=t_C-t_B=\dfrac{T_C}{2}+\dfrac{T_C}{4}M\left[\sin\dfrac{2\pi(k+1)}{N}+\sin\dfrac{2\pi k}{N}\right] \\ t_{off}=t_B-t_A=T_C-\dfrac{T_C}{2}M\sin\dfrac{2\pi k}{N} \end{cases} \tag{6-5}$$

式（6-5）显示它与对称规则采样完全一致，也就是说，这种峰值型采样算法既有规则采样法简单、易实现数字控制的优点，又保持在每个三角载波周期内仅采样一次的特点，避免了原不对称规则采样方式需要在每个载波周期内进行两次采样的缺点，提高了数字控制的实时性；同时它具有自然采样方式畸变率小的优点。

仅以三次谐波为例，在同样电源、开关频率和负载的试验条件下测得的试验结果如表 6-1 所示。

表 6-1　三种采样方式产生的正弦波中三次谐波含量对比

采样方式	对称规则采样	不对称规则采样	峰值型采样
三次谐波占基本的百分比	3.40%	2.80%	1.55%

6.3　高开关频率导致的电压和电流尖峰及其对策

6.3.1　高频电压和电流尖峰的成因

在第 2 章传导干扰的描述中已经指出：开关电源中整流二极管电流的反向恢复过程将导致高频电流尖峰；开关器件以高开关频率工作时，高 di/dt 和 dv/dt 与分布参数作用也将产生电压和电流尖峰，如图 6-13 所示。这些频谱很宽的电压和电流尖峰将以传导或辐射的形式对外形成干扰。

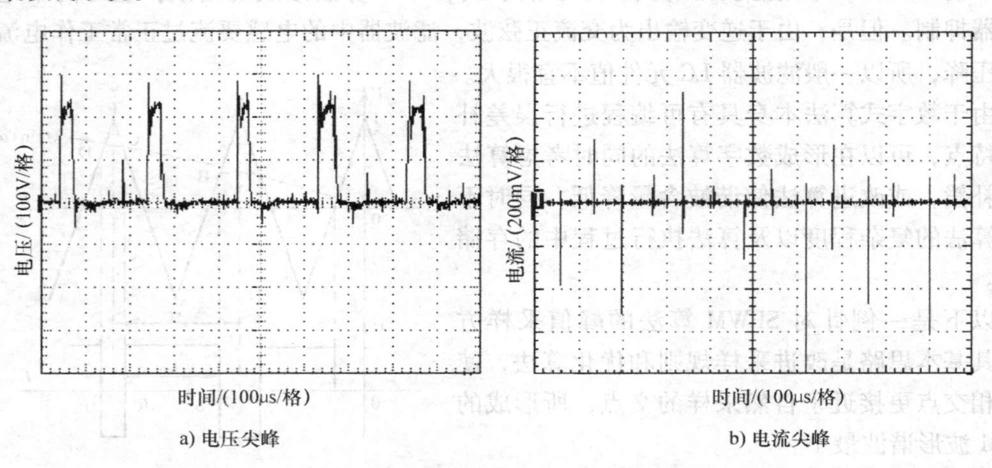

a) 电压尖峰　　b) 电流尖峰

图 6-13　开关电路中的电压尖峰和电流尖峰

6.3.2　抑制电压尖峰和电流尖峰的对策

1. 吸收电路（缓冲电路）

二极管反向恢复过程导致的过电流通常由于电路中的分布参数而在二极管两端形成电压尖峰。抑制二极管两端电压尖峰，一般在二极管两端并联电容 C 或 RC 缓冲网络。采用快恢复二极管等措施也能有效降低对应的电流尖峰。

对于高频开关通断导致的高 $\mathrm{d}i/\mathrm{d}t$ 和 $\mathrm{d}v/\mathrm{d}t$ 与分布参数作用产生的电压和电流尖峰，一般也可采用无源吸收电路（也称缓冲电路）与功率开关管并联进行抑制，如采用 C（电容）或 R-C（电阻 + 电容）、R-C-VD（电阻 + 电容 + 二极管）与功率管并联抑制电压尖峰；采用 L（电感）或 R-L（电阻 + 电感）与功率开关管串联抑制电流过冲，等等。部分吸收电路构成和适用场合已经在第 3 章的图 3-49 和相应文字中介绍过，其他种类吸收电路和设计原则见电力电子学有关书籍。

2. 软开关技术

随着个人计算机（笔记本电脑）、通信设备、微型电器设备的发展，以及空间技术实际应用的需求，要求 DC/DC 变换器体积、重量更小和功率密度更高，这就要求 DC/DC 变换器工作在更高的频率上，例如几兆赫兹或数十兆赫兹。

然而，在硬开关工作下，即开关管电流和电压的变化呈理想开关状态——在极短的时间内突增或突减，波形上升或下降沿极其陡峭，变化率$\dfrac{\Delta i}{\Delta t}\approx\dfrac{\mathrm{d}i}{\mathrm{d}t}$和$\dfrac{\Delta v}{\Delta t}\approx\dfrac{\mathrm{d}v}{\mathrm{d}t}$非常大，随着频率的提高，开关管的开关损耗会急剧上升，电路效率将大大降低。严重时，在开通和关断瞬间产生的电流尖峰和电压尖峰可能使开关器件的状态运行轨迹超出安全工作区，影响开关的可靠性，同时会产生很强的电磁干扰。前面介绍的增加吸收电路（即缓冲电路），就是改变开关轨迹（即开关上升沿和下降沿的陡度），可以减小功率器件的开关损耗。但缓冲电路实质上是将功率器件所减少的能量转移到缓冲电路中，在强缓冲时，开关电路的总损耗反而增加。无损缓冲电路的研究和发展缓解了这一突出矛盾，但要额外增加较多元件，增加了电路的复杂性。因此，在这一矛盾和需求中，软开关技术应运而生。

所谓“软开关”，是利用谐振原理，使开关变换器开关管的电流（或电压）按正弦（或准正弦）规律变化，当电压过零时，使器件开通，或电流自然过零时，使器件关断，实现开关损耗为零，从而提高开关频率，减小变压器、电感的体积。“软开关”也称为零电压开关（Zero-Voltage-Switching，ZVS）或零电流开关（Zero-Current-Switching，ZCS），或近似零电压开关与近似零电流开关。

软开关电路也有无源和有源之分。有源软开关电路采用辅助开关管控制主电路开关管谐振，让主开关管的电流或电压自然过零。因此，尽管辅助开关管不一定全程参与能量变换，但是它仍然作为硬开关起控制主开关管通断的作用。

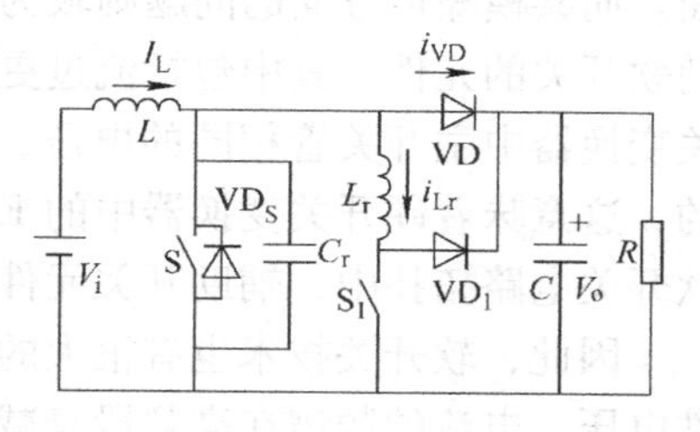

图 6-14　典型的软开关升压型零电压转换 PWM 变换电路

图 6-14 是典型的软开关升压型零电压转换 PWM 变换电路。电路工作原理为：在每一次主开关管 S 需要导通之前，先导通辅助开关管 S_1，使辅助谐振网络谐振。

当主开关管S两端电容电压谐振到零后，在零电压下导通主开关管S。主开关管S完成导通后，迅速关断辅助开关管S_1，使辅助谐振电路停止工作。之后，电路以常规的PWM方式运行。主功率开关管S的关断过程是在谐振电容C_r的作用下完成的，因此本身就是一个软关断过程，不需要辅助电路作用。

从EMI的产生来看，软开关变换器相比硬开关PWM变换器具有无法比拟的优势：

1）硬开关PWM技术是以中断功率通量和控制占空比的方法来变换功率，结果形成脉冲电流和脉冲电压；而谐振技术是以正弦形式变换功率，它的频谱通常比PWM变换器窄。因而，对比PWM变换器，在输入端所具有的谐波干扰较小而基波分量振幅较大。

2）谐振开关变换器的工作波形为准正弦波，具有较低的di/dt和dv/dt。

3）谐振开关变换器利用了器件结电容和变压器漏感作谐振LC电路的一部分，故对有害分布参数不敏感。

4）谐振开关变换器工作于较高频率，便于集成化和最小化，因而通常具有较高的功率因数，对于减小电流回路、缩短连线长度十分有利。

但是电力电子电路和系统EMI的成因非常复杂，上述分析并不能给出软开关一定能改善电力电子电路和系统的EMC特性的结论。1996年，美国VPEC研究中心的研究人员分别对采用软开关零电压变换电路与硬开关电路的两个单相400W PFC升压变换器的传导干扰进行对比实验，测试结果是出人意料的，软开关零电压变换器与硬开关变换器之间的EMI差异很小，甚至于如果前者的附加电路布线不当，会使EMC性能更差。

将两个实验模型的共模与差模干扰分别进行对比，结果是：就共模噪声而言，低频段二者特性相似，当频率超过几兆赫兹时，硬开关的噪声高于零电压变换器几个分贝；在高频段，零电压变换器的共模噪声较低，但某些情形下，零电压变换器在个别频率点的噪声峰值超过硬开关模型。就差模噪声而言，硬开关的噪声比ZVT模型更强。

上述实验结果可以从EMI成因上去分析：共模噪声主要通过器件外壳的杂散电容耦合，而零电压变换器中的主开关管为软开关，开关过程中所产生的dv/dt小，所以，零电压变换器的高频共模干扰小于硬开关变换器，而零电压变换器在某些频点上的噪声峰值是由于零电压变换器中的辅助元件的不正确布线导致的。另外，由于硬开关变换器中二极管反向恢复电流引起较高的di/dt，在高频段，硬开关变换器的差模噪声比零电压变换器高，但di/dt高通常不影响低频成分，所以在开关频率及其低次谐波上，二者干扰特性相似。

由此可见，尽管零电压变换器高频干扰特性优于硬开关几个分贝，但总体上二者的EMI特性类似。差模噪声方面，零电压变换器优于硬开关变换器，这正是软开关优于硬开关的一面。而共模噪声方面的问题则较为复杂，零电压变换器与硬开关变换器不同的是前者具有辅助软开关的元件，其中包括流过更大峰值电流的辅助开关元件，该开关元件可能承受与硬开关变换器中主开关管相同的电压，同时零电压变换器中辅助开关元件是以硬开关方式工作的，这意味着硬开关变换器中的EMI被转移到软开关零电压变换器的辅助开关。因而，在软开关电路拓扑中，辅助开关元件是重要的干扰源，它们的位置及布线尤其重要。

因此，软开关技术也有很大的局限性，它减缓了开关器件的di/dt和dv/dt，使得开关器件电压、电流的频谱在高频段衰减得较快，从而有可能减小电磁骚扰发射。但是由于软开关的结构和种类很多，电磁骚扰发射的影响因素也很多，软开关电路中辅助元件的工作状态及其结构布置等都会影响EMI发射，因而不能认为软开关电路一定会有小的噪声。只有根据电磁兼容基本原理，对软开关电路进行合理设计，才能充分发挥其潜在的优点。

实质上，带有缓冲电路的 PWM 变换器不一定比软开关变换器具有更坏的噪声特性。但究竟软开关好还是硬开关好，还取决于电路设计初期，根据需要适当选用电路拓扑和控制技术，建立传导和辐射干扰预测模型，指导正确的电路布局。

3. 频率控制技术

在高开关频率下工作是电力电子电路特有的工作方式，因而只要采用电力电子变换器，它们在开通和关断瞬间产生的噪声 $L\mathrm{d}i/\mathrm{d}t$ 和 $C\mathrm{d}v/\mathrm{d}t$ 就不可避免。上述滤波、吸收电路都无法将这样的噪声抑制到零，而大多数情况下，软开关技术也无效（例如，开关动作陡沿的必要性与分布参数 C 的无所不在，致使共模电流无所不在，软开关既不能适应开关电路信号沿陡峭的必要性，也不能消除分布参数 C 的存在，所以软开关对于共模噪声的抑制作用微乎其微）。这就意味着，电力电子技术领域必须要研究不同于其他设备的 EMC 方法，使之适用于电力电子电路和系统。

我们知道，在 PWM 开关变换器中，开关器件在开通和关断瞬间产生的噪声，因重复出现的间隔与开关频率 f_s 保持一致，也是开关频率的谐波，如图 6-15 所示。

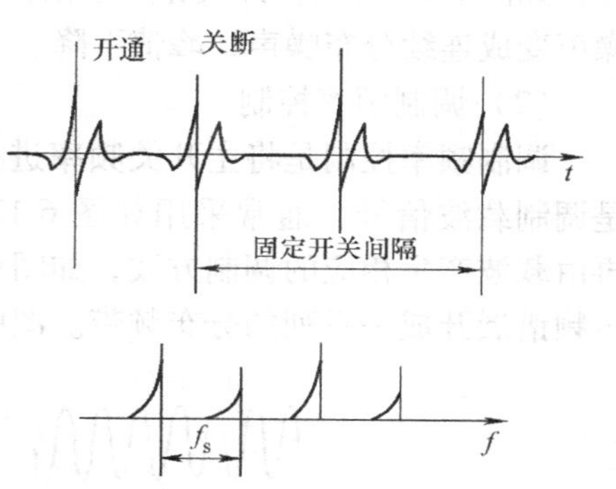

图 6-15　开关噪声及其频谱

由图 6-15 可知，开关噪声干扰的能量主要集中在特定的频率上，并具有较大的频谱峰值。如果能将这些能量分散在较宽的频带上，则可以达到降低噪声频谱峰值的目的，这就是频率控制的思想。

根据傅里叶变换中的 Parseval 定理：时域中的能量函数变换到频域中，也有一个能量函数与之对应，即

$$\int_{-\infty}^{\infty} f^2(t)\mathrm{d}t = \frac{1}{2\pi}\int_{-\infty}^{\infty} \bar{F}(\omega)F(\omega)\mathrm{d}\omega \tag{6-6}$$

Parseval 定理指出：当时域信号 $f(t)$ 表示成各正交基底函数的组合时，一个信号所包含的能量（功率）恒等于此信号在完备正交函数集中各分量能量（功率）之和，即

$$\int_{t_1}^{t_2} f^2(t)\mathrm{d}t = \sum_{r=1}^{\infty} C_r^2 \int_{t_1}^{t_2} g_r^2(t)\mathrm{d}t = \sum_{r=1}^{\infty} \int_{t_1}^{t_2} [C_r g_r(t)]^2 \mathrm{d}t \tag{6-7}$$

式中，$\int_{t_1}^{t_2} f^2(t)\mathrm{d}t$ 为信号的能量；$g_r(t)\,(r=0,1,\cdots)$ 为正交基底函数；$\sum_{r=1}^{\infty}\int_{t_1}^{t_2}[C_r g_r(t)]^2\mathrm{d}t$ 为各信号分量的能量。

鉴于式（6-6）表示的时域与频域的关系，可知式（6-7）等式右端表示的噪声能量分量的总能量，也对应于频域中各频率点上噪声能量分量的总能量。由于开关频率仅在固定频率左右小范围变动，噪声能量是一定的，当频域中各谐波频点增多时，对应于主开关频率点的最大频域噪声能量必然降低，使 EMI 水平下降到容许限度以下，同时原来噪声水平低的那些频率点上却增加了噪声信号分量，使整体 EMI 频域测试呈现谷线升高，峰线降低的情况，即将噪声频谱能量分散在噪声频带上，从而使整个频带上噪声的幅值减小。

频率控制一般有两种：一种是在电路开关间隔中加入一个随机扰动分量，使开关噪声能

量分散在一定范围的频带中，称为随机频率控制；另一种方式是在锯齿波（调制波）中再加入调制波形（即白噪声），对PWM控制波形进行整定，在产生干扰的离散频段周围形成边频带，将噪声的离散频带调制展开成一个分布频带，这样噪声能量就分散到这些分布频段上，这种方法称为调制频率控制。

使用频率控制技术的开关电源控制回路，必须同时满足两个要求：①输出电压可以实现快速、较好的整定；②变换器低通滤波器的通带中不能再含有噪声频带的分量。

（1）随机频率控制

用随机占空比调制或随机变频控制方法改善EMI的频谱分布，从而求得减缓电磁骚扰发射的目的。随机频率控制的主要思想是：在控制回路中（即在参考量或比较器中）加入一个随机扰动分量，使开关间隔进行不规则变化，如图6-16所示，开关噪声频谱由原来离散的尖峰脉冲噪声变成连续分布噪声，峰值下降。

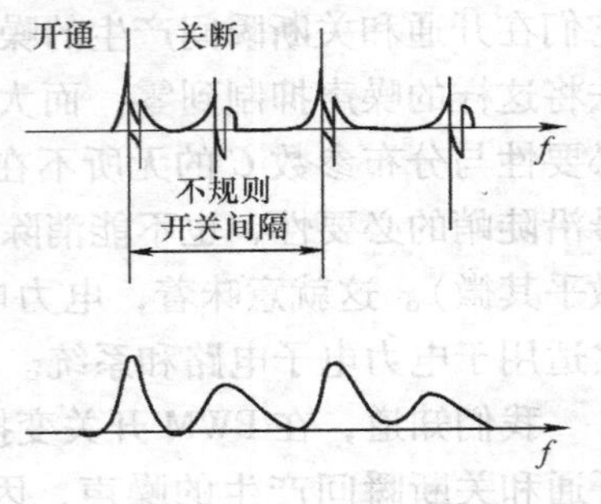

图6-16　随机化处理后的开关噪声和频谱

（2）调制频率控制

调制频率控制是将主开关频率进行调制。首先需要的是调制载波信号，通常采用如图6-17a所示的正弦载波；再由载波产生相应的调制方波，如图6-17b所示。两种波形都需要进行频率调制，以便将噪声频谱展开成一系列的分布频带。图中f_c为载波频率，f_m为调制波频率。

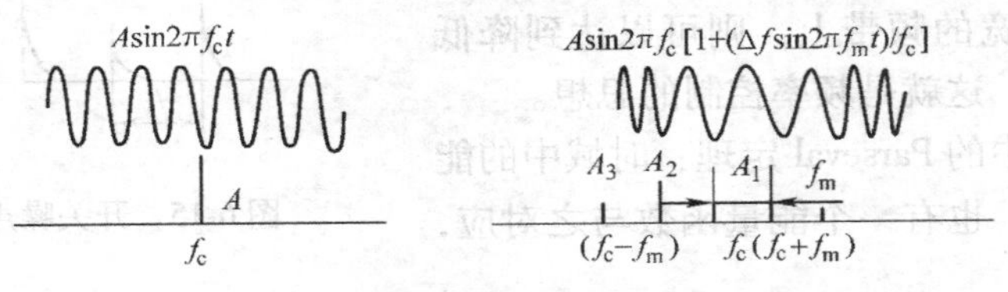

a)正弦载波及其频率调制波形

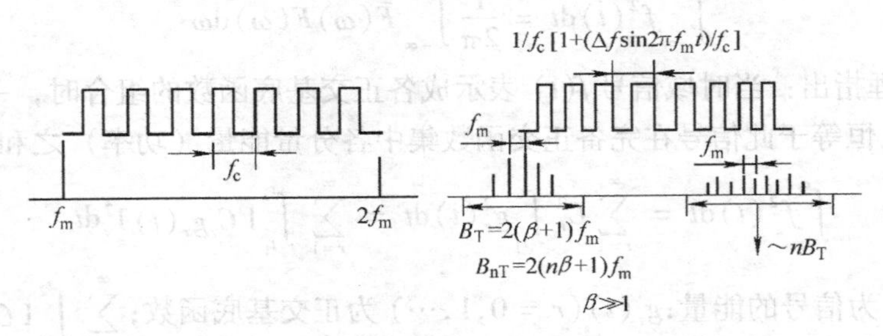

b)方波及其调制波形

图6-17　载波信号的频率调制

与随机频率控制方式比较，调制频率控制具有如下优点：

1）随机频率控制在开通时基本上采用PWM控制的方法，对开通噪声几乎没有影响，在关断时才采用随机频率，因而其调制干扰能量的效果有限；调制频率控制方法在开通、关断时均能对噪声频谱进行调制，很好地抑制了开通、关断时的干扰噪声。

2）随机频率调制的频率不定，滤波器设计也比较困难；而调制频率控制方法的频率是确定的，便于滤波器设计。

两种频率控制技术都是基于 EMI 能量为一定的原理出发，通过将开关频率点上的能量“搬移”到非开关频率点上，达到减小某频率点上信号的幅度、抑制 EMI 的效果。

（3）调制频率控制技术应用 1——扩频控制

调制频率控制和随机频率控制一样，如果频带展得过宽（理论上趋于无穷），使得开关频率处的能量扩展到低频段，低频段的 EMI 恶化，不容易通过滤波器滤除，同时，变换器缓冲电路的设计也变得困难。

如果采用各种不同的周期信号对 PWM 载波频率进行调制的研究，选取频带有限的周期信号调频，就能避免能量过多地扩展到低频段，并且使滤波器和缓冲器的设计相对简单。

这种技术借助于通信中的扩频技术原理，将载波信号扩展到一个很宽的频带上，再去调制基带信号（即工频信号），以主动降低 PWM 载波（开关频率）及其谐波频谱峰值，从机理上可降低 EMI 水平，仍属于对 PWM 的载波进行频率调制的方法，也被称为扩频控制方法。

即使采用频带有限的周期信号对 PWM 载波频率进行调制，这个周期信号的选取也会影响到最终 PWM 开关信号谐波频谱峰值的衰减值。分别将图 6-18 所示的同一频率正弦、梯形、三角波、矩形方波、指数、Sa 函数、高斯函数、随机信号等 8 种周期信号去调制正弦载波（进行扩频），将它们扩频后的峰值和中心频率的幅值进行对比，如图 6-19 所示，从图中可得到如下结论：

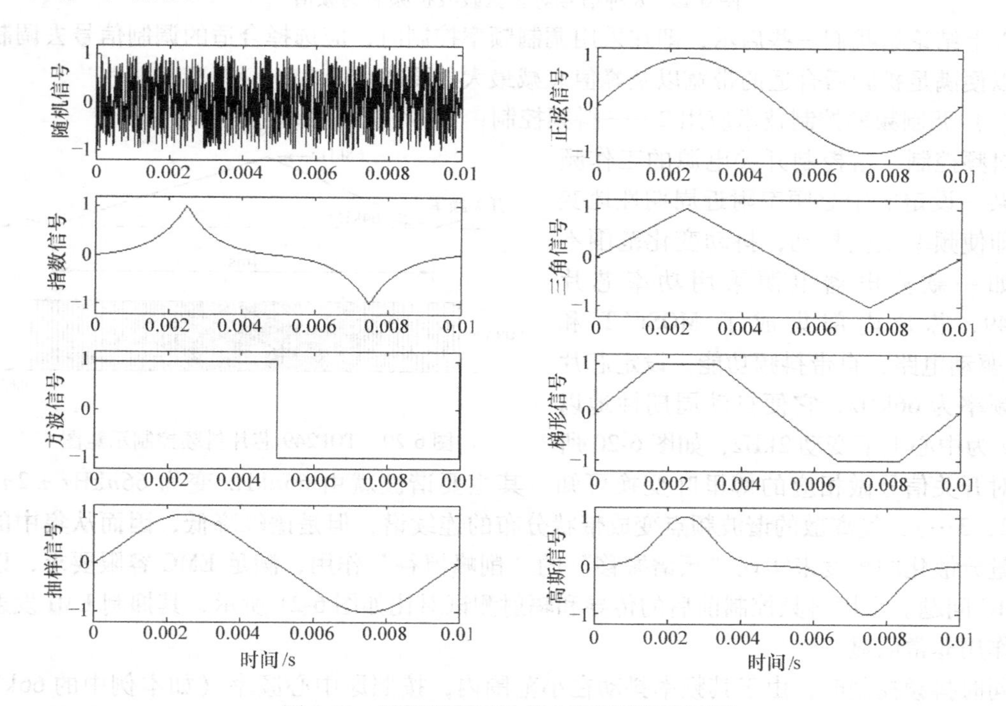

图 6-18　随机调制函数等 8 种周期调制函数

1）周期正弦、Sa 函数和高斯函数调制扩频后的带宽较小，随机调制和方波调制扩频后带宽较大，对低频影响较大。

2）峰值衰减效果最好的是周期 Sa 函数扩频，周期梯形、正弦和三角形扩频后峰值衰减效果也比较好，周期方波扩频效果最差。

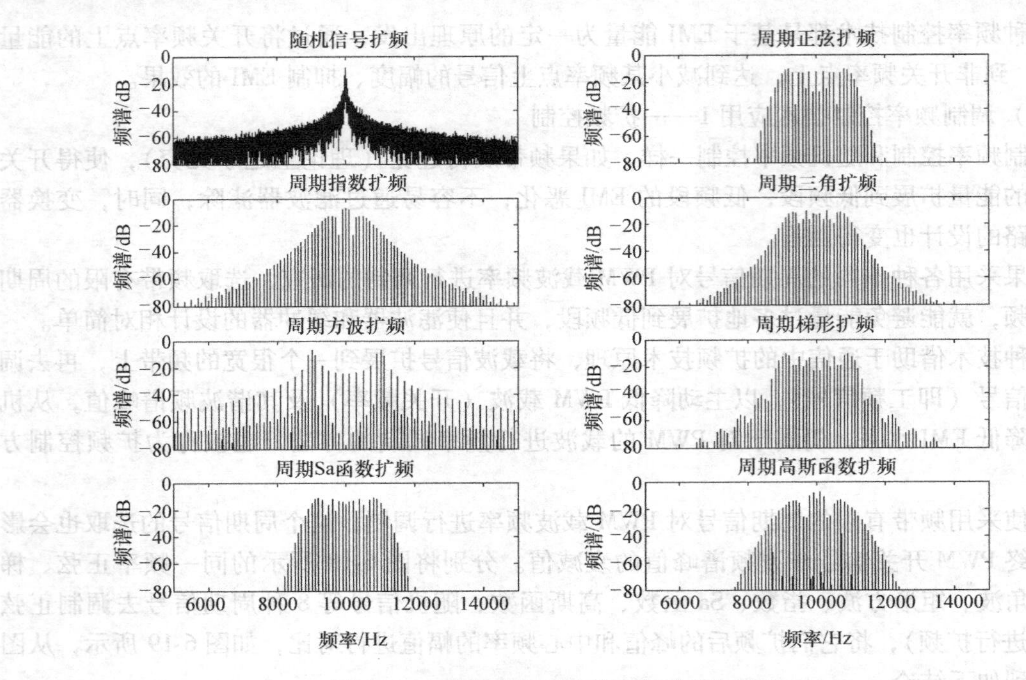

图 6-19 8 种信号对正弦载波扩频后的频谱

以上结论给我们一些启示，即在采用调制频率控制时，应选择合适的调制信号去调制载波，以便满足扩频后合适的带宽以及峰值衰减最大的要求。

（4）调制频率控制技术应用 2——抖频控制

抖频控制，指控制开关电源的工作频率在某一设定的中心频率附近周期性地变化，即使频率发生抖动，抖动变化范围不大。如一款充电器电源采用功率芯片 TOP249，芯片内部集成了 MOSFET 和 PWM 驱动电路，自带抖频功能。设定芯片工作频率为 66kHz，它便自动周期性地以 66kHz 为中心上下变动 2kHz，如图 6-20 所示。对开关信号做相应的傅里叶变换可知，其主要谐波就由 66nkHz 变为 66nkHz ± 2nkHz（n=2，3…），使离散的谐波频点变成带状分布的连续谱，但是谱峰降低，因而从集中的频谱能量分散化的角度来实现“频谱搬移”的“削峰填谷”作用，满足 EMC 容限要求，以解决 EMC 问题。采用抖频控制前后的传导和辐射测试对比如图 6-21 所示，其抑制 EMI 发射水平的作用非常明显。

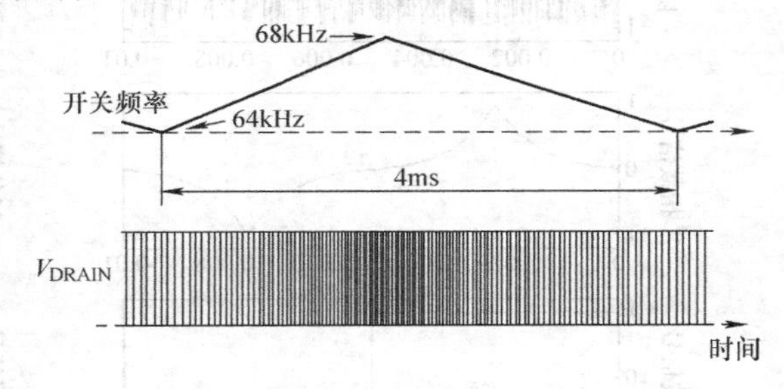

图 6-20 TOP249 芯片抖频控制示意图

同时抖频控制时，由于其频率抖动在小范围内，按照原中心频率（如本例中的 66kHz）设计的滤波器仍然适用，这是远优于随机频率控制方法的地方。

抖频控制可以简单地采用模拟控制电路实现。在形成载波的振荡电路中，将影响载波频率的一小部分参数分离出来，如上述抖频部分仅为 ±2kHz，占主要工作频率 66kHz 的 3%，则这个分离出来的振荡器参数为 3%，用一个三角波电路控制这部分参数使其值呈三角形周期性变化（如 3% 的电阻为 2kΩ，则其变化规律为：从零线性变化到 4kΩ，再从 4kΩ 线性变

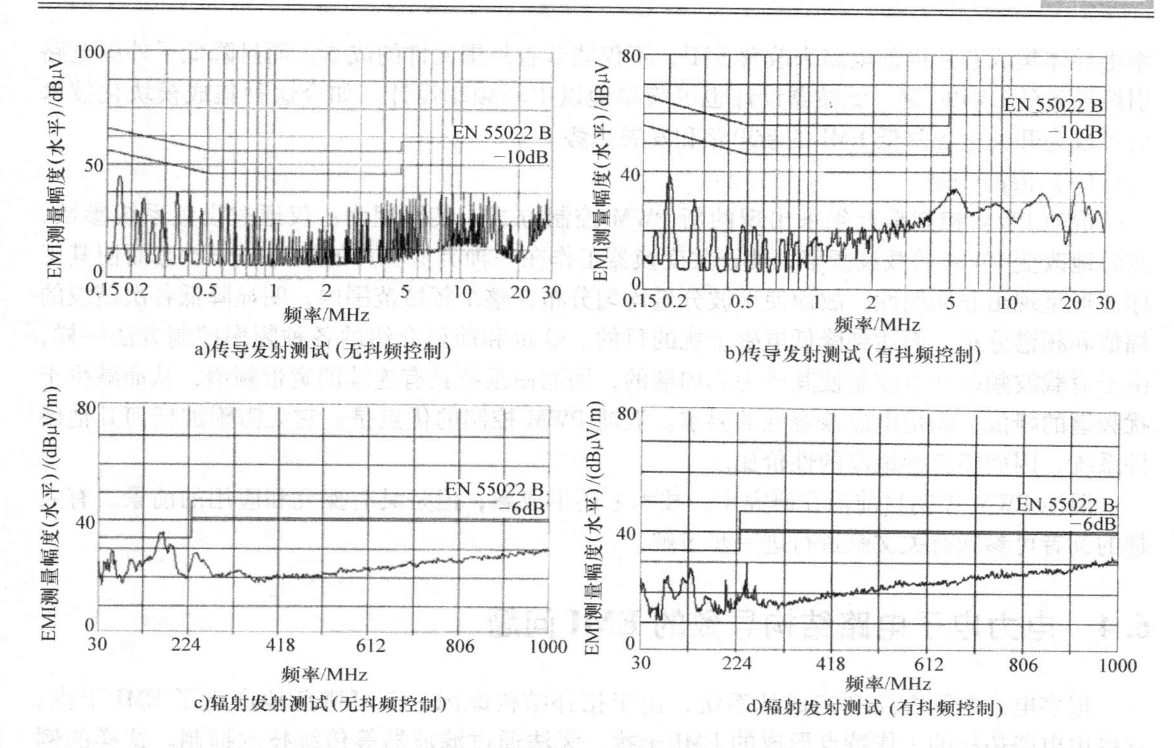

图 6-21　TOP249 芯片采用抖频控制前后的功率输出信号传导和辐射发射测试

化到零)，即可实现频率从 64kHz 到 68kHz 之间周期性变化。

抖频方法控制电路设计实例：PWM 控制采用芯片 TL494 实现。由于芯片 TL494 输出的 PWM 信号频率由自身振荡器所外接的 *RC* 元件决定，如图 6-22a 所示，一般电容 *C* 的值不便调节，可以将电阻 *R* 变成两部分，即 R_1 和 R_2，其中 R_2 为可调电阻，约为 10% R_1，通过调节这个外接的 R_2 值，使其从 0 变化到最大值，就可以改变 PWM 信号频率（载波频率），使其变化范围为 ±10% 左右。

周期性电阻值可调的简单实现方法为：一个三极管并联在固定电阻 R_2 两端，三极管输入三角波电压，使三极管工作在线性放大状态，如图 6-22b 所示。其等效 C-E 电阻与电阻 R_2 并联后改变了 R_2 对外呈现的等效电阻。因此 R_2 阻值随三极管输入三角波电压变化呈现周期性改变，使振荡器频率及至最终 PWM 信号频率发生一定范围的抖动。

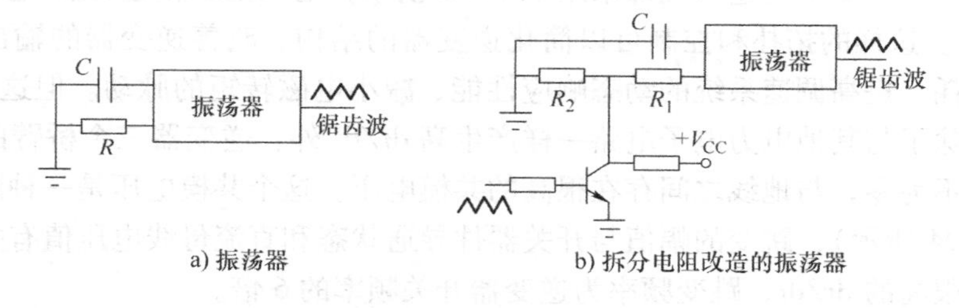

图 6-22　抖频 PWM 控制电路的简单实现

从以上实现方式可以看出，抖频控制实际上是采用较低频率范围的周期三角波（或其他周期信号）去调制载波信号，仍属于调制频率控制技术。

与其他抑制 EMI 的方法相比，频率抖动技术比较简单，实现比较容易，因此可利用功率半导体集成芯片内部电路来改善 EMI，不仅能节省外围元件的成本，而且降低了外围电路引线导致的 EMI 问题，滤波器设计也可简单地以中心频率设计。如今这种集成模块化技术已经成为开关电源降低 EMI 的新思路和发展趋势。

（5）混沌控制

混沌 PWM 控制是近年来出现的新 PWM 控制方式，其原理为：仅通过设置系统参数，实时地改变 PWM 的载波频率，使开关变换器工作在一种类似噪声的混沌工作状态而使其工作波形呈现出非周期性，故而使谐波分量均匀分布在整个频域范围内，明显降低各次谐波的幅值和频谱分布，而达到降低电磁干扰的目的。这也和前面介绍的各种频率控制方法一样，由于对载波频率加以控制使其成为非周期的，因而使系统具有连续的宽带频谱，从而减少干扰频谱的峰值，满足电磁兼容性的要求。混沌 PWM 控制的优点是：它无需附加任何其他硬件系统，因而能获得最高的性价比。

混沌 PWM 控制目前尚在研究中，技术上还不成熟，但是具有探究和应用的前景。有兴趣的读者可参阅有关文献进行进一步了解。

6.4 电力电子电路结构导致的 EMI 问题

很多电力电子电路和组成的系统，由于拓扑结构原因，不可避免地产生了 EMI 干扰。这些由电路拓扑的工作特点形成的 EMI 干扰，无法通过滤波器等传统技术抑制。这样的例子很多，这里不一一详述。其中最典型、应用很广的是三相交流变频调速系统，它采用三相桥逆变器和 SPWM 技术，通过变频控制来调节异步电动机的速度。在变频调速的过程中，它会产生很强的共模噪声和轴电流，用传统的 EMI 共模滤波器无法解决，因此危及设备和人身安全。

这里以三相 SPWM 逆变器-电动机传动系统为例，阐述相应的 EMI 问题和 EMC 对策。

6.4.1 三相电动机交流传动系统的共模噪声和轴电流问题

变频器可以完成一种形式的电能（如直流）向另一种形式的电能（如交流）变换，是交流电动机调速系统的重要组成部分，它能够带来显著的节能效果，已广泛应用于电力、冶金、机械、石油、化工、交通运输等领域。

现在几乎所有的变频调速系统都采用了 PWM 技术，电压型三相逆变器-电动机传动系统如图 6-23 所示。这样的拓扑和控制可以简化逆变器的结构、改善逆变器的输出波形、降低电机的谐波损耗、提高调速系统的动态响应性能、减小电磁转矩的脉动。但这样的 PWM 变频调速系统，除了与其他电力电子电路一样产生高 dv/dt 外，逆变器三个桥臂的瞬时脉冲输出电压之和总不为零，与地线之间存在很高的共模电压。这个共模电压是一种阶梯式的跳变电压（如图 6-24 所示），跳变的幅值与开关器件导通状态和直流母线电压值有关，显然这种跳变又会产生很高的 dv/dt，跳变频率为逆变器开关频率的 6 倍。

这种高频共模电压作用在电动机上，由于电动机内部存在耦合作用的寄生电容，会在电动机转轴上产生轴电压。这种情况下电动机如果没有接地或接地不良，就会产生人身伤害事故。

当电动机运行时，电动机轴承中的滚珠在润滑剂中高速运行，会导致润滑剂在轴承内部

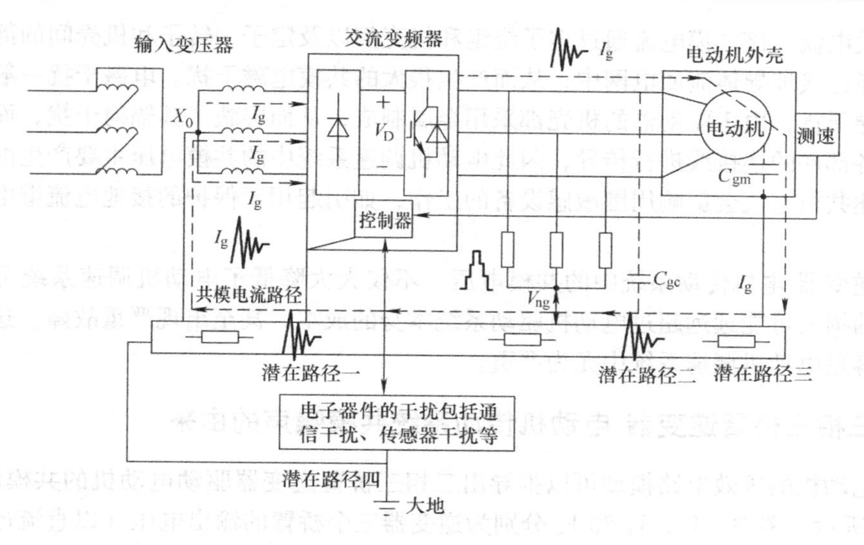

图 6-23　三相逆变器-电动机变频调速系统及其共模干扰示意图

形成两层油膜，使电动机轴承呈现出容性特征。电动机轴承的内座圈与转轴相连，外座圈与定子相连，所以轴电压会作用在轴承上，当轴电压稍稍大于轴承润滑剂的绝缘电压阈值时，会感应出较小的轴电流，使润滑剂发生化学变化，最终导致轴承座圈受到化学侵蚀，加快其失效。当轴电压远大于绝缘阈值时，会产生如同电容放电般的较大轴电流。当滚珠和座圈接触时，该电流会击穿油膜，使座圈局部温度快速升高，从而导致轴承座圈上产生电蚀的凹点，最后形成凹槽，加快电动机轴承的机械磨损（如图 6-25 所示）。

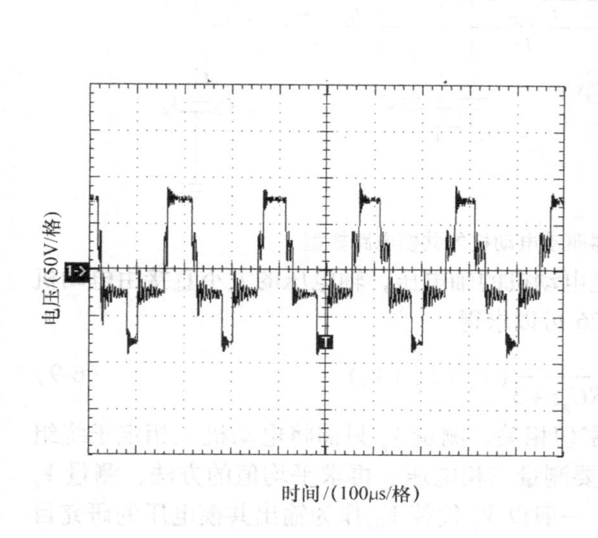

图 6-24　常规的三相 PWM 逆变器输出的共模电压

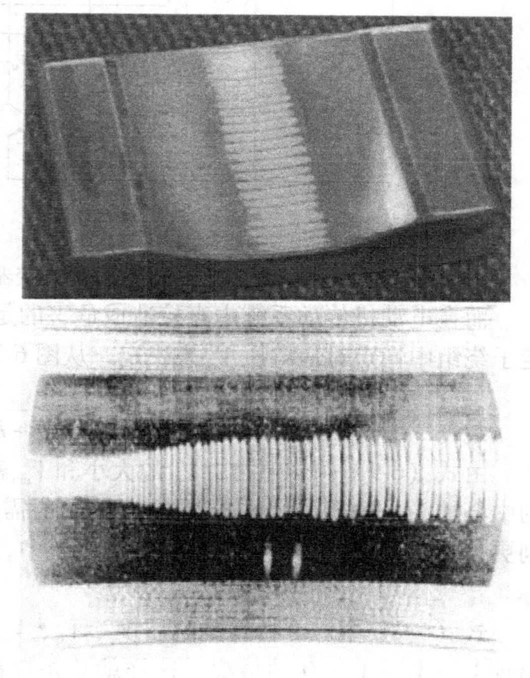

图 6-25　典型的电动机轴承电气损坏

同时，该共模电压通过对系统中杂散电容和寄生电容的激励（如图 6-23 所示），会形成很大的共模电流。该共模电流通过定子绕组和机壳间以及定子、转子和机壳间的静电耦合流入地，再通过接地导体流回电网中，从而产生很大的共模电磁干扰。电磁干扰一般分为辐射干扰和传导干扰，由于驱动器的机壳都采用金属制成，从而屏蔽了其辐射干扰，而传导干扰可以通过各部件的连接线进行传导，因此电动机调速系统中的共模电压主要产生的是传导性干扰。上述共模电流会影响周围敏感设备的工作，如引起用于保护的接地电流继电器误动作等。

三相逆变器-电机传动系统中的共模电压，不仅大大降低了电动机调速系统可靠性，而且所导致的损失可能远远超过电动机驱动系统本身的成本，甚至出现严重故障。这些问题在高压、大容量电动机调速系统中尤为严重。

6.4.2 三相三桥臂逆变器-电动机传动系统共模噪声的由来

根据电动机的等效电路模型可以推导出三相三桥臂逆变器驱动电动机的共模电路模型，如图6-26所示。图中，V_a、V_b 和 V_c 分别为逆变器三个桥臂的输出电压（以直流母线电压的中点为参考点）；L_f 和 C_f 分别为滤波电感和电容；L 和 R 分别为电动机每一相的等效电感和电阻；C_g 为电动机的等效共模电容。根据前面章节的知识可以知道，理论上该逆变器的输出共模电压为

$$V_{cm}=\frac{V_a+V_b+V_c}{3} \tag{6-8}$$

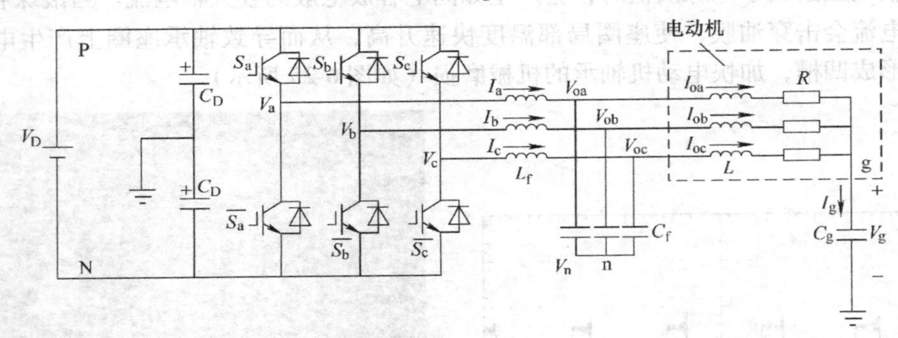

图6-26 三相三桥臂逆变器驱动电动机的共模电路模型

而在电动机传动系统中直接造成危害的是电动机的轴电压，轴电压的大小直接由电动机定子绕组中性点对地电压 V_g 来决定，从图6-26可以求得

$$V_g=\frac{1}{(L_f+L)C_g s^2+RC_g s+3}(V_a+V_b+V_c) \tag{6-9}$$

由式（6-9）可以看出，V_g 的大小和 V_{cm} 密切相关。测量 V_g 只需将电动机三相定子绕组的中心抽头来进行，相比于直接测量 V_{cm} 时需要测量三相电压、再求平均值的方法，测量 V_g 则更为方便。因此在三相电动机传动系统中，一般以 V_g 代替 V_{cm} 作为输出共模电压的研究目标。

式（6-9）中三个桥臂的电压 V_a、V_b、V_c，各自或是 $+V_D/2$，或是 $-V_D/2$，因此不可能出现 $V_a+V_b+V_c=0$ 的情况，这样就总是存在共模电压。当 $C_g\to 0$，即不考虑共模电容时，共模电流没有了，但共模电压仍存在，式（6-9）就变成了式（6-8），此时 $V_g=V_{cm}$。

对图6-26进行分析，可以看出：当逆变器三个上臂同时导通时，$V_g=+V_D/2$；当逆变

器三个下臂同时导通时，$V_g=-V_D/2$；当逆变器两个上臂、一个下臂导通时，$V_g=+V_D/6$；当逆变器一个上臂、两个下臂导通时，$V_g=-V_D/6$。

因此，三桥臂逆变器产生共模干扰的根本原因，是三个桥臂无法对称，使得输出电压不平衡，无论采用怎样的控制策略，都会存在与直流母线电压同一数量级的共模电压，特别是前两种情况（称为零状态），产生的共模电压最大，干扰最严重。

图 6-27 和图 6-28 分别是在两种最常用的控制策略（即 SPWM 和 SVM）下，三相逆变器的共模电压和共模电流的动态变化情况。从中可以直观地看到，电路中的共模电压幅值很大，两种控制策略下的峰值共模电压都超过了 $3V_D/4$。

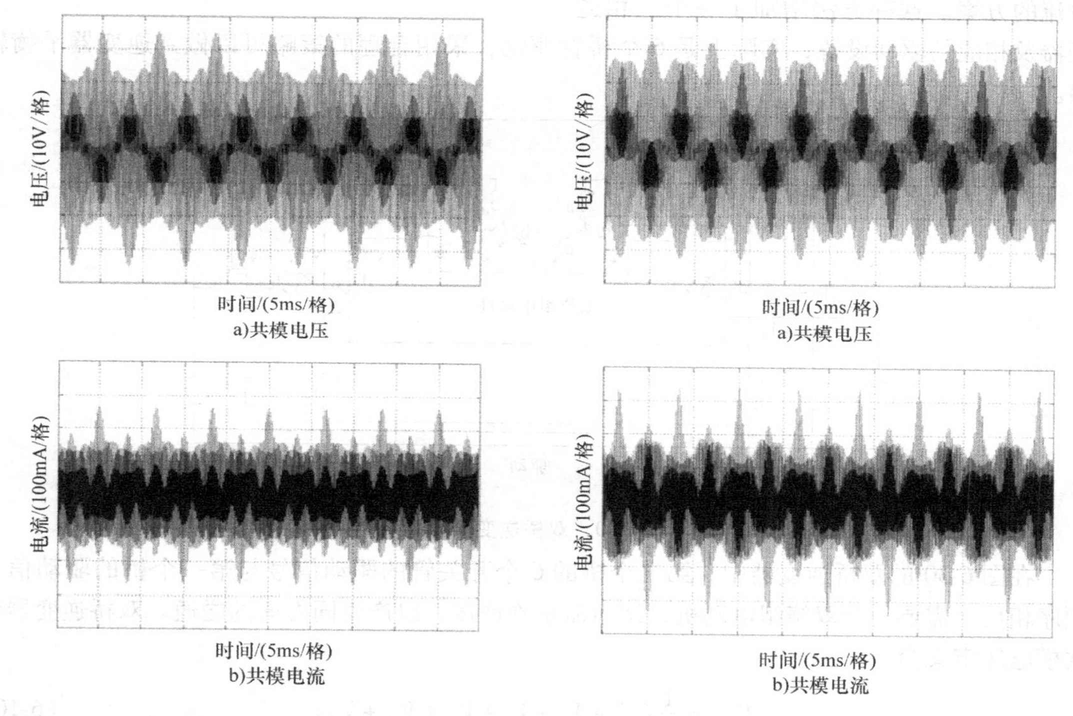

图 6-27 三相逆变器在常规 SPWM 控制策略下的共模电压和共模电流（$V_D=40V$）

图 6-28 三相逆变器在 SVM 控制策略下的共模电压和共模电流（$V_D=40V$）

6.4.3 降低三相逆变器-电动机传动系统共模噪声的方法

为了抑制逆变器输出的共模电压，提高系统的可靠性，传统的方法是采用转轴接地，轴承绝缘，具有传导性的润滑剂等来降低轴电流，保护电机轴承。但是电动机端共模电压仍然存在，电动机负载运行时，共模电压仍会通过负载轴承产生具有破坏性的电流。

从前面的内容可以知道，对传导性干扰，滤波是个较好的方法。但共模干扰的形成是相对于地线的，设计滤波方案时是不能直接将滤波器跨接在相线和地之间的，所以更多的方法是采用平衡的方式来抑制共模干扰。

1. 有关解决方法简介

由共模变压器组成的如图 6-29 所示的结构是一种典型的无源滤波器，这类方法是一种被动的平衡方法，它可以有效地抑制共模电流。

但无源滤波器的滤波效果容易受到干扰源和负载的阻抗匹配情况、高频寄生参数的影响，以及存在着体积大、重量大、灵活性和适应性差等问题。因此，近年来开始尝试用有源器件来进行主动平衡，抑制共模干扰。

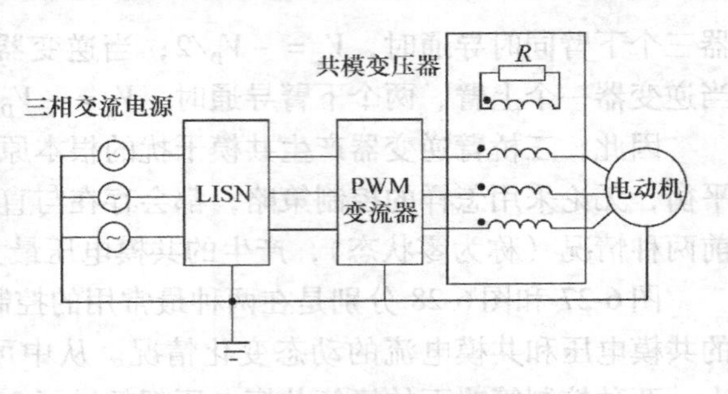

图 6-29 共模变压器抑制法

图 6-30 是采用双桥逆变器（DBI）来消除电动机共模电压和由此产生的轴承漏电流的方案。这种方法增加了一个三相逆变器及相应的驱动设备，实际上是 6 个桥臂驱动，采用合理的策略可以做到逆变器平衡输出。

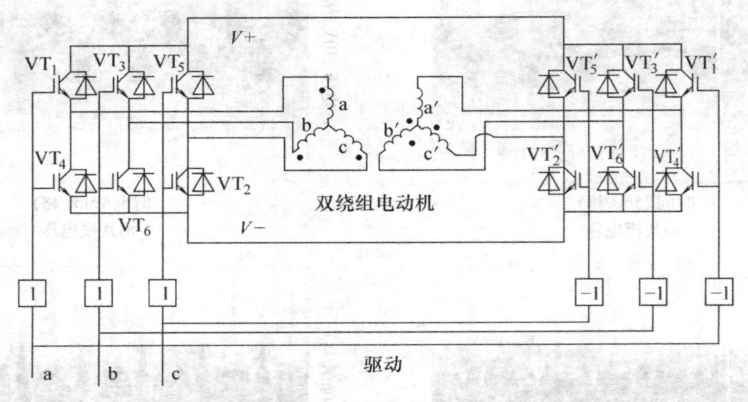

图 6-30 双桥逆变器方案

在图 6-30 的双桥逆变器中，第二个桥的 6 个开关管的驱动信号与第一个桥的驱动信号顺序相反。需要一个双绕组电动机，绕组需正确连接，以产生同方向的磁通。双桥逆变器的共模电压定义为

$$V_{\text{com}} = \frac{1}{6}(V_a + V_b + V_c + V_{a'} + V_{b'} + V_{c'}) \tag{6-10}$$

通过使两桥的开关顺序相反，可以使

$$V_a + V_{a'} = 0;\ V_b + V_{b'} = 0;\ V_c + V_{c'} = 0$$

则共模电压为

$$V_{\text{com}} = \frac{1}{6}(V_a + V_b + V_c + V_{a'} + V_{b'} + V_{c'}) = 0$$

因此，这种电路结构基本上能消除共模电压，即轴电压和其产生的轴承电流，漏电流也大为减少。但电动机的定子必须有两套绕组（即必须是双绕组电动机），从而限制了这种方法的应用范围。同时由于结构过于复杂，所用的元器件太多，导致成本昂贵，因此应用价值不高。

日本学者 Satoshi Ogasawara 等人提出了一种有源的消除共模噪声方案（Active Circuit for Cancellation，ACC），用于消除共模电压（如图 6-31 所示）。这一技术主要用来降低电动机负载的共模噪声，从而减少由大地电流引起的电动机轴承抖动，提供可靠性。它的工作原理

为：逆变器输出端的三个电容用来检测共模电压，这一电压被送入辅助电路中的推挽放大器，然后加到共模变压器中（实际是带有一个附加绕组的扼流线圈）去消除原始的共模电压。线性放大器端接的两个电容用来提供流经附加绕组的直流电源。

但是这种方法采用的电力晶体管工作在线性电路放大状态（实际上相当于射极跟随器），除了共模扼流圈需要承受逆变器的额定电流之外，线性放大电路本身的功率耗散也比较大。这种方法因为需要能承受高压的晶体管，限制了其在高电压中的应用。因此，这种方法至今没有重大改进和获得应用。

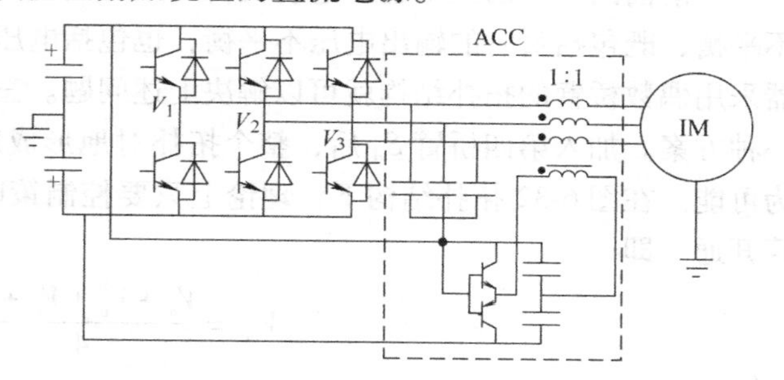

图6-31　有源的消除共模噪声方案拓扑

Alexander Julian等提出了采用四桥臂逆变器来消除共模电压的方法，电路结构如图6-32所示。其基本原理如下：

典型三相电压型逆变电源的共模电压为 $V_{cm}=(V_1+V_2+V_3)/3$，因此调制方案目的就是要使得任何时刻 $V_1+V_2+V_3=0$。如果在主电路结构中加入第四相桥臂（若负载平衡，分析时这一桥臂相对其他三相桥臂来说可以省去），调制策略只要保证任意时刻两个上管和两个下管是开通的，即 $V_1+V_2+V_3=0$，那么就可以达到零共模电压的目的。

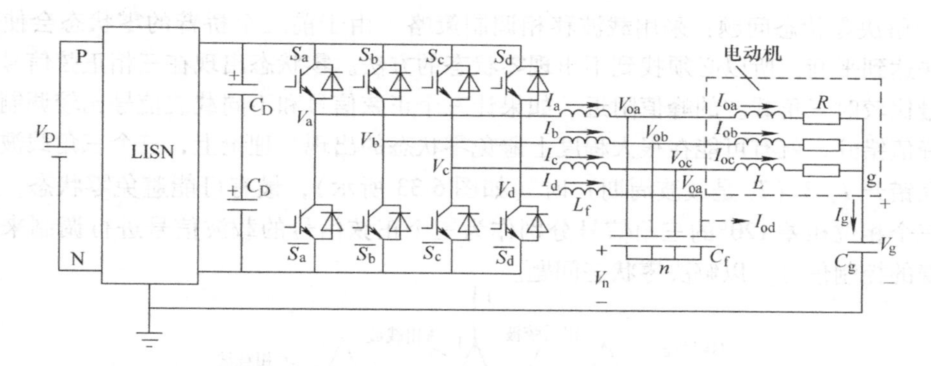

图6-32　三相四桥臂逆变器驱动电动机的共模电路模型

传统的三相四桥臂结构中的第四桥臂通常用来减轻中线电流，这一电流由不平衡或非线性负载引起。用于消除共模电压的方法仍是利用传统的三相四桥臂电路拓扑，主要改进部分是加入了连接中线的一组电容以及0轴的控制设计（d、q 轴与0轴无关并保持不变）。这种方法使不平衡和非线性负载情况下高频和低频的共模成分减少。然而，它同时使得差模纹波增大，从而需要更大的差模滤波器。

EMC设计中，如果在抑制某一噪声的同时，放大了另一部分噪声，则设计失败。如何能利用三相四桥臂结构，在抑制共模噪声的同时，不增大差模噪声，是EMC研究必须要关注的问题。

下面以三相四桥臂逆变器结构的SPWM调制方式为例，介绍在设计中如何实现有效的EMC控制策略。

2. 在三相四桥臂逆变器结构的 SPWM 设计中融入有效的 EMC 设计

（1）解决三相逆变器输出不平衡问题：加入第四桥臂而形成对称结构

由前面的分析已经知道，电动机传动系统出现高的轴电压的根源在于三相逆变器输出的不平衡，既包括瞬时的输出电压不平衡，也包括电压跳变 dv/dt 的不平衡。在理论上，逆变器采用偶数桥臂的拓扑结构就可以解决上述问题。三相四桥臂是增加桥臂数最少、最经济的一种方案。加入第四桥臂 S_d 后，整个拓扑对地形成对称结构，使得逆变器输出达到平衡成为可能。在图 6-32 拓扑结构下，理论上只要控制策略保证任意时刻都有两个上管和两个下管开通，即

$$V_{cm}=\frac{V_a+V_b+V_c+V_d}{4}=0 \tag{6-11}$$

就可以达到抑制甚至消除三相逆变器共模电压的目的。因此，是否能保证任意时刻都有两个上管和两个下管开通，就成为抑制三相逆变器共模电压的关键。

四桥臂逆变器的前三个桥臂（A、B、C）仍为工作桥臂，要求能产生正常的三相正弦输出驱动电机；第四桥臂（D）主要承担平衡输出的作用。然而，由于常规的三相 SPWM 策略是用三相正弦信号和同一载波信号比较，在三角载波的峰值附近就会出现三相正弦信号值都大于（或小于）载波信号值，形成同为高（或低）的控制信号，即同时开通了三个上管（或下管），也就是前面提及过的零状态。当前三个桥臂处于零状态时，无论怎样控制第四个桥臂，都不会满足式（6-11），从而达不到平衡输出、抑制共模干扰的效果。

（2）解决零状态问题：采用载波移相调制策略　由于前三个桥臂的零状态会使逆变器输出无法达到平衡，所以必须找到不出现零状态的方法。零状态出现在三相正弦信号和同一载波信号比较时三角载波的峰值附近。如果让三个正弦信号和不同载波信号比较调制，三角载波的峰值错开，就有可能在很大程度上避免零状态的出现。理论上，三个三角载波峰值的时间相互错开 $T_s/3$（T_s 是载波周期）时（如图 6-33 所示），最有可能避免零状态，所以可以采用三个相位相差 120°的三角信号分别作为三个正弦信号的载波信号进行调制来获取前三个桥臂的控制信号，以解决零状态问题。

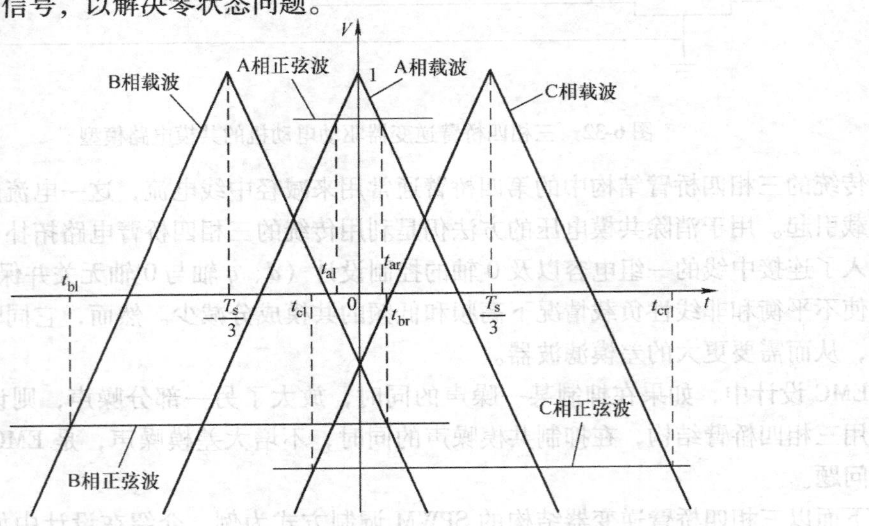

图 6-33　载波移相的三相调制时刻相对位置

根据图6-33，可以计算出A、B、C三个桥臂上臂关断和开通的时刻t_{al}、t_{ar}、t_{bl}、t_{br}、t_{cl}、t_{cr}，从而获得调制指数M_a满足

$$M_a < \frac{2}{3} \approx 0.666 \text{ 或 } M_a > \sqrt{\frac{28}{27}} \approx 1.018 \tag{6-12}$$

时，上述载波移相的调制方法就能完全避免零状态的出现。通过前三个桥臂控制信号的异或，即

$$S_d = S_a \oplus S_b \oplus S_c \tag{6-13}$$

获得第四桥臂的控制信号，就能使式（6-11）成立。如果满足式（6-11）的三相四桥臂电路完全对称（负载也是四相对称的），则在理论上电动机的轴电压为零。然而实际的负载总是三相的，电路不能保证完全对称。但这种由负载引起的不对称导致出现的共模电压幅值很小（见图6-34，干扰峰值约为图6-27的1/20），可以用与6.4.2小节相同的方法推导出

$$V_g = \frac{4(V_a + V_b + V_c)}{b_4 s^4 + b_3 s^3 + b_2 s^2 + b_1 s + b_0} \tag{6-14}$$

式中，$b_4 = (3L_f^2 + 4LL_f)C_f C_g$，$b_3 = 4L_f C_f C_g R$，$b_2 = 4L_f C_g + 4LC_g + 12L_f C_f$，$b_1 = 4C_g R$，$b_0 = 12$。

虽然采用前面所述的方法，三相逆变器的共模特性改善非常明显，但为了避免前3个桥臂出现零状态，必须在控制中对调制指数做出限定。

如果调制指数被限制在0.666以下，由于实际闭环控制中对控制裕量的要求，额定的调制指数会更低，这就造成逆变器的直流电压利用率非常低，降低了整个系统的配置效率。而如果调制指数被提升到1.0184以上，就会因过调制出现非线性控制的问题，同时，在电机调速的闭环控制过程中也不能保证调制指数不会降到1.0184以下。该方法要应用到实际系统中，还必须解决SPWM调制指数受限的问题。

（3）解决SPWM调制指数受限的问题：采用跳变后移控制策略

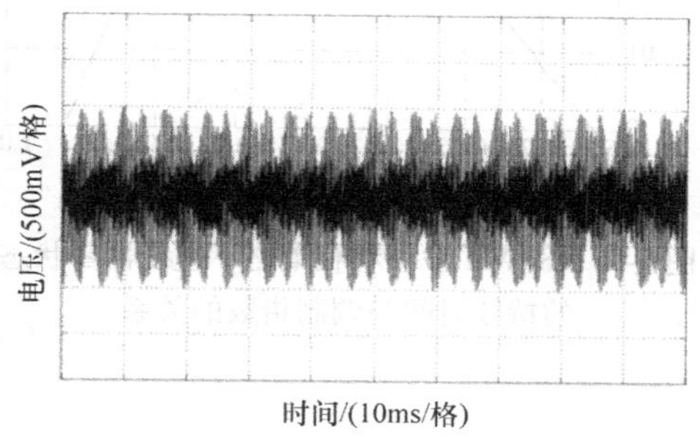

a)共模电压

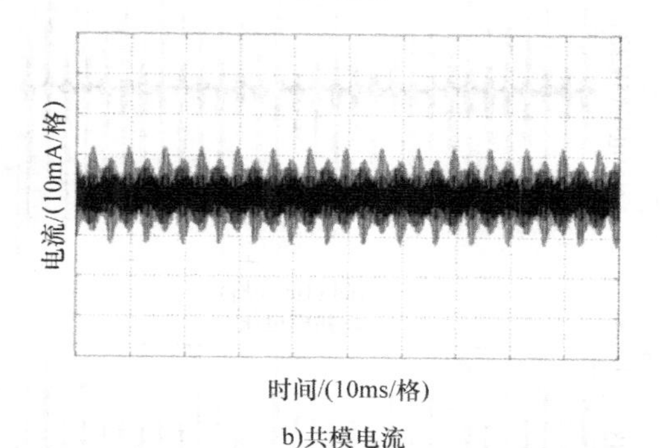

b)共模电流

图6-34 三相四桥臂逆变器在载波移相策略下的共模电压和电流（$V_D = 40$V，$M_a = 0.66$）

若调制指数$M_a > 0.666$仍采用SPWM载波移相控制方法，零状态会在三相正弦波中每一相的峰值附近出现，从而导致抑制逆变器共模电压的效果大幅降低。可以通过理论分析计算出不同调制指数下零状态持续时间长短的变化的情况（如图6-35所示）。从图中可以看出，调制指数在0.666以下和1.0184以上，零状态持续的时间为零，也就证实了满足式（6-11）就避免了零状态的出现。另外还可以观察到M_a在0.89附近，零状态持续的时间相对来说最长，大约占载波周期T_s的5.55%。

这种情况可以用时域的波形变换方法对SPWM载波移相的控制策略进行改进。在A、B、C三个桥臂将要出现零状态前，即某个桥臂将要出现状态翻转时（如A相将要从上臂导

通切换到下臂导通），另两个桥臂处于同一状态（如B、C相处于下臂导通），则锁定该桥臂当前状态，将其状态翻转推迟到另两个桥臂中有一个出现状态改变后再进行（如图6-36所示）。该控制过程十分简单，通过软件控制或硬件电路实现起来非常容易，第四桥臂仍然按照式（6-12）来控制。这种SPWM跳变后移的控制策略完全避免了零状态的出现，大大提升了三相四桥臂在任意SPWM调制指数情况下对共模干扰的抑制效果。图6-37和图6-38分别是调制指数 $M_a=0.9$ 时三相四桥臂逆变器在载波移相策略下和跳变后移控制策略下的共模电压和共模电流。显然，图6-38的控制策略与同样条件下的图6-37控制策略相比，共模特性有显著改善，其抑制共模干扰的效果与图6-34相当。

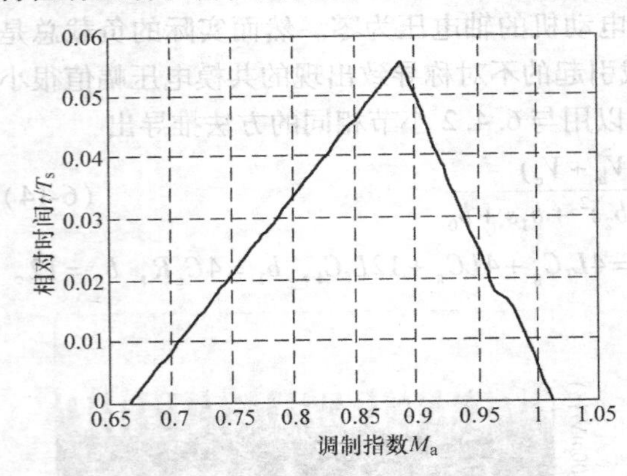

图6-35 SPWM载波移相策略下逆变器零状态的持续时间与调制指数的关系

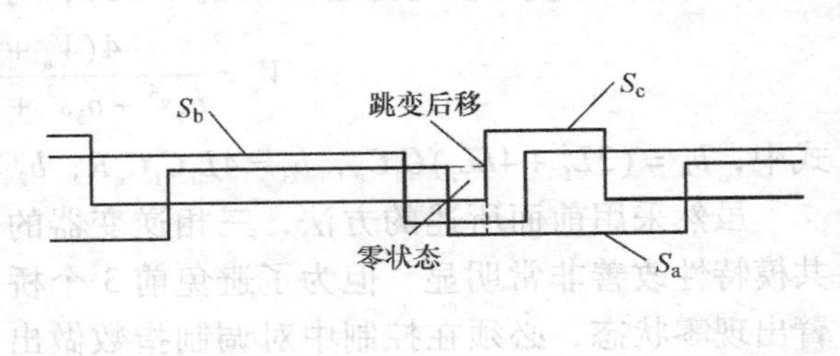

图6-36 SPWM跳变后移控制策略示意图

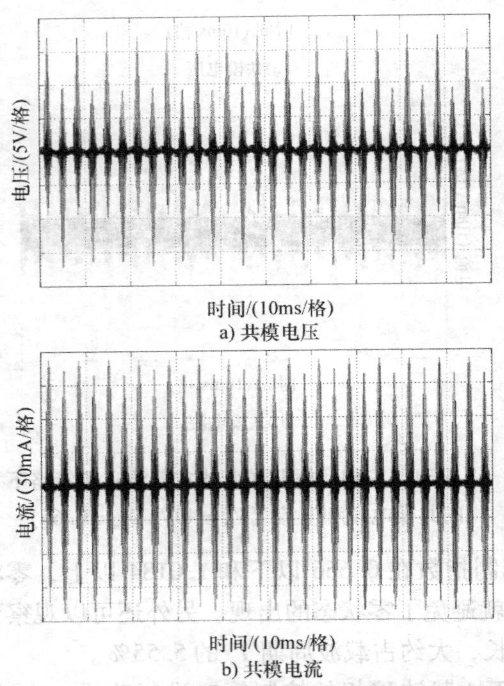

图6-37 三相四桥臂逆变器在载波移相策略下的共模电压和电流（$V_D=40V$，$M_a=0.9$）

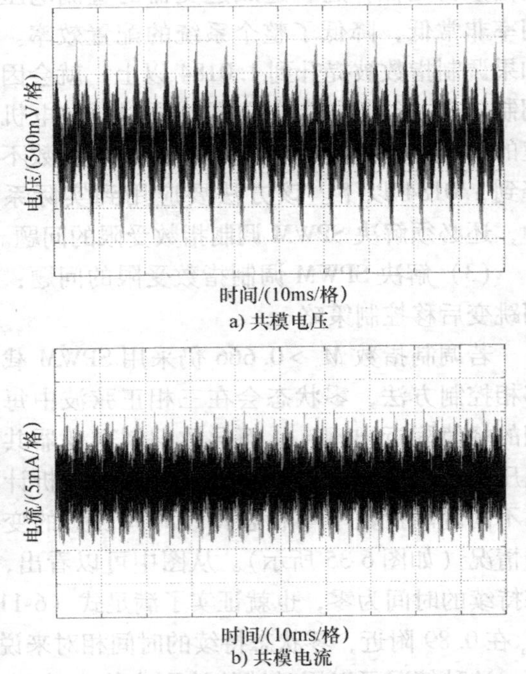

图6-38 三相四桥臂逆变器在跳变后移策略下的共模电压和电流（$V_D=40V$，$M_a=0.9$）

SPWM跳变后移策略对于脉冲跳变沿的后移会造成该相SPWM波局部伏秒能量的改变。如图6-36所示，由于A相负跳变的跳变沿后移，避免了S_a、S_b、S_c同时为低电平的零状态，改善了逆变器的共模特性，但同时也使A相脉冲局部的伏秒能量增加了$V_D t_{ZS}$（t_{ZS}是零状态持续时间），因而使得逆变器的A相电压波形出现了畸变，反映在差模电压上面就是线电压V_{ab}和V_{ca}都有一定程度的畸变，逆变器输出的差模特性会明显变差。

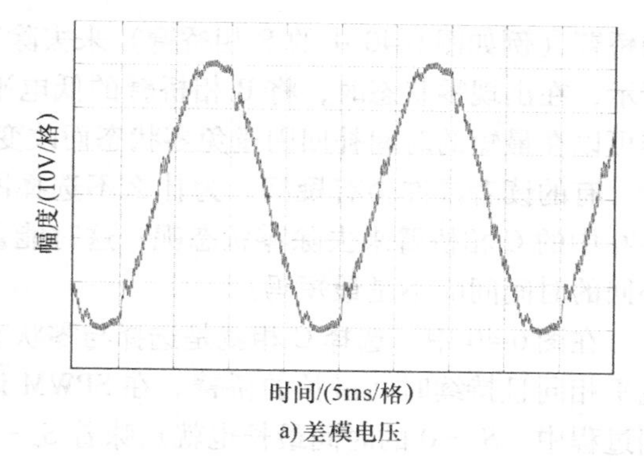

a) 差模电压

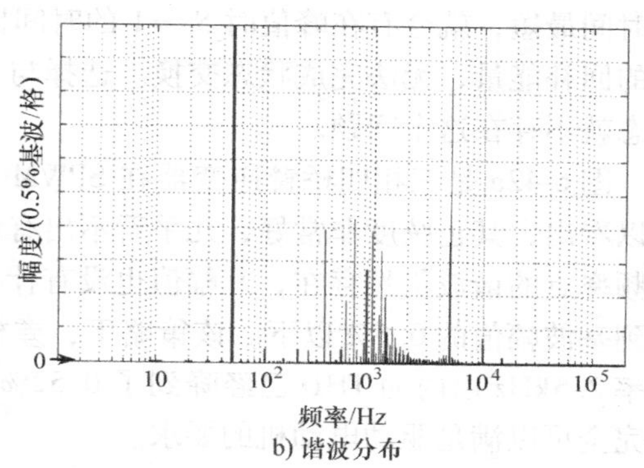

b) 谐波分布

图6-39 三相四桥臂逆变器在SPWM跳变后移策略下的差模电压及其谐波分布

图6-39是三相四桥臂逆变器在SPWM跳变后移控制策略下A相和B相间的输出差模电压V_{ab}及其谐波分布。图6-39a的差模电压波形在一个周期内有几处明显凹凸变形，这也反映在它具有较大的总谐波畸变率（THD）上。从图6-39b中可以看出，差模电压在开关频率附近有较大幅值的谐波，其他幅值较大的谐波主要集中在工频和开关频率之间。在200kHz的频率以内计算它的THD达到6.49%；即便不考虑开关频率的谐波影响，只计算频率2.5kHz以内的谐波，它的THD也有5.11%，已经不满足一般电动机对输入电源的THD < 5%的要求。

三相四桥臂结构配以适当的控制策略，可以大大改善逆变器输出的共模特性，但如果恶化了逆变器的差模特性，则仍没有实用价值。

（4）解决差模特性恶化的问题：采用最短间隔状态交换控制策略　通过前面的分析，SPWM跳变后移策略导致差模特性恶化的主要原因是为了去除零状态，对某一相脉冲进行跳变沿后移，致使该脉冲局部的伏秒能量改变，如果能够及时补回这个改变的能量，则可以解决这个问题。

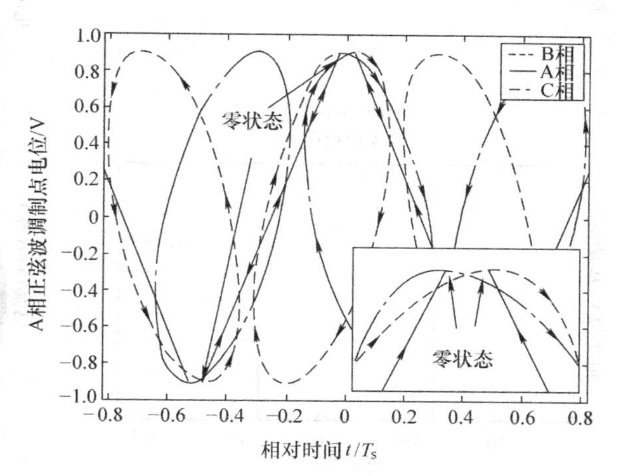

图6-40 SPWM载波移相策略下逆变器前三个桥臂的开关轨迹

根据三相逆变器SPWM载波移相策略下A、B、C相桥臂的开关轨迹（如图6-40所示），可以看到零状态从无到有，持续时间从短到长，再降到零的过程中，A、B、C三个桥臂的上桥臂（或下桥臂）开通的持续时间变化不大。为了便于预测和处理，在这段零状态存续期，可以一直选择与零状态电平相同且持续时间最短的桥臂（例如图 6-40 中的 B 相桥臂）来去除零状态。这种控制策略的思路示意图如图 6-41 所示，在出现零状态时，将 B 相桥臂的低电平状态与 B 相随后的高电平状态进行交换，这样可以在最短的时间补回因避免零状态而改变的脉冲能量，从而大大改善差模电压的畸变。

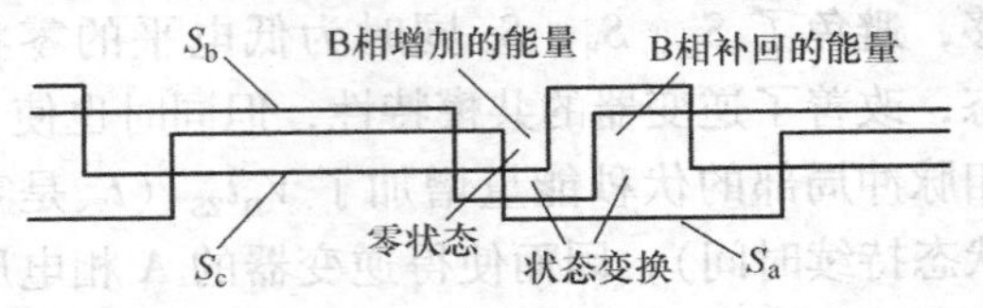

图 6-41　最短间隔状态交换控制策略示意图

有的读者或许会有疑问，为什么不选择图 6-40 中的 C 相桥臂来去除零状态呢？这时能量补回的时间间隔不是最短吗？

在图 6-40 中，选择 C 相就是选择与零状态电平相同且持续时间最长的桥臂。在 SPWM 调制过程中，$S_c = 0$ 的时间最长也就意味着 $S_c = 1$ 的时间最短，就会有在峰值时 $S_c = 1$ 的时间比零状态持续的时间更短的情况，这时就没有足够的回补能量，无法完成状态交换。选择与零状态电平相同且持续时间最短的桥臂来去除零状态就不存在这个问题。

图 6-42a 是三相四桥臂逆变器在 SPWM 最短间隔状态交换策略下的差模电压 V_{ab} 波形，可以看出，其正弦度非常好，几乎看不出有任何畸变。从图 6-42b 的谐波分布可以看出，开关频率点的谐波仍然存在，其幅值也没有什么变化，但位于工频和开关频率间的谐波幅值都降到基波幅值的 0.5% 以下。该策略下，差模电压频率 200kHz 以内的 THD 降到了 4.71%，频率 2.5kHz 以内的 THD 已经降到了 0.52%，这表明此时三相四桥臂逆变器输出的差模电压完全可以满足驱动电动机的要求。

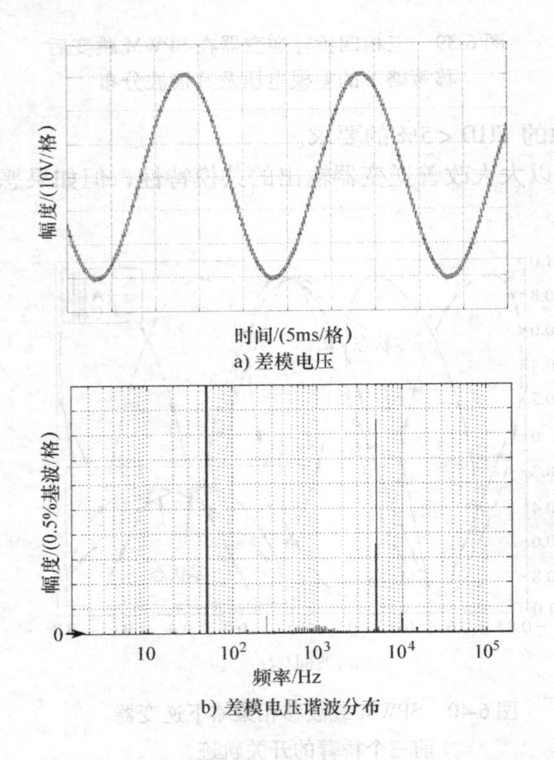

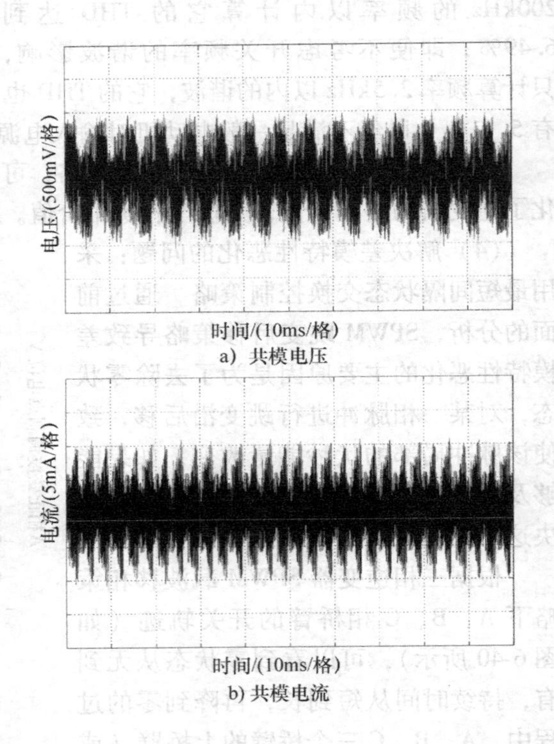

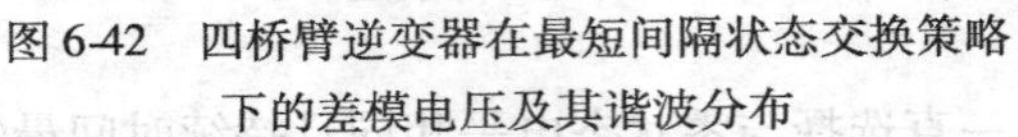

图 6-42　四桥臂逆变器在最短间隔状态交换策略下的差模电压及其谐波分布

图 6-43　四桥臂逆变器在最短间隔状态交换策略下的共模电压和电流（$V_D = 40V$，$M_a = 0.9$）

图6-43是三相四桥臂逆变器在SPWM最短间隔状态交换策略下的共模电压和共模电流。从图6-42和图6-43可以看出，电动机传动系统采用三相四桥臂结构和SPWM最短间隔状态交换控制策略，可以在大大降低共模危害的同时，避免差模特性的恶化，经济性、适用性好。经过几次调整控制策略，这样的EMC设计融入系统功能性设计，才能满足EMC设计原则。

6.5　电力电子电路中EMI噪声的简单排查

本章前面部分介绍了电力电子电路中各种噪声的由来和解决办法。在实际中，经常会观察到不同噪声，除了以上描述的那些噪声成因，还有机械接触打火导致的噪声、各种噪声综合集成的情况。了解电力电子电路和系统中可能出现的各种噪声波形以及成因，对于正确做出抑制EMI的决策、有效减小直至消除噪声非常必要。

6.5.1　电力电子电路常见噪声、对应成因与解决方案归纳

电路常见噪声的波形如图6-44所示。图中噪声波形与对应成因分析、解决对策，可归纳如下：

① 波形为频率已知的纹波，频率为基准电源（如辅助电源）频率，属于对该频率的滤波不足所致的电压稳定性不够。

对策：在相关部位并联较大容量的电容。

② 波形的纹波频率确定但非本电路的频率，为布线不合理引起的串扰。

对策：调整布线，让电流较大的线缆远离易感电路。

③ 波形的频率确定，但并非本电路有关频率（电源频率或时钟频率、工作频率等），电路拓扑中有变压器。可判断为变压器漏磁对采样形成干扰引起的自激振荡。

对策：变压器应加以屏蔽，且屏蔽层要接地，此外还要改进变压器的绕制工艺以减少漏磁。

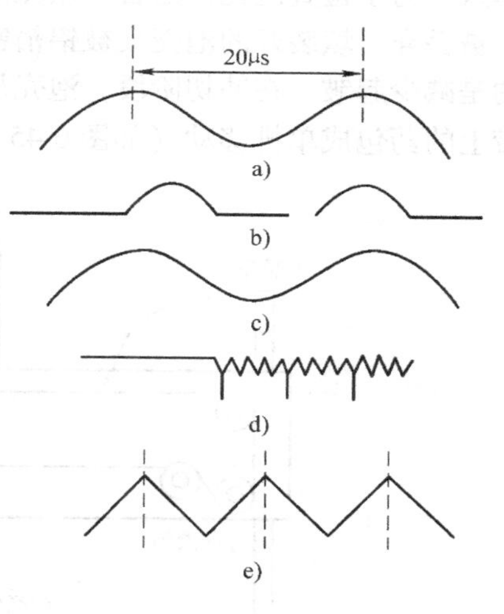

图6-44　电力电子电路中的各种噪声波形

④ 噪声波形幅值变化无规则，频率也无规则，波形时有时无。可确定为采样电阻所加的电压过高（超过电阻耐压形成电流尖峰），或印制电路板绝缘不良。

对策：改进采样处的电阻，检查印制电路板绝缘。

⑤ 噪声频率确定并与开关频率一致，波形有规则，为整流二极管反向恢复引起的尖峰。

对策：在二极管上并联缓冲电容，或采用快恢复二极管。

6.5.2　电力电子设备EMC问题与解决方案（案例一则）

将前面所有介绍过的问题和方法结合起来，就有可能完整地理解EMC，分析和解决出

现的 EMC 问题。

1989 年已经存在、1996 年 1 月 1 日开始强制实施的 EMC 认证指令——89/336/EEC，被认为是最为苛刻的指令之一。为了满足这一指令要求，设计制造商需要更多的努力、更专业的技术和再设计，才能在其产品上贴上 CE 标记（即通过 CE 认证）。

而产品不满足这一指令时，制造商们往往会求助于专业的 EMC 实验室工程师帮助其分析和解决问题。下面的案例说明：由于在设计阶段忽视了 EMI 预防，制造商不得不在最后阶段求助于“EMI 修理”来解决问题。实际上这是一种高成本、高耗时的方法。

1. 被测设备的具体工作过程

被测产品为用于药片包装的吸塑包装机，这种产品用于将药片装入 PVC 条上的泡壳（一种半球形透明的热成形制品）内。制造商与专业的 EMC 实验室接触，进行产品的 EMC 评估和研究，以便产品通过 CE 认证。

这种机电设备包装药片是一个连续过程，它包含以下步骤：从锭子中连续抽出形成 PVC 材料塑带卷筒；对这个卷筒进行预加热，再通过水冷成形，在水平面上形成泡壳；通过两组旋转的指示滚轴间隔地给这个热成形塑带做指示标记，一组位于成形之后，另一组在冲切之前。接下来塑带会被传送到装填区域，安放在一个漏斗内的药片通过进料系统自动地填入。为了检查泡壳内是否有填充的药片，安装有各种不同的检测系统。不完整的泡壳会自动被丢弃，填装好的泡壳会被铝箔密封在合适的密封板上。密封后用冷却板来冷却塑带，目的是减少起皱。在冲切阶段，泡壳从塑带上切下来，接着掉落到传送带或卸料斜槽上，传送带上的药包成单排移动（如图 6-45 所示）。

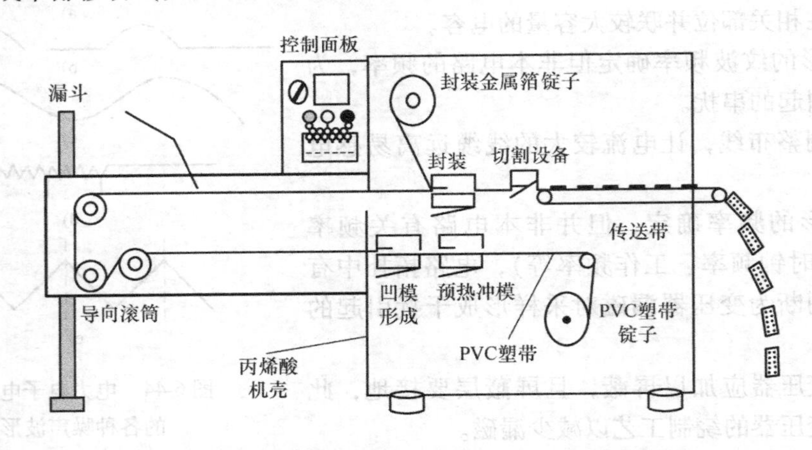

图 6-45 被试设备——药片吸塑包装机的正面示意图

被试设备的主体由三个基本部分组成：在实际封装泡壳过程前的塑带卷装配；机电部分，包括传动装置、链路、电流接触器、电动机等；电子部分，包括可编程逻辑控制器（PLC）、晶闸管传动装置、DC-DC 变换器、开关电源（SMPS）等。

2. 初步的 EMC 测试情况

按照 EMC 标准要求对被试设备进行了初步相关测试。

被试设备在抗扰测试中是符合要求的，然而在发射测试中的性能却不尽如人意（如图 6-46 所示）。传导发射在 150 ~ 500kHz 之间超标 35dB 以上，在输入线上更严重。同样，辐射发射在 30 ~ 500MHz 超标 40dB 以上。测量天线放在被试设备后面时，情况则更糟。

3. 确定 EMC 问题产生的相关领域

用检漏头探针对被试设备进行近场研究，从而找到了设备中对产生高水平辐射噪声负主要责任的部件，它们包括开关电源、DC-DC 变换器、交流传动装置和可编程逻辑控制器。

由于在如下这些方面的设计存在缺陷，EMI 噪声毫无阻碍地辐射到周围环境中：机壳、面板门、采用拙劣的接地方式和缺乏屏蔽的地方。这些部件都包含某种类型的开关，开关也可能是高幅值传导发射的罪魁祸首。

为了确认上述结论，可用某一时刻只有一个模块工作的方法来进行传导发射的测量。进一步发现，尽管电源滤波器设计成一体化，并且大多数模块都有 CE 标志，但却没有考虑到 OEM 提供的安装指南。因为安装步骤错误，滤波器无法达到预期效果。

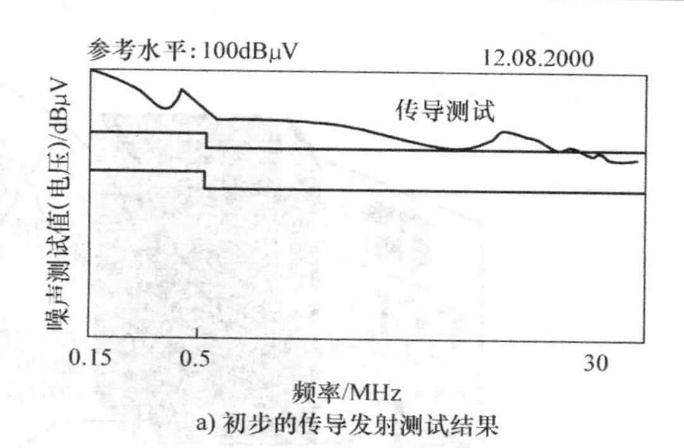

a) 初步的传导发射测试结果

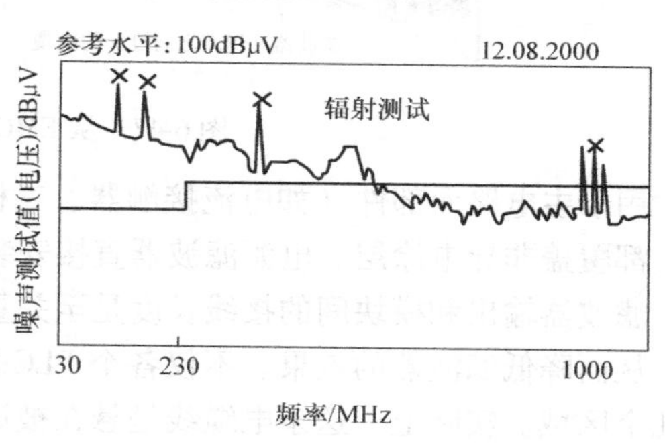

b) 初步的辐射发射测试结果

图 6-46　对被试设备的初步 EMC 测试结果

4. 传导发射问题的分析与解决方案

（1）滤波器

1）滤波器设计值问题：主电路电源滤波器在低频（150～500kHz）衰减不足，滤波效果不好。

解决方案：输入滤波器中的 X 电容选用具有更高电容值的电容，用来增大低频部分的衰减。

根据经验法选用滤波器的部件：为了不破坏源阻抗，选择串联的感抗值应为负载阻抗的 1%；同样，选择并联的容抗（X 电容）值应是负载阻抗的 100 倍。

例如，在电源频率为 50Hz、负载阻抗为 10Ω 的情况下，上述值应该为

$$X_L = 0.01R_L = 0.1\Omega，即 L = 318\text{mH}$$

以及

$$X_C = 100R_L = 1000\Omega，即 C = 3.18\mu\text{F}$$

可编程逻辑控制器（PLC）和交流及直流驱动器各自安装了适当的滤波器。这是因为各模块被安装在远离主电路滤波器的地方，考虑到被试设备内部复杂的辐射和耦合，安装各自的滤波器十分必要。

2）滤波器的安装问题：如果说滤波器的选取是重要的，那么它的安装则是具有决定性的。一个合适的滤波器当且仅当正确安装后才能发挥其应有的作用。在最初目测检查时，发现滤波器不仅安装不正确，并且布线也很随意，如图 6-47 所示。

从进入机柜内的接线点到电流接触器的输入端间，以及从电流接触器到主电路电源滤波器间的主电缆线过长，导致噪声辐射并耦合到其他电缆线上。同样，滤波器的输入和输出线靠得非常近，产生容性耦合，从而降低滤波效果。

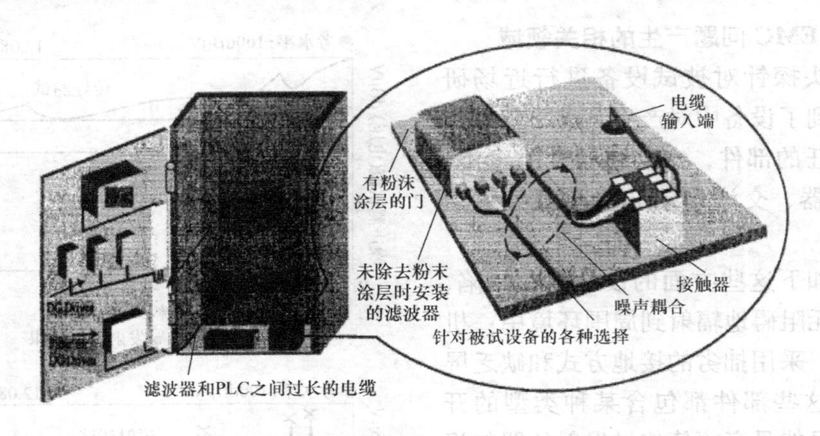

图 6-47 从 EMC 观点看的矛盾现象

用于主电路元部件（如电流接触器、三相电源滤波器、PLC 和 DC 传动装置）的整个面板，都覆盖非导电涂层。电源滤波器直接安装在面板上，导致接地不良或没有接地。

滤波器输出和模块间的接线长度是至关重要的。长长的导线可等效为耦合噪声的接收天线，从而降低滤波器的效果。不仅各个 PLC 滤波器间的线太长，而且它在被试设备内经过好几个区域。实际上，这条电缆线是悬在被试设备内，从而导致很大的地线环路，这个环路就相当于共模噪声的有效天线。

用作交流和直流传动的滤波器的输入和输出线被捆在一起，并穿过同一个管道，由此产生的容性耦合导致滤波器失效。

解决方案：电源滤波器安装在主电路电缆线进入机柜处，使得电源滤波器的输入和输出线间的距离最大限度地拉开，从而减少容性耦合。

由于共模噪声电流会被泻放到地，所以正确的接地是使滤波器有效的先决条件。因此，滤波器应该始终装入一个屏蔽用的金属盒内，并让它能最大面积地接触安装表面。为确保接触电阻小，表面应该平整并紧贴在一起。相互接触的表面应该满足不涂漆、涂漆时用粉遮盖、采用遮盖步骤的要求。在这种情况下，相互接触的表面在刷漆、涂层时不可能完全被遮盖，为了保证表面的紧密接触，必须用手工方法将油漆除去。

将滤波器和 PLC 模块安装得更近，以使不良间距减到最小。

贴近底盘/安装板走线可以减小环地的面积，因为大的环地面积会起到一个发射共模噪声的有效天线的作用（如图 6-48 所示）。

（2）关键的模块安装

详细研究关键部件的使用手册之后发现，PLC、AC 驱动器、DC 驱动器和 SMPS 没有使用安装板。更糟的是非导电涂料没有从相互接触的表面除掉，这些都会导致接地不良，使得接地阻抗增大，噪声电流流经这个增大的阻抗产生了明显的共模电压（V_{cm}）。从图 6-49 中可以看到 V_{cm} 影响了电流 I_1 和 I_2，因而在线间产生了差模电压（V_{dm}）。

解决方案：在相互接触表面的油漆被除掉后，将这些装置用铝安装板安装在底盘上。这一安装程序要求制造商在涂粉过程中将相互接触的表面遮盖住，以确保随后涂漆时不会被涂上漆。

（3）电缆选择和布线

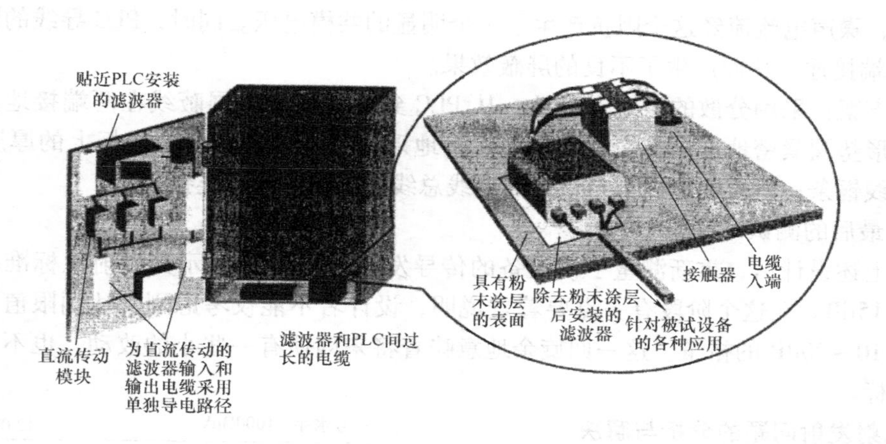

图 6-48　对被试设备的改进

主电路电缆线没有屏蔽，导致耦合了额外的高共模噪声。同样，各导线没有绕在一起，线间的环路面积大，进一步导致大的差模噪声耦合。相互连接的导线被捆在一起并随意地穿过线槽或管道，布线过长，导致设备中的噪声耦合和辐射。

EMC 的关键部件的输入和输出电缆线穿过同一导管会在这些线间引起高的容性耦合。被试设备使用了没有屏蔽的普通线来传送交流传动系统中的高频数字信号，它们和功率电缆线捆在一起形成很大的噪声耦合和串扰。某些线和线槽在离底板很高处跨过，从而增大环路面积，增大共模噪声的耦合。

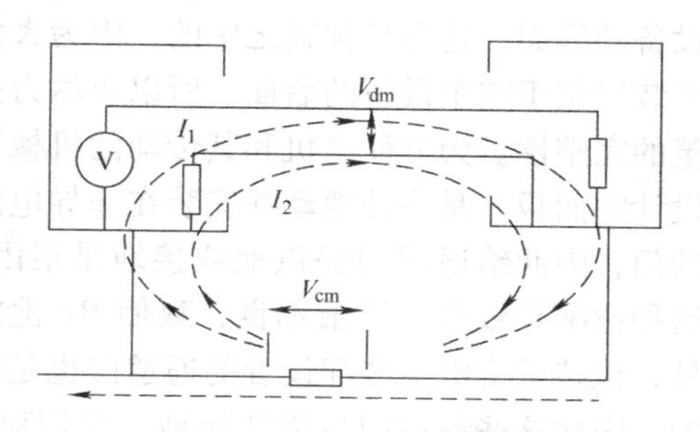

图 6-49　形成的差模和共模噪声电流路径

解决方案：原主电路导线用一种多芯屏蔽电缆替代（每一芯线均独自导电并和另一根芯线相互绞扭在一起），这种替代减少了差模耦合。在设备和供电电源端都将屏蔽层接地。

走线经过优化使得导线尽可能地短。

EMC 高要求的部件的输入和输出线用分开的线槽或导管走线，并使它们的间距尽可能大。

使用屏蔽线传送交流驱动器的高频数字信号，并将它与电源线分开。最后，将线和线槽贴近底板或机柜框架走线，以减小共模噪声。

（4） 电缆线对噪声的拾取

PLC 的金属板上的开关可起到天线的作用，拾取的噪声可以通过连接线被耦合到模块内部。

解决方案：电缆线上安装两个铁氧体扼流圈，一个安装在开关一端，而另一个安装在模块一端。铁氧体扼流圈通过因子 μ_r（铁酸盐的磁导率）增大导线的电感，从而抑制噪声。

（5） 地线和接地

在制造商的厂房里测试被试设备时，发现它与其他设备共用一个接地点。这个共享接地点具有相当大的噪声。由于所有的模块用单点接地的方法来处理接地问题，全部地线被接在底板的一点上，因而产生了超长的路径，形成了环地（接地环路）。此外，这种布置增大了接地阻抗，噪声电流流经这个阻抗产生了一个明显的共模电压。同时，PLC 导线的屏蔽层只在 PLC 尾端接地，从而产生了不良的屏蔽效果。

解决方案：采用分散的接地点接地；从 PLC 到其他部分的屏蔽线在两端接地；地线的端点用星形垫圈紧密地连接在底板上；多点接地采用一种紧密连接在底板上的厚度为 1mm 的接地总线铜条；所有的地线都与最近的地线总线条上的有效点连接。

（6）最后的测试

改进上述设计后，重新测量了该设备的传导发射。图 6-50 显示其发射比标准要求的限值低 10～15dB。在这个阶段有一点要着重说明，设计者不能仅考虑刚刚达到限值，必须让设备留有 10～20dB 的裕量。这一回旋余地意味着将来即使有一些小的改动，也不会使产生的发射超标。

5. 辐射发射问题的分析与解决

辐射发射的测试显示大多数发射来自于被试设备的后面，这也是预料之中的，因为大多数电子装置位于整个设备的后面。所以应尽力提高屏蔽的完整性。为方便电机和其传动的机械装配而设计的面板，是一种滑动并安装在非导电滚轴上的门，因此给通道门提供地或接地是很困难的。这种情况导致整体屏蔽不良，致使 RF 泄漏。此外，该装置为电子装配设置的通道门也是非导电的，因此这些通道门也无法接地，它们对 RF 几乎是透明的。通风口和为显示所开的窗口也没有屏蔽。

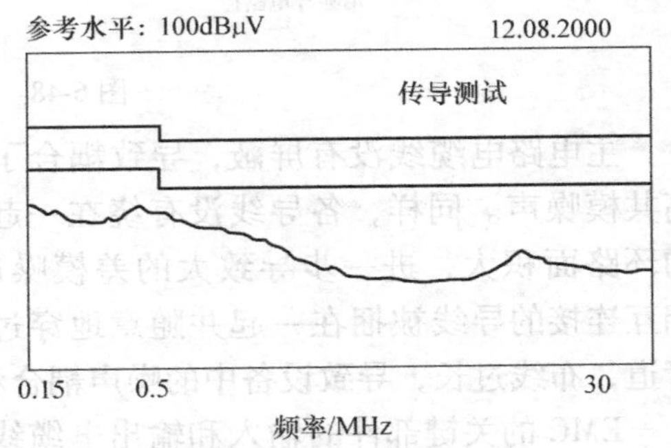

图 6-50 问题解决后传导发射的测试结果

解决方案：滑动门用铰链门替代。为了维护屏蔽的整体性，所有的面板和通道门用 EMI 导电密封垫来密封 RF 的接缝；所有的面板和通道门都接地；通风口上覆盖一种导电网并使其最大限度与框架接触。

6. 结论

这个案例表明：在采用 CE 标记过程中，初涉该领域者会错误地认为在他们的系统中使用已有 CE 标志的部件就能保证达到要求，他们没有理解两个拥有 CE 标志的部件组合起来形成的部件未必拥有 CE 标志。

达到 EMC 要求是由多方面的因素决定的，这些因素同样重要。如果制造商能够在设计阶段坚定地将 EMI 理念结合到设备设计和安装中，将会同时节约时间和成本。

6.6 电力电子电路与系统的 EMI 抑制技术的概况总结

本章介绍了在电力电子电路与系统的 EMC 研究中，众多不同于其他领域的 EMI 抑制技术。由于电力电子电路拓扑繁多、适用场合各异，本章介绍的这些方法并未穷尽目前已有的 EMI 抑制方法，以及还在研究和发展的 EMI 抑制技术。随着未来对电力电子变换技术需求的日益增加，EMC 问题会日趋严重，EMI 抑制技术研究与电力电子技术发展是同步进行的。

为了更好地面对未来的电力电子电路与系统的 EMC 问题，这里将目前的电力电子电路与系统的 EMI 抑制技术概括如下。

6.6.1　由抑制的噪声种类对 EMC 技术进行分类

从电力电子电路与系统 EMI 种类来看，可以将噪声抑制技术归纳成如下几类：

1. 抑制低频谐波噪声

采用 PFC 电路，或各种有源滤波方式进行噪声补偿，而有源滤波器和 PFC 电路中的高频开关产生的噪声则采用无源滤波方法抑制。

2. 抑制高开关频率引起的高频 Ldi/dt 和 Cdu/dt 噪声（包括二极管反向恢复引起的噪声）

1）应用各种缓冲电路——C、RC、RCD、L 等。但缓冲电路的使用将会导致开关损耗加大，效率降低。

2）采用软开关电路。利用 LC 谐振的形式，使功率开关管上的电压或电流为零时自然开通或关断。但由于辅助开关管的加入仍将产生新的高频开关噪声，因而作用有限。

3）优化驱动电路功能。改变开关器件的触发脉冲波形可以改变器件的通断电压、电流的变化率。如通过附加驱动电流源来控制门极驱动电流波形，使得开关器件的漏源电压和漏极电流的变化率可分别控制，达到功率器件开关损耗和 EMC 性能的优化，从而改变传导骚扰的强度，但可能带来开关损耗大的缺点；或通过控制驱动使开通、关断电流的上升沿和下降沿成高阶可导的光滑波形，可大大降低噪声，但这种方案原则上仅对电流型变换器较为适合，驱动电流实现起来也比较困难。

4）采用无源 EMI 滤波器。这是所有方法都无效时最终仍可以采用的方法，但是受到阻抗匹配、串联电感的功率限制、元件的阻抗特性、电感和工艺、走线、接地等影响，滤波效果有限。

3. 抑制共模噪声

1）采用对称电路拓扑。利用“对称”结构不仅可以消除变换器输出共模电压，且可因开关器件上电压变化率减半而使得装置输入侧传导骚扰发射水平降低。改进的拓扑需要配合相应的控制策略。

2）采用 EMI 滤波器。

6.6.2　根据 EMC 技术特点分类

从抑制噪声技术本身特点进行分类，可以分为：

1）基于 EMC 补救措施的无源电路，如无源 EMI 滤波器和无源缓冲电路等。

2）改进电路拓扑结构，如具有对称拓扑结构的 Buck 电路和单相逆变器，可明显改善 EMC 性能。

3）改进控制方式，如针对高频开关噪声抑制的频率控制技术、混沌 PWM 控制等。

4）改进电路拓扑结构的同时完善控制方式，如软开关方式、PFC 技术、噪声补偿技术等。

在改进拓扑的同时融入合适的控制方式，能使 EMC 达到更好的效果。例如在三相逆变器-电机变频调速系统中，采用三相四桥臂拓扑和新型矢量控制法或其他控制，就可大大减少普通三相桥逆变器的输出共模电流，同时不增大差模噪声。

因此，电力电子变换器的控制策略不仅要完成基本功能，更应尽可能地融入 EMC 技术。

最新电力电子系统的 EMC 技术研究进展表明，“改进拓扑 + 改进控制方式”的路线是有效而且省时、低成本的。

思考题和习题

1. 软开关可以解决哪一类问题？不能解决哪些 EMC 问题？为什么？

2. 频率调制技术适用于哪些场合？能解决哪一类 EMC 问题？为什么？

3. 在本章介绍的若干 EMI 抑制方法中，选择一种你比较熟悉或感兴趣的方法，通过查询具体文献实例或自己接触到的案例，详细说明其原理和优缺点、适用场合，并尽可能给出自己对问题的改进建议。

4. 按照本章理论和解决问题案例中的要点，对你所接触的电子设备（含电力电子设备、电力传动系统设备），分析其电磁兼容性和可能潜在的问题，给出解决的建议（如果已经解决，给出问题解决后的结果）。

第7章 电气工程领域中的其他EMC问题

21世纪的电工技术与其他科技领域一样，还将获得飞速的发展。伴随着这些发展，一方面会使得周围的电磁环境变得恶劣；另一方面，为适应这些发展，电工技术领域需要“干净”的电磁环境。

本章介绍电气工程领域中的其他若干电磁兼容问题和目前这些方面的研究进展。

应该认识到，电磁兼容问题是与技术进步同步增长的，每一项技术进步的后面，或许都会隐藏着新的EMI问题。无论是本书或本章提出的EMC问题，还是目前市面上众多教材和专著中分析的EMC问题，都只是提示对EMC问题的关注，都不能穷尽该领域中的EMC问题，甚至也不能就每一个案例提出这一类问题的程序性解决方案。所处环境和分布参数不同导致在某处的成功解决方案，在另一处可能是无效的。EMC问题还会层出不穷，但也会伴随对其研究而不断获得新的解决方法。因此，对任何出现的EMC问题，掌握基本三要素原则和分析思路是重要的，只有这样，才能对具体问题和环境做出正确分析，获得有效的解决途径。

7.1 电力系统与高压输电线路中的EMC问题

电磁兼容问题在电力系统中非常常见。一方面，电力系统是一个强大的干扰源，在其正常运行或者故障时都会产生各种稳态或暂态干扰，如大电流设备附近的磁场、开关操作时的暂态干扰等。另一方面，随着微电子技术的普遍采用，对于扰具有高敏感性的各种二次自动化设备在电力系统运行中起着重要的作用，它们在极大提高电力系统自动化运行程度的同时，不可避免地会遭受到来自电力系统内部或外部的一些干扰影响而导致其工作可能失常，从而成为影响电力系统安全可靠运行的隐患。

7.1.1 电力系统中的EMC问题

电力系统中的负载是千变万化的，到处可见的非线性负载、大量无功负载、高开关频率的开关电源负载等对供电网络产生影响，或者通过供电线路对供电网络中的其他负载产生影响。有关问题在全书各章，特别是第6章中已有介绍，此处不再赘述。

除了负载影响外，电力系统中的设备彼此干扰也会严重影响供电可靠性。伴随技术的发展，原有EMC问题解决的同时又会产生新的EMC问题。以下以电力系统技术发展对电气设备的电磁兼容性能影响为例，分析电力系统中的一些EMC问题。

电力系统中，发电厂和变电所的电气设备分为一次设备和二次设备。

一次设备（也称主设备）是构成电力系统的主体，它是直接生产、输送和分配电能的设备，包括发电机、电力变压器、断路器、隔离开关、电力母线、电力电缆和输电线路等。

二次设备是对一次设备进行控制、调节、保护和监测的设备，它包括控制器具、继电保护和自动装置、测量仪表、信号器具等。二次设备通过电压互感器和电流互感器与一次设备取得电的联系。一次设备及其连接的回路称为一次回路。二次设备按照一定的规则连接起来以实现某种技术要求的电气回路称为二次回路。二次回路电力系统包括发电厂和变电所一次设备的控制、调节装置，为保证其安全可靠运行的继电保护和安全自动装置，测量和信号回路以及操作电源系统，还包括调度自动化和通信等辅助系统，又称二次系统。

1. 干扰二次设备的途径

各种干扰通过各种连接线的传导作用，或通过空间的辐射作用，形成耦合路径。影响二次设备的主要干扰源如下：

1）一些自然的干扰，如雷击、静电等。

2）操作或系统故障时的瞬态干扰，如隔离开关和断路器操作、低压回路继电器动作、接地故障时瞬态短路电流等。

3）系统运行时的稳态干扰，如高压设施附近的工频电场和磁场、附近电子或通信设备的干扰等。

其中对二次设备最具影响作用的干扰是一次开关（隔离开关和断路器）动作时产生的瞬态干扰，这种瞬态干扰一方面以场的形式向外辐射，通过对二次设备的外接导体（各种回路连线、地线）的耦合，或者直接通过空间的辐射耦合，进入到二次设备内部；另一方面直接通过二次设备连接到高压设施的导体（PT、CT、高频载波通道等），以传导方式进入二次设备内部，影响二次设备的正常工作。

2. GIS 变电站及 EMC 问题

GIS（Gas Insulated Substation）为全部或部分采用气体（而不采用处于大气压下的空气）作为绝缘介质的金属封闭开关设备。GIS 是由短路器、母线、隔离开关、电压互感器、电流互感器、避雷器、套管 7 种高压电器组合而成的高压配电装置，它采用绝缘性能和灭弧性能优异的六氟化硫（SF_6）气体作为绝缘和灭弧介质，并将所有的高压电器元件密封在接地金属筒中。因此，与传统敞开式配电装置相比，GIS 具有占地面积小、元件全部密封不受环境干扰、运行可靠性高、运行方便、检修周期长、维护工作量小、安装简便、运行费用低等优点。

复合式 GIS（H-GIS）是三相空气绝缘且不带母线的单相 GIS。国内将 H-GIS 也称为准 GIS 或简化 GIS 等。相对 GIS，H-GIS 只将一相断路器、隔离/接地开关、CT 等集成为一组模块，整体封闭于充有绝缘气体的容器内，而对发生事故机率极低的母线，则采用常规方式（敞开式）进行布置。也就是说，H-GIS 是一种不带充气母线的相间空气绝缘的单相 GIS，因而使得现场结构清晰、简洁、紧凑，安装和维护方便，运行可靠性高。

对于变电站来说，H-GIS 的优势在于：

1）开关设备完全解决了户外隔离开关运行可靠性问题。同时由于各元件组合，大大减少了对地绝缘套管和支柱数（仅为常规设备的 30%～50%）。这也减少了绝缘支柱因污染造成对地闪络的概率，有助于提高运行的可靠性。

2）元件组合缩短了设备间接线距离，节省了各设备的布置尺寸。相对于传统的空气绝缘开关，大大缩小了高压设备纵向布置尺寸，减少占地面积 40%～60%。

3）由于采用在制造厂预制式整体组装调试、模块化整体运输和现场施工安装的方式，现场施工安装更为简单、方便；同时减少了变电站支架、钢材需用量。又由于基础小、工程量少、混凝土用量少，大大减少了基础工作和费用开支。

4）模块化使得使用和安装非常灵活，特别适用于老式变电站的改造。

传统的变电站设备采用AIS（Air Insulated Switchgear，即空气绝缘开关），也称AIS变电站，设备靠空气绝缘，采用电瓷件作为配电装置的外壳，如断路器、隔离开关、电流互感器、电压互感器、避雷器都可以作为AIS配电装置。

与传统的AIS变电站相比较，GIS由于与周围环境隔绝、占地面积缩小以及运行安全和维护方便等优点，正日益广泛地应用在变电站建设中。但是，GIS在使得变电站体积缩小的同时所带来的系统电磁环境的改变正成为人们研究的一个课题。

1）与传统的AIS相比较，GIS电气部件的尺寸要小得多，而且被封闭在屏蔽的金属壳内，因此在其开关操作时产生的干扰与传统的AIS具有不同的特征。由于被封闭在金属壳内，GIS所产生干扰的传播，主要是通过流动在母线上的噪声来回反射，以场或者电压（电流）的形式向外传递或者通过GIS外壳以及当其一些连接处（如在套管或接地处等）存在屏蔽不连续点形成较强的辐射源时，以场的形式向外辐射。

2）从频率特征上来看，由于GIS的特性阻抗比AIS要小得多，这就使得GIS与母线或架空线在连接处阻抗不匹配加剧，导致干扰电流（电压）波的反射增加，因此，GIS较AIS产生的干扰波振荡频率更高。一般在AIS变电站中所测到的场的主导频率在3MHz以下，而在GIS变电站中测到的则要高得多，通常是AIS的10倍以上，大多数情况是在50MHz以下，但其上限频率却可达到100MHz以上。通常GIS高压设备和电子设备之间的距离较近，因此在GIS变电站中暂态电磁场辐射对设备的影响应引起足够的重视。

电力系统二次自动化设备是电力系统运行设备的一个部分，在讨论其电磁兼容问题时，不应该把它孤立地看作一个电子设备，而要结合电力系统的电磁环境进行综合、全面的考虑。研究二次自动化设备的电磁兼容性能，最终的目的是提高二次自动化设备抵御各种干扰的能力，同时降低设备对周围其他设备的干扰程度，从而提高系统运行的可靠性。然而，设备抗干扰性能的提高并不是无限度的，否则无论是从技术上还是经济上都是不现实的。从电力系统这个大电磁环境角度出发，只有在对干扰源以及干扰耦合途径进行深入研究的基础上，对二次自动化设备所处的电磁环境进行合理的评估，才能对其抗干扰性能提出合理的要求，并在此基础上研究提高其抗干扰能力以及降低其所产生干扰程度的措施。

7.1.2 高压输电线路及EMC问题

1. 电晕及其EMC问题

高压输电线路存在电晕现象。电晕是由于高压输电线导体表面的电位梯度过大，超过某临界值而使周围的空气电离所产生的发光、放电，产生高频电磁噪声。这种放电电流具有脉冲性，所以形成的干扰具有较宽的频谱，频谱的主要分量分布在数兆赫兹以下，干扰电平的大小随频率的增加而减小，并随着距离的增加而衰减较快，干扰主要在中波波段。

2. 火花放电及其EMC问题

电力输电线路上由于局部绝缘被破坏、绝缘子污秽、元件接触不良等原因而产生火花放电。火花放电的频谱范围可能高达上百兆赫兹，幅度变化范围也很大，可能远大于电晕放电。

3. 工频电场

高压输电线路中的工频电场主要存在于导线对大地之间，其强度主要取决于电压等级。

对于直流输电线路，则为一个纯的静电场。

4. 工频磁场

高压输电线路电流为工频。由于工频频率很低，波长很长（50Hz 的波长为 6000km），因此距线路虽较远仍为近场，磁场与电场应分别考虑。磁场强度主要取决于导线的载流量，但其随距离的衰减很快。

5. 无源干扰

输电线路及其杆塔，由于其长度与外形特点，即使在未送电的条件下，也会对电磁波的传播（例如对雷达信号、短波通信等）形成影响，称为无源干扰。它主要体现为水平架空金属导线及其支撑金属塔架对电磁波的散射作用。高压输电线的架设高度越高、靠近台站天线系统越近，对无线电信息影响越大。

6. 地电流

输变电系统中，对于交流三相系统不平衡时的中线或直流输电线路以地作为回路的情况，地电流有时很大。当处理不当时，会造成地电位升高或对地下管线腐蚀。

EMC 标准对高压输变电技术发展中带来的有关新问题尚无规定，或需要根据国情予以修正。目前高压输变电领域的 EMC 标准研究，是较为急需和热点的研究内容。

7.2 电力牵引系统 EMC 问题

电力牵引系统专指从地面获取电能，而不由车辆自身携带电池的地面运载工具。例如：干线铁路、城市（有轨、无轨）电车、地下铁道或轻轨系统等。

1. 电力牵引系统 EMC 问题

电力牵引系统的电磁干扰源，主要来自受流系统（车顶的导电弓与接触网，或是接近地面的电刷与第 3 轨）接触的瞬时间断产生放电噪声干扰。其表现形式包括：电平相对稳定的连续电磁噪声、一系列的脉冲噪声以及突发的孤立脉冲。

此外，由于当前的牵引电机绝大多数仍为直流电机，因而无论在牵引变电所还是在车上的整流设备，都会成为供电网的低功率因数负荷与强谐波源。

2. 电气化铁路干扰下机场的电磁环境

现代交通日益繁忙，机场往往要修建许多设施来适应工作的需要，这些设施包括设备的机房、候车厅、机棚等。

着陆设备对飞机的安全是非常重要的，一方面是因为着陆过程所需要的操作非常复杂，对操作的精确性要求极为严格；另一方面，这种操作又是在飞行员经过长期飞行，精力和体力不好的情况下进行的。

随着科学技术的迅猛发展，现代机场导航着陆系统附近电磁环境复杂，机场可用空间在日益缩小。电气化铁路建设进入机场端净空区成了不可避免的趋势，从而使得机场导航台电磁环境受干扰的情况更加不容忽视，并对标准着陆设备的正常工作造成威胁，严重时可能使机场关闭。

通信导航系统是机场航行安全的直接保障系统，而由于电信工程的特点，对其正常运行的影响及制约的因素很多。有关的电磁兼容问题，主要来自非航空无线电业务的各类无线电设备、高压输电线、电气化铁路、工业、科学和医疗设备等引起的有源干扰，无线电台站周围地形地物的反射或再辐射也会对航空无线电信息造成有害影响。

电气化铁路对仪表着陆系统的电磁干扰可分为无源干扰和有源干扰。无源干扰是指电气化铁路的金属导体对仪表着陆系统发出的信号产生反射，引起信号场畸变，导致航道偏移。有源干扰主要是指电力机车在行驶过程中由受电弓瞬间脱离电力线而产生电火花所引起的脉冲性无线电干扰。在飞机航行或着陆过程中，机载导航接收设备在接收导航台站发出的信号场强的同时，也会接收到同频率的环境电磁干扰场强，当信号场强与干扰场强的比值不能满足防护标准的要求时，就可能影响机载导航设备的正常工作。

机场与铁路的空间竞争问题日显突出，使得空间共享的要求越来越强烈。而空间共享给机场带来的潜在危害不容忽视。由于空间竞争使得机场基本设施配置不再满足电磁环境标准要求而带来的问题，以及电气化铁路对机场干扰的定量分析、优化电气化铁路、进行干扰抑制，从而使得机场与电气化铁路工作空间达到兼容状态。此领域的研究还是空白，相关研究论文还未见发表。

7.3 电动车 EMC 问题

早在 20 年前，美国学者就内燃机汽车对电磁环境的影响进行过大量的实地测量工作。结果表明：在横坐标为每小时流量 20 ~ 10000 的对数，纵坐标为平均噪声功率密度（dB）的坐标系中，电磁噪声随着汽车流量线性增加。由此可见汽车对电磁环境的影响。

随着石油供应的日趋紧缺和环境污染的日益加剧，电动车这种以电能为动力的交通工具凭借其节能、环保的优点日渐成为业界关注的焦点。20 世纪 80 年代以来，许多发达国家纷纷投入巨资研发电动汽车，我国的“863 计划”也已明确将电动汽车作为重点攻关项目。目前，我国电动汽车的研发水平与发达国家基本上处在同一起跑线上，2005 年，我国第 1 代混合动力商品车通过论证和验收。

电动汽车没有内燃机车辆的尾气排放，对于改善城市空气质量将是一次大革命，是今后城市交通的主导工具，当前无论在全球还是在我国都已有投入商业运行的型号。但当人们为它净化大气环境大加赞尝的同时，却很少有人去研究其对电磁环境的影响。

电动汽车、燃料汽车、混合动力汽车虽无汽油机的点火系统，但由于采用低压大电流功率驱动和控制系统，所产生的电磁发射较普通内燃汽车更为严重，随着汽车流量线性增加，影响周边电磁环境，使得电磁兼容问题变得更为突出和复杂。1999 年在北京举行的第十六届国际电动车大会上，欧洲电动车协会主席 Dr. Gaston Maggetto 谈到电动车对电磁环境的影响问题，认为应该给予充分关注，但现在尚未引起人们的注意。

与传统汽车相比，电动汽车最大的变革是取消了内燃机，改用电机，能量来源由燃油改为车载蓄电池。一部分车辆采用直流电动机，其 DC-DC 变换器、换向装置和晶闸管斩波调速装置等设备，均向外界发射骚扰；一部分车辆采用交流电动机，蓄电池的直流电经过 DC-AC 逆变器转换为交流电给电机供电，通过电机驱动车辆行进。如果抑制措施不够，逆变后的交流电中将含有丰富的谐波成分，经装置的输入输出线向空间发射较强的电场和磁场，其频谱范围较广，从几十千赫兹到几十、几百兆赫兹甚至覆盖射频段，对调幅广播频段以及汽车本身电子管理系统的时钟频率产生严重干扰。

电动车的发展方向是真正“零排放、无污染、不消耗燃油”。但是最近来自北美混合动力车车主的投诉，使得混合动力车等电动汽车遭遇了一场电磁危机。其原因在于电动车的电磁辐射对人体以及生态环境的危害。虽然这一问题目前尚未有定论，但消费者的担忧不无道理，国外已开始相关研究。电磁辐射已被世界卫生组织列为继水源、大气、噪声之后的第四大环境污染源。

另外，许多汽车厂家为提高汽车的经济性、安全性和舒适性，在汽车上装置了较多的电子设备，如汽车制动防抱死装置、电子控制制动系统及安全气囊。如果这些系统的电子控制装置受到干扰，将导致汽车管理系统失调，造成严重的交通事故。因此出于安全考虑，电动车的研发阶段应专门进行 EMC 测试，保证整车以及零部件满足电磁兼容的标准要求。

由此可见，电动车具有 EMI 发射源和易受干扰的双重身份，同时又处于大气环境清洁能源开发利用迅猛发展的领域，研究其 EMC 问题意义重大。除了自身抑制电磁发射方面的传统设计以外，还需重点研究其可靠性和抗干扰问题。

电动汽车配套产品中的一个非常重要的组成部分是充电系统。根据电动车本身的设计，可以在家里充电，也可以在专业的充电站进行充电。目前国内的比亚迪公司正在着力研发自带充电器的电动车，实现在家充电。要实现电动车的产业化，就必须解决电池充电问题，大量布置充电站并增加充电站的功率以提高充电速度。但是电动车充电站作为一个接在城市电网和电动汽车之间的电工电子设备，必须对充电站的电磁兼容性有严格的要求，这样才能保证充电站在电网中安全稳定的运行并不对其他设备产生干扰。今后这一领域也应成为 EMC 关注的重点。

7.4 光伏系统——太阳能逆变器 EMC 问题

随着人类对能源需求的日益增加，石油、煤等化石能源的储量正日趋枯竭。全球资源专家们呼吁：煤炭、石油等可贵的化石资源应该是留给子孙后代的“化工原料”，而不该在我们手中仅仅把它们作为燃料而消耗殆尽；此外，大量使用化石燃料已经为人类生存环境带来了严重的后果。由于矿物能源的大量使用，全世界每天产生约 1 亿吨温室效应气体，造成极为严重的大气污染。由于太阳能光伏发电的诸多优点，其研究开发、产业化制造技术及市场开拓已经成为当今世界各国，特别是发达国家激烈竞争的热点。20 世纪 80 年代以来，即使在世界经济总体情况处于衰退和低谷的时期，光伏产业仍保持以 10% ~15% 的递增速度发展。90 年代后期，若干发达国家相继出台富有成效的鼓励措施，极大地促进了光伏产业的发展。

由于太阳能变流器的广泛应用，其电磁兼容问题也引起了广泛的关注，经逆变器输出的交流电流中含有大量的高次谐波，严重污染了电网，直接影响了电网电能的质量。其电磁干扰产生的主要原因为以下几个方面：

7.4.1 由于提高效率和降低成本需求而产生的高 dv/dt 和 di/dt

1. 需求高变流效率而提高开关速度

太阳能变流器需要将太阳能装置产生的电能和功率比例最大化。这种功率是指进入电网后实际能用的功率。从前面关于 SPWM 正弦波形成原理的描述中我们知道，电力电子逆变器中开关频率越高，谐波含量就越低，效率则越高。但开关器件的快速切换操作，又产生了

高 dv/dt 和 di/dt，从而引起更严重的电磁噪声。这些噪声通过传导和辐射耦合方式，又严重干扰着周围电力电子设备及控制系统。

2. 寻求低成本而省去部分设备

设计更为经济的太阳能逆变器的措施，往往是在拓扑结构图中省去了变压器。这样的设计导致产生高电压及快速上升的电压火花——伴随产生了高 dv/dt 电磁干扰。

7.4.2 微逆变器的潜在干扰问题

常见的光伏并网发电系统结构，都需要将光伏组件串联和并联，再利用一个单独安装的大功率逆变器，构成较大功率发电并网系统（电压与电网匹配、电流较大能满足一定的功率要求），因此系统的最大功率跟踪点是针对整个串并联阵列的，无法兼顾系统中的每个光伏阵列，单个光伏阵列利用率低、系统抗局部阴影能力差，系统扩展的灵活性也不够。此外，这样的串并联组件组成的光伏发电系统，当单个组件失效时容易导致整个系统失效。

将单个光伏组件与小功率的升压拓扑逆变器相连，可以将每一个光伏组件输出的直流电直接变成电压较高的交流电，再传输到电网，即每一个组件上都带一个小升压逆变器，称为光伏并网微逆变器，简称微逆变器。

采用微逆变器的光伏发电系统，可以克服传统光伏并网发电系统的缺点，如：每个组件均运行在最大功率点，具有很强的抗局部阴影的能力；逆变器与光伏组件集成，可实现模块化设计；光伏组件发出的电能直接传输到电网或供本地使用，多个微逆变器直接并联入电网，各微逆变器和光伏组件之间没有任何影响，能即插即用与热插拔，系统扩展简单便利；单个模块失效时随时拔出维修而不影响整个系统工作，可靠性高；微逆变器直接集成于每一个光伏组件上，这样的分布式安装基本上不独立占用专门的安装空间。

因此，今天的绿色建筑中，采用微逆变器的集成光伏发电系统是光伏发电应用极具潜力的方向，将成为未来建筑集成光伏发电系统的主流。

目前发展微逆变器集成光伏发电系统，还有如下瓶颈问题需要解决：

1. 微逆变器自身可靠性问题

微逆变器由于不像传统的光伏逆变器那样单独专门安装于另外的封闭场地，而是安装于光伏组件下，在高温日照、雨淋、冰雪覆盖、尘埃等恶劣环境下，其工作可靠性备受考验。

2. 微逆变器的 EMC 问题

由于光伏组件遍布整个建筑物顶部，微逆变器随组件安装也遍及整个建筑物顶部。同样由于低成本需求会产生 EMI 噪声，而微逆变器产生的 EMI 问题不同于传统光伏逆变器系统的是，传统的光伏逆变器可以单独专门安装于机柜内，因而可以方便地屏蔽其电磁发射；而微逆变器产生的辐射场则随组件遍布整个建筑物顶部。基于成本考虑后，微逆变器每一单元滤波设计有限，逆变后的谐波和高开关频率噪声信号也会随各逆变器直接并入电网而传送到电网，不能像传统逆变器那样集中于机柜内屏蔽其电磁发射，或集中在供电端滤波。

考虑高开关频率噪声影响后，有些生产商在微逆变器设计中采用了高频软开关技术，但这也仅是减小了系统的开关损耗，提高了发电效率，对降低 EMI 的影响有限。这类问题的研究未来还有很大的空间。

7.5 医疗仪器设备及系统的 EMC 问题

医疗电子设备可能随时处在各种不同的电磁场中，会受到不同的干扰。鉴于医疗电子设备在诊断和治疗方面的重要性，加强医疗电子设备的电磁兼容研究，提高设备的抗干扰能力，将潜在的电磁干扰风险降到最低的程度，也是 EMC 领域的一个重要课题。

7.5.1 电磁干扰对医疗仪器设备的影响

在电磁环境中，电磁干扰对医疗设备可靠性方面造成的影响，直接关系到患者的人身安全。随着医疗和康复设备小型、高灵敏度和智能化的实现，医疗设备更容易受到电磁干扰的影响：电磁干扰将会使电磁兼容性较差的诊断用仪器性能变差，为医生提供失真的数据、波形及图像等医学信息，医生不能做出正确的诊断，也就无法对患者进行有效的治疗，导管和介入手术也无法定位而造成手术失败。

心脑电图机、监护仪、超声诊断仪、针灸电疗仪或银针直接接触人体的仪器设备等，是检测人体生物电信号的仪器设备，由于信号非常微弱，若受到干扰，就会在检测结果如波形、图形、图像上叠加一种类似于某些病变的畸变，无法提供正确可靠的诊断而误诊，同时还会引起微电击，严重时还有生命危险。假如是带有计算机系统的医学仪器设备，当共模干扰中的尖峰干扰幅度达到 2～50V，时间持续数微秒时，可引起计算机逻辑错误、信息丢失等，造成电生理监测仪器故障，输出波形失真、呼吸机和心脏监护工作失效、报警设备失灵。强磁场还会使显像管、X 射线影像增强管显示图像变形失真，加速器射线偏移，计算机磁盘、磁卡记录数据被破坏等。

以下是一些受干扰而出事故的案例：

2000 年，日本一家医院在输液抢救一名老年病人时，输液泵受到手机的无线电发射干扰而失灵，停止输液。

1998 年，美国德克萨斯州有两家医院使用的无线医疗远程监护设备因受到干扰而停止工作。

美国一名安装了电动控制假肢的人，在驾驭摩托车经过高压线时，由于电动假肢控制系统受到干扰而发生误动作，造成了车毁人亡的惨剧。

中国广州一名安装了心脏起搏器的病人，在用手机通话时，起搏器受到电磁干扰而工作不正常，险些因此而失去生命。

由此可见，开展电磁兼容研究，加强电磁兼容管理，提高医疗电子设备电磁兼容性，降低电磁干扰的风险，是医疗电子设备设计者、制造商和使用者的当务之急。

7.5.2 干扰医疗仪器设备正常工作的噪声类型

从医疗仪器设备使用的电源处开始分析，电源的电压降落、失电、频率偏移、电气噪声、浪涌、谐波失真和瞬变等，都会影响设备的正常使用，这些干扰来源于电源线，称为电源干扰，也属于传导干扰。

除此之外，在电磁环境下，设备内、外部的辐射电磁能通过空间传播的电磁干扰，都能影响医疗仪器设备的工作，属于辐射干扰。辐射干扰可以通过空间场直接耦合到敏感线上或敏感部件，也可以耦合到地线上或信号线上，形成传导耦合和地线耦合。

设备外部的辐射干扰由所处电磁环境导致。而设备内部的辐射干扰，则源于设备本身所带的开关电源。开关电源产生的电磁干扰既可以是传导干扰，也可以是辐射干扰，既有差模的，也有共模的。它们产生的原因，仍如前面分析过的那样，是由高开关频率与分布参数引起的。

7.5.3 医疗仪器设备内部使用供电电源的情况与影响

表 7-1 是典型医疗仪器设备使用较多的内部供电电源，或电力电子部件（驱动器等）的情况。

表 7-1　医疗仪器设备内部使用供电电源或电力电子部件情况

电源或电力电子部件	患者监控设备	诊断设备	医疗成像设备	X 光设备	手术设备	治疗设备	生命维持设备	实验室设备
线性电源	●	●	●	●	●	●	●	●
开关电源	●	●	●	●	●	●	●	●
反激式电源（辅助电源）	●	●			●			●
高压直流电源	●		●	●	●		●	
晶闸管控制电机系统					●		●	●
直流/伺服步进电机驱动器		●		●		●	●	●
内部电池充电装置	●	●			●	●	●	

表 7-1 显示，医疗仪器由于作用不同，需要各种不同等级（高压或低压）、不同形式（直流或交流）的供电系统，以及便携设备需要的充电装置，一个医疗仪器设备中可能会有多种供电电源和电力电子部件。这些电源会在不同频率或不同电压、电流等级下，呈现不同的电磁干扰，随功率需求增加。这些由于电力电子设备或部件引入医疗仪器设备内部而对医疗仪器产生电磁干扰的情况也随之增加。

采用电力电子电路的开关电源（Switching Mode Power Supply，SMPS），越来越多地将各种控制方法、电路与功率开关元件集成为一体，减少了控制电路、驱动电路、功率部件之间的线路耦合干扰，而日益体现出其集成度高、体积小便携、可靠性高的优点，在医疗仪器中得到越来越多的应用。

目前医疗仪器设备中，几乎没有设备不使用 SMPS。每一台医疗仪器设备中，可能使用：一个 SMPS；一个 SMPS 和一个或多个电力电子系统；两个 SMPS；两个 SMPS 和一个或多个电力电子系统。

但是由于 SMPS 高开关频率导致的高 di/dt，dv/dt 的影响，在医疗设备中结合使用 SMPS 会增加 EMI 发射。由于医疗仪器对电磁兼容性的特殊要求，使用者和设计者必须给予高度重视，在集成开关电源模块或组件外部，应注意配合滤波器，如图 7-1 所示。鉴于开关电源和其他电源的 EMI 发射不可避免，医疗仪器中重要部件的供电电源设计还不得已采用了低效率、高损耗的线性电源，以便降低电磁干扰，见表 7-1 中第 1 行。

7.5.4 医疗仪器设备常用的抑制电磁干扰方法

从上一节的分析可以知道，医疗仪器设备的 EMI 成因与前面论述的电力电子设备 EMI 一样。因此，抑制医疗仪器设备电磁干扰的方法，仍为传统的接地、滤波和屏蔽方法，但技

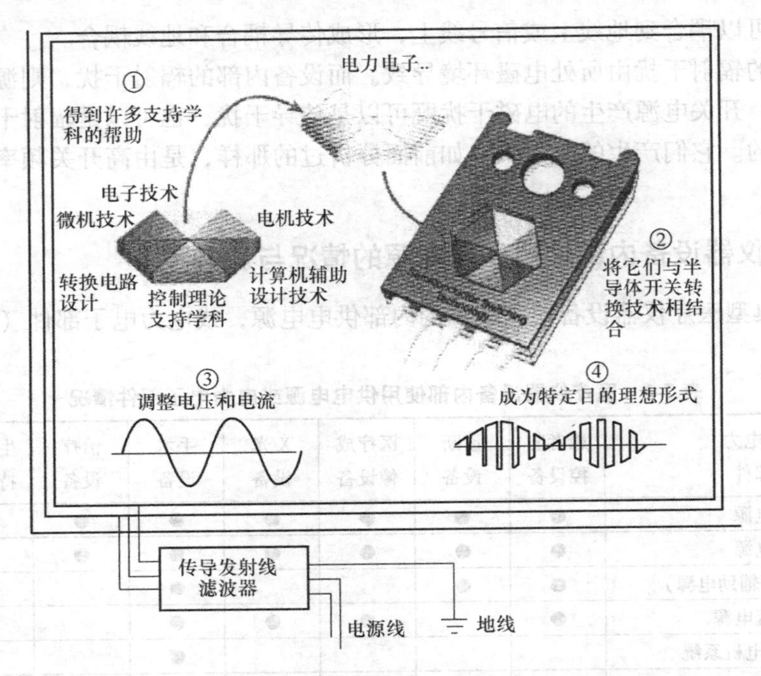

图 7-1 集成多种控制技术与功率模块的开关电源框图

术上有其特殊要求。

1. 接地

仪器设备的信号接地：同前述信号接地要求。

仪器设备的接大地：医学仪器设备的接地在前述接地要求基础上，还应根据具体仪器设备分别对待，如心电图机、脑电图机、胃电图机、B 超等必须单机分别接入大地，不能接在同一个地方。不要与 X 射线机、CT、MRI 等接地线接在同一点上，否则会通过地线引起极强的干扰，导致无法正常工作。

2. 屏蔽

为了有效地抑制设备内、外部的辐射电磁能通过空间传播的电磁干扰，通常采取的措施是屏蔽，具体有电场、磁场、电磁场屏蔽三种。

（1）电场屏蔽

仪器设备中电位不同物体间的相互感应可看成是分布电容间的电压分配。为了减少干扰源对被感应物的干扰，通常可采取如下措施：

1）增大干扰源与被感应物的距离，减小分布电容；

2）尽可能让被感应物贴近接地板，增大其对地的电容；

3）在干扰源与被感应物两者间加入金属屏蔽层。屏蔽层必须是导电良好的导体，要有足够的强度，接地要好。某医院有一台 500mA X 射线机的高压电缆有一处表皮因其他原因被烤焦，开机后造成其他仪器设备不能正常工作，经过多次分析和检查，才发现是由此而引起的。由此可见 X 射线机的高压电缆屏蔽层的重要性。

心脑电图机、监护仪、针灸电疗仪或银针等直接接触人体的仪器设备应远离超短波治疗机、高频电刀、X 射线机、CT、MRI 及一切能辐射电磁波的医疗设备的辐射区内。

（2）磁场屏蔽

磁场屏蔽是对直流或低频磁场的屏蔽。

前面已经介绍过，磁场屏蔽原理是利用屏蔽体的高磁导率、低磁阻特性对磁通所起的磁分路作用削弱屏蔽体内部的磁场。为了减少屏蔽体的磁阻，所用材料必须是高磁导率的、有一定厚度。被屏蔽物要尽量放在屏蔽体的中心位置，注重缝隙。通风孔等要顺着磁场方向分布。对强磁场的屏蔽可采用双层屏蔽体结构。所有材料因磁场强度的强弱而定：当要屏蔽外部强磁场时，外层屏蔽体用不易磁饱和的材料，内层则用易饱和的高导磁材料；反之，所用材料倒过来即可。

安装时彼此间的磁路应绝缘，无接地要求时用绝缘材料作支撑，有接地要求的可用非铁磁材料的金属作支撑。因屏蔽体兼有电、磁屏蔽功能，所以通常是要求接地的。

（3）电磁场屏蔽

电磁场屏蔽的作用是防止电磁场在空间传播。它是利用屏蔽体金属材料对电磁波的反射和吸收作用来实现的。当电磁波达到屏蔽体金属表面时，金属表面就起反射作用，而未被完全反射的电磁波进入屏蔽体内部时，继续向前传播的过程中会被屏蔽体金属吸收；当部分未被吸收掉的电磁波透过金属到达屏蔽体的另一表层时，在金属与空气交界上会再次形成反射，重返屏蔽层内部，这样在屏蔽体内部形成多次反射与吸收。

3. 滤波

事实证明，即使是设计得再完美的滤波器，在结合使用到另一设备后都会损失一些以前设计的插损指标。这不仅是因为最佳插损与滤波器阻抗是在标准 50Ω 阻抗下设计的，实际使用时离开标准 50Ω 阻抗条件就失去了最佳滤波效果，而且还因每一部件与其他部件相连接时互相耦合会再次产生新的 EMI 噪声，新的噪声经过滤波后再次在地线上形成传导干扰。如此往复，干扰不尽。

实际上，把每一部件产生的 EMI 滤得非常干净是困难而且没有必要的。因为实际上并非所有部件都对这些噪声敏感；或者说，只有敏感部件才会受到干扰。例如，很多传导干扰来自于地线，而地线被污染既有外部原因，也有内部原因——只要工作，就会有不需要的信号被滤波器送到地线中，外部设备产生的 EMI 也会通过各自的滤波器再次污染地线。而地线，是最广泛的干扰途径。

未来，滤波器的发展方向应朝着不再污染地线的目标努力——在地线处再次进行滤除 EMI 噪声的设计。这就是基底噪声滤波。

有关基底噪声滤波器的概念，可参见图 7-2 和图 7-3。具体技术还在探究中。

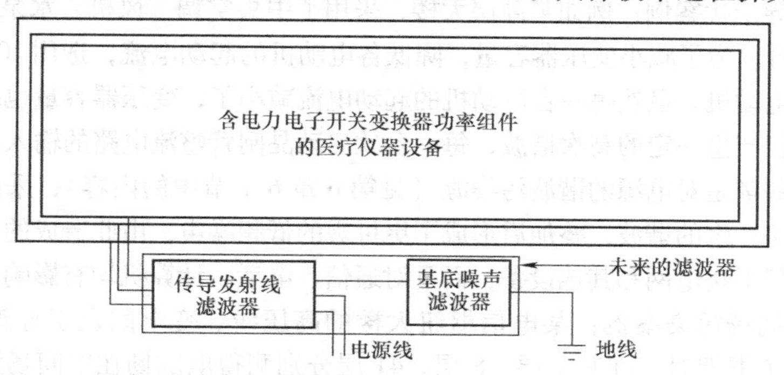

图 7-2　将基底滤波器与传统滤波器结合——消除外部环境对地线的污染

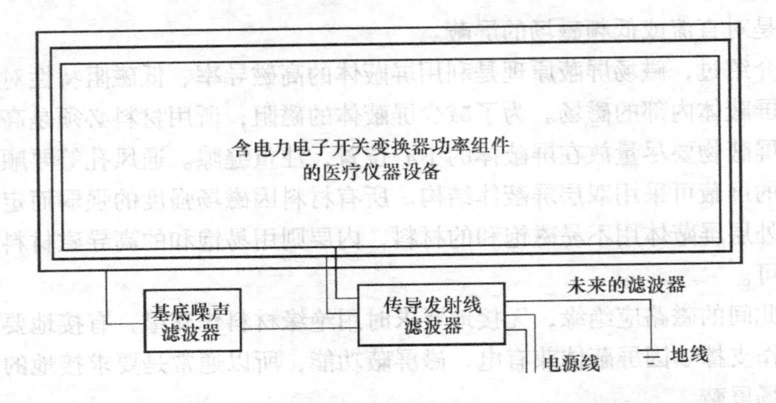

图 7-3 将基底滤波器与传统滤波器结合——消除内部环境对地线的污染

7.6 建筑电气设计中的 EMC 问题

绿色建筑在整个建筑设计行业已成为一个新的趋势。而绿色建筑除了环保要求、节能要求、生态要求外，还有安全的要求。传统的建筑概念使人们对安全的看法仅限于建筑结构方面，而生活品质的改善提升了人们对于健康安全的要求。涉及人身健康安全的、与电磁兼容相关的电磁干扰内容便进入到建筑电气设计人员的视野中。

目前我国部分行业标准中有电磁兼容要求，对于民用设备和系统，卫生部、环保局、原电子部等部门也有相应的 EMC 标准或安全要求，而建筑行业尚无电磁兼容的标准或规定。但是在建筑电气的实际安装、调试过程中，电磁兼容问题时有发生。一方面，建筑物中的电子、电气设备越来越多，设备的功率密度和频谱密度越来越强；同时盛行的“绿色建筑”更多地使用了光伏太阳能等绿色能源与配套的通风、光照设计，其中的转换装置必然更多地使用了电力电子电能变换器；随着环境要求用地日趋紧张，高楼建设需求大，现代建筑楼宇中配套的中央空调、风机、水泵等电动机控制系统，又使得电力电子设备使用密度增大，对电源产生污染；其中的自控设备、电视、计算机、家用电器、综合布线及智能化建筑日益增多，这些设备和线路之间电磁辐射相互干扰，EMI 问题更加严重。另一方面，又越来越强调“绿色住宅”，即环境对人更友好的建筑空间。二者之间的矛盾，决定了建筑电气设计中必须认真考虑电磁兼容问题。

建筑中的传导干扰案例：例如某高层大楼，采用了中央空调、风机、水泵 30kW 以上的电机类负载 100 多台。为了减小变压器容量，降低各电动机的起动电流，选用 100 多台晶闸管软启动器分别控制电动机。虽然每一台电动机的起动电流减小了，变压器容量也减小了，但由于晶闸管的快速换相产生一定的高次谐波，每一台软启动晶闸管整流电路的输入电流中含有很高的谐波分量，这些都是对电源的谐波污染源（见第 6 章 6.1 节中的内容），采用的每一个软启动晶闸管整流电路产生的谐波，叠加后形成了更可观的低频噪声，由此造成的电网谐波和低功率因数问题，不仅干扰电网和其他设备，而且对通信、电话、计算机均有影响。

建筑中的空间场污染案例：某电信枢纽大楼的高压线、变电间及工业设备都未进入安装、房屋还是一个框架时，在其 1 层、8 层、41 层分别测得电磁场在空间场强值均超过 EMI 标准限值。这说明该大楼外界电磁环境恶劣，安装电信设备必须采用更加严格的 EMC 手段和特别措施。

7.7 电磁脉冲与军事应用中的EMC问题

电磁脉冲（Electromagnetic Pulse，EMP）是20世纪40年代于高空核爆试验中发现的。它能在极短时间内以电磁波的形式将强大能量由爆炸点传至极远处，在传播过程中，电磁脉冲会对电子、信息、缆线等设施产生热毁效应，及至摧毁这些设施和系统。由于电磁脉冲对人体几乎没有直接伤害，国际上没有对其限制研制，但其能产生核能爆炸时产生的强大电磁波，专以电子系统为摧毁对象，以瘫痪作战敌方C4ISR系统（即指挥、控制、通信、计算机、情报及监视与侦察等系统）为目的。在未来以高技术为特征的战争中，掌握各种高科技武器，提升抗电磁脉冲的能力，先行夺取“制电磁权”，就能主导战场。

7.7.1 电磁脉冲的产生与特性

电磁脉冲在核爆、闪电、太阳黑子、导管效应及电器火花等状况下均能产生。其中以核爆产生的电磁脉冲最为强烈，核爆产生的γ射线以光速由起爆点向四周辐射，与空气中的氧、氮原子相撞击而产生带负电的电子，最终形成超强的电磁场，即为电磁脉冲。

核爆时也会产生其他效应（如爆震、强光、热辐射及辐射线），对地球生物、环境影响非常大，故国际上对拥有核能和核武器有严格限制，而电磁脉冲效应则除外。由于电磁脉冲对人体几乎没有直接伤害，只对电气和通信等系统具有严重破坏力，因此它具有的这种比中子弹还“人道”的特性已引起先进国家的极大兴趣：未来战争的双方不必在地面进行核战，只要借助电磁脉冲武器，就可以一举摧毁对方整个军事C4ISR系统（含民间工业）。电磁脉冲可以通过其他途径产生，因此也是核国家和非核国家均可研究和利用的一种武器。电磁脉冲具有如下特性：

（1）影响面积大

（2）时间短、能量大

电磁脉冲武器引爆后，爆点电场在极短时间（约10^{-9}s）内达到最大强度，每公尺约为10~100kV（视电磁脉冲弹头尺寸或核武当量而定），随距离迅速减弱，整个脉冲持续约10^{-3}s。虽然持续时间非常短暂，但是其能量在瞬间内释放出来威力惊人，大量的仿真试验显示，C4ISR系统的电子元器件极易受电磁脉冲的干扰和破坏，而且电子设备越复杂（灵敏度越高）越容易遭到损毁。

（3）频率范围广

电磁脉冲武器引爆时所产生的负电子，受地球磁场影响，以螺旋状方式沿着地球磁力线行进，其作用就像粒子螺旋加速器的效应一样；这些电子会放射出一种极短的磁场，其频率约为10kHz~100MHz，对军（民）用极低频（VLF）、高频（HF）、极高频（VHF）无线电通信影响很大。

7.7.2 电磁脉冲的破坏效应与影响

1. 电磁脉冲的破坏效应

电磁脉冲的破坏效应决定于其有多少能量传到目标物内。由于电磁脉冲是以电磁波形态发射的，任何金属导体（如飞机、船舰、坦克、飞弹、雷达、电缆线等）均能接收电磁脉冲并将能量输送至目标结构体内，导致内部电子组件产生不正常响应。一般而言，金属体结构越庞大，接收电磁脉冲的能量就越多。

（1）损坏系统

电子设备中的零部件由于受到电磁脉冲的侵袭而损坏（如半导体绝缘层、集成电路及熔断丝均因过热被烧毁），从而引起整个设备功能失效，永久性损坏。

（2）干扰系统（短路）

由于电磁脉冲所引进的能量使得设备发生功能紊乱、控制电路保护误动作等各种故障现象。例如：计算机存储器内的命令信息字元集发生变化，从而导致程序错乱、计算结果出错；控制开关、继电器或触控电路发生状态改变，进而导致设备失灵（失控）、错误动作等。这些为暂时性的干扰，并不损毁零部件。一般不用修复，只需将系统电源关闭后重新启动就能恢复正常工作。

2. 电磁脉冲的影响

（1）对装备和零部件的影响

电磁脉冲仿真试验显示，电子装备极易受电磁脉冲能量破坏。就外观而言，处于电磁脉冲仿真试验现场的装备看似无恙，然而内部的记忆电路、逻辑电路、放大电路等，均因瞬间烧毁（或短路）而无法正常工作。越先进、越复杂及越灵敏的装备，所受到的影响就越大。例如就单个电子器件而言，真空管抗电磁脉冲效果最佳，晶体管次之，集成电路最差。

（2）对人员的影响

科学家曾用动物做实验，将狗及猴子以仿真电磁脉冲重复照射，均未显示它们受到任何伤害。但如果系统操作人员接触到一个聚集有大量电磁脉冲的收集体（如金属体、电子装备、电缆线等），均会遭受到50~100kV高压的灼伤，或电击休克，严重者甚至死亡。

（3）对有线电的影响

电磁脉冲很容易使电缆感应电压值超过最大容限值，进而造成火花或短路现象，损坏线路。而线路上各式终端（如配线箱、交换机等）也易因线路上累积的能量而烧毁。

（4）对无线电的影响

电磁脉冲频谱可包括大部分军（民）用电信波段，且无线电机的大型天线、馈线及连接线均为电磁脉冲良好的收集体，在强大电场影响下，无线电系统将受到严重破坏。例如：一架航行中的飞机遭遇电磁脉冲侵袭时，电磁脉冲能量可借金属机身、外露天线、座舱等路径，进入机内电子电路中，造成电子组件故障甚至烧毁，电路短路，仪表突然产生各种非正常信号，进而使飞机飞行控制系统失灵失效，影响飞行员的判断与处置，造成飞行安全事件。

（5）对雷达波的影响

电磁脉冲可影响电离层的稳定性。当雷达波在掠过一个被电磁脉冲扰乱的区域时，其传播途径会发生弯曲，造成雷达所确定的目标位置可能与真正的目标位置有所差异，严重时甚至产生吸收作用。假如全部被吸收，则雷达信号被断开。

（6）对信息系统的影响

迅速而准确的情报信息，对军事作战而言至关重要。拥有容量大且准确性、实时性好的信息系统来分析、研究、判断、处理，战争才能获胜。

但电磁脉冲却能够破坏（消除）保存在半导体记忆器内的数据，或者破坏装有微处理器控制系统的功能，造成整个信息处理中心瘫痪，信息无法传递，或传递错误的信息，使指挥官“耳目”被切断而出现误判，延误作战时效。电磁脉冲运用于高技术的战争中，虽不能直接猎杀敌人，但却可加速达到战争目的，甚至决定战争的胜负，影响之大难以估计。

电磁脉冲防护方法与电磁干扰及雷击波防护原则基本相同，但电磁脉冲因具有上升时间快、能量强大等特性，一般防范电磁干扰及雷击波的装置无法有效达到防护电磁脉冲的目的。

电磁脉冲效应虽占核爆全部能量的极小部分，但其破坏距离甚远，对C4ISR系统伤害极大，为未来高科技战争胜负的关键。故各国对电磁脉冲研究及防护技术日趋重视，以期在遭电磁脉冲侵袭后仍能维持C4ISR的能力。

以上从几个方面说明了电工技术的发展可能带来的环境问题。

应该注意到，电工技术领域的控制对象往往是一个大的分系统或系统，一旦失误，其后果往往非常严重。例如，东京市从新桥站至东京湾的有明站，共12个站运行着无人驾驶无列车员的公共交通系统。又如，从葛洲坝至上海1400km的500kV直流输电系统的运行控制可任意从上海或葛洲坝进行等。这些系统不过是20世纪90年代的水平。进入21世纪后，自动化水平必然进一步提高，控制对象必然进一步扩展。

科技发展表明：一方面要求提高自动控制系统的抗电磁干扰能力；另一方面也要求优良的电磁环境。伴随着电工领域高新技术的发展，无论从电磁骚扰抑制方面还是从抗干扰方面都要求有相应的提高和长足的进步。否则，电磁兼容问题可能会成为电工科技发展的障碍。

7.8 复杂电磁环境下电磁兼容问题的诊断与解决

电磁兼容在电子产品研制过程中有三个重要环节：电磁兼容设计，电磁兼容诊断，电磁兼容的标准检测。

目前人们对电磁兼容设计和电磁兼容的标准检测比较重视，技术和方法也比较多，但在电磁兼容诊断和故障排查方面手段比较缺乏。

由于电磁兼容本身的复杂性，虽然理论设计毫无疑问将起到十分重要的作用，但产品在实际研制中出现的电磁干扰是理论设计中无法精确考虑和预见的。因此，电磁干扰的诊断和故障排查是非常重要的一个环节。

本章前面列举了多个电气工程领域中的EMC问题，很多问题并无专门的解决途径。这是科技发展中的正常现象，因为EMC问题就是伴随科技进步而衍生出来的问题，它也是人们必须要面对和重视的问题。因此，EMC技术是制约新技术应用的技术。不解决其中潜在的EMC问题，任何新研究都不能成为技术。

本章介绍的这些EMC问题，是前面各章介绍各专门领域问题的集合。而这种集合不是各种情况下产生的噪声的线性叠加，而是互相影响，在空间又形成了新的耦合，各种EMI交织在一起，难以用单一的EMC手段分析解决。这就是绝大多数情况下EMC问题的特征。无论多么复杂，检测、诊断和解决EMC问题，都是必须要面对的。

下面给出一些文献上介绍的复杂电磁环境下的检测、诊断步骤，它们是基于在一个设备的原始设计中已经采取了某种电磁兼容测试的。

7.8.1 电磁干扰问题诊断

电磁干扰问题的诊断和故障排查应在三个环节中展开：

1）研发过程中——及早发现问题，为正式产品提供依据。

2）样机调试过程中——确定干扰问题，排除故障，使产品尽快通过试验。

3）现场中——确定干扰原因，解决干扰问题。

电路或设备的对外辐射主要是由一个或几个辐射源所引起的，但由于电磁场的不可见性、方向性和立体性特点，很难凭借经验来进行辐射源位置的判断。例如，传统的近场探头虽然可以解决一部分问题，但是由于场强是立体式全方位分布的，这样手动的点式测评很难精确评定辐射场是电场还是磁场，是电缆还是接插件引起的，是器件还是布线引起的，是传导还是辐射。只有充分了解辐射源性质后才能得出合理的解决方案。

电磁干扰的诊断需要二类关键仪器：对辐射源的定位，性质和强度的确定；对敏感源的诊断与定位。

样机研发阶段或工作过程中可能会遇到的问题为：

1）自干扰：系统内部的电磁干扰使正在研发的产品不能正常工作。

2）实验室环境：系统未安放于屏蔽室内，而是安放在不符合电磁兼容要求的普通条件下，实验室或工厂的某些噪声可能干扰样机运行。

7.8.2 电磁干扰问题排查与解决步骤

1. 排查准备

（1）向用户询问有关问题

1）影响到测试仪器的选择问题：故障是间歇还是连续出现？间歇的故障有先兆吗（哪种情况下可以重复产生）？

2）判断故障产生是否与下列情况有关：一天中的某个时段、闭合/关断电源线上的某些负载、固定或便携式发射机的运行情况如何？

（2）了解现场有什么工具

1）是否有示波器？（带宽多少？是否为存储式的？）

2）是否有频谱分析仪？（频率范围是多少？）

3）是否有天线？

4）是否有间歇发生问题的临时记录？

（3）若有迹象表明是附近无线电发射设备造成的故障，从发射机操作员、当地无线电管理部门或其他途径获得发射机数据

1）发射机的电源和天线增益，频率。

2）发射机/天线与故障现场的距离及方向。

（4）许多情况下可以事先进行大致估算

为了防止周围的射频场影响，迅速估计现场场强可能会找到原因。

2. 合理的假设

基于以上四点，对干扰源和耦合通道做出合理的假设。对诊断和修复步骤预先做出计

划，在解决问题之前多准备几套方案以防预先估计失误，做好处理意外的准备。

3. 现场检查

（1）检查出有故障的设备

1）故障设备电源线上有无 EMI 滤波器？共模、差模都有吗？

2）滤波器通过金属隔板或在金属壁上的安装是否正确？

3）接地系统是否存在多重接地环路？

4）设备内部的控制电缆和信号电缆是否进行了屏蔽？屏蔽层是如何接地的？在何处接地的？是否与大电流电缆线的距离太近？

5）信号线或电源线是否在金属电缆管道中走线？

（2）检查现场的情况

1）电缆线路上是否还有其他大负荷用户？

2）是否使用便携式发射机？功率及频率是多少？

3）附近是否有雷达、FM/TV 发射机？

4）附近是否有空调、RF 电弧焊接机、氖灯、电源变压器、交流调速电机、电介质加热器？

对于连续或半连续出现的问题，如果确认系统处于良好的工作状况（没有自干扰或处于临界状态），则能更快地找到干扰源，比较快地解决问题。

对于间歇出现的问题，这类问题占现场 EMI 问题的大部分，因此查明原因前应做很多工作：

1）寻找干扰源，包括：空调、电梯、电子医疗设备、便携式收音机和弧焊机。

2）若关闭尽可能多的设备后故障消失，则重新运行所有的设备源直到找到干扰源，重点放在传导干扰上。

3）若关闭尽可能多的设备时故障不消失，则检查所有电路源是否均关断。若均关断，则问题与局部源无关，在外部电缆上测量电流噪声，与标准做比较；若部分干扰源无法关断，则估计其传导与辐射路径，在外部电缆上测量电流噪声，与标准做比较。

4. 关于检测干扰源的说明

（1）检测电磁干扰电流

使用检流计（最廉价、最有用的测量电流干扰的仪器之一），在如下地方进行测量：电源输入处；接地导线；信号电缆。

（2）将测量的电流列一个表，最大值放在第一位，推算出传导型耦合通道及相关线索

用电流最大值乘以受干扰电路的输入阻抗，预测哪些是电磁干扰耦合通道的电缆。

（3）将结果与受干扰电路前端的灵敏度相比较

问题电缆是耦合路径——完善或去掉作为干扰源耦合通道的电缆（增加距离，屏蔽或压入金属走线槽，滤波）。

问题电缆不是耦合路径（或不是唯一的耦合路径）——电磁干扰是从机壳缝隙耦合进来的，再进行相应检查。

5. “强行损坏” 技术

以上检查均无法判断时，则可考虑采用诊断排查电磁干扰问题的“强行损坏” 技术。

（1）非相关的故障排查

对于无法估计、与所寻找的干扰源不相关的故障，探寻以下可能：

1）已经关闭了所有干扰源：固定时间或雷雨天气发生故障？同一建筑中其他设备是否发生类似故障？

2）无法全部关闭所有干扰源：干扰可能为众多电流接触器、继电器螺线管中的某一个产生的，它们在距离受干扰电路几十米内。

3）静电放电现象：与季节有关通常也与人类活动及地面敷设物有关的现象。

（2）“强行损坏”技术

对于无法等待、难以捕捉到的干扰现象，故意对被测设备加一个窄脉冲（或一个脉冲串），这些脉冲与所怀疑的电磁干扰作用相当。开始时使用低电平的脉冲，然后逐渐增加电平，直到设备发生故障，运行性能下降，或出现其他问题。如果这个阈值比期望的扰动小，或在其范围内，就可以对设备进行调整，直到满足或超过该类设备的抗干扰等级。

1）用瞬变脉冲干扰（EFT）实现“强迫损坏”技术。被干扰设备在机架中或接近金属物，则机架或金属物就是 EFT 发生器的参考地。否则就需要安装临时参考地。由于 EFT 会在电缆上感应出噪声，因此不应将人工接地板与被测设备的机壳相连，错误地形成实际的共模回路。

针对实际上已经运行的设备而不是正在研发的系统原型进行测试时，对于用户已经发现的问题应给予高度重视，保证强迫损坏检测技术不会造成严重的材料损坏，甚至人身伤害。

被测设备电源线与 EFT 发生器交流输出端子不配套时，将铝箔包层当成信号电缆使用。如果无法接触某根电缆或者不能从电缆槽中取出足够长的一段电缆，则至少可以将 EFT 信号耦合到金属电缆槽上。

从低电压开始，检查所有的电缆。被测设备能达到的“运行”（无故障）电压，至少应该达到 IEC801—4 标准推荐的安全等级。

2）用 ESD 强迫损坏技术。适合于可能由 ESD 引起或任何情况下都不能进行 EFT 测试的故障。该方法能精确定位设备中的薄弱环节。由于脉冲是可调的，可对测试工程进行量化并绘出响应曲线。

测试步骤可参考 EMC 测试方法方面的技术书籍。

3）电源线监测。尽管 EFT 强迫损坏实验是通过电源瞬时变化实现的，但是总有一些 EFT 强迫损坏技术无法实现的区域，如电源线长时间扰动、超过 0.1ms 的浪涌、短时掉电及电压不足。这些问题也可以通过强迫损坏技术解决，但需要在设备的电源线中插入电源线扰动模拟器。

在现场这项测试很困难。如果怀疑电源线存在干扰，可安装电源线监测器；如果在观察一个周期后监视器记录到了一些超过当前阈值的扰动，则表明已经发生了与时间相关的设备故障，这时就需要使用电源稳压调节器或浪涌抑制器进行解决。

注意：如果还没有确定哪些干扰是允许的，哪些干扰是不允许的，则安装电源线监测装置毫无意义。

7.9 电磁兼容未来研究展望

大功率高频电力电子变换器日益广泛应用于各种重要设施，如光伏发电并网、风力发电、高速电气机车网、电动汽车、医疗设备、矿井设备等。各种电力电子设备挂接在公共电网或在密集狭小的空间，大规模集成电路器件和功率器件密集及其特有的高频开关工作方式，使得设备本身既是主动干扰源，同时又是敏感设备，临近设备之间产生电磁干扰的耦合路径极其复杂。电磁干扰的随机性、多边性和频谱复杂性导致电磁环境日趋恶劣，构成了多辐射源、多种干扰传播途径并存的复杂电磁环境，危及设备性能及安全。

目前对电力电子设备的电磁兼容研究大都是降低噪声源或截断耦合途径，主要研究设备本身电磁干扰的形成机理，建立等效电路模型，然后基于模型进行干扰预测，采用调整开关频率、共模电流补偿、共模电压消除、无源滤波技术以及有源滤波等EMC抑制措施。

但在复杂电磁环境下，EMI源繁多，耦合路径复杂，且具有多变性和随机性，难以建立确定的电路模型，一旦噪声源阻抗和负载阻抗不确定，都将会引起EMI滤波器阻抗失配，信号分布情况增多且复杂，自适应滤波提取分布函数和在线识别、处理困难。在如此复杂的环境下，如何使电力装置和控制系统的电磁兼容性具有可设计性，即提高各种控制系统的抗扰性，让设备对干扰具有适应（耐受）性，是未来复杂电磁环境下各类电力电子系统可靠工作需要解决的关键问题。

目前的控制系统普遍采用嵌入式微处理器，具有丰富的软件研发平台。如果将EMC抑制策略与电力电子控制器结合，使设备的EMC特性具有可设计性，并能根据需求进行自适应调整，则其在复杂电磁环境中对干扰将具有免疫性，不会误动作。这将是电力电子系统领域具有应用前景而又艰巨的研究课题。

思考题和习题

1. 选择本章介绍的电气工程中若干EMC问题中的一例，分析其属于哪一类或哪几类主要干扰（传导或辐射、低频或高频、差模或共模）？可采用前面各章中介绍的哪一种方法解决这类EMC问题？尚无法解决哪些EMC问题？为什么？

2. 观察身边的电磁环境，寻找潜在或已经出现的EMC问题，采用电磁兼容理论和分析方法，分析其问题，并尽可能提出解决问题的思路。

3. 结合本课程各章学习，进行某个EMC问题分析、设计，并结合这些设计进行相关实验或仿真。

4. 查阅EMC方面文献资料，对文献进行综述及分析评论。

注：本章思考题是希望读者自行总结前面各章理论和方法，采用这些方法来分析解决实际问题，并养成对身边EMC问题关注、力图从基础理论上给予合理解释的习惯，形成与同学和老师探讨的氛围，并进一步延伸到自己感兴趣的研究问题和研究方向。

第8章　电磁兼容标准简介

8.1　引言

标准是工业设计和产品制造所不可或缺的组成部分。

为什么要制定电磁兼容相关标准呢？大多数电子电气设备、电路和系统都会有意或者无意地发射电磁能量，同时，大量的装置、电路和设备能够响应这种电磁干扰或者受其影响，各种设备既是“罪犯”也是“受害者”。为了对不同的设备制定合理的电磁发射电平的限制及抗干扰限值，就必须统一到规定的试验环境和试验条件下测试其电磁兼容性，从而达成一种共识（标准），其目的是要成为能够辅助生产厂家、使用者及其他可能相关者的指南。

电气、电子设备和系统的电磁兼容标准在全世界范围都引起了关注。从国际范围看，电磁兼容标准的制定已经历了70多年的发展历程，早年从保护无线电通信和广播出发，“IEC/CISPR”和“MIL-STD-461D”对各种用电设备和系统提出了一系列电磁骚扰发射限值和测量方法，如表8-1和表8-2所示。到了20世纪六、七十年代，随着电工技术和微电子技术在各行业、各领域中的广泛应用，加上设备小型化、数字化和低功耗化，设备的抗干扰能力问题日益突出，从而提出了一系列抗扰度的相关标准。

表8-1　“IEC/CISPR”发射极限

频率范围/MHz		A类极限/dBμV		B类极限/dBμV	
		准峰值检测	平均值检测	准峰值检测	平均值检测
传导发射	0.15～0.5	79	66	66～56	56～46
	0.5～5.0	73	60	56	46
	5.0～30.0	60	60	60	50
辐射发射	30～230	30		30	
	230～1000	37		37	

表8-2　“MIL-STD-461D”中规定的辐射发射极限值

规格	频率范围/kHz	适用性
RE101（磁场）	0.03～100	设备和子系统的外围，以及所有互连电缆（特殊的排除）
RE102（电场）	$10\sim1.8\times10^{7}$	设备和子系统的外围，以及所有互连电缆（特殊的排除）
RE103（天线谐波输出）	$10\sim4\times10^{7}$	该测试与CE106可互换

为了规范电子电气产品的电磁兼容性，所有发达国家和部分发展中国家都制定了电磁兼容标准。电磁兼容标准是使产品在实际电磁环境中能够正常工作的基本要求。之所以称为基本要求，也就是说，产品即使满足了电磁兼容标准，在实际（不同于标准指定的环境）使用中也可能会发生干扰问题。很多国家不仅要求军事和航空、航天系统满足相关的EMC标准，对普通工业设备和消费品也逐步规定强制执行EMC性能认证。

强制性产品认证是为了保护消费者人身安全和健康、保护环境及保护国家安全等，由国家通过立法而强制性实施的，一种评估产品是否符合国家规定的技术要求（标准或技术规范）的产品认证制度。通常是国家通过制定强制性产品认证的产品目录和相关产品强制性实施规定，由第三方认证机构对列入目录中的产品和（或）生产实施强制性的监测和审核。凡列入目录的产品，未获得第三方认证机构的认证证书和（或）未按规定加贴认证标志的，将不得出厂、进口、销售及在经营性场合使用。我国目前强制性产品认证制度合并了进口商品安全质量许可证制度（CCIB）、安全认证强制性监督管理制度（CCEE）和电磁兼容安全认证制度（CEMC），这就是通常所说的3C认证。欧盟的EMC认证采用2004/108/EC指令，美国采用FFC认证。可见，EMC安全认证是强制性产品认证的一个重要环节，要求产品必须符合电磁兼容标准和规范。

对产品EMC认证的要求加速了相关EMC标准的出台，也加快了EMC标准普遍使用的步伐。

8.2 电磁兼容的标准化组织

国际上对电磁兼容问题普遍非常关注，有许多国际组织和机构从事着电磁兼容的标准化工作，如国际电工委员会（IEC）、国际电信联盟（ITU）、国际无线电咨询委员会（CCIR）、国际大电网会议（CIGRE）、国际发供电联盟（UNIPEDE）、国际电报电话咨询委员会（CCITT）、国际电气电子工程师学会（IEEE）等世界范围内的标准化组织，另外，还有一些诸如欧洲电信标准协会（ETSI）、美国国家标准学会（ANSI）等地区标准组织。

8.2.1 国际电工委员会（IEC）

国际电工委员会（IEC）成立于1906年，它是世界上成立最早的国际性电工标准化机构，负责有关电气工程和电子工程领域中的国际标准化工作。在IEC的研究管理架构中，承担主要电磁兼容研究工作的是国际无线电干扰特别委员会（CISPR）和电磁兼容技术委员会（TC77）。

CISPR成立于1934年6月，最初从事广播接收频段的无线电骚扰及标准制定，逐步发展为开展电磁兼容研究和标准制定的机构，现在主要包含A（无线电干扰测量方法与统计方法），B（工业、科学、医疗射频设备、其他（重）工业设备及架空电力线、高压设备和电牵引系统无线电干扰），D（机动车和内燃机无线电干扰），F（家用电器、电动工具、照明设备及类似电器无线电干扰），H（保护无线电业务的限值）、I（信息技术、多媒体设备与接收机的电磁兼容性）等6个分会。目前，CISPR将其保护频率扩展到0～4000GHz，实际开展保护频率范围为$9 \sim 1.8 \times 10^7$kHz，主要制定无线电频率骚扰限值、测量方法、合格评定标准，也制定一部分抗扰度标准。

IEC的电磁兼容委员会（即第77技术委员会）成立于1973年6月，主要从事抗扰度标准制定和频率范围0～9kHz的电磁发射标准的制定。TC77在内部划分成SC77A低频现象（连接到低压供电系统设备的电磁兼容性），SC77B高频现象（工业和其他非公共网络及其相连设备的电磁兼容性），SC77C大功率暂态现象（高空核电磁脉冲技术）3个分会。

8.2.2 国际电信联盟（ITU）

国际电信联盟（ITU）是联合国的一个专门机构，它的前身是1865年成立的国际电报联盟，1932年改名为国际电信联盟。ITU的体系中，国际电信联盟电信标准局（ITU-T）由原来的国际电报电话咨询委员会（CCITT）和国际无线电咨询委员会（CCIR）的标准部门合并而成，下设的第5研究组（SG5，电磁环境影响及防护研究组）是研究通信系统设备电磁兼容的主要机构，其主要研究内容包括：开展电信网和设备对电磁干扰影响的防护的研究，开展与电信设备产生的电磁场相关的电磁兼容性的研究，开展电磁安全、健康影响和预防措施的研究等。由于第5研究组对电信系统的电磁研究开展较早，因此在这方面的研究卓有成效，并积累了丰富的经验，其制定发布的K系列建议在限制电磁危险、保护电信系统设备和避免人身伤害等方面发挥了重要作用，具有很高的权威性。

8.2.3 欧美标准组织

美国是世界上较早对电子产品的EMI进行控制的国家之一。最先制定完备的电磁兼容标准的机构应该是美国国防部，早在1945年就制定了美国第一个无线电干扰标准，用于陆、海军无线电干扰的测量。后来，国防部组织专门小组改进标准和规范的管理工作，制定了三军共同的电磁兼容标准。

在民用电磁干扰和电磁兼容领域，美国国家标准协会（ANSI）颁布的C63电磁兼容系列标准有着广泛的应用，电气和电子工程师协会（IEEE）积极参与了这些标准的发展和发行。“IEEE/ANSI”代表着广大专家学者在电磁兼容问题上的一致观点，完全自愿遵守。

美国联邦通信委员会（FCC）负责促进和保证美国涉及无线电广播和传播设施的各种法规的有效执行。FCC也负责对各种电子、电气装置和设备的电磁发射控制的规范化，对无线电频率装置和设备的电磁发射（无意和有意的辐射）的限值进行了规范的限定。

欧洲电工标准化委员会（CENELEC）成立于1973年，是欧洲地区从事EMC工作的最重要的一个区域性组织，它负责协调成员国在电气领域（包括EMC）的所有标准，同时制定相应的欧洲标准（EN）。CENELEC从事电磁兼容工作的技术委员会是TC210，专门负责欧洲范围的EMC标准制定和转化工作。CENELEC与IEC密切合作，对于已存在的EMC IEC标准，CENELEC标准将采用IEC标准；IEC也考虑将已存在的欧洲标准转化为国际标准。

欧洲另一个重要的标准组织是欧洲电信标准协会（ETSI），由欧盟（前欧共体）委员会1988年批准建立的一个非盈利性的电信标准化组织。ETSI制定的推荐性标准通常被欧盟作为欧洲法规的技术基础采用并被要求执行。ETSI标准化领域主要是电信业，还涉及与其他组织合作的信息及广播技术领域。ETSI技术机构中的无线及电磁兼容技术委员会TC ERM（EMC and Radio spectrum Matters）主要负责电磁兼容和无线电频谱技术方面的问题。包括研究EMC参数及测试方法，协调无线频谱的利用和分配，为相关无线及电磁设备的标准提供关于EMC和无线频率方面的专家意见。

8.2.4 中国标准组织

国家标准化管理委员会所属的从事EMC标准化技术工作的组织有全国无线电干扰标准化技术委员会和全国电磁兼容标准化技术委员会，分别对应IEC的CISPR和TC77。

全国无线电干扰标准化技术委员会成立于 1985 年，旨在发展我国无线电干扰标准化体系，组织制定、修订和审查国家标准，开展与 IEC/CISPR 相对应的工作，进行相关产品的质量检验和认证。

全国电磁兼容标准化联合工作组成立于 1996 年，其宗旨是在电磁兼容领域内，从事全国性标准化技术工作与协调工作。主要负责协调 IEC/TC77 的国内归口和全国无线电干扰标准委员会的工作，推进对应 IEC61000 系列有关国家标准的制定、修订和审查工作。

国内 EMC 相关组织有中国电工技术学会电磁兼容委员会、中国电机工程学会电磁干扰专业委员会、中国电源学会电磁兼容委员会、中国通信学会电磁兼容委员会、中国电子学会电磁兼容分会、中国造船学会电磁兼容学组、中国铁道学会电气化专业委员会防干扰学组等。

8.3 电磁兼容的标准

8.3.1 EMC 标准的体系

EMC 标准体系有基础标准、通用标准、产品类标准和产品标准几个层次构成（如图 8-1 所示）。

基本标准（Basic Standards）描述了 EMC 现象、环境特征、规定了 EMC 试验和测量方法、试验仪器和基本试验装置，定义了术语、等级和性能判据。基础标准不涉及具体产品，如 CISPR16 系列标准、IEC61000-4 系列标准。

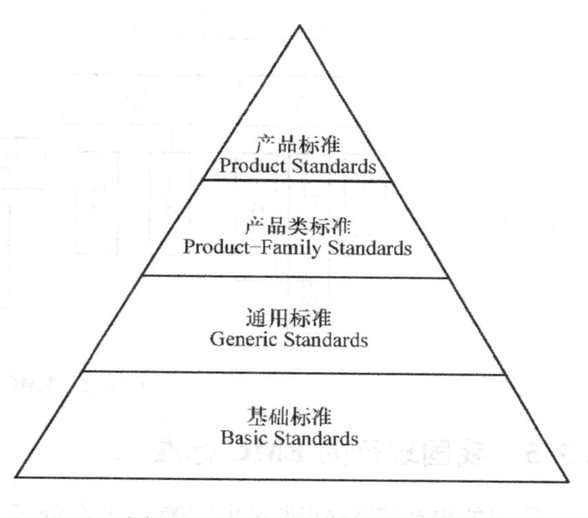

图 8-1 EMC 标准体系示意图

通用标准（Generic Standards）规定了一系列的标准化试验方法与要求（限值），并指出这些方法和要求所使用的环境，即通用标准是对给定环境中所有产品的最低要求。如果某种产品没有产品（类）标准，则可以使用通用标准。通用标准将环境分为 A 类（工业区）和 B 类（居民区、商业区、轻工业区）。

产品类标准（Product-Family Standards）是针对某类产品规定了特殊的电磁兼容要求（发射或抗扰度限值）以及详细的测量程序。产品类标准不像基础标准那样规定一般的测量方法，比通用标准包含更多的特殊性和详细的规范，其测量方法和限值需要与通用标准相互协调。

产品标准（Product Standards）通常不单独形成电磁兼容标准，而以专门条款包含在产品的通用技术条件中。专用产品标准对电磁兼容的要求与相应的产品类标准相一致，在考虑了产品的特殊性之后，也可增加试验项目和对电磁兼容性能要求做某些改变。与产品类标准相比，专用产品标准对电磁兼容性的要求更加明确，而且还增加了对产品性能试验的判据。

对试验方法，应由试验人员参照相应基础标准进行。

8.3.2 EMC 标准的内容

尽管电磁兼容标准版本繁多，内容复杂，但无非是从以下几个方面进行划分。

1. 电磁兼容标准对设备的要求

根据电磁兼容定义，电磁兼容标准对设备的要求有两个方面：一个是工作时不会对外界产生不良的电磁干扰影响，另一个是不能对外界的电磁干扰过度敏感。前一个方面的要求称为干扰发射要求，后一个方面的要求称为抗扰度要求。

2. 电磁能量传递途径

电磁能量从设备内传出或从外界传入设备的途径只有两个，一个是以电磁波的形式从空间传播，另一个是以电流的形式沿导线传播。因此，电磁干扰发射可以分为传导发射和辐射发射；抗扰度也可以分为传导抗扰度和辐射抗扰度。

因此，将上述两种划分结合起来，就产生了各种电磁兼容标准测试的内容，它们包括：传导发射、辐射发射、传导抗扰度、辐射抗扰度（如图 8-2 所示）。

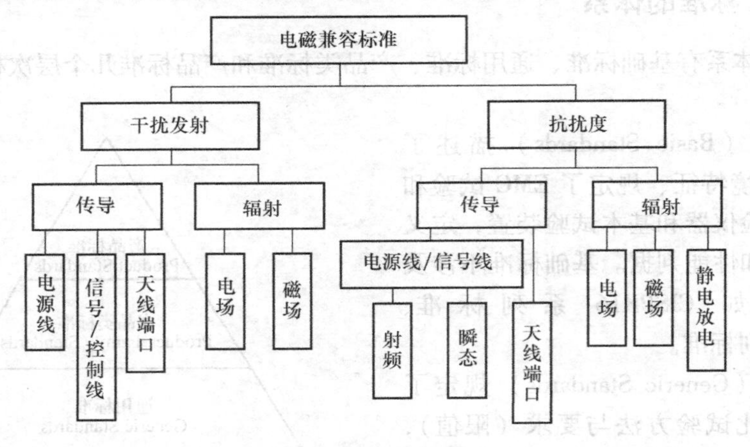

图 8-2 EMC 标准的内容

8.3.3 我国现行的 EMC 标准

我国的电磁兼容标准起步较晚，正在处于不断完善过程中，很多标准都借鉴了国际同类标准。我国民用的电磁兼容国家标准（GB）主要是采用或参考 IEC 标准，而我国军用产品采用的标准（GJB）大多是基于美国军用标准，如 GJB151A = MIL-STD-461D。

我国电磁兼容国家标准分为 4 大类，包括国际通行分类的基础标准、通用标准、产品类标准，外加我国特有的系统间电磁兼容（Standards of Intersystem Compatibility）标准，其主要规定了经过协调的不同系统间的 EMC 要求，大多是根据多年的研究结构规定了不同系统之间的保护距离。

表 8-3 列出了我国现行的电磁兼容国家标准，其中还给出了其对应的国际标准。表 8-4 为我国电磁兼容国家军用标准一览表。无论是电磁兼容的国家标准还是军用标准，都在不断地更新。有的标准被废除了，如《电子测量仪器电磁兼容性试验规范》（GB 8633.1～10—1987）在 2005 年被废止了；有的标准被合并和替代了，如原来的国家标准《声音和电视广

播接收机及有关设备辐射抗扰度特性允许值和测量方法》（GB/T 13838—1992）、《声音和电视广播接收机及有关设备内部抗扰度允许值和测量方法》（GB/T 13839—1992）以及《声音和电视广播接收机及有关设备传导抗扰度限值及测量方法》（GB 9383—1995）合并到《声音和电视广播接收机及有关设备抗扰度限值和测量方法》（GB/T 9383—1999）中，现在又被更新到《声音和电视广播接收机及有关设备抗扰度限值和测量方法》（GB/T 9383—2008），又如《微波辐射安全限值》（GJB 7—1984）、《微波辐射生活区安全限值》（GJB 475—1988）、《生活区微波辐射测量方法》（GJB 476—1988）、《作业区超短波辐射测量方法》（GJB 1001—1990）、《超短波辐射作业区安全限值》（GJB 1002—1990）、《超短波辐射生活区安全限值和测量方法》（GJB 2420—1995）和《短波辐射暴露限值和测量方法》这7个原来的军用标准被新标准《电磁辐射暴露限值和测量方法》（GJB 5313—2004）替代。

表8-3　电磁兼容国家标准

序号	标准编号	标准名称	类别	对应的国际标准
1	GB/T 4365	电磁兼容术语	基础	IEC 50（161）
2	GB/T 6113.1	无线电骚扰和抗扰度测量设备规范	基础	CISPR 16-1
3	GB/T 6113.2	无线电骚扰和抗扰度测量方法	基础	CISPR 16-2
4	GB/Z 6113.3	无线电骚扰和抗扰度测量技术报告	基础	CISPR 16-3
5	GB/T 6113.402	不确定度、统计学和限值建模测量设备和设施的不确定度	基础	CISPR 16-4-2
6	GB 8702	电磁辐射防护规定	基础	
7	GB 9175	环境电磁波卫生标准	基础	
8	GB 10436	作业场所微波辐射卫生标准	基础	
9	GB/T 12190	电磁屏蔽室屏蔽效能的测量方法	基础	IEEE 299
10	GB/T 14431	无线电业务要求的信号/干扰保护比和最小可用场强	基础	
11	GB/T 15658	城市无线电噪声测量方法	基础	
12	GB/T 17624.1	电磁兼容基本术语和定义的应用与解释	基础	IEC 61000-1
13	GB/Z 18039.1	电磁环境的分类	基础	IEC 61000-2-5
14	GB/Z 18039.2	工业设备电源低频传导骚扰发射水平的评估	基础	IEC 61000-2-6
15	GB/Z 18039.3	公用低压供电系统低频传导骚扰及信号传输的兼容水平	基础	IEC 61000-2-2 EN 61000-2-2
16	GB/Z 18039.4	工厂低频传导骚扰的兼容水平	基础	IEC 61000-2-4 EN 61000-2-4
17	GB/Z 18039.5	公用供电系统低频传导骚扰及信号传输的电磁环境	基础	IEC 61000-2-1
18	GB/Z 18039.6	各种环境中的低频磁场	基础	IEC 61000-2-7
19	GB/Z 18509	电磁兼容标准起草导则	基础	IEC GUIDE 107
20	GB 17625.1	低压电气及电子设备发出的谐波电流限值（设备每相输入电流不大于16A）	通用	IEC 61000-3-2 EN 61000-3-2
21	GB 17625.2	对每相额定电流不大于16 A且无条件接入的设备在公用低压供电系统中产生的电压变化、电压波动和闪烁的限制	通用	IEC 61000-3-3 EN 61000-3-3

（续）

序号	标准编号	标准名称	类别	对应的国际标准
22	GB/Z 17625.3	对额定电流大于16A的设备在低压供电系统中产生的电压波动和闪烁的限制	通用	IEC 61000-3-5 EN 61000-3-5
23	GB/Z 17625.6	对额定电流大于16A的设备在低压供电系统中产生的谐波电流的限制	通用	IEC 61000-3-4 EN 61000-3-4
24	GB/T 17626.1	抗扰度测试综述	通用	IEC 61000-4-1 EN 61000-4-1
25	GB/T 17626.2	静电放电抗扰度试验	通用	IEC 61000-4-2 EN 61000-4-2
26	GB/T 17626.3	射频电磁场辐射抗扰度试验	通用	IEC 61000-4-3 EN 61000-4-3
27	GB/T 17626.4	电快速瞬变脉冲群抗扰度试验	通用	IEC 61000-4-4 EN 61000-4-4
28	GB/T 17626.5	浪涌（冲击）抗扰度试验	通用	IEC 61000-4-5 EN 61000-4-5
29	GB/T 17626.6	射频场感应的传导骚扰抗扰度	通用	IEC 61000-4-6 EN 61000-4-6
30	GB/T 17626.7	供电系统及所连设备谐波、谐间波的测量和测量仪器导则	通用	IEC 61000-4-7 EN 61000-4-7
31	GB/T 17626.8	工频磁场抗扰度试验	通用	IEC 61000-4-8 EN 61000-4-8
32	GB/T 17626.9	脉冲磁场抗扰度试验	通用	IEC 61000-4-9 EN 61000-4-9
33	GB/T 17626.10	阻尼振荡磁场抗扰度试验	通用	IEC 61000-4-10 EN 61000-4-10
34	GB/T 17626.11	电压暂降、短时中断和电压变化抗扰度试验	通用	IEC 61000-4-11 EN 61000-4-11
35	GB/T 17626.12	振荡波抗扰度试验	通用	IEC 61000-4-12 EN 61000-4-12
36	GB/T 17626.13	交流电源端口谐波、谐间波及电网信号的低频抗扰度试验	通用	IEC 61000-4-13 EN 61000-4-13
37	GB/T 17626.14	电压波动抗扰度试验	通用	IEC 61000-4-14 EN 61000-4-14
38	GB/T 17626.16	0～150kHz共模传导骚扰抗扰度试验	通用	IEC 61000-4-16 EN 61000-4-16
38	GB/T 17626.17	直流电源输入端口纹波抗扰度试验	通用	IEC 61000-4-17 EN 61000-4-17
39	GB/T 17626.27	三相不平衡抗扰度试验	通用	IEC 61000-4-27 EN 61000-4-27
40	GB/T 17626.28	工频频率变化抗扰度试验	通用	IEC 61000-4-28 EN 61000-4-28

（续）

序号	标准编号	标准名称	类别	对应的国际标准
41	GB/T 17626.29	直流电源输入端口电压暂降、短时中断和电压变化的抗扰度试验	通用	IEC 61000-4-29 EN 61000-4-29
42	GB/T 17799.1	居住、商业和轻工业环境中的抗扰度试验	通用	IEC 61000-6-1 EN 61000-6-1
43	GB/T 17799.2	工业环境中的抗扰度试验	通用	IEC 61000-6-2 EN 61000-6-2
44	GB 17799.3	居住、商业和轻工业环境中的发射标准	通用	IEC 61000-6-3 EN 61000-6-3
45	GB 17799.4	工业环境中的发射标准	通用	IEC 61000-6-4 EN 61000-6-4
46	GB/T 18268	测量、控制和实验室的用电设备电磁兼容性要求	通用	IEC 61326 EN 61326
47	GB 4343.1	家用电器、电动工具和类似器具的电磁兼容要求 第1部分：发射	产品类	CISPR 14-1 EN 55014-1
48	GB 4343.2	家用电器、电动工具和类似器具的电磁兼容要求 第2部分：抗扰度	产品类	CISPR 14-2 EN 55014-2
49	GB 4824	工业、科学和医疗（ISM）射频设备电磁干扰特性的测量方法和限值	产品类	CISPR 11 EN 55011
50	GB 7343	0.01～30MHz无源无线电干扰滤波器和抑制元件抑制特性的测量方法	产品类	CISPR 17
51	GB/T 7349	高压架空送电线、变电站无线电干扰测量方法	产品类	CISPR 18
52	GB 9254	信息技术设备的无线电骚扰限值和测量方法	产品类	CISPR 22 EN 55022
53	GB/T 17618	信息技术设备抗扰度限值和测量方法	产品类	CISPR 24 EN 55024
54	GB/T 9383	声音和电视广播接收机及有关设备抗扰度限值和测量方法	产品类	CISPR 20 EN 55020
55	GB 13837	声音和电视广播接收机及有关设备无线电骚扰特性限值和测量方法	产品类	CISPR 13 EN 55013
56	GB/T 13836	电视和声音信号电缆分配系统 第2部分：设备的电磁兼容	产品类	IEC 60728-2
57	GB 16787	0.03～1GHz声音和电视信号的电缆分配系统辐射测量方法和限值	产品类	IEC 60728-1
58	GB 16788	0.03～1GHz声音和电视信号电缆分配系统抗扰度测量方法和限制	产品类	IEC 60728-1
59	GB/T 12572	无线电发射设备参数通用要求和测量方法	产品类	
60	GB/T 15540	陆地移动通信设备电磁兼容技术要求和测量方法	产品类	EN 301489-1
61	GB 14023	车辆、船和由内燃机驱动的装置无线电骚扰特性限值和测量方法	产品类	CISPR 12 EN 55012
62	GB/T 15707	高压交流架空送电线无线电干扰限值	产品类	CISPR 18

（续）

序号	标准编号	标准名称	类别	对应的国际标准
63	GB/T 15708	交流电气化铁道电力机车运行产生的无线电辐射干扰的测量方法	产品类	
64	GB/T 15709	交流电气化铁道接触网无线电辐射干扰测量方法	产品类	
65	GB 17743	电气照明和类似设备的无线电骚扰特性的限值和测量方法	产品类	CISPR 15 EN 55015
66	GB/T 17619	汽车用电子装置的抗扰度试验方法及限值	产品类	EN 95/54/EC
67	GB/T 16607	微波炉在 1GHz 以上辐射干扰测量方法	产品类	CISPR 19
68	GB 19483	无绳电话的电磁兼容性要求及测量方法	产品类	EN 301 489-10 ITU-T K. 43
69	GB/T 22450	900/1800MHz TDMA 数字蜂窝移动通信系统电磁兼容性限值和测量方法	产品类	ETS 300 342-1 FCC PART 15
70	GB 6364	航空无线电导航台站电磁环境要求	系统间	
71	GB 6830	电信线路遭受强电线路危险影响的容许值	系统间	
72	GB 7495	架空电力线路与调幅广播收音台的防护间距	系统间	
73	GB 13613	对海中远程无线电导航台电磁环境要求	系统间	
74	GB 13614	短波无线电测向台（站）电磁环境要求	系统间	
75	GB 13615	地球站电磁环境保护要求	系统间	
76	GB 13616	数字微波接力站电磁环境保护要求	系统间	
77	GB 13617	短波无线电收信台（站）电磁环境要求	系统间	
78	GB 13618	对空情报雷达站电磁环境防护要求	系统间	
79	GB/T 13619	数字微波接力通信系统干扰计算方法	系统间	
80	GB/T 13620	卫星通信地球站与地面微波站之间协调区的确定和干扰计算方法	系统间	

表 8-4 中华人民共和国电磁兼容国家军用标准一览表

序号	标准编号	标准名称	对应的国际标准
1	GJB 72A	电磁干扰和电磁兼容性术语	MIL-STD-463
2	GJB 151A	军用设备和分系统电磁发射和敏感度要求	MIL-STD-461D
3	GJB 152A	军用设备和分系统电磁发射和敏感度测量	MIL-STD-462D
4	GJB 2079	无线电系统间干扰的测量方法	
5	GJB 2436	天线术语	
6	GJB 5313	电磁辐射暴露限值和测量方法	
7	GJB 2080	接收点场强的一般测量方法	
8	GJB 2117	横电磁波室性能测量方法	
9	GJB/J 3417	国防计量器具等级图——微波场强	
10	GJB/J 3415	微波场强计检定规程	
11	GJB/J 3405	20～1000MHz 屏蔽室场分布测试方法	

（续）

序号	标准编号	标准名称	对应的国际标准
12	GJB 1046	舰船搭接、接地、屏蔽、滤波及电缆的电磁兼容性要求和方法	
13	GJB 1143	无线电频谱测量方法	MIL-STD-449D
14	GJB 1210	接地、搭接和屏蔽设计的实施	MIL-STD-1857
15	GJB 1389A	系统电磁兼容性要求	MIL-STD-464A
16	GJB/Z 17	军用装备电磁兼容管理指南	MIL-HDBK-237A
17	GJB/Z 25	电子设备和设施的接地、搭接和屏蔽设计指南	MIL-HDBK-419A
18	GJB/Z 54	系统预防电磁能量效应的设计和试验指南	
19	GJB/Z 105	电子产品防静电放电控制手册	MIL-HDDK-263A
20	GJB 2081	87～108MHz 频段广播业务和 108～137MHz 频段航空业务之间的兼容	
21	GJB 2926	电磁兼容性测试实验室认可要求	
22	GJB 3007	防静电工作区技术要求	
23	GJB 3590	航天系统电磁兼容性要求	
24	GJB 358	军用飞机电搭接技术要求	MIL-STD-1760A
25	GJB 786	预防电磁辐射对军械危害的一般要求	
26	GJB 1696	航天系统地面设备电磁兼容性和接地要求	MIL-STD-1542A
27	GJB 344A	钝感电起爆器通用规范	MIL-DTL-23659D
28	QJ 2176	航天器布线设计和试验通用技术条件	

在电磁兼容方面，我国除了国家标准和国家军用标准以外，还有一些行业和企业标准，例如，《航天器布线设计和试验通用技术条件》（QJ 2176—1991）就是航天工业的行业标准，这些行业和企业标准主要是产品类标准和特定产品标准。有些行业标准经过多年实践，有的上升为国家标准，例如，国家标准《900/1800MHz TDMA 数字蜂窝移动通信系统电磁兼容性限值和测量方法 第 1 部分：移动台及其辅助设备》（GB/T 22450. 1—2008）就是由同名的邮电行业标准 YD 1032—2000 修改补充后转化为国家标准的。

在上述 EMC 标准中，军用标准通常比民用标准领先或严格，军品理所当然应该采用军用标准。

产品的 EMC 标准选用要依据产品本身、产品用途和使用环境，要选用最新版本的相关 EMC 标准，因为最新版本通常是经过论证、修改后，与实际情况最相符、最合理的标准。

对于某一具体的产品，采用不同类型的 EMC 标准应按照如下顺序进行：

1）产品 EMC 标准应最优先采用；

2）产品类 EMC 标准处于次优先应用的位置，由于到目前为止，国内不少标准化技术委员会尚未制定其相关产品的 EMC 标准，所以在 3C 认证中产品类 EMC 标准用得最多；

3）对于某种产品，如果既没有产品 EMC 标准，又没有适用的产品类 EMC 标准，则应采用通用 EMC 标准；

4）对于某种特殊情况，如新产品的研制阶段，如果连国内通用 EMC 标准都没有适合的，则可以直接采用相应的国际标准；

5）在选择试验限值时，原则上产品 EMC 标准应同于或严于产品类 EMC 标准，产品类 EMC 标准应同于或严于通用 EMC 标准，如果出现相反的情况，应在使用其产品 EMC 标准或产品类 EMC 标准中说明其理由。

思考题和习题

1. 解释标准与 EMC 标准的含义。
2. 什么是3C 认证？其意义是什么？
3. 解释产品 EMC 标准和产品类 EMC 标准的异同。
4. 通过查资料和案例，选择一款你比较熟悉的电力电子产品，说明该产品所应遵从的国标（或行业标准）、国军标、欧洲标准或其他国际标准，通过查询这些标准，说明这些标准之间的异同，给出你的结论和建议。

参考文献

[1] 白同云，吕晓德．电磁兼容设计[M]．北京：北京邮电大学出版社，2001.

[2] 张松春，等．电子控制设备抗干扰技术及其应用[M].2 版．北京：机械工业出版社，1998.

[3] 米切尔·麦迪圭安．电磁干扰排查及故障解决的电磁兼容技术[M]．刘萍，魏东兴，等译．北京：机械工业出版社，2002.

[4] （中国台湾）交通大学电力电子与运动控制实验室．电磁干扰与电磁相容简介．http://wenku.baidu.com/view/1494547001f69e3143329490.html.

[5] 赖祖武．电磁干扰防护与电磁兼容[M]．北京：原子能出版社，1993.

[6] 高攸纲．展望 21 世纪的环境电磁学及电磁兼容技术[C]//第五届全国电磁兼容学术会议论文集．北京，1995：1-15.

[7] Clayton R Paul. Introduction to electromagnetic compatibility[M]. New York：John Wiley&Sons，1992.

[8] 郭银景，等．电磁兼容原理及应用教程[M]．北京：清华大学出版社，2004.

[9] 钱振宇．3C 认证中的电磁兼容测试与对策[M]．北京：电子工业出版社，2004.

[10] 杨克俊．电磁兼容原理与设计技术[M]．北京：人民邮电出版社，2004.

[11] 姜保军，等．EMI 滤波器阻抗失配与 EMI 信号的有效抑制[J]．电机与控制学报，2006，10(3)：252-259.

[12] Danjele Florean. Common Mode Filter Project by means of internal impedance measurements[C]//2000 IEEE International Symposium on Electromagnetic Compatibility，2000：541-545.

[13] Thomax Mullineaux. 应用于 EMC 滤波器的有源噪声消除技术[J]．何鸥，译．电磁干扰与兼容，2005（秋季版）：64-67.

[14] 钱照明，程肇基．电力电子系统电磁兼容设计基础及干扰抑制技术[M]．杭州：浙江大学出版社，2000.

[15] Daniel Cochrane. Passive Cancellation of Common-Mode Electromagnetic Interference in Switching Power Converters[D]. Virginia Polytechnic Institute and State University，2001.

[16] 陈坚．电力电子学——电力电子变换和控制技术[M]．北京：高等教育出版社，2002.

[17] 于晓平．非线性负载对供电系统的影响[J]．济南教育学院学报，1999(1)：50-52.

[18] Mihalic F，Milanovic M. Wide-band frequency analysis of the randomized boost rectifier[C]//Power Electronic Specialists Conference 2000，2000 IEEE 31st Annual，2000，2(2)：946-951.

[19] Li Fuzhong，Xiong Rui. A novel sampling method of SPWM with non-symmetrical Rules [C]//The 3rd IEEE Conference on Industrial Electronics and Applications (ICIEA'08). Singapore. 2008：1512-1515.

[20] Li Jianting，Xiong Rui，et al. Jitter frequency modulation—a technology that can reduce EMI noise meter of switch mode power supply effectively[C]//Fourth Asia-Pacific Conference on Environmental Electromagnetics (CEEM'2006). Dalian，2006.

[21] 黄劲，熊蕊，等．扩频控制技术用于减少电力电子变换器电磁干扰的研究[J]．电子技术应用，2007，23(6)：135-139.

[22] Busse D，Erdman J，Kerkman R J，et al. An evaluation of the electrostatic shielded induction motor：a solution for rotor shaft voltage buildup and bearing current[J]. IEEE Transactions on Industry Applications，1997，33(6)：1563-1570.

[23] Macdonald D，Will G. A practical guide to understanding bearing damage related to PWM drives[C]//Pulp and Paper Industry Technical Conference. 1998：159-165.

[24] Li Ran, et al. Conducted Electromagnetic Emissions in Induction Motor Drive Systems Part I: Time Domain Analysis and Identification of Dominant Modes[J]. IEEE Trans. On Power Electronics, 1998, 13(4): 757-767.

[25] Chen Chingchi. Novel EMC debugging methodologies for high-power converters[C] //2000 IEEE International Symposium on Electromagnetic Compatibility. 2000: 385-390.

[26] 抑制电缆干扰的制胜武器—滤波连接器[J/OL]. 中国 PCB 技术网: http: //www. pcbtech. net/article/design/0203L52007/765_4. html.

[27] RICHARDLEE (OZ) OZENBAUGH. 电源中的 EMI 滤波器[J]. 张永丽, 译. 电磁干扰与兼容, 2004 (春季版): 106-111.

[28] 齐立芬, 姚宁. 电力系统中谐波的产生、危害和抑制方法分析[J]. 煤炭工程, 2010(2): 90-91.

[29] 李建民, 王睿. 基于 APF 的城市轨道交通再生能源利用及谐波治理研究[J]. 电测与仪表, 2010 (2): 40-43.

[30] 李扶中. 串并联补偿式 UPS 并联变流器的设计与实现[D]. 武汉: 华中科技大学, 2007.

[31] 汪东艳, 张林昌. 电力电子装置电磁兼容性的研究进展[J]. 电工技术学报, 2000(1): 47-51.

[32] 赵国群. 基于电气化铁路干扰下机场 ILs 导航台电磁环境的分析与研究[D]. 成都: 西南交通大学, 2009.

[33] 孟庆建, 苏燕, 何志勇. 医疗电子设备的电磁兼容[J]. 医疗设备信息, 2004(6): 25-28.

[34] 梁振光. 汽车电磁兼容研究现状[J]. 安全与电磁兼容, 2006(5): 89-93.

[35] 李宜崑. 建筑电气设计中的电磁兼容问题[J]. 现代电子技术, 2006(15): 139-142.

[36] 黄劲. 基于三相四桥臂逆变器的电机驱动系统 EMC 及可靠性研究[D]. 武汉: 华中科技大学, 2009.